6 · 25전쟁에서의 소부대 전투기술

6·25전쟁에서의 소부대 전투기술

초판 1쇄 인쇄일   2022년 6월 13일
초판 1쇄 발행일   2022년 6월 20일

지은이   러셀 A. 구겔러
편역자   조상근
펴낸이   최길주

펴낸곳   도서출판 BG북갤러리
등록일자   2003년 11월 5일(제318-2003-000130호)
주소   서울시 영등포구 국회대로72길 6, 405호(여의도동, 아크로폴리스)
전화   02)761-7005(代)
팩스   02)761-7995
홈페이지   http://www.bookgallery.co.kr
E-mail   cgjpower@hanmail.net

ISBN 978-89-6495-249-8 03390

6 · 25전쟁에서의

소부대
전투기술

Combat Action in Korea

러셀 A. 구겔러 저 / 조상근 편역

BG 북갤러리

"작은 구멍이 큰 둑을 무너트린다.
군대조직도 마찬가지이다. 창끝인 소부대가
약하면 전쟁에서 승리할 수 없다"

역사적으로 볼 때 소부대가 강한 나라가 전쟁에서 승리했습니다. 현대전에서
도 마찬가지입니다. 현재 진행되고 있는 우크라이나-러시아 전쟁에서도 우크
라이나군은 소부대 매복과 공세 행동으로 러시아군의 강력한 기계화부대를 무
력화시키고 있습니다. 이와 같은 경향은 미래 전투에서도 그대로 적용될 것입
니다. 전쟁은 결국 사람이 하는 것이기 때문입니다.

조상근 박사는 저와 함께 육군의 도약적 변혁(Deep Change)을 함께한 군사
혁신과 소부대 전투기술의 전문가입니다. 역사 속의 전투를 통해 미래의 개념
을 창출하여 '육군비전2050'에 담았고, 현재는 소부대의 유·무인 복합전투체
계를 설계하여 미래 육군의 창끝을 새롭게 만들고 있습니다. 또한, 이 책의 모
든 수익금을 '육군 爲國獻身 전우사랑 기금'에 기부할 정도로 전우를 사랑하는
진정한 군인입니다.

저는 이 책을 정독하면서 전투에 임하는 군인의 마음가짐과 훈련 상태를 되
돌아보게 되었습니다. 6·25전쟁 당시 미 육군이 수행한 20개의 치열했던 소부
대 전투를 워게임(War-game) 형태로 간명하게 편역했고, 말미에 소부대 지휘
관(자)들이 배워야 할 핵심 전투기술을 요약해 놓았기 때문입니다. 이 책을 통

해 소부대 지휘관(자)들이 전장의 실상을 좀 더 정확히 알고, 교리와 전투기술의 원리를 습득할 수 있을 것으로 기대됩니다.

우리 사회는 인구절벽과 4차 산업혁명 시대에 접어들고 있습니다. 전장은 지상뿐만 아니라 공중, 해상, 사이버·전자기, 우주 등 다영역(Multi-Domain)으로 확장될 것입니다. 이에 따라, 미래전은 소부대의 분권화된 전투가 중심이 될 가능성이 큽니다. 따라서 이와 같은 미래전에 대비하기 위해서 우리 군은 첨단과학기술(AICBM)을 기반으로 소부대를 지속적으로 혁신해나가야 합니다.

소부대에 첨단과학기술을 덧입히기 위해서는 우선 '싸우는 개념'을 명확하게 정립해야 합니다. 이 책에 제시된 20편의 전투는 모두 한반도에서 발생한 것으로서 미래 우리 군의 싸우는 개념에 단초(端初)를 제공할 수 있을 것입니다. 과거는 미래를 비추는 거울이기 때문입니다. 우리 군을 사랑하는 모든 현역과 예비역분들에게 일독을 권합니다.

2022년 4월 고양시에서

제47대 육군참모총장 예) 대장 **김용우**

현역 육군 조상근 대위의 원고를 받아보고 매우 영광스러운 마음으로 추천의 글을 씁니다. 조 대위는 야전에서 10여 년간 지휘한 경험을 가진 대한민국의 유능한 군인입니다. 그가 작년 한국전쟁을 연구한다며 한국학중앙연구원 한국학대학원 정치학 전공의 문을 두드렸을 때 저는 기쁜 마음으로 문하에 두기를 원했습니다. 우선 조 대위가 평생을 군문에 종신한 아버님을 둔 대한민국의 자랑스러운 군인이었기에 믿음직스러웠으며 저예화된 초급 장교로서의 과정을 두루 마치고 학문에 뜻을 두었다기에 더 뿌듯하게 생각하던 차에 입학한 지 얼마 되지 않았는데 편역한 책을 상재한다기에 또 한 번 놀랐습니다.

이 책은 한국전쟁에 참전한 소부대의 생생한 전투사례를 미국인의 시각으로 집대성한 매우 의미있는 자료입니다. 이긴 전투는 물론 실패한 전투까지 모두 기록하여 교훈을 삼고자 했던 이 기록은 우리 군의 실제적 전투단위인 소부대의 역량 강화에 기여할 수 있으리라고 판단하여 감히 추천하고자 합니다. 단순한 번역을 뛰어넘어 우리 군의 전술 교리에 맞게 구체화시켜 교훈을 얻고 바로 실전에 응용하려는 조 대위의 자세는 매우 실제적이라고 극찬해 마지않을 수 없습니다.

그간의 한국전쟁사는 전투사 연구나 비전투사 연구를 불문하고 작은 부대의 작전에 대해서는 별다른 주목을 하지 않았던 것이 사실입니다. 그런데 실제로 소대나 중대 단위에서 승패가 갈리는 경우가 허다한 것을 감안한다면 우리의 연구는 현장과 괴리된 이론적 연구가 아니었나 하는 반성을 하게 합니다. 아무쪼록 이 책의 출간이 그러한 공백을 메우고 우리 군의 백전백승을 가능하게 하는 초석이 되길 기대합니다.

바쁜 일상 중에도 짬을 내어 편역에 몰두한 조상근 대위의 노고를 치하하며 앞으로 더 많이 배워 전쟁연구에도 기여하고 국가의 간성으로 더 한층 정진할 수 있기를 바랍니다.

2007년 12월 청계산 기슭에서

한국학중앙연구원 정치학 교수 **이완범**

편역자 머리말

역사적으로 볼 때 모든 나라의 지도자들은 강력한 하부조직을 만들기 위해 부단한 노력을 아끼지 않았다. 임진왜란의 영웅 이순신 장군도 당시의 신분제도를 무시해가면서까지 유능한 소부대 지휘자인 권관을 선발하기 위해 노력했었다. 권관으로 선발된 인원들은 자기 자신의 전문성을 갖추고 부대 단결력을 향상시키기 위해 '유능한 지휘자'로 육성되었다. 그들은 '전투에 관한 전문지식'을 습득하기 위해 항상 군사서적을 가지고 다녔고 전투에서 부하의 희생을 최소화하여 '부하에 대한 사랑'을 구현하고자 격군, 포수, 궁수들과 동거동락(同居同樂)하며 고진 훈련을 참고 견뎠다. 이처럼 당시 소부대 지휘자인 권관들의 노력은 전투가 거듭될수록 이순신 함대의 가장 강력한 무기가 되었으며 23전 23승의 불패 신화를 이루게 한 원동력이 되었다.

필자도 앞에서 제시한 바와 같이 '전투프로'가 되기 위해 10여 년간을 야전에서 부단히 노력했지만 스스로 완벽한 소부대 지휘자였다고 말할 수는 없다. 왜냐하면 '전투에 대한 전문지식'과 '부하에 대한 사랑'을 내 머리와 가슴에 담지 못했기 때문이었다. 중대장을 마친 이 시점에도 '유능한 리더'가 되기 위한 나의 욕망을 잠재울 수 없었다. 우연한 기회에 'Russell A. Gugeler'의 《Combat Actions in Korea》를 읽게 되었는데, 나는 한마디로 신선한 충격을 받았다. 왜냐하면 딱딱한 교범 형식이 아닌 재미있는 소설 형식으로 한국전쟁을 풀어나갔고, 읽고 난 후에도 우리 군의 소부대 전투기술 발전에 접목시켜볼 만한 그 무언가를 발견하게 되었기 때문이다. 이 책을 다시 정독한 후 우리 군의 소부대 지휘자들의 전투지휘능력을 개발할 수 있는 창의적 전투기술과 훈련기법을 도출할 수 있었기에 이 책을 편역하기로 결심했다.

《Combat Actions in Korea》는 한국전쟁을 배경으로 소부대 전투사례 19편으로 구성되었는데, 여기에는 실패한 전투사례와 성공한 전투사례가 생생히 기록되어 있다. 이들 전투사례에는 공군 · 포병 · 전차의 통합전투력 운용, 포병의 하차전투, 전차도섭, 공중지휘소 및 부지휘관 운용 등 기발한 전투지휘기법과 실시간 전투력통합방법이 구체적으로 제시되어 있다. 또한 야전에서 소부대 지휘자들이 응용 가능한 지휘권 인계, 사격연신, 표적식별 등 소부대 전투기술들을 실제 전투상황을 바탕으로 한 소설형식으로 엮어 놓았다. 이런 전투사례들은 우리 군의 소부대 지휘자들에게 '전투지휘기법'을 습득하는 방법을 일깨워 주고 '이길 수 있는 전투'를 할 수 있도록 도움을 줄 것이라고 생각한다.

편역 간에 소부대 지휘자들에게 교훈을 남길 수 있는 부분은 원문의 큰 줄기를 유지한 채 한국군의 전술교리에 맞춰 구체화시켰다. 또한 전투과정이 생략된 부분은 전·후 상황을 파악하여 재구성하였고, 요도부분은 독자들의 이해가 쉽도록 전투수행절차에 의거하여 구체화시켰다. 또한 군사용어는 현재 육군에서 사용하고 있는 교범내용을 참조(군사용어사전 포함)하여 상황분석이 가능하도록 했다.

마지막으로 이 책을 편역하도록 허락해 주신 미군의 'The Center of Military History' 관계자 여러분께 감사드린다. 동시에 이 책의 편집을 위해 도움을 주신 야전의 선·후배 장교들과 《워털루, 세계의 비밀》을 인용할 수 있게 배려해 주신 황규만 예비역 장군님께도 감사의 말씀을 전한다. 또한 이 책이 나오기까지 지도편달(指導鞭達)을 아끼지 않으신 이완범 교수님께 진심으로 감사드린다. 아무쪼록 이 책이 군문에 들어서는 부사관·장교 지망생 및 후보생, 현역 소부대 지휘관들에게 많은 도움이 되길 바란다.

소부대가 강한 대한민국 군(軍)을 위해

2007년 12월

편역자 **조상근**

차례 CONTENTS

부록 소부대 지휘자가 배워야 할 리더십

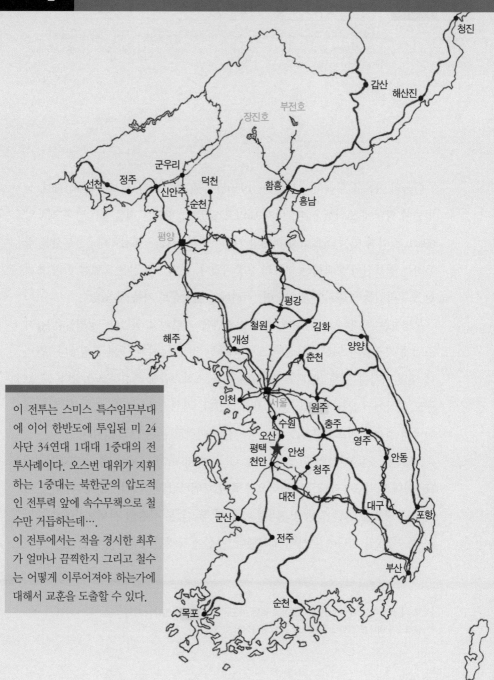

이 전투는 스미스 특수임무부대에 이어 한반도에 투입된 미 24사단 34연대 1대대 1중대의 전투사례이다. 오스번 대위가 지휘하는 1중대는 북한군의 압도적인 전투력 앞에 속수무책으로 철수만 거듭하는데….

이 전투에서는 적을 경시한 최후가 얼마나 끔찍한지 그리고 철수는 어떻게 이루어져야 하는가에 대해서 교훈을 도출할 수 있다.

1 오스번 중대의 철수작전

We was rotten 'fore we started – we was never disciplined; We made it out a favour
if an order was obeyed. Yes, every little drummer' ad 'is right an' wrongs to mind.
So we had to pay for teachin' – an' we paid!

KIPLING

한국의 여름은 무척이나 더웠다. 1950년 7월, 미24사단 34보병연대 1대대 장병들이 평택에 도착했을 때, 비가 내리고 있었다. 평택은 서울에서 남쪽으로 약 60km 떨어져 있는 곳으로서 서해와 가까우면서, 서울·대전·대구·부산을 경유하는 경부선이 통과하는 교통의 요충지였다. 평택의 도심은 도로를 따라 초라한 오두막집들이 줄지어 있었으며, 거리에는 흙탕물로 가득 차 있었다.

보병들은 비가 오는 가운데 날이 밝기만을 기다리고 있었다. 장병들은 갑작스럽게 자신들이 일본에서 한국으로 이동한 것과 날씨에 대해 불평했다. 반면에 몇몇 병사들은 한국에서의 전투가능성을 조심스럽게 걱정하고 있었다. 그 누구도 한국에서 오래 머물고 싶어 하지 않았다. 지휘관과 병사들 모두 몇 주 안에 한국의 정세를 바로잡고 일본으로 돌아갈 것이라고 굳게 믿고 있었다.

7월 1일, 24사단장인 딘 소장(Maj. Gen. William F. Dean)은 34연대장에게 "전 연대 병력(2개 대대[1])을 한국으로 즉각 투입하라!"라고 지시를 했다. 이에 34연대 장병들은 그날 간단한 전투준비를 한 후, 일본 큐슈의 사세호항에서 승선하여, 7월 2일 저녁에 부산에 도착했다. 부산에 도착한 후, 이틀 동안 전투 장비

....

1) 제2차 세계대전 이후 일본에 주둔하고 있던 미군은 미국정부의 지상군 병력 감축계획에 따라 각 연대 공히 1개 대대를 결한 2개 대대로 감소 편성되어 있었다.

를 점검하고 보급품을 지급받았다. 7월 4일 오후에 군용열차가 준비되자, 34연대 장병들은 아무것도 모른 채 북쪽을 향해 출발했다. 이런 그들이 완벽한 전투준비를 갖춘다는 것은 가당치도 않은 말이었다.

34연대 장병들은 한국에 최초로 투입된 미군부대가 아니었다. 24사단 21연대 1대대의 일부가 7월 1일 아침에 일본에서 부산으로 공수되었다. 수송기가 부산에 착륙하자마자, 그들은 즉각 열차에 탑승했고, 북쪽으로 투입되었다. 대대장인 스미스 중령(Lt. Col. Charles B. Smith)은 북한군의 공격을 저지하라는 임무를 부여받고 특수임무부대(이하 특임대)를 구성하여 한반도에 최초로 투입된 것이다. 스미스 특임대는 7월 3일에 평택에 도착했다. 다음 날인 7월 4일에는 포병대가 평택에 도착함으로써, 스미스 특임대의 모든 예하부대가 전투준비에 돌입할 수 있게 되었다. 포병대가 도착하자 스미스 중령은 평택 북쪽 20km 지점으로 저지진지[2]를 구축하기 위해 이동했다. 그러나 사단의 주력부대인 34연대가 평택–안성을 연하는 선에 배치되자, 스미스 특임대는 오산 북쪽의 죽미령 고개로 추진되어 저지진지를 구축하게 된다.

스미스 특임대가 죽미령 고개로 향할 쯤에, 기차를 타고 북쪽으로 이동하던 34연대는 대전을 통과하고 있었다. 34연대의 2개 대대의 임무는 안성과 평택 일대에 저지진지를 구축하는 것이었다. 전투 경험이 많은 중령 한 명이 대전에서 1대대에 합류했다. 그는 중대장들에게 "북한군은 우리가 생각한 것보다 훨씬 북쪽에 있고, 그들의 훈련수준은 형편없다. 북한군 중 절반만이 무기를 소지하고 있어, 그들을 저지하는 데는 별다른 어려움이 없을 것이다."라고 말했다. 초급장교들은 대대장의 말을 듣고 "우리는 간단한 전투행동으로 북한군을 격퇴한 후에, 일본으로 돌아간다."라고 부하들에게 말했다. 34연대 장병들은 자신들보다

....

2) 저지진지(Blocking Position) : 측 · 후방 지역에 접근하는 적을 저지하거나 또는 적이 특정방향으로 전진하는 것을 방지하기 위하여 편성되는 진지

먼저 투입된 21연대의 스미스 특임대가 평택 북쪽지역에 저지진지를 점령한 사실을 알고 있었다. 열차 안에서는 "우리가 진지를 구축하기 전에 스미스 특임대가 북한군을 격퇴할 거야!"라는 희망적인 말들이 나오고 있었다.

이렇듯 북한군을 업신여기는 미군들의 생각은 평택의 질퍽한 거리에 집결 중인 34연대 1대대, 특히 1중대 전 장병들의 머릿속에 가득 차 있었다. 날이 밝아오자 1대대 장병들은 저지진지를 구축하기 위해 평택 북쪽의 언덕으로 행군해 갔다.

작은 강이 평택과 오산을 연결하는 도로 옆에 흐르고 있었다. 이 강을 따라 북쪽으로 3km를 행군해 가자, 도로 좌·우측에 초목으로 덮인 두 고지가 나왔다. 두 고지 사이에는 논이 있었고, 논 중앙에는 평택과 오산을 연결하는 철로와 도로가 있었다. 철로 양쪽에는 약 2.5~3m 높이의 제방이 있었다. 1중대는 좌측능선에, 2중대는 우측능선에서 저지진지를 점령하기 시작했고, 3중대는 후방에서 예비임무를 수행했다. 대대 지휘소는 2중대 지역에 위치했다.

능선 정상에 도착한 병력들은 군장을 내려놓고 적들의 공격에 대비하기 위해 거칠고 붉은 흙을 파기 시작했다. 1중대장인 오스번 대위(Capt. Leroy Osburn)는 소총소대를 일선형으로 고지 전사면[3]에 배치했는데, 좌로부터 3소대-2소대-1소대순이었다. 이 중 1소대는 도로봉쇄 임무를 부여받아 고지와 철로를 동시에 방어하고 있었고, 논에도 2인호를 구축했다. 당시 1중대는 장교와 병사들 140명으로 구성되어 있었는데, 방어정면은 1km가 넘었다. 따라서 1중대 지역의 방어밀도는 매우 낮을 수밖에 없었고, 예비임무를 수행할 부대도 편성하지 못해 전투력 운용면에서 큰 차질을 낳았다. 또한 통신장비도 부족하여 보고체계에도 많은 문제점이 발생했다.

모든 병사들은 M1소총이나 카빈소총을 휴대했고, 개인당 80~100발의 탄약

....

3) 전사면(Forward Slope) : 적 방향으로 기울어진 경사면

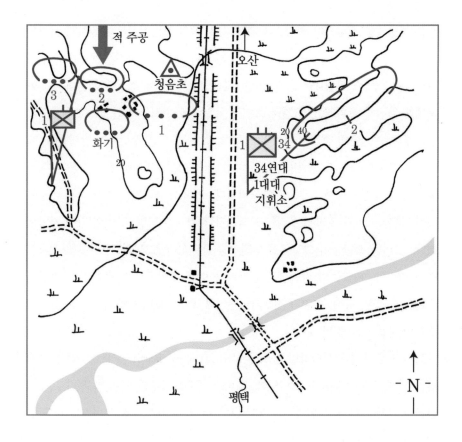

을 지급받았다. 화기소대는 60미리 박격포 3문, 기관총 3정이 편제되어 있었고, 기관총 1정마다 4박스의 탄약을 지급받았다. 각 소대에는 브라우닝 자동소총 1정이 편제되어 있었고, 사수는 200발의 탄약을 휴대했다. 그러나 1중대는 수류탄이나 무반동총을 보유하고 있지 않았다.

한편 스미스 특임대는 7월 5일, 죽미령 고개에서 저지진지 구축을 완료하고 방어에 들어갔다. 스미스 중령은 "우리가 설령 북한군에게 포위된다 할지라도 후방에 있는 34연대가 방어준비를 끝마칠 때까지 우리 방어지역을 고수해야 한다."라고 예하 지휘관들에게 말했다. 그날 아침, 7시 45분에 적 전차들이 북쪽에서 접근해 왔다. 미군들은 포병 및 바주카포를 동원하여 사격을 했으나, 적 전차들은 보병들을 짓밟으며 진지를 통과했고, 남쪽의 포병진지를 유린하기 시작했다(이때까지 적 탱크는 33대 중 4대만이 파괴되었다). 적 전차들을 후속하여 적 보병들이 스미스 특임대를 공격했다. 4시간의 전투 끝에 스미스 특임대는 북한군에게 완전히 포위되었다. 결국 스미스 특임대는 14시부터 안성으로 철수하기 시작했다. 북한군의 공격이 거셌기 때문에, 철수 간 많은 부상자가 발생했다. 생존자들은 도보 또는 포병차량을 이용하여 안성으로 무질서하게 철수했다. 이것이 미군과 북한군의 첫 번째 교전 결과였다. 스미스 부대원들 또한 다른 미군들처럼 "북한군은 저 멀리서 우리를 보자마자 허겁지겁 도망칠 거야!"라며 자만했었다. 그러나 북한군이 그들의 방어진지를 유린하자, 그들의 건방진 태도는 사라져 버렸다. 미군들의 자만심은 갑자기 놀람과 경악으로 바뀌었으며, 마침내 북한군이 병력, 장비, 훈련과 전투기술면에서 자신들보다 월등히 우수하다는 냉혹한 현실을 깨닫게 된 것이다.

24사단의 작전 부사단장인 바스 준장(Brig. Gen. Barth)은 포병사격을 통제하기 위해 오산에 위치하고 있었다. 스미스 중령으로부터 "우리의 무기로는 북한군의 전차를 막을 수 없습니다."라는 보고를 받은 바스 준장은 아직도 평택 일대에서 저지진지를 구축하고 있는 34연대 1대대에게 이 사실을 전파한 후, 방어 준비상태를 확인하기 위해 평택으로 향했다. 바스 준장이 1대대 지휘소에 도착할 때, 이미 북한군은 오산의 스미스 특임대를 유린한 후였다. 이에 바스 준장은 1대대장에게 이 사실을 전달하고, 즉시 북쪽으로 정찰대[4]를 파견하여 적과 접촉을 유지하도록 지시했다. 바스 준장이 34연대 1대대에게 내린 지시는 분명 스미스 중령에게 내린 것과는 달랐다. 바스 준장은 북한군의 위력을 보고받은 이후로 긴장하고 있었다. 그는 적에게 포위된다면 평택에 배치된 부대도 오랜 시간

....

4) 정찰대(Reconnaissance Party) : 적극적으로 적을 찾고 적의 기습을 방지하기 위하여 방어진지 전방에서 활동하면서 적에 관한 추가적인 첩보를 수집하거나 특정 지역 및 목표에 대한 수색, 매복, 습격, 경계 등의 임무를 수행하는 부대

을 버티기 힘들다는 사실을 잘 알고 있었다. 따라서 바스 준장은 1대대장에게 적이 평택 진지에 접근하기 전까지 방어밀도를 최대한 높이고, 적이 진지를 우회하여 포위를 시작할 때는 적의 공격을 최대한 지연시키기 위해 축자적으로 지연전을 수행하라고 지시했다.

1대대의 정찰대가 적과 접촉하기 위해 북쪽으로 떠났다. 평택과 오산 사이에서 정찰대는 적 전차 몇 대와 조우했다. 그들이 적 전차를 향해 사격했으나, 전차는 멈추지 않았다. 적들은 정찰대를 무시하고 전방을 주시한 채, 남쪽으로 계속 돌진했다.

이 조우전이 평택 북쪽 지역에서 일어날 동안 평택에 위치한 1중대원들은 방어진지를 구축하고, 참호 안에서 차가운 비를 맞으며 조용히 앉아 있었다. 죽미령 고개에서 북한군 전차가 스미스 특임대를 유린했음에도, 34연대 1대대 장병들은 이 사실을 전혀 알지 못했다. 그들은 아직까지도 북한군을 경시하며 헛소문이나 추측을 교환했다. 그러나 북쪽에서 폭발소리가 희미하게 들려오기 시작하자 병사들은 전쟁의 가능성에 대해 조금씩 걱정하기 시작했다. 이에 소대장들은 "다시 한 번 이야기 한다. 이것은 단지 국지적 군사행동이고, 그 결과가 어떻게 될지는 자명하다. 지금 전방에서 대규모 적군이 접근하고 있다는 소문이 돌고 있는데, 그건 잘못된 것이다. 우리는 몇 주 안에 일본으로 돌아갈 수 있다."라고 말하며 부하들을 안심시켰다. 소대장들은 야간이 되자 경계병을 제외한 모든 병사들에게 등화관제[5]를 하라고 지시했다. 그러나 그날 밤 적과 접촉하기 위해 북쪽으로 떠났던 정찰대가 복귀하지 않았다. 오스번 대위는 대대 지휘소에서 흘러나온 첩보를 소대장들에게 말했다. 그는 중대 지휘소에 간부들을 모아 놓고 "약 12,000명의 북한군이 남하하고 있다. 그러나 정확히 확인되지는 않았다."라

....

5) 등화관제(Black Out) : 적 특히 적의 항공기로부터 관측을 방해하기 위하여 모든 불빛을 차폐하거나
  전등을 소등하여 적의 목표발견을 방해하기 위한 활동

고 말했다. 오스번 대위도 이 첩보내용을 부인하고 싶었으나, 내심 북한군의 공격을 걱정하고 있었다.

밤새 비가 내렸다. 스미스 특임대가 적 전차에 의해 돌파 당했음에도, 자정이 될 때까지 그 전투결과가 1대대 지휘소에 전달되지 않았다. 오산에서 생존한 5명의 스미스 부대원이 1대대 지휘소에 도착한 후, 대대장은 오산 전투에 대한 자세한 설명을 들을 수 있었다. 대대장은 대대 참모들과 중대장들에게 스미스 특임대의 철수를 부하들에게 알리지 말고, 스미스 특임대의 생존자들을 잘 감시하라고 지시했다. 어느 간부도 스미스 특임대의 패배를 병사들에게 전하지 않았다. 대대장은 적 전차의 기동을 저지하기 위해, 1중대 전방 550m 지점에 위치한 작은 다리를 폭파하라고 지시했다. 이에 예비 중대인 3중대에서 정찰대를 파견하여, 그날 새벽 3시에 다리를 폭파했다. 폭발 소리에 깜짝 놀란 1중대원들은 폭발의 원인을 알 때까지 초조해했다. 1중대원들은 날이 밝기를 기다리며 참호에 앉아 있었으며, 일부 인원은 쪽잠을 청하기도 했다. 새벽 4시 30분이 되자 1중대원들은 기상했다. 2소대 부소대장인 콜린스 중사(SFC. Roy E. Collins)가 소대 진지를 돌며, 기상하지 않은 소대원들을 깨웠다. 1중대에는 전투경험이 많은 병사들이 있었는데, 이들은 이틀 전에 중대로 전입을 왔다. 그중에 한 병사가 동료들을 깨우고 "시간이 있을 때, 전투식량을 꺼내 먹어!"라고 조언했다. 1중대는 국지경계부대[6]로 청음초[7]를 중대 북쪽 70m 지점에 운용했다. 그리고 2소대 1개 분대를 정찰대로 편성하여 중대전방 지역을 수색하게 했다. 정찰대는 콜린스 중사가 지휘했는데, 일출수색을 나갈 때는 청음초를 철수시키고, 일몰 수색을 나

....

6) 국지경계부대(Local Security Elements) : 소총중대에서 적의 접근을 조기에 경고하고 적의 침투 및 기습을 방지하기 위해 운용하는 부대. 국지경계부대에는 보초, 청음초, 순찰대, 관측소, 경계분견대, 추진 매복조 등이 있으며 통상 소총유효사거리(460m) 이내에서 운용

7) 청음초(Listening Post) : 야간 또는 시도가 제한되는 주간에 적 접근로를 통제할 수 있는 장소에 운용하는 국지경계부대의 일종

갈 때는 청음초를 투입시켰다.

대대장은 방어준비 상태를 확인하기 위해 1중대와 2중대 사이의 철로로 내려 갔다. 거기에는 1중대 1소대가 도로를 봉쇄하고 있었다. 이 도로 봉쇄조는 1소 대장인 드리스켈 중위(Lt. Herman L. Driskell)가 지휘하고 있었는데, 이들은 1 소대 기관총사수와 화기소대 2.36인치 바주카포 팀으로 구성되어 있었다.

대대장은 드리스켈 중위에게 "곧 4.2인치 박격포의 제원 기록사격이 실시된 다. 소대원들을 진지 안으로 대피시키고 별도의 명령이 있을 때까지 진지 밖으 로 나오지 마라!"라고 말했다. 그 후 대대장은 물에 잠긴 논을 가로질러 1중대 지 휘소를 향하여 걸어갔다. 그러나 참호 안에 물이 가득 차 있었기 때문에, 드리스 켈 중위는 참호로 들어가지 않았다. 화기소대 윌리엄스 중사(SFC. Zack C. Wil- liams)와 하이트 일병(PFC. James O. Hite)은 참호 주변에 앉아 있었다. "저는 저 참호에 들어가는 게 싫습니다."라고 하이트 일병이 불평했다. 몇 분 후에 1소 대원들은 박격포탄이 머리 위로 지나가는 소리를 들었으나, 탄착지점은 아침 안 개와 비 때문에 볼 수가 없었다. 판초우의를 입은 1소대원들은 차가운 비를 맞으 며, 참호 주변에서 아침으로 전투 식량을 먹었다.

2소대 부소대장인 콜린스 중사(SFC. Roy E. Collins)는 고지 정상에서 통조림 콩을 먹고 있었다. 그가 통조림을 반 정도 먹었을 때, 엔진 소리가 들렸다. 그는 3중대가 폭파한 다리 앞에서 여러 대의 전차들이 정지해 있는 것 같은 희미한 외 형을 보았다. 선두 전차에서 북한군들이 다리를 점검하기 위해 걸어 나왔다. 동 시에 콜린스 중사는 쌍안경을 통해 전차들을 초월하여 논을 가로질러 이동하는 보병들의 행렬을 볼 수 있었다. 그는 2소대장인 리들리 중위(Lt. Robert R. Rid- ley)에게 "적을 발견했습니다."라고 보고했다. 중대장으로부터 "스미스 특임대가 중대 전방으로 철수할 수 있다."라고 전달받은 리들리 중위는 "스미스 부대원들 아닌가?"라고 콜린스 중사에게 물어봤다. 그러자 콜린스 중사는 "저 부대 뒤에 는 전차가 있습니다. 스미스 특임대가 아닙니다."라고 말했다. 대대장은 전방에 나타난 적의 행렬을 확인하기 위해 1중대 지휘소에 도착했다. 대대장과 1중대장은 이들이 스미스 부대라고 생각하면서, 진지 전방으로 접근하는 보병들을 쳐다보고 있었다. 그러나 그들은 북한군이었다. 접근하는 북한군은 대대 규모였고, 그들은 4열로 1중대와 2중대 사이로 들이닥쳤다. 대대장은 즉시 박격포 사격을 지시했다. 첫 번째 박격포탄이 지원되자, 적들은 도로 양쪽의 논으로 흩어졌으나, 잠시 후 계속 전진했다. 콜린스 중사가 진지 전방을 바라봤을 때, 13대의 전차가 접근하고 있었다. 적 전차들을 신속히 엄폐[8]물을 찾아 기동했고, 곧이어 차폐진지[9]를 점령하여 1중대로 포를 돌렸다. 동시에 전차 승무원들은 포탑의 헤지를 닫고 모두 전차 안으로 들어가 버렸다.

콜린스 중사는 "적 전차다. 엎드려라!"라고 소대원들에게 소리쳤다. 첫 번째 전차포탄이 참호 앞쪽에 있는 흉벽[10]에서 터졌다. 2소대 방어진지에서 먼지와 파편이 날리자, 중대원들은 자신들의 참호로 신속히 들어갔다. 콜린스 중사와 2차 세계대전에 참전했던 베테랑 병사 2명은 소대원들에게 "참호에 숨지 말고, 사격해!"라고 소리쳤다. 2소대원들은 북한군 전차가 소대 정면으로 전진하고 있음에도, 참호 밖으로 나오려하지 않았다. 콜린스 중사는 같은 참호 안에 있는 2명의 병사에게 "당장 사격해! 당장!"이라고 고함을 쳤다. 그러나 그 병사들은 끝내고개를 들지 못했다.

몇 분 동안 북한군의 공격을 지켜본 대대장은 오스번 대위에게 "1중대를 철수시켜!"라고 명령했다. 그러고 나서 대대장은 다소 격앙된 표정으로 황급히 대대

....

8) 엄폐(Cover) : 자연, 인공 장애물에 의하여 적의 관측과 직사화기 사격으로부터 보호되며, 곡사화기
   사격으로부터 부분적으로 보호되는 것
9) 차폐진지(Shielding Position) : 자연, 인공 장애물에 의해 적의 지상관측 및 사격으로부터 방호되게
   하면서 자신의 편제화기 사격은 가능한 진지
10) 흉벽(Parapets) : 진지의 방호력을 증대시키기 위해 진지의 정면·측면·후면을 흙으로 높고 두껍게
   쌓아올린 벽

지휘소로 복귀했다.

1중대 전방에 배지된 청음초 2명은 중대로 복귀하기 위해 그들이 설치했던 조명지뢰를 수거하고 있었다. 그러나 적의 첫 번째 전차포탄이 터졌을 때, 그들은 참호 안으로 뛰어 들어갔다. 잠시 후 그들 중 한 명이 적의 포화를 뚫고 중대진지를 향하여 뛰기 시작했다. 그러나 그 병사는 땅에 쓰러졌고, 참호에 남아있던 병사는 전투가 끝난 후에도 중대로 복귀하지 못했다.

1소대 대부분은 평평한 논에 배치되었다. 철로와 도로 사이에 배치된 드리스켈 중위를 포함한 1소대원들은 어떤 움직임을 감지할 수는 있었으나 그들 양 옆에 높은 제방이 있었기 때문에 적의 접근을 볼 수는 없었다. 하이트 일병은 적의 첫 번째 포탄이 고지에서 폭발했을 때, 물이 가득 찬 참호 옆에 앉아 있었다. 그는 대대 4.2인치 박격포 탄이 근탄이 났다고 생각했다. 1분 안에 적 포탄 두 발이 고지 정상에 있는 오스번 중대 지휘소 근처에 떨어졌다. 하이트 일병은 포연이 바람을 타고 움직이는 것을 보았다. 그는 윌리엄스 중사에게 "대대 4.2인치 박격포탄이 또 근탄이 났습니다."라고 말했다. 그러자 윌리엄스 중사는 "저것은 박격포탄이 아니야! 전차포탄이야!"라고 말했다. 하이트 일병은 마치 개구리가 연못으로 뛰어들듯이 참호 속으로 흙탕물을 튀기며 들어갔다. 윌리엄스 중사도 참호 속으로 들어갔다. 이 두 사람은 고여 있는 물속에서 한기가 목까지 올라올 때까지 앉아 있었다.

능선에 배치된 1중대의 2·3소대가 적을 향해 화력을 집중하는 데 15분이 걸렸다. 소대장과 분대장들은 사격을 지시했으나, 많은 소총수들은 공황에 빠졌고, 적들이 자신들의 참호 앞에서 사격을 하고 있다는 사실을 믿으려 하지 않았다.

적 전차들은 1중대를 향해 15분간 전차포 사격을 집중했다. 그러는 사이에 1대대 병력을 능가하는 북한군 보병들이 진지 앞에 나타나기 시작했다. 이때 병사들 중 한 명이 "마치 우리 중대를 향하여 뉴욕시 전체가 밀려오는 것과 같다."

라고 말했다. 전차의 엄호를 받아 공격하는 북한군들은 1중대와 2중대 사이에 가득 차 있었다. 콜린스 중사는 1중대와 2중대 사이에 밀집된 북한군들을 보면서 "지금까지 내가 본 것 중에 가장 좋은 표적이다."라고 말했다. 콜린스 중사는 바주카포를 사격하기 위해 탄을 찾았지만, 탄이 없었다. 오스번 대위도 박격포 지원을 요청하려 했지만, 4.2인치 관측병을 찾을 수가 없었다. 비록 부상자는 없으나, 모든 병사들은 공황에 빠졌다. 이런 혼란 속에서 그 누구도 포병이나 4.2인치 박격포 사격을 유도할 수 없었다. 북한군이 공격을 시작한 지 30분 만에 북한군 보병들은 아군 진지 전방에 달라붙었다. 특히 북한군 전차포사격은 2소대로 집중되었고 수많은 보병들이 2소대 전방으로 몰려들었다. 북한군의 주공이 2소대를 지향한 것이었다. 2소대원들은 북한군들이 너무 가까이 접근해서 그들이 소총을 장전하는 모습까지도 볼 수가 있었다.

같은 시간에 도로 반대편에 배치된 2중대가 철수하기 시작했다. 몇 분 후에 오스번 대위는 그의 부하들에게 "2중대의 철수를 엄호한 후에 우리도 철수한다."라고 지시했다. 그러나 1중대는 전의를 상실했으며, 다른 중대의 철수를 엄호할 만한 시간적 여유도 없었다. 고지 남쪽에 배치된 화기소대는 이미 고지 남쪽 끝에 위치한 초가집 방향으로 철수했다. 이에 오스번 대위는 어쩔 수 없이 능선에 배치된 2·3소대에게 즉시 철수하라고 지시했다. 2·3소대원 중 몇 명만이 자신들의 군장을 가지고 철수했으며, 대부분의 병사들은 자신들의 소총과 탄약을 버리고 철수했다. 2·3소대원들이 고지 동쪽의 작은 능선을 통과하고 있을 때, 적의 기관총 사격이 시작되었다. 병사들은 공황에 빠지기 시작했다. 오스번 대위와 소대장들은 평택으로 철수하기 위해 중대를 재편성하여 고지 후방에 있는 작은 마을에 있었다. 그러나 겁을 먹은 병사들이 빠르게 달려가자 공포는 도미노처럼 순식간에 중대 전체로 퍼져갔다. 장교들은 그들을 저지하려 했지만 도무지 말을 듣지 않았다. 오스번 대위는 10명 이상의 병력이 모이면, 간부 1명과 함께 무조건 남쪽으로 철수시켰다.

2소대, 3소대, 화기소대는 그들의 진지를 성공적으로 빠져나왔다. 이들이 철수하면서 도로에서 봉쇄임무를 수행 중이던 1소대에게 "후방으로 철수해!"라고 말했다. 1소대의 도로봉쇄조가 논으로 허겁지겁 뛰어가자 적의 화력에 완전히 노출되었다. 이들 중 4명이 후방으로 다시 뛰기 시작했다. 그때 그들 중 1명이 적의 소총에 맞아 쓰려졌다. 이 광경을 본 후, 대부분의 도로봉쇄조원들은 너무 놀란 나머지 자신들의 참호에서 벗어날 수 없었다.

철로와 도로 부근에서 방어하던 1소대의 도로봉쇄조는 적진에 고립되었다. 그들은 중대장의 구두명령을 듣지 못했기 때문에, 이미 하달된 철수명령에 따라 행동을 할 수가 없었다. 그러나 그들은 2중대와 북한군이 싸우는 모습을 볼 수 있었고, 2중대원들이 철수하는 모습도 볼 수 있었다. 드리스켈 중위와 윌리엄스 중사는 중대에서 명령을 수령할 때까지 현 진지를 고수하기로 결정했다. 20~30분이 지나 1중대와 2중대 대부분이 철수하자 북한군의 사격은 멈췄다. 모든 것이 다시 평온해졌다. 북한군이 2중대가 비운 진지를 점령하기 위해 고지를 오르고 있었고, 드리스켈 중위와 도로봉쇄조는 여전히 그들의 진지에 있었다. 그들의 걱정은 더욱 더 커졌다. 드리스켈 중위는 "우리가 지금 무엇을 해야만 하지?"라고 윌리엄스 중사에게 물었다. 윌리엄스 중사는 "저도 모르겠습니다. 갈 수만 있으면 여기서 나가 지옥이라도 가고 싶습니다."라고 대답했다.

드리스켈 중위는 소대원들이 아직도 능선에 남아있는지를 확인하기 위해 정찰대를 보냈다. 정찰병들이 복귀한 후 드리스켈 중위에게 "소대 지역에는 아무도 없습니다."라고 보고했다. 드리스켈 중위는 실망한 표정을 짓고 자신의 진지로 돌아갔다. 적진에 남아 있는 도로봉쇄조 중 일부는 드리스켈 중위가 지휘하는 1소대원들이었고, 일부는 윌리엄스 중사가 지휘하는 화기소대원들이었다. 그러나 드리스켈 중위는 능선에 배치되었던 약 20명의 소대원들이 어쩌면 철수를 못하고, 중대진지 주변에 있을 것 같은 예감이 들었다. 그는 속으로 '적 주공이 1중대와 2중대 사이로 공격을 해왔기 때문에, 적의 가장 가까운 거리에서 방어를 하고 있던 소대원들이 쉽게 철수할 수는 없었을 거야!'라고 생각했다. 그래서 그는 능선에 배치된 소대원들의 생사를 확인하기 위해 고지 후방의 초가집들이 모여 있는 곳으로 걸어갔다. 그는 초가집촌으로 향하고 있을 때, 어디선가 소대원 1명이 드리스켈 중위에게 다가와 "부상병을 포함한 1소대원들이 지금 1소대 진지 주변에 있습니다."라고 말했다. 드리스켈 중위는 그 병사와 함께 부하들을 찾기 위해 소대방어진지로 걸어갔다.

공황에 빠진 1중대원들이 평택을 향해 1.5~3km를 달려갔을 때, 그들은 어느 정도 공황에서 벗어나 안정을 되찾았다. 그들은 흙탕물로 뒤덮인 평택에 집결했고, 비를 맞으면서 전우들을 기다렸다. 오스번 대위가 도착하자마자, 그는 남쪽으로 철수하기 위해 중대원들을 재편성했다. 그동안 3중대원 2명이 평택 북쪽 끝에 있는 다리를 폭파하기 위해 대기하고 있었다. 소대장 1명이 길 한쪽에 버려진 지프차와 트레일러를 발견했다. 그 소대장과 몇 명의 병사들은 자동차를 정비하여 시동을 걸었다. 그리고 그들은 중대 중장비를 트레일러에 적재하기 시작했다. 오전 9시 30분까지 그들은 기관총, 박격포, 바주카포, 브라우닝 기관총, 잔여 장비와 탄약을 모두 트레일러에 적재했다. 같은 시간 평택에 도착한 병사들이 "부상병 2명이 평택을 향해 철수하고 있습니다."라고 보고했다. 비가 많이 내렸기 때문에 그들이 어디 있는지 정확하게 파악하기가 어려웠다. 시나 일병 (PFC. Thomas A. Cena)과 어떤 한 병사가 그들을 구하려고 지프차 뒤에 올라탔다. 그들은 트레일러 뒤에서 브라우닝 자동소총을 꺼내고, 탄약을 장착했다. 그리고 지프차에서 트레일러를 분리하여, 중대장에게 신고를 한 후, 북쪽으로 출발했다.

그러는 동안에 중대는 평택에 집결하여 대기하고 있었다. 이틀 전에 중대에 합류한 2소대 부소대장 콜린스 중사는 '왜 우리 소대가 적에게 효과적으로 사격할 수 없었을까?'라고 혼잣말로 계속 중얼거렸다. 2소대원 31명 중에 12명의 소총이 격발되지 않았다고 불평했다. 콜린스 중사는 소대원들의 소총을 점검했다.

소총은 부서지고, 더러웠으며, 심지어 잘못 결합된 것도 있었다. 그는 결함이 있는 무기들을 수거하여 우물 근처에 모아 두었다.

설상가상으로 부대 사기를 저하시키는 사건이 발생했다. 첫 번째 사건은 북한군의 전차포사격으로 경상을 입어 평택으로 후송된 4.2인치 관측병 카마라노 일병(PFC. Thomas A. Cammarano)이 미친 것이다. 그는 충격을 심하게 받아 조리 있게 말할 수 없었으며, 마치 술에 취한 사람처럼 평택에 집결한 1중대원 사이를 걸어 다녔다. 그의 눈은 흰자위가 보였고, 무섭게 다른 사람들을 노려보았다. 그리고 "비, 비, 비."라고 계속해서 말을 했다. 두 번째 사건은 소대원들을 찾기 위해 중대진지로 간 드리스켈 중위가 전사했다는 사실이었다. 그는 초가집 근처에서 부상당한 소대원들을 만날 수 있었다. 그러나 불행하게도 북한군에게 발각되어 순식간에 포위되었다. 가까스로 탈출한 한 병사에 따르면 "드리스켈 중위는 항복하려고 했으나, 북한군은 드리스켈 중위와 부상병들을 사살했습니다."라고 보고했다. 첫 번째 사건은 병사들의 사기를 저하시켰으며, 두 번째 사건은 두려움을 증폭시켰다.

대략 140명의 중대원 중에 100명보다 조금 많은 수의 인원이 평택에 집결했다. 4명이 전사했다고 보고됐고, 30명이 넘는 인원이 실종됐다. 중대와 다른 방향으로 철수했던 병사들은 여러 날이 지나도 중대에 합류하지 못했다. 수통에 물을 채우기 위해 개울로 갔던 한 병사도 돌아오지 않았다. 또한 1소대 도로봉쇄조와 청음초처럼 철수시기를 놓쳐 참호 속에서 죽어간 병사들도 있었다.

시나 일병과 그의 동료가 지프차를 타고 출발한지 10~15분이 지났다. 폭우와 짙은 안개 때문에 전방 상황을 쉽게 파악할 수가 없었다. 갑자기 북쪽에서 소총소리가 들렸다. 총소리를 들은 후, 오스번 대위는 지프차를 타고 간 2명의 병사가 죽었다고 생각했고, 곧 중대원들에게 철수하라고 명령했다. 그는 중대 병력들을 도로 좌·우측에 2열종대로 세우고, 남쪽으로 행군하도록 지시했다. 1중대가 행군을 시작하자, 뒤쪽에서 3중대 정찰대가 다리를 폭파하는 소리가 들려왔다. 1중대가 행군을 출발했을 때 병력, 장비, 보급품을 포함한 중대 전투력 수준은 75%에도 미치지 못했다.

행군 도중 산발적인 적 포탄이 떨어졌다. 적 포탄이 오스번 중대 가까이에 떨어지지는 않았지만, 1중대의 행군속도는 빨라졌다. 오스번 대위는 능선이 아니라, 도로와 능선 사이에 있는 논을 가로질러 철수했다. 행렬 중에는 여러 명의 부상병들이 있었지만, 오직 카마라노 일병만이 스스로 걷지 못했다. 몇몇의 병사들이 돌아가며 그 관측병을 부축했다. 그의 눈은 여전히 흰자위만 보이며, "비"라는 말만 계속 중얼거렸다. 그를 부축하는 병사들은 그가 조용히 하기를 바랐다. 행군 중에 몇몇 병사들은 "뭐! 경찰행동! 조금 있으면 일본으로 돌아간다고! 북한군은 아무것도 아니라고!"라고 말하며 자신들이 한국에 투입된 것을 비꼬고 있었다. 그러나 대부분의 병사들은 묵묵히 행군을 계속했다.

정오까지 폭우가 계속해서 쏟아졌다. 그러고 나서 뜨거운 습기와 더위가 찾아왔다. 구름은 산 중턱에 걸쳐 있었다. 그러나 오스번 대위는 행군을 강행했다. 평택을 떠나기 전에 오스번 대위는 "행군 도중에 휴식은 없고, 낙오자는 뒤에 남겨질 것이다."라고 병사들에게 경고했었다. 병사들은 목이 말랐으나, 그들 중 몇 명만이 수통을 가지고 있었기 때문에, 병사들은 길가에 있는 도랑물이나 논물을 마셨다.

정오까지 행군한 결과 그들은 적의 화력권에서 벗어났다. 오스번 대위는 부하들에게 10분간의 휴식을 부여했다. 이후부터는 도로를 따라 천천히 행군을 실시했으며, 1시간 행군 후에 10분간 휴식을 취했다. 1중대가 그날 아침 무전기를 버렸기 때문에, 행군간 대대와 통신을 주고받을 수 없었다. 그 누구도 남쪽으로 가는 것을 제외하고는 아무것도 몰랐다. 병사들은 곧바로 부산으로 가서 일본으로 돌아간다는 생각만을 할 뿐, 더 이상 자신들이 겪었던 전투를 생각하지 않았다. 1중대원들은 이따금 길옆에 버려져 있는 장비들을 봤다. 1중대원들은 이미 대대 병력이 이 길을 따라 철수했다는 사실을 알 수 있었다. 잠시 후 그들은 다른 중대의 낙오병들을 발견했다. 1중대원들을 가장 힘들게 하는 것은 배고픔이었다. 그들은 진지에서 철수하는 순간부터 아무것도 먹지 못했다.

행군 도중에 전투화가 젖어 발에 심각한 문제가 발생한 병사들이 속출했다. 몇 명은 전투화를 벗어 질질 끌고 가기도 했고, 심지어는 맨발로 행군하는 인원과 전투화를 버리는 인원도 있었다. 사실 맨발로 진흙 위를 걷는 것이 훨씬 편했다. 길에는 대대 병력들이 버리고 간 판초우의, 철모, 탄띠들이 길을 따라 여기저기 놓여져 있었고, 심지어 소총도 있었다. 오후의 뜨거운 햇빛은 1중대원을 지치게 했고, 행군대열은 점점 늘어나 개인 간격은 더 벌어졌다. 몇 명의 병사들은 대열에서 자리를 바꾸어가며, 정신 나간 관측병을 교대로 부축했다. 휴식 시간에 오스번 대위는 부상병들을 한 곳에 집합시켜 놓고, "만약 적의 기습에 의해 중대가 흩어진다면 각자 남쪽으로 철수하라!"라고 교육했다.

오후 늦게 미군 정찰기가 10분간 휴식하고 있는 1중대원 위로 낮게 비행했다. 조종사는 대열을 대충 관측하고는, 갑자기 기관총을 난사했다. 대열에 포함되어 있던 국군병사 한 명만이 총상을 입었다. 총알은 그 병사의 턱을 관통했고, 그 병사는 눈물이 턱 아래까지 흘러 내렸다. 이 사건은 1중대원의 사기를 더욱 떨어뜨렸다. 오스번 대위는 국군 트럭을 발견하자, 그를 트럭에 실어 보냈다.

이른 저녁에 1중대는 천안에 도착했고, 중대 선두에서 행군을 지휘하던 오스번 대위는 대대원들을 발견했다. 그들의 모습은 너무나 초라했다. 그들 중 대부분이 낡은 방앗간이나 건물 안에 흩어져 잠을 자고 있거나 앉아 있었다. 오스번 대위는 대대의 상황을 파악하기 위해 즉각 인접 중대 장교들을 찾기 시작했다.

1중대원들은 북쪽으로 15km를 더 이동했다. 1중대원들이 휴식을 취할 마을에 도착했을 때, 거기에는 지치고 부상당한 병사들로 가득 차 있었다. 두 시간이 지나서야 비로소 모든 행군 열이 도시 안으로 들어왔다. 그때 오스번 대위는 국군으로부터 트럭 3대를 빌렸다. 그 이유는 북한군의 공격을 지연시키기 위해 천안 남쪽 지역에 새로운 방어진지를 구축하기 위해서였다.

아침 일찍 평택에 있는 1대대 지휘소를 떠난 바스 준장은, 천안 남쪽 지역에 저지진지를 구축하기로 마음먹고 있었다. 오스번 대위는 34연대장에게 브리핑을 하기 위해 천안으로 갔고, 거기서 24사단이 축차진지상의 지연전[11]을 할 수 있는 지형에 대해 보고했다. 그는 천안 부근에서 적의 전차를 물리적으로 정지시킬 수 있는 지형을 살펴보고 저녁 늦게 중대에 돌아왔다. 북한군이 추격전을 펼치고 있었으므로, 바스 준장은 천안 남쪽 3km 지점에 저지진지를 점령하도록 1대대장에게 지시했다.

1중대원은 그날 밤 천안 남쪽 3km 지점에 도착하여 진지를 구축하기 시작했다. 물론 중대에는 야삽이 없었다. 몇 명의 병사들은 나무 조각을 이용하여 진지를 구축했다. 대부분의 인원들은 앉아서 잠이 들었다. 다음 날 아침(7월 4일) 오스번 대위는 중대원들을 기상시키고 진지를 계속 파라고 지시했다. 병사들은 삽을 구하기 위해 근처 마을로 내려갔다. 마을에는 북쪽에서 고향을 떠나 피난 온 사람들이 있었고 1중대원들은 그들로부터 먹을 것을 얻을 수 있었다.

1중대가 참호를 완성했을 때, 오스번 대위는 비를 맞으며 다리를 치료받았다. 갑자기 이상한 소문이 퍼졌다. 한 병사가 "근처에 있는 역에서 기차를 타고 부산으로 철수한 후, 일본으로 돌아간대!"라고 헛소문을 퍼뜨리고 다녔다. 대부분의 병사들은 이 헛소문을 믿고 있었다. 이 소문은 잠시나마 1중대원들을 기쁘게 했다. 그러나 어제 저녁 안성에서 천안으로 이동한 2대대(인접대대)가 천안 북쪽에서 북한군과 격렬한 전투를 벌였다는 소식이 전해졌다. 반면에 1중대가 점령한 저지진지에는 아무런 일도 일어나지 않았다.

7월 8일 아침에는 김이 모락모락 나는 맛있는 식사가 제공되었고, 이로 인해 병사들의 불안감은 약간 해소되었다. 오전 10시까지 2대대가 저지진지를 점령

---

11) 축차진지상의 지연전(Delay on Successive Position) : 부여된 작전지역이 넓어서 가용한 전투력으로 2개 이상의 지연진지를 동시에 점령할 수 없을 때, 수 개의 지연선을 축차적으로 점령하면서 지연전을 펼치는 것

한 천안지역에서 포탄소리가 소란스럽게 들렸다. 잠시 후에 2대대 장병들로 보이는 병사들이 대대진지 근처에 나타나자, 갑자기 대대 지역에 적 포탄이 떨어지기 시작했다. 적 포탄이 떨어지고, 몇 분이 지나자 오스번 대위는 부하들에게 철수하라고 지시했다. 대대원들은 트럭 3대에 나눠 타고 철수했으나, 1중대는 도보로 철수를 시작했다. 오스번 대위는 또다시 중대 선두에 서서 빠르게 행군을 지휘했다.

한밤중에 1중대는 행군을 멈추고 도로 좌·우측에 흩어 앉아 해가 뜰 때까지 휴식을 취했다. 오스번 대위는 중대원들을 깨우고 다시 행군을 시작했다. 3시간 후에 트럭 3대가 돌아와서 중대원들을 태우고 공주와 금강의 북쪽에 있는 새로운 진지로 이동했다. 거기서 1대대원들은 적의 전차와 포병 공격에 견딜 수 있을 만큼의 견고한 진지를 구축하여 방어선을 형성했다. 방어진지를 구축하는 동안 쉬거나 잠을 자는 병사는 단 한 명도 없었으며, 얼굴에는 두려움이

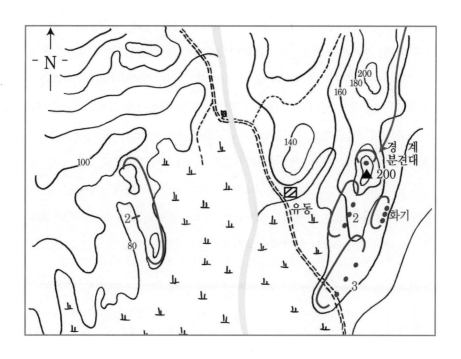

가득 차 있었다.

모든 진지와 교통호는 7월 9일 오후 3시에 완성되었다. 1중대는 식량과 탄약을 보급받았고 화기소대의 파괴된 60미리 박격포 1문도 교체되었다. 어디에서도 일본으로 복귀한다는 소문은 들을 수 없었다. 대신에 오스번 대위와 소대장들은 일본으로부터 다른 보병사단들이 증원되고 있다고 부하들에게 말했다.

며칠간 북한군은 공격을 하지 않았다. 그래서 중대원들은 맑은 날씨에 젖은 전투복과 전투화를 말릴 수 있었다. 대대는 7월 12일까지 아무런 일없이 새로운 방어진지에서 전방을 주시하며 대기했다. 그날 아침 고장이 난 81미리와 4.2인치 박격포들이 교체되었고, 새로이 탄약이 보급되었다. 이로 인해 완벽한 박격포지원이 가능해졌다.

그날 오후 5시경, 대대지역에 적 포탄이 떨어졌다. 북한군 몇 명이 나타났는데, 몇 분 후에는 그 수가 셀 수 없을 만큼 불어나 있었다. 북한군은 정면을 공격하는 대신, 중대를 크게 우회하여 중대의 우측 지역에 배치된 경계분견대[12]를 공격했다. 경계분견대는 생존한 1소대원 10명이 점령했는데, 북한군의 측방공격으로 5명이 전사하고 5명은 2소대지역으로 철수했다. 대대장과 중대장들은 최초 전투와 마찬가지로 북한군의 강력한 전차엄호아래 도로를 향하여 공격을 할 것이라고 예상했었다. 그래서 방어의 방향이 도로로 향하게 되었고, 모든 화기는 도로를 지향하고 있었다. 그러나 북한군들이 능선을 따라 측방에서 공격하자 1중대의 방어체계는 순식간에 무너져버렸다.

경계분견대의 갑작스런 붕괴로 2소대의 우측 측면이 적에게 노출되었다. 3소대 부소대장인 나이트 중사(SFC. Elvin E. Knight)는 사격방향을 적군에게 돌리려는 순간 경계분견대가 점령했던 200고지에서 깃발이 올라와 있는 것을 발견

....

12) 경계분견대(Security Detachment) : 적의 기습 및 관측으로부터 본대를 방호하기 위하여 2명 이상으로 편성되어 적의 접근을 차단 및 경고하고, 간격을 통제하며, 필요시 근접전투를 수행하는 파견대

했다. 그는 '왜 저기에 깃발이 올라와 있지?'라고 생각했고, 갑자기 누군가 "저것
은 북한군의 깃발이다."라고 외쳤다.

깃발 주변에 약 20명의 북한군이 나타났다. 그들은 2소대 방향으로 하향사격
을 하기 시작했고, 일부 인원들은 가파른 능선을 따라 2소대 방어진지로 돌격하
기 시작했다. 2소대 진지에서 북한군이 내려오는 방향으로 사격을 전환하기가
쉽지 않았다. 2소대원들은 우왕좌왕하기 시작했고, 북한군을 향해 "지옥이나 가
라!"라고 외치기 시작했다. 그러고 나서 2소대원들은 개인적으로 또는 그룹을 지
어 후방으로 달아나기 시작했다. 비교적 평지에 배치된 3소대와 화기소대는 무
슨 일이 일어났는지, 2소대 방향을 쳐다보았다. 갑자기 북한군들이 사격을 가해
왔다. 2소대 대부분이 후방으로 도망쳤으나, 3소대와 화기소대는 비교적 차분하
게 북한군과 싸우기 시작했다. 어두워질 때까지 치열한 교전은 계속되었다. 7월
13일 새벽 2시 30분에는 대대의 예비대가 1중대 지역으로 투입되었으나, 북한
군의 파상공세를 막을 수는 없었다. 결국 대대장은 1중대장에게 "그 고지를 포기
하고 철수하라!"라고 지시했다. 1중대는 북한군의 화력권에서 벗어날 때까지 금
강을 향하여 남쪽으로 철수해야만 했다.

날이 밝은 후 오스번 대위와 그의 중대원들은 금강 위의 긴 다리를 건너기 시
작했다. 다음 날 북한군이 금강의 북쪽 제방(금강의 대안[13])에 집결하는 동안에,
1대대는 금강의 남쪽(금강의 차안) 지역에서 급편방어[14]진지를 구축했다. 그러
나 북한군은 7월 14일에 금강을 도하[15]했으며, 1대대 근처에 있는 포병대를 급
습했다. 1대대는 7월 15일에 트럭을 타고 대전으로 철수했다. 북한군의 공격이

....

13) 대안(對岸) : 강이나 호수 따위의 건너편 기슭이나 언덕[대안 ↔ 차안(此岸)]

14) 급편방어(Hasty Depense) : 통상 적과 접촉 중이거나 접적이 긴박하여 정밀 방어편성을 위한 가용시
   간이 제한될 때 편성하는 방어로, 지형의 천연적인 방어력을 개선하여 방어작전을 실시하는 특징이
   있음

15) 도하(River Crossing) : 별도의 장비나 보조수단을 이용하여 강을 건너는 것

너무나 강력했기 때문에 어쩔 수 없는 조치였다. 1대대가 대전에 도착했을 때, 이미 다른 부대들은 대전을 방어하기 위해 진지를 구축하고 있었다. 1대대는 대전의 북동쪽에 위치한 24사단의 임시 활주로를 방어하라는 임무를 부여받았다. 24사단은 북한군이 대전에 접근하기 전에 금강 위의 모든 다리를 폭파했으나, 북한군은 성공적으로 금강을 도하하고 미군을 압박하기 시작했다.

7월 20일, 북한군은 여명공격을 개시했다. 1중대 지역에서 윌리엄스 중사와 화기소대 인원 3명은 북한군의 공격을 처음으로 발견했다. 북한군들은 북쪽에서 대전으로 이르는 주도로를 따라 공격했다. 7월 20일 아침이 밝아왔을 때, 윌리엄스 중사는 "중대진지 우측 전방 300m 지점에서 북한군이 접근하고 있습니다."라는 보고를 받았다. 그는 곧 중대가 배치된 방향으로 대규모의 북한군이 공격하는 모습을 관측했다. 잠시 후에 중대 좌측에서도 북한군이 접근하고 있다는 보고가 들어왔다. 북한군은 중대 좌·우측 측방에서 동시에 공격하고 있었다. 윌리엄스 중사는 몇 분 동안 북한군의 공격을 관측한 후에, 대대 지휘소로 뛰어갔다.

대대 지휘소는 1중대 후방 약 500m 지점에 있는 민가에 있었다. 대대 지휘소 주변에는 진흙으로 만든 높은 울타리가 쳐져 있었다. 윌리엄스 중사는 대문을 통과하여 지휘소 안으로 들어가서 "지금 적군들이 고지로 몰려들고 있습니다."라고 허겁지겁 적군의 공격상황을 보고했다. 그러자 대대장은 "윌리엄스! 너 흥분했구나!"라고 답변했다. 윌리엄스 중사가 다시 "예! 그렇습니다. 만약 대대장님께서 제가 본 것을 봤다면 대대장님도 저와 똑같이 흥분하셨을 것입니다."라고 답변했다.

이 사실을 확인하기 위해 대대장이 지휘소에서 나왔을 때, 북쪽에서 화염이 발생했다. 갑자기 적 전차, 포병, 박격포, 기관총들은 1대대 방어지역에 맹렬히 사격하기 시작했다. 대대장은 "지금 여기를 빠져나가야겠어!"라고 말하고 지휘소 안으로 돌아갔다.

동이 틀 무렵, 대대는 다시 남으로 철수하기 시작했다. 오스번 대위는 1중대를 계속 지휘했다. 그러나 후방에서 철수한 타부대 병력들이 중대로 보충되었기 때문에 더 이상 중대 건제와 편성은 의미가 없어져버렸다. 몇몇 병사들이 다시 전투화를 벗어 던지고 맨발로 걷기 시작했다. 대부분의 병사들이 제대로 먹지 못했으며, 사기는 땅에 떨어졌다. 병사들은 "우리가 살아서 일본으로 돌아갈 가능성은 거의 없다. 우린 단지 한반도에서 전쟁의 시작을 목격한 첫 번째 희생양일 뿐이야!"라고 중얼거리고 있었다.

우여곡절 끝에 그들이 다시 낙동강을 넘어 새로운 방어진지를 구축했을 때, 한국전쟁의 첫 단계가 종료되었다. 더 이상 철수할 곳도 없었다. 미군들이 한반도에 투입될 때 가졌던 자만심은 어디에서도 찾아볼 수 없었다. 단지 쓰라린 전투경험과 두려움만이 미군들의 머리에 가득 차 있었다.

배워야 할 소부대 전투기술 1

Ⅰ. 전투는 이길 가능성 99%보다는 질 가능성 1%를 고려하여 준비해야 한다.

Ⅱ. 진지 방어시 소부대는 곤충의 더듬이처럼 국지경계부대를 운용하여 적을 원거리부터 식별하여 곡사화력으로 타격해야 한다.

Ⅲ. 철수는 적과 접촉이 미약한 부대부터 지휘관의 명에 의거 조직적으로 실시되어야 한다.

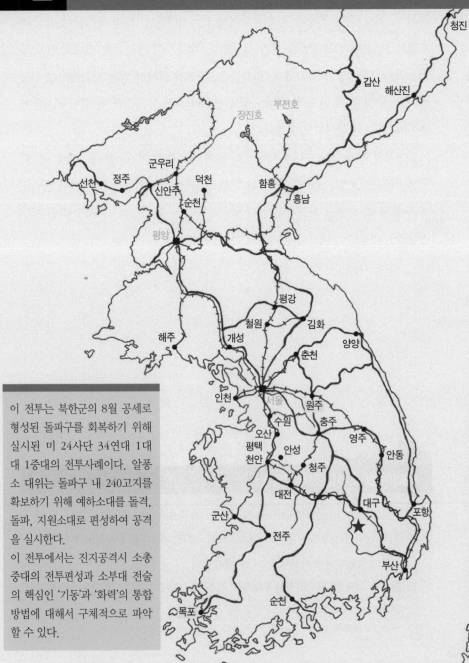

이 전투는 북한군의 8월 공세로 형성된 돌파구를 회복하기 위해 실시된 미 24사단 34연대 1대대 1중대의 전투사례이다. 알퐁소 대위는 돌파구 내 240고지를 확보하기 위해 예하소대를 돌격, 돌파, 지원소대로 편성하여 공격을 실시한다.

이 전투에서는 진지공격시 소총중대의 전투편성과 소부대 전술의 핵심인 '기동'과 '화력'의 통합 방법에 대해서 구체적으로 파악할 수 있다.

2 알퐁소 중대의 진지공격

The god of war hates those who hesitate.
Euripides : Heraclidae(circa 425 B. C.)

약 100여 명의 북한군은 1950년 8월 6일 아침부터 낙동강을 도하하기 시작했다. 그들은 미24사단 34연대가 방어(낙동강 방어선 서쪽 중앙지역)하고 있는 지역을 향해 맹공을 퍼부었다. 낙동강 방어선이 형성된 이후, 북한군이 실시한 첫 번째 공격이었다. 34연대장은 즉각 연대 예비대대를 투입하여 역습[16]을 했으나, 북한군은 낙동강 대안지역에 돌파구[17]를 형성하고 말았다. 그날 저녁 북한군은 돌파구를 확장하고, 공격기세[18]를 유지하기 위해 대규모 병력을 돌파구 안으로 투입했다.

사단장인 처치 소장(Maj. Gen. John H. Church)은 북한군의 공격으로 낙동강 방어선이 돌파되었다는 보고를 받자, 사단 예비인 9연대를 급히 투입했다. 그 후 며칠 동안 처치 소장은 사단 예하부대와 8군 사령부로부터 배속 받은 전 부대를 총동원하여 낙동강을 도하한 북한군을 공격했으나, 낙동강 차안상(미2사단 지역)에 형성된 적의 돌파구는 이에 아랑곳하지 않고 점점 더 확장되고 있었다.

8월 8일, 돌파구 안의 북한군은 연대 규모로 증강되었고, 트럭을 포함한 중장

....

16) 역습(Counterattack) : 적의 공격으로 아군의 방어지역이 돌파 당했을 때 돌파구 내 적 부대를 격멸하고 방어지역을 회복하는 것

17) 돌파구(突破口) : 아군 방어지역 중 적의 공격으로 돌파된 지역

18) 공격기세(Momentum of an attack) : 공격부대의 기동속도와 간단없는 화력이 결합된 상태

비도 도하를 완료했다. 이틀 후 북한군의 병력 규모는 2개 연대 규모로 증강되었고, 낙동강을 도하하는 병력을 엄호하기 위해 돌파구 내에서 방어진지를 구축하는 모습도 관측되었다.

힐 대령(Col. John G. Hill)의 지휘아래 사단의 남쪽을 방어하던 9연대 전 병력은 사단장의 명령으로 9월 11일 역습을 실시했다. 힐 부대는 북한군을 정면으로 공격했으나, 북한군의 강력한 저항으로 곧 혼란에 빠져버렸다. 돌파구 안에는 역습부대와 북한군이 뒤엉켜져 말 그대로 아수라장이 되어버렸고, 통신망이 두절되어 힐 대령은 장기간 지휘통제력을 상실했다. 설상가상으로 주공 대대장이 "적의 규모가 작아서 충분히 격멸시킬 수 있습니다."라고 보고하여, 9연대 지휘소의 공황은 더욱 가중되었다.

9연대의 필사적인 공격으로 낙동강 방어선의 붕괴를 일시적으로나마 막을 수는 있었지만, 북한군도 미군과 마찬가지로 반돌격[19]을 실시하여, 전선은 북한군에게 유리한 방향으로 전개되었다. 힐 부대는 8월 14일 사단으로부터 병력을 증원받아 2차 역습을 실시했지만 북한군을 몰아내기에는 역부족이었다.

8월 15일, 처치 장군은 상실한 방어지역을 회복하기 위해 돌파구를 저지하고 있던 34연대에게 공격을 지시했다. 34연대 1대대는 주공으로 편성되어, 붕괴된 방어선의 좌측 지역에서 공격할 예정이었다. 주공임무를 부여받은 1대대장은 다시 1중대를 대대의 주공으로 편성하여 북한군과의 혈투에 돌입하게 된다.

미 8군 사령부는 힐 부대(9연대)에게 포병화력과 전술공군 사용의 우선권을 부여했다. 그러나 그날 아침부터 비가 내리기 시작했고, 산 중턱에 구름이 형성되어 힐 부대의 관측과 화력유도를 방해하기 시작했다. 결국 기상악화로 포병과 전술공군의 화력지원을 받을 수 없게 되었다. 힐 대령은 포병과 전술공군의 지원 없이 공격을 감행하기로 결정했다.

....

19) 반돌격(反突擊) : 북한군의 역습

다음 날인 8월 16일, 1중대장은 1소대장인 쉴러 중위(Lt. Melvin D. Schiller)를 불러 간단하게 공격계획에 대해 설명해 주었다. 중대 돌격소대[20] 임무를 부여받은 쉴러 중위는 분대장들을 데리고 높은 고지로 올라가서 중대가 공격할 공격로와 목표를 그들에게 설명해 주었다. 1대대의 목표는 2.4km 길이의 산 능선이었고, 높이는 약 200m였다. 또한 목표지역에는 산마루를 타고 여러 개의 봉우리가 형성되어 있었다. 15분간의 공격준비사격이 진행되는 동안, 1중대는 쉴러 소대를 선도로 목표지역을 향해 동남쪽으로 접적전진[21]을 실시했다. 접적전진 간 적과의 교전은 없었다. 1중대가 능선 아래지역에 도착하자마자 공격준비사격[22]이 끝났고, 중대는 신속히 공격대형으로 전개했다.

1중대는 능선을 타고 북서쪽 방향으로 공격을 시작했다. 이틀 전에 2중대가 이 지역에서 참담한 패배를 맛보았기 때문에, 1중대원들은 어느 정도 어려운 전투가 전개될 것이라고 예상하고 있었다. 그러나 쉴러 소대는 아무런 저항 없이 능선을 따라 75m를 전진했다. 그때 쉴러 소대 좌측에서 북한군의 기관총이 불을 뿜기 시작했고, 놀란 쉴러 소대원들은 지면에 바짝 엎드렸다. 그러자 1중대장은 무전으로 "1소대는 현 위치에서 적 방향으로 즉각 응사하고, 2소대는 1소대를 초월하여 계속 공격하라!"라고 명령했다. 2소대장인 쉬아(Lt. Edeard L. Shea) 중위와 부소대장인 콜린스 중사(SFC. Roy E. Collins)는 걱정스러운 눈빛을 서로 교환했다. 왜냐하면 2소대 대부분이 전투경험이 없거나 3일 전에 보충된 신병들로 구성되었기 때문이었다.

....

20) 소총중대는 3개의 소총소대로 편성되어 있다. 중대 공격 간에는 예하 소대를 돌격소대, 돌파소대, 지원소대로 운용한다.

21) 접적전진(Advance to Contact) : 적과 접촉을 유지하거나 회복하기 위하여 실시하는 공격작전의 한 형태

22) 공격준비사격(Preparation Fire) : 공격제대의 공격을 지원하기 위하여 공격개시 전에 적의 진지, 물자, 화력지원수단, 통신시설 및 지휘소, 관측소 등에 대하여 시간계획에 따라 지상화기, 공중폭격 또는 함포 등을 이용하여 실시하는 예정사격

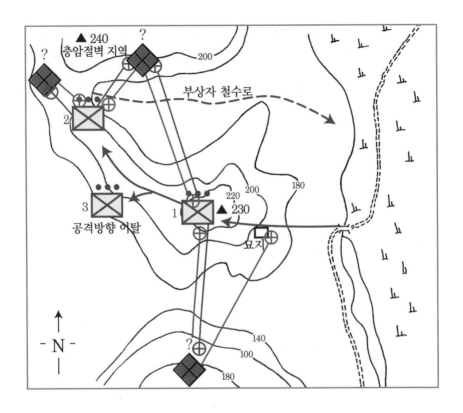

쉬아 중위는 소대원들에게 따라오라는 손짓을 하고, 능선을 올라가기 시작했다. 그가 큰 걸음으로 걸어가고 있었을 때, 좌측의 적 기관총진지를 가리키며 "저기를 봐라!"라고 소대원들에게 말했다. 2소대가 1소대를 초월하려고 할 때, 갑자기 적의 기관총이 발사되기 시작했다. 2소대도 땅에 엎드릴 수밖에 없었다. 쉬아 중위는 쉴러 중위가 엎드려 있는 무덤가로 포복해 갔다. 쉴러 중위는 소대의 공격을 방해하는 기관총 진지의 정확한 위치를 파악하려고 노력했다. 쉴러 중위가 기관총탄이 무덤 위쪽으로 지나는 것을 인지한 후에, 서로를 바라보며 "적 기관총진지는 우리의 위치보다 낮은 곳에 있다."라고 쉬아 중위에게 말했다. 두 명의 소대장이 계속해서 적의 정확한 위치를 찾기 위해 무덤 주위를 돌아다니고 있었다. 그때 적의 기관총탄이 쉴러 중위의 철모를 정확히 맞췄다.

그 총알은 철모에 튕겨나가 쉴러 중위의 어깨를 관통하고 쉬아 중위의 대퇴부에 박혔다. 부상당한 두 소대장은 즉각 소대원들에게 적을 향해 사격할 것을 지시했다. 이 사격으로 적의 사격이 잠잠해졌다. 이에 중대장인 알퐁소 대위(Capt. Albert F. Alfonso)는 소대장들에게 능선을 따라 계속 공격하라고 지시했다. 그러나 2소대장인 쉬아 중위는 부상이 심각하여 더 이상 이동할 수가 없었다. 이에 중대장은 며칠 전에 중대에 보충된, 베테랑 깁슨 상사(MSgt. Willie C. Gibson)를 2소대장에 임명하였다.

1소대와 2소대는 상호 엄호하며 교대로 전진했다. 한 소대가 기동하면 다음 소대는 화력으로 엄호했다. 이처럼 1중대는 소부대 전술의 핵심인 기동과 사격을 반복하면서 능선의 남서쪽 끝에 위치한 230고지에 도착했다. 1중대가 230고지에 도착한 시간은 아침 8시 30분이었다. 거기에는 방금 판 것 같은 진지들이 있었으나 적은 보이지 않았다.

230고지를 지나서는 계속 내리막길이었다. 240고지는 230고지로부터 360m 떨어진 곳에 층암절벽으로 형성되어 있었다. 240고지는 중대의 공격방향의 우측에 위치하고 있었는데, 고지 정상에서는 중대의 우측면을 효과적으로 타격할 수 있는 적 기관총 진지가 있었다. 230고지와 240고지 사이는 마치 말의 안장과 같이 움푹 들어간 지형이었다. 중대가 230고지에서 공격준비를 하고 있는 동안에 북한군 몇 명이 안부지역에서 바쁘게 움직이고 있었다. 또한 층암절벽 위에서는 230고지를 향해 기관총을 발사하기 시작했다.

알퐁소 대위는 전투경험이 많은 깁슨 상사에게 층암절벽 앞의 안부를 지시하면서 "안부지역을 따라 공격하라!"라고 지시했다. 그리고 1소대장에게 "230고지 정상에서 2소대를 화력으로 엄호하고, 특히 적 기관총이 발사되면 즉각적으로 제압사격을 실시하여 적을 잠재워라."라고 지시했다. 1소대의 엄호 하에 2소대는 능선을 따라 약 500m 가량을 전진했다. 알퐁소 대위 또한 3소대장을 불러 "2소대가 안부에 진입하면, 너희 소대도 2소대를 후속하여 돌격진지를 점령하고,

2소대의 지원 하에 목표로 돌격해라!"라고 명령했다.

집슨 상사는 어느 정도 기동한 후에 목표부근재집결지[23]를 점령하고 소대원들을 소산시켰다. 그리고 부소대장과 분대장들을 집합시켜 "현재 위치에서 목표를 향해 돌격이 용이한 지역에 돌격진지[24]를 다시 점령한다. 이를 위해 반개 분대 규모의 정찰대를 운용한다. 정찰대의 임무는 목표부근에 접근하여 적 장애물 지역과 기관총진지의 정확한 위치를 파악하고, 소대를 돌격진지로 안전하게 유도하는 것이다."라고 말했다. 명령하달이 끝나자 2소대 4개 분대는 재빨리 공격 대형으로 전개되었다. 집슨 상사는 첫 번째와 두 번째 분대 사이에 위치했다. 그리고 콜린스 중사에게 "너는 소대 후미에 위치해서 공격 간 낙오하거나 이탈하는 병사들을 통제해라!"라고 말했다. 정찰대장에는 태평양 전쟁에 참전한 경험이 있는 브레넨 상병(Cpl. Leo M. Brennen)이 임명되었다. 그는 갑자기 휴대했던 수류탄을 뽑아들면서 나머지 정찰대원들에게 "내가 앞에 설 테니까, 너희들은 일정한 간격을 유지하면서 날 따라와라!"라고 말했다.

브레넨 상병은 엄폐물을 찾아 지그재그로 목표를 향해 뛰기 시작했다. 이 시간이 아침 8시 45분이었다. 3명의 병사도 15m의 간격을 두고 브레넨 상병과 똑같이 행동했다. 그러나 남서쪽과 북쪽 능선에 배치된 적 기관총진지에서 이들을 향해 사격을 실시했다. 정찰대는 기관총사격을 피해 몸을 숨겼다. 4명의 정찰대가 출발한 이후에, 북쪽 층암절벽 위에 배치된 북한군의 기관총사격이 더욱 맹렬해졌다. 그 결과 1소대 두 명이 눈과 목에 총을 맞아 그 자리에서 전사했다.

나머지 2소대원들은 정찰대가 간 통로를 따라 목표지역으로 계속 접근해갔다. 또한 3소대도 2소대가 전진하자 2소대를 후속하여 두 번째 봉우리를 향해 기동

....

23) 목표부근재집결지(Objective environs Re-assembly area) : 공격제대가 목표 지역에서 취할 행동을 준비하기 위하여 목표부근 일대에 선정하는 장소

24) 돌격진지(Assault Position) : 돌격·돌파소대가 최종적인 돌격준비를 위해 목표부근에 점령하는 장소

했다. 이때 2소대 병사 한 명이 "지금부터는 살얼음을 걷는 것과 같을 거야!"라고 말했다. 그러나 나머지 소대원들은 긴장하지 않고 개인 간격을 약 10~15보를 유지하며 전진했다. 그런데 갑작스런 북한군의 기관총 사격으로 소대 후미에 있던 시모뉴 상병(Cpl. Joseph H. Simoneau)이 발과 어깨에 부상을 입었다. 그는 "나 맞았어!"라고 소리치고, 콜린스 중사 쪽으로 쓰러졌다. 콜린스 중사는 시모뉴 상병을 부축했고 위생병을 불렀다. 그리고 2소대 후미에 위치하고 있던 3소대장이 시모뉴 상병의 부상을 인지한 후, 신속하게 은·엄폐물을 이용하여 시모뉴 상병에게로 다가갔다.

2소대는 목표까지 5분 거리도 안 되는 위치를 통과하고 있었다. 2소대는 정찰대의 안내로 아무런 피해없이 목표부근까지 도착하여, 정찰대가 이미 수색한 돌격진지에 진입했다. 돌격진지에서 깁슨 상사는 부소대장인 콜린스 중사에게 정찰대를 이끌고 목표부근의 적 진지를 정찰하라고 지시했다. 이에 정찰대는 목표지역으로 출발했다. 잠시 후 브레넨 상병이 적의 주진지로부터 이격되어 있는 기관총 진지를 발견했다. 거기에는 북한군 3명이 있었는데, 그들은 마치 휴식을 취하고 있는 것 같았다. 그 기관총진지는 브레넨 상병 전방으로 6m 지점에 있었다. 브레넨 상병은 수류탄 한 발을 던졌다. 그가 수류탄을 던졌을 때, 그는 그의 좌측에서 적들의 움직임을 감지했다. 브레넨 상병이 좌측으로 고개를 돌렸을 때, 또 다른 기관총 진지를 발견했다. 그는 기관총 진지를 향해 15발 정도를 사격했고, 동시에 적도 그를 향해 사격을 했다. 브레넨 상병은 자신이 적 기관총사수들을 죽였다고 생각했다. 그러나 잠시 후 브레넨 상병은 다리에 관통상을 입었다. 그는 적의 사격을 피해 능선 아래로 굴러 내려갔다. 그 후 상호 간의 치열한 교전이 전개되었다.

2소대가 돌격진지에 도착했을 때, 그들은 작은 능선 위에 사격지원진지[25]를 점령했다. 그들은 적에게 사격하기 위해 지면에 바짝 붙어서 얼마 떨어지지 않은 적 진지를 관측했다. 몇 분 동안에 발생한 3~4명의 부상자들은 적의 사격을 피해 브레넌 상병이 굴러 떨어진 능선아래쪽으로 내려갔다. 거기서 깁슨 상사는 위생병과 함께 부상병들을 치료했다.

브레넌 상병이 부상당한 지점에서 콜린스 중사가 적의 진지를 찾기 위해 정찰 활동을 계속했다. 그는 수류탄의 안전핀을 검지를 이용하여 반쯤 잡아당긴 상태에서 움직였다. 그 또한 안부지역에서 적의 기관총진지를 발견했다. 그를 발견한 북한군들이 기관총사격을 하자, 콜린스 중사는 후방의 사격지원진지가 있는 곳으로 재빨리 뛰어갔다. 갑자기 북한군이 사격지원진지 쪽으로 기관총 사격을 집중했다. 콜린스 중사는 자신이 가지고 있던 수류탄을 적 기관총진지가 있는 능선 위를 향해 던졌고, 수류탄이 폭발하자 북한군들이 진지에서 튕겨져 나왔다. 콜린스 중사가 다시 고개를 들어 적 기관총진지를 보자, 다른 북한군이 기관총을 인수하여 재장전하고 있었다. 콜린스 중사는 소총으로 그 북한군을 사살했다. 이때 3소대 부소대장인 폴리 중사(SFC. Regis Foley)가 콜린스 중사 옆으로 다가왔다.

콜린스 중사는 "나머지 소대원들은 어디에 있지?"라고 폴리 중사에게 물어봤다. 폴리 중사는 "소대장님과 병사들이 도중에 어디론가 사라져버렸다. 나와 몇 명의 병사만이 여기에 도착했어!"라고 대답했다. 콜린스 중사는 폴리 중사에게 "폴리 중사! 저쪽 끝(층암절벽 위)에 기관총 진지 보이지? 저놈들이 고개를 들지 못하도록 여기서 병사들을 통제해서 사격해!"라고 말했다.

콜린스 중사는 엄폐물을 이용하여 사격지원진지 주변을 이동하면서 소대 상황을 파악하기 시작했다. 병사들은 각자 탄포 2줄과 M1 탄약 176발을 지급받았지만 몇 명의 병사들은 이미 탄약이 떨어진 상태였다. 콜린스 중사는 이 난관을 극복하기 위해서는 탄약부터 보급받아야 한다고 느꼈다. 그는 3소대가 사라진 사

....

25) 사격지원진지(Fire Support Position) : 돌파 및 돌격소대의 기동을 지원하고 적 부대를 사격으로 고착 또는 제압하기 위하여 지원소대가 점령하는 진지

실과 북한군들이 우리의 위치를 식별하여 정밀사격을 하고 있다는 사실을 소대원들에게 숨겼다. 대신 콜린스 중사는 소대원들에게 "3소대가 곧 도착할 것이고, 중대장님이 곧 탄약을 재보급해줄 것이다."라고 말했다. 2소대원들은 능선 위에 배치된 적 기관총진지를 파괴하기 위한 수류탄이 절실히 필요했다.

콜린스 중사는 부상자나 전사자의 탄약을 수거해 소대원들에게 재분배하기 위해서 사격지원진지와 부상자들이 있는 능선 주변을 샅샅이 뒤졌다. 대부분의 2소대원들은 탄약 재보급이나 부상 치료가 절실히 필요했다. 적과의 근접전투가 전개되는 동안 층암절벽 위의 적 기관총은 2소대의 노출된 후방을 향해 총구를 돌렸다. 1소대가 2소대를 엄호하기 위해 층암절벽 위에 배치된 적 기관총진지를 향하여 사격을 하자, 북한군은 1소대가 배치된 230고지로 총구를 돌렸다. 1소대의 엄호사격이 강력했기 때문에 적의 기관총사격은 곧 잠잠해졌다. 잠시 후에 적은 엄청난 양의 탄을 1소대 지역에 쏟아부었다. 그 결과 1소대는 더 이상 2소대를 엄호할 수 없었다.

무전기에서 "여기는 중대장! 지금 즉시 전 중대원들은 철수하라!"라는 명령이 흘러나왔다. 중대장의 명령을 전달하기 위해 콜린스 중사는 8분 동안 뛰어다녔다. 소대의 오른쪽 끝에 있었던 사디 상병(Cpl. Joseph J. Sady)이 수류탄이 필요하다고 소리치고 있었다. 그는 "적들도 지금 철수하고 있다."라고 소리쳤다. 콜린스 중사는 중대장의 명령을 사디 상병에게 전달했으며, 그에게 수류탄을 주어 적 기관총 진지에 던지게 했다. 사디 상병은 "적 기관총진지에 있는 북한군들을 죽여야 합니다."라고 말했다. 그러나 사디 상병으로부터 10보 거리에 있던 북한군이 사디 상병의 머리를 향해 사격을 하고, 사디 상병이 쓰러지고 말았다.

콜린스 중사는 다시 중대장의 명령을 전달하기 시작했다. 소대의 좌측 끝에 있던 폴리 중사가 머리에 피를 흘리며 능선에서 내려왔다. 그는 적 기관총탄에 의해 생긴 바위 파편조각에 의해 머리가 찢어졌다. 콜린스 중사는 폴리 중사의 머리를 붕대로 응급처치를 했고, 그에게 "중대장님에게 가서 화력지원 및 병력

보충을 요청해!"라고 말했다. 폴리 중사가 떠나자마자 2소대는 탄약이 다 떨어졌다.

설상가상으로 소대 병력도 이미 절반 이하로 줄었기 때문에 적과 접촉을 단절하고 철수할 수밖에 없었다. 잠시 후 중대 행정보급관이 2소대 지역에 도착했다. 그와 함께 온 중대본부 병력과 위생병들은 부상병을 데리고 능선 아래로 내려갔다. 부상병은 총 6명이었는데, 그중 2명이 심각한 상태였다. 깁슨 상사는 능선 사이의 계곡을 따라 부상병들을 후송하기 시작했다.

돌격진지에서 흑인 병사인 클래본 일병(PFC. Edward O. Cleaborn)이 계곡을 따라 내려가는 부상병들을 엄호하기 위해 층암절벽 위에 있는 적 기관총진지를 향해 사격을 집중했다. 그는 능선 위에 서서 층암절벽 정상을 향해 사격을 했다. 그는 계속해서 기관총을 조작하려는 북한군을 사살했다. 그는 매우 흥분했고 탄약을 요청하면서 최대 발사속도로 적을 사살했다. 그는 "덤벼! 이놈들아! 한 번 해보자고."라고 계속해서 외쳤다. 콜린스 중사는 그에게 땅에 엎드리라고 말했다. 그러나 클래본 일병은 "제가 엎드리면 적을 볼 수가 없습니다."라고 말했다. 갑자기 산 능선에서 뛰어 나온 북한군 한 명이 전사자에게서 탄약을 분리하고 있던 콜린스 중사를 덮쳤다. 그 북한 병사는 콜린스 중사의 허리를 꽉 부여잡았다. 이 장면을 본 클래본 일병은 즉시 능선 위에서 달려 내려왔다. 북한 병사가 아무런 저항도 없이 콜린스 중사의 뒤에 숨자, 콜린스 중사는 클래본 일병에게 그를 죽이지 말고 원래 위치로 돌아가라고 지시했다. 콜린스 중사는 부상자를 후송하고 있는 깁슨 상사에게 이 포로를 인계했다.

폴리 중사가 중대장의 철수명령을 가지고 2소대로 돌아왔을 때, 부상자 후송이 한참 진행 중이었다. 소대의 좌측에서 사격을 하던 인원들은 부상자의 후송을 도왔다. 오직 6명만이 사격지원진지에 남았다. 그들 대부분은 탄약이 거의 떨어져서 백병전에 대비하여 착검을 했다. 콜린스 중사는 남은 병사들에게 적 진지를 향해 화력을 집중한 후 철수하라고 지시했다. 클래본 일병을 제외한 5명의 병사들은 한 탄창씩 사격하고 철수하기 시작했다. 그러나 클래본 일병만은 재장전하여 사격할 준비를 하고 있었다. 그가 사격을 하기 위해 능선으로 올라갔을 때, 그는 머리에 관통상을 입고 즉사했다. 콜린스 중사와 남은 5명의 병사들은 그들의 공격로였던 능선을 타고 철수하기 시작했다.

그들이 1소대가 있는 작은 능선에 도착한 시간은 중대가 공격한지 47분이 지난, 아침 9시 30분이었다. 아침에 공격을 시작한 2소대원 36명 중에 10명 만이 부상을 입지 않았다. 9명의 부상자들은 걷거나 들것에 의하여 계곡을 따라 도로로 옮겨졌으나, 후송 도중 3명이 죽었다. 그리고 나머지 소대원들은 모두 전사했다. 결국 1대대의 공격은 중지되었다. 34연대의 다른 예하부대도 1대대와 같은 상황이었다. 어쩔 수 없이 34연대장은 처치 소장에게 공격을 중지할 것을 건의했고, 결국 34연대는 현 위치에서 급편방어로 전환하여 상급부대의 지원을 기다려야만 했다.

배워야 할 소부대 전투기술 2

Ⅰ. 공격에서 소부대 전술의 핵심은 '기동'과 '사격'을 반복하여 전투력을 집중하는 것이다.

Ⅱ. 소총중대의 진지공격은 전투집단(戰鬪集團)[26]을 돌격소대, 돌파소대, 지원소대로 편성하여 실시한다.

Ⅲ. 소부대 공격시 정찰대를 적극적으로 운용하여 적 상황을 면밀히 파악해야 한다.

....

26) 전투집단(戰鬪集團) : 전투편성 시 중대급 이상의 부대는 '제대'로 명하고 중대급 이하의 분대는 '전투집단'이라고 명함.

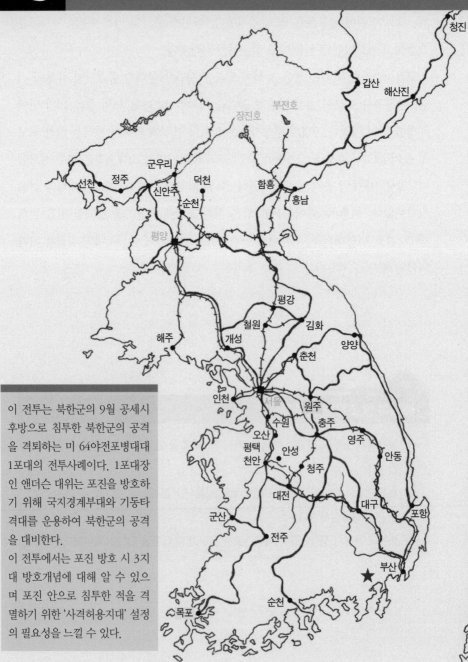

청진

갑산
해산진

부전호

장진호

군우리

선천 정주
신안주 덕천
순천 함흥
흥남

평양

평강

철원 김화
해주 개성 양양
춘천

인천 서울
원주

수원 충주
오산
평택 영주
안성 안동
천안 청주

대전

군산 대구
포항

전주

부산

목포 순천

이 전투는 북한군의 9월 공세시 후방으로 침투한 북한군의 공격을 격퇴하는 미 64야전포병대대 1포대의 전투사례이다. 1포대장인 앤더슨 대위는 포진을 방호하기 위해 국지경계부대와 기동타격대를 운용하여 북한군의 공격을 대비한다.

이 전투에서는 포진 방호 시 3지대 방호개념에 대해 알 수 있으며 포진 안으로 침투한 적을 격멸하기 위한 '사격허용지대' 설정의 필요성을 느낄 수 있다.

3 앤더슨 포대의 포진 방호

Two field artillery traditions: "Continue the mission," and "Defend the guns" must be instilled in all artillerymen.

The Artillery School

1950년 8월 말과 9월 초의 상황을 보면 북한군의 승리는 얼마 남지 않아 보였다. 북한군은 남해안을 따라 공격하여, 유엔군의 유일한 보급항인 부산을 향해 최후 공세를 준비하고 있었다. 이에 미 8군 사령관 워커 장군은 한반도 최후의 보루인 부산을 지켜내고 총 반격을 실시할 교두보로 낙동강 방어선을 선정하여, 모든 부대들에게 8월 1일부로 낙동강 방어선으로 철수하도록 명령했다. 미군은 왜관 남쪽으로부터 마산까지 약 110km에 4개 사단과 1개 여단을, 국군은 왜관에서 포항까지 약 60km에 4개 사단을 배치하여 한반도의 운명을 건 전투에 돌입하게 된다.

9월 초, 북한군은 미 2사단과 25사단이 방어 중인 낙동강 방어선 남쪽 끝 지역에 강력한 공격을 개시했다. 이 공격으로 낙동강 방어선은 일시적으로 붕괴되었고, 북한군 일부 부대가 미군의 후방지역으로 침투하여, 미군의 방어체계에 일대 혼란을 가져오기도 했다. 북한군의 첫 번째 공격으로 미 25사단 35연대 방어지역은 1950년 9월 3일 자정을 막 넘긴 시간에 함락되었다. 이 공격으로 1대대 2중대는 방어지역에서 이탈했으며, 2중대와 대대본부는 포위되었다. 이후 북한군은 후방으로 계속 침투하여 포병진지를 공격하기 시작했다. 그중 35연대를 직접 지원하던 64야전포병대대 1포대는 북한군과 가장 치열한 교전을 치뤘다.

9월 2일과 3일에 1포대는 하남 북쪽으로 4km 떨어진 곳에서 포진을 점령하고 있었다. 포진에는 마산과 진주를 연결하는 철로와 보급로로 활용되는 큰 도로가 동에서 서로 발달되어 있었다. 또한 큰 도로에서 하남으로 뻗어나가는 좁은 도

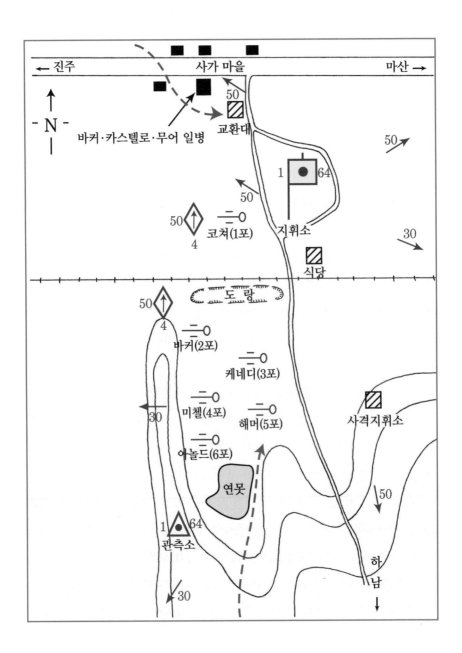

로가 있었는데, 그 교차로 주변에는 '사가'라는 작은 마을이 있었다. 그리고 철로 남쪽 옆에는 약 1.2m 깊이의 도랑이 형성되어 있었고, 큰 도로로부터 360m 떨어진 지역에 마치 작은 사발 또는 반원같이 생긴 낮은 능선이 형성되어 있었다.

1포대장인 앤더슨 대위(Capt. Leroy Anderson)는 북한군의 후방침투를 대비하여 포진 방호에 필요한 모든 조치를 취했고, 그 일환으로 포진의 크기를 가능한 한 최소화시켰다. 그 결과 철도 남쪽(능선 부근)에는 5문의 곡사포가 배치되었고, 나머지 포는 철로 북쪽에 배치되었다. 즉, 포대는 철로를 기점으로 양분되었다.

사격지휘소는 남쪽 능선 하단부에 위치했다(1.2m 깊이의 참호를 파고, 그 안에 텐트를 설치하여 사격지휘소를 구성하였음). 통신과는 철로 북쪽의 참호에서 교환대를 설치했는데, 이곳은 통신과 병력들이 숙식하고 있는 민가로부터 남으로 약 15~20m 떨어진 곳이었다.

앤더슨 대위는 포진 주변 10개소에 국지경계부대를 운용했다. 이 국지경계부대는 구경 50기관총 진지 4개소, 구경 30기관총 진지 3개소, 관측소 겸 청음초 1개소, 구경 50기관총을 탑재한 반궤도식 M16 차량 2대로 구성되었다. 이 경계부대 중 4개소는 능선에 배치되었고, 유선으로 중대지휘소와 통신망을 구축했다. 나머지 경계부대는 각 포진에서 소리치면 들릴 만한 위치에 배치시켰다.

9월 3일 새벽 2시 45분까지 1포대는 35연대를 직접지원하고 있었다. 밤이 되자 1포대 주변에는 짙은 안개가 꼈다. 파커 상사(Msgt. William Parker, 통신반장)가 처음으로 적의 침투를 감지했다. 그는 교환대 주변에 서 있었는데, 여러 명의 거동수상자가 큰 도로를 따라 이동하는 모습을 보았다. 그는 그들에게 "거기 누구요?"라고 불렀다. 그러자 그들은 파커 상사에게로 계속 접근했다. 파커 상사는 "정지!"라고 소리쳤다. 그러나 검은 그림자는 계속해서 움직였다.

3명의 북한군은 반궤도차량에 장착된 기관총을 뽑아서 도로로 내려오고 있었다. 그들은 도로 쪽으로 몇 걸음 걸어간 후에 도랑으로 들어갔고, 그들이 가지고 있던 기관총을 포진을 향해 거치한 다음 사격을 시작했다. 거의 동시에 다른 방향에서도 적의 사격이 시작되었다. 사격이 가장 치열했던 곳은 포대를 감싸고 있던 낮은 능선이었다. 1포대의 남쪽 끝에서 3정의 기관총을 든 북한군들은 1포대 국지경계부대에 사격을 가했고, 그들의 첫 번째 사격이 끝나자 그들은 '사가' 마을로 진입하여 다른 국지경계부대를 공격했다. 처음부터 북한군은 철로로 나누어진 1포대의 북쪽과 남쪽에서 동시에 공격을 시작한 것이다.

무선반장인 롤스 중사(SFC. Herbert L. Rawls, Jr.)는 파커 상사가 북한군들과 교전하는 모습을 보고 있었다. 북한군의 공격을 인지한 롤스 중사는 신속히 민가로 뛰어가서 자고 있던 통신반 인원들을 깨워 전투준비를 시켰으며, 교환대로 가서 교환병들에게 이 사실을 알렸다. 교환대 주변의 참호에 있던 퍼슬리 중사(SFC. Joseph R. Purslry, 유선반장)는 통신선을 연결하고 있었다. 롤스 중사가 교환대에 갔을 때 북한군 병사가 나타났고, 그는 곧 자동소총으로 교환대 인원들을 사살했다. 그리고 확인사살 차원에서 교환대 안으로 수류탄을 던졌다. 그 폭발로 교환대에 있던 3명 중에 2명이 전사했고, 피처 상병(Cpl. John M. Pitcher)만 가벼운 부상을 입고 살아남았다. 이후 피처 상병은 2구의 시체 옆에서 밤새도록 교환기를 조작했다.

불과 몇 분 동안 일어난 일이었다. 맥퀴티 상병(Cpl. Bobbie H. McQuitty)은 기관총이 장착된 3/4톤 트럭 위로 올라갔다. 그는 도로 주변에 트럭을 주차시켰다. 트럭이 도착하자 사가 마을에 있던 북한군은 신속히 총구를 돌려 트럭을 지향했다. 맥퀴티 상병과 북한군은 3m도 안 되는 거리에서 서로를 조준했다. 그러나 맥퀴티 상병의 기관총은 작동하지 않았다. 맥퀴티는 어쩔 수 없이 트럭에서 뛰어내려서 논을 가로질러 어디론가 뛰어갔다.

여러 명의 병사들이 북한군을 발견했으나, 그 누구도 북한군이 있는 사가 마을을 향해 기관총사격을 할 수 없었다. 왜냐하면 사가 마을 민가에서 통신반 인원들이 숙식을 하고 있었기 때문이었다.

민가의 어느 한 방에 바커 일병(PFC. Harold W. Barker), 카스텔로 일병(PFC. Thomas A. Castello), 무어 일병(PFC. Sanford B. Moore)이 있었다. 바커 일병이 먼저 방을 나갔다. 그는 몇 발짝도 못 가서 북한군을 만나게 되었다. 그러자 그는 신속히 방향을 바꿔 다시 방으로 달려갔으나, 그가 방문에 도착하기 전에 전사했다. 카스텔로 일병과 무어 일병은 그를 방 안으로 끌어당겼으며, 그들은 방에 계속 남아 있기로 결정했다. 그들은 바커 일병을 방바닥에 올려놓고 가능한 한 벽 가까이에 붙어 있었다. 불행한 일이 발생했다. 바커 일병과 카스텔로 일병은 2마리의 강아지를 방에다 가둬놓고 지내고 있었다. 그런데 그 강아지들이 종이를 씹어 요란한 소리가 났다. 그러자 옆방에서 다른 병사 한 명이 그 소리를 북한군이 수색하고 있는 것으로 착각하고 방을 뛰쳐나갔다. 그러나 그가 방을 나가자마자 문 밖에 서있던 15~20명의 북한군 병사들과 마주치게 되었다. 북한군은 그 병사의 입에 총을 쏴버렸다.

북한군이 나타난 지 몇 분 후에 통신반 인원 5명이 죽었고, 나머지는 부상을 입었다. 잠시 후 북한군은 2정의 기관총으로 곡사포를 향하여 난사를 했다. 그렇지만 그 누구도 북한군에게 대항하지 않았다. 심지어 그 지역에서 1포대원 자취조차 찾아볼 수 없었다.

교환대 근처에서 북한군의 사격이 시작되자 남쪽 능선에 배치된 국지경계부대가 북한군을 향해 기관총사격을 시작했다. 이 중 2정은 좌측 능선에 배치된 기관총이었고 나머지 한 정은 우측 능선에 배치된 기관총이었다. 능선 가까이에 배치된 5문의 곡사포 중 3문은 이 엄청난 기관총탄도 아래에 놓여 있었다. 이제야 비로소 1포대 전원은 북한군의 공격을 감지하게 되었다. 그러자 1포대원들은 곡사포 주변의 참호로 뛰어 들어가 전투준비를 시작했고, 기관총 사수들도 사격준비를 하기 시작했다. 그리고 사격지휘소에서도 적의 사격방향과 규모를 파악하기 시작했다. 이처럼 북한군의 공격에 대한 1포대의 조치는 즉각적이지 못했다.

그러는 동안에 해머 상사(Msgt. Frederick J. Hammer, 5포반장)가 통제하는 곡사포 주변으로 북한군들이 여러 발의 수류탄을 던졌다. 이 중 한 발이 참호 안에서 터져, 한 명이 죽고 여러 명이 부상을 당했다. 그리고 다른 수류탄들은 105미리 탄약을 저장해 놓은 탄약고에 떨어져 큰 폭발이 일어났다. 이에 좌측 능선에 배치된 국지경계부대는 폭발지역으로 사격을 실시했으나, 북한군은 이미 사라진 뒤였다.

그 시간 대대장은 1포대 사격지휘소에 전화를 걸어 "35연대에 대한 화력지원을 중지한 이유가 뭐야!"라고 호통을 쳤다. 상황장교인 베일리 중위(Lt. Kincheon H. Bailey, Jr)는 "확인하고 다시 보고드리겠습니다."라고 대답했다. 전화를 받는 중에도 기관총 소리가 들렸지만, 베일리 중위는 별로 대수롭지 않게 생각했다. 그 이유는 포진으로부터 얼마 떨어지지 않은 곳에서 보병들이 전투를 하고 있었기 때문이었다. 대대에서 걸려온 전화를 끊은 후, 베일리 중위는 자세한 상황을 파악하기 위해 포반에 전화를 걸었다. 해머 상사와 다른 포반장들은 북한군들이 포진으로 침투했다고 보고했다. 그러나 아놀드 중사(SFC. Ernest R. Arnold)가 지휘하는 6포반은 북한군과 교전 중이었기 때문에 유선전화를 받을 수 없었다. 베일리 중위는 북한군의 침투 사실을 대대에 보고하고 상황을 직접 파악하기 위해 사격지휘소를 나갔다.

대대는 1포대가 35연대에 대한 사격 지원을 중지한 이유를 알게 되었다. 해머 상사는 화약고가 타고 있는 것을 보고 "포반 전원은 철로 근처에 있는 도랑으로 피신하라!"라고 지시했다. 몇 명의 병사는 자신들의 기관총을 뽑아 도랑으로 들어갔다. 그러는 동안에 코츠르 상사(Msgt. Germanus P. Kotzur)가 철로 북쪽에 있는 곡사포로 뛰어가서 "지금 북한군들이 남쪽 능선에 있으니까 포사격을 해라! 빨리!"라고 말했다. 그러나 포탄은 사격지휘소 텐트에 떨어지고 말았다. 다행히 베일리 중위는 이미 사격지휘소를 나온 상태였다.

그때 해머 상사의 탄약고에서 장약이 타기 시작하여 환한 불빛을 발산했다. 저 멀리 떨어진 곳에서도 1포대에서 발생한 불빛을 관측할 수 있었다. 베일리 중위가 해머 상사가 지휘하는 포반에 도착했을 때, 그는 북한군이 곡사포 주위에서 걸어다니는 것을 보고 해머 포대원들이 모두 죽거나 도망쳤다고 생각했다. 그는 다른 곡사포로 신속히 달려가서 포반장에게 능선을 향하여 신속히 포사격을 하라고 지시했다.

2문의 곡사포에서 18발의 포탄이 약 120~150m 떨어진 남쪽 능선에 떨어졌다. 또한 베일리 중위는 이미 북한군에 의해 점령된 해머 상사의 포반을 향해 기관총사격을 하라고 지시했다. 5~10분 동안 북한군을 향해 기관총사격을 실시했고, 여러 발의 수류탄을 던졌다. 그때 베일리 중위와 코츠르 상사는 철로 부군의 도랑으로 부하들을 이동시키기로 결정했다. 그들은 포사격을 멈추고 부하들을 집합시켜 도랑으로 이동시켰다. 이들의 엄호를 위해 바커 중사(SFC. John E. Barker, 2포반장)는 구경 50기관총이 탑재된 2·1/2톤 트럭에 탑승하여 북한군을 향해 기관총 사격을 실시했다. 케네디 중사(SFC. John C. Kennedy, 3포반장)는 바커 중사를 도와 기관총 부사수 역할을 했다. 이 두 사람이 사격하자 주변의 탄약고가 폭발하기 시작했다. 1포대 어디에서든 바커와 케네디 중사를 볼 수 있었다. 바커 중사는 병사들이 안전하게 도랑으로 피신할 때까지, 약 10분 동안 5박스(약 1,250발)의 기관총탄을 사격했다. 포대장인 앤더슨 대위는 곡사포나 참호 주변에 자신의 부하들이 남아있는지 확인하기 시작했다.

모든 1포대원들이 철로 부군 도랑에 도착한 시간은 새벽 3시 15분이었다. 도랑에는 낮에 1포대에 방문한 25사단의 신부인 쉐그 대위(Capt. John T. Schag)도 있었다. 사격이 다시 시작되었을 때, 쉐그 신부는 1포대의 방어진지로 사용되고 있는 도랑에서 병사들을 심리적으로 안정시켰다. 부상병들은 도랑 한 쪽으로 모였고 위생병들은 그들을 치료했다. 포대장과 코츠르 상사는 도랑에 방어진지를 편성하기 위해 병력들을 재편성했다. 사격지휘소에 남아 있는 3명, 교환대를 운용하고 있는 피처 상병, 사가 마을에서 조용히 숨어 있는 바커, 카스텔로, 무어 일병을 제외한 모든 1포대원은 도랑에 있었다.

비록 피아 간에 소총 사격이 끊이지는 않았지만, 1포대가 도랑에서 진지를 강화한 후 북한군의 행동은 점차 감소되었다. 대대장인 호건 중령(Lt. Col. Arthur H. Hogan)은 현재 상황을 파악하기 위해 여러 번 1포대에 무전을 날렸지만, 아무런 대답이 없었다. 호건 중령은 대대 참모들과 2 · 3포대장에게 "1포대를 지원할 준비를 해!"라고 지시했다. 사격지휘소에 남아 있던 프란시스 중사(SFC. Jones F. Francis, 작전담당관)가 도랑으로 뛰어왔다. 그는 베일리 중위에게 "대대에서 155미리 사격을 지원한다고 합니다."라고 말했다. 그러자 베일리 중위는 "그거 좋은 생각이다."라고 말했다. 프란시스 중사는 신속히 사격지휘소로 복귀하여 대대에 155미리 사격요청을 했다. 호건 중령은 1포대의 남쪽 고지에 대한 정확한 제원을 가지고 있었기 때문에, 첫 발을 정확히 남쪽 고지에 떨어뜨렸다. 베일리 중위는 즉시 사격지휘소에 소리를 쳐서 "우로 50, 줄이기 100, 효력사!"라고 소리쳤다. 베일리 중위의 효력사 요청을 듣자, 주의의 사람들이 그의 사격요청을 정정하도록 요청했고, 베일리 중위는 "줄이기 50, 효력사!"라고 다시 소리를 질렀다. 잠시 후 155미리 2발이 북한군이 우글거리는 남쪽 능선에 떨어졌다.

갑자기 전차엔진 소리가 들렸다. 전차들이 마산-진주간 도로를 따라 내려와 북한군에게 사격하기 시작했다. 이 전차들은 어디론가 뛰어간 맥퀴티 상병이 이끌고 온 것이었다. 비록 해가 뜰 때까지 산발적인 소총 사격이 피아 간에 계속 이루어졌지만, 전차의 지원으로 북한군의 활동은 급격히 감소했다. 곧 북한군은 사라졌고 1포대원들은 곡사포의 피해정도를 파악하기 위해 각자의 포반으로 돌아갔다. 국지경계부대도 다시 배치되었다.

북한군의 공격으로 1포대원 7명이 전사했으며 12명이 부상을 당했다. 또한 4대의 트럭과 1대의 곡사포 바퀴가 파손되었다. 전투가 끝난 후에, 1포대 지역에서 북한군 시신 21구가 발견되었다. 앤더슨 대위는 철로 북쪽에서 포대를 재편성하여 35연대에 대한 직접지원을 재개했다.

배워야 할 소부대 전투기술 3

Ⅰ. 집결지(포진)는 적 위협에 대비하여 3지대[27] 방호개념에 의거 집결지 방호계획을 수립해야 한다.

Ⅱ. 집결지 방호계획 수립 시 적의 침투에 대비하여 집결지 내에 '사격 가용지역'과 '사격 불가지역'을 사전에 선정하고 모든 병사에게 교육해야 한다.

....

27) 3지대(Zone) : 집결지 편성 시 적의 기습을 방지하기 위해 순차적으로 설정한 차단선, 1지대는 집결지 외곽진지에서 소총 유효사거리인 460m를 초과하는 지역을 의미함. 3지대는 집결지 내 핵심 방호시설, 즉 지휘소나 탄약고 등을 의미하고 2지대는 3지대를 제외한 1지대 내부의 전지역을 의미함.

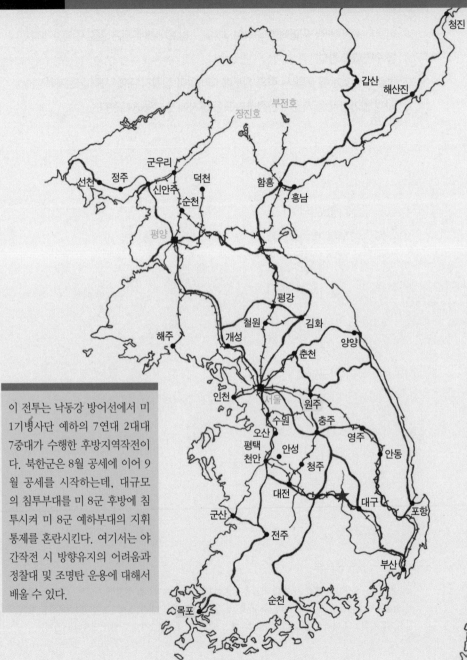

청진

갑산 · 해산진

부전호

장진호

군우리

선천 · 정주 · 덕천 · 함흥

신안주 · 순천 · 흥남

평양

평강

철원 · 김화

해주 · 개성 · 양양

춘천

인천 · 서울 · 원주

수원 · 충주

오산 · 영주

평택 · 안성 · 안동

천안 · 청주

대전 · 대구

군산 · 포항

전주

부산

목포 · 순천

이 전투는 낙동강 방어선에서 미 1기병사단 예하의 7연대 2대대 7중대가 수행한 후방지역작전이다. 북한군은 8월 공세에 이어 9월 공세를 시작하는데, 대규모의 침투부대를 미 8군 후방에 침투시켜 미 8군 예하부대의 지휘통제를 혼란시킨다. 여기서는 야간작전 시 방향유지의 어려움과 정찰대 및 조명탄 운용에 대해서 배울 수 있다.

4 웨스턴 중대의 후방지역작전

Effective pursuit requires the highest degree of leadership and initiative.

FM 70-40 : Infantry Regiment(January 1950)

미군이 한국전쟁에 개입한 지 8주가 흘렀다. 그러나 국제사회의 기대와는 달리 미군과 국군은 한반도의 1/10도 안 되는 지역에 방어진지를 구축하고 북한군과 피 말리는 전투를 벌이고 있었다.

1950년 9월 1일, 미 8군의 낙동강 방어선은 북부전선과 서부전선으로 크게 나뉘어졌다. 북부전선은 왜관-다부동-포항을 연하는 선으로 주로 국군이 방어를 하고 있었는데, 좌로부터 미 1기병사단, 국군 1사단, 국군 6사단, 국군 8사단, 국군 수도 사단, 국군 3사단이 배치되었다. 서부전선은 천연장애물인 낙동강을 최대한 활용하여 미군이 방어하고 있었는데, 북으로부터 영국군 27여단, 미 2사단, 미 25사단이 배치되었다.

이 중 미 1기병사단은 낙동강의 북부전선과 서부전선이 접합하는 지점에서 방어를 하고 있었다. 그러나 미 1기병사단이 방어하는 지점은 서울로부터 들어오는 2개의 간선도로가 통과하고 있었기 때문에 최단시간 내에 부산을 점령하고자하는 북한군의 집중적안 공격을 받게 되었다.

미 1기병사단을 공격하는 북한군은 제3공격집단으로서 105전차사단(-), 1사단, 13사단, 3사단으로 편성되어 있었다. 이들의 공격은 대구 북방 20km 지점에 있는 왜관에 집중됨으로써 대구를 위협하고 있었다.

북한군은 왜관에 배치된 1기병사단의 방어선을 정찰한 다음 방어 밀도가 약한

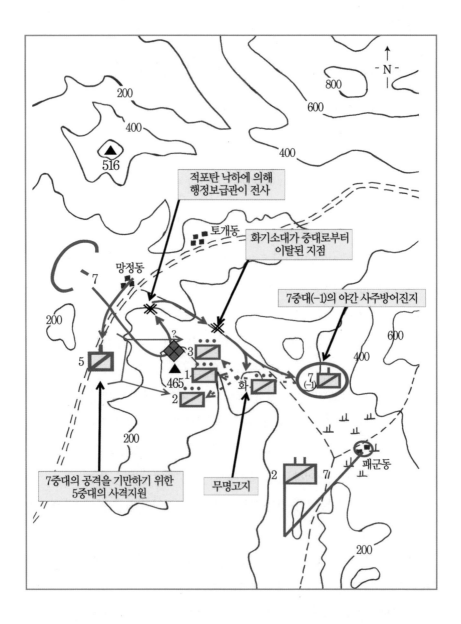

적포탄 낙하에 의해
행정보급관이 전사

화기소대가 중대로부터
이탈된 지점

7중대(-1)의 야간 사주방어진지

7중대의 공격을 기만하기 위한
5중대의 사격지원

무명고지

허점을 찾아내어 1기병사단 후방으로 침투했고, 저명한 지형지물인 516고지와
465고지를 점령하였다. 그 결과 미 1기병사단은 전방과 후방에서 동시에 전투를
수행해야 하는 불리한 입장에 처하게 되었다.

1기병사단은 후방에 침투한 북한군들을 격멸하기 위해 예비대를 투입하려고 했으나 그럴만한 병력이 없었다. 왜냐하면 전방에서 공격해오는 북한군의 공격이 너무나 거세 대부분의 예비대를 이미 전방으로 투입해버렸기 때문이었다. 그 결과 포병이 전투정찰을 실시해야만 했고, 공병대대는 보병대대로 변해버렸다. 심지어 부사단장은 사단 본부대 인원과 가용한 기술병과 인원을 재편성하여 사단 예비대로 조직할 정도였다.

9월 초의 상황은 점점 악화되어 갔다. 그중 9월 4일과 5일에 있었던 7기병연대의 후방지역작전은 가장 심각했었다. 당시 북한군 침투부대는 465고지를 확보하고 있었다. 그러자 사단장은 7기병연대의 예비 대대(2대대)를 차출하여 후방지역(465고지)에 있는 적을 격멸하라고 지시했다.

2대대는 즉시 연대 후방지역으로 이동하여 적 은거예상지역에 대한 수색을 실시했고, 그중 7중대는 465고지를 수색하였다.

9월 6일 새벽, 주위는 가랑비로 젖고 있었다. 7중대장인 웨스턴 대위(Capt. Herman L. West)는 무전으로 "지금부터 이동을 개시한다. 이동 순서는 1소대-2소대-중대본부-3소대 순이다. 지금부터 이동개시!"라고 지시했다. 7중대원들은 이미 적들이 자신들의 후방에 침투해 있다는 사실을 알았기 때문에 조심스럽게 사주방어를 하면서 이동했다. 드디어 465고지 일대에 도착했다. 그러나 무거운 장비나 탄약을 운반하는 병사들은 빗길에 넘어지곤 했다. 우여곡절 끝에 7중대원들이 465고지 정상 부근에 도착한 것은 아침 8시가 넘은 시간이었다.

중대장은 중대원들에게 휴식을 지시하고 1소대장과 함께 고지 정상으로 나아갔다. 이들은 잠시 후, 아침을 준비하고 있는 북한군 3명을 발견하게 되었다. 웨스트 대위는 즉시 손짓으로 1소대에 완수 신호를 보냈다. 1소대는 쏜살같이 기동하여 적군 3명을 사살했다.

웨스트 대위는 "465고지 정상에는 북한군이 더 있을 것이다."라고 1소대장에게 말했다. 그리고 나서 "귀관은 현 위치에서 사격지원진지를 점령하라! 2소대가

1소대의 엄호 하에 남쪽으로 우회하여 465고지 정상을 공격할 것이다."라고 무전기로 단편명령을 하달했다. 그러자 2소대는 1소대의 엄호 하에 465고지를 공격하기 위해 조심스럽게 기동을 시작했다.

오그덴 중위(Lt. Larry Ogden)가 지휘하는 2소대가 고지 정상에 거의 도착했을 때, 북한군은 사격을 하기 시작했다. 이에 웨스트 대위는 포반에 "465고지 정상으로 고폭탄 및 연막탄을 지원하라!"라고 지시했다. 그러자 2소대는 즉시 고지 정상에서 후퇴하기 시작했다. 1소대도 2소대의 철수를 지원하기 위해 465고지 정상부근으로 화력을 집중하기 시작했다.

다시 정상 아래로 내려온 7중대는 주변 경계를 철저히 하면서 소산했다. 웨스트 대위는 무전기로 "소대장들은 중대장 위치로 집합하라!"라고 지시했다. 소대장들이 모이자 웨스트 대위는 "적의 사격이 강력하다. 그들의 측방이나 후방으로 접근할 수 있는 접근로를 찾아야 한다. 그렇지 않으면 중대의 피해는 엄청날 것이다."라고 말했다.

잠시 후, 오그덴 중위는 소대원 4명을 이끌고 정찰을 나갔다. 그러나 어디에서도 465고지에 이르는 무방비 접근로를 찾을 수는 없었다. 북한군은 465고지 정상에 사주방어진지를 점령하고 아군의 접근을 원천봉쇄한 것이다. 그날 전투로 인해 7중대원 중 7명이 전사하고 5명이 부상을 입었다.

오후 2시가 되자 비가 그치고 따뜻한 햇볕이 비추기 시작했다. 웨스트 대위는 대대의 추가적인 지원을 요청하기 위해 무전을 쳤지만 대대의 나머지 부대들도 7중대와 같은 상황에 봉착하고 있었다.

얼마 후에 대대에서 새로운 공격계획을 7중대에 보내왔다. 명령지에는 "7중대는 서쪽에서 정면공격을 하지 말고 어두워질 때까지 기다렸다가 465고지를 우회하여 465고지 동쪽에 공격대기지점을 점령하라! 그리고 의명 465고지 정상으로 공격하라!"라고 적혀 있었다.

웨스트 대위는 모든 준비를 마치고 날이 저물기를 기다렸다. 물론 어두워질 때까지 자세한 기동계획을 작성하고 소대장들과 사판을 이용하여 여러 차례 예행연습을 실시했다. 7중대는 저녁 7시가 되자 이동을 시작했다. 웨스트 대위는 "적의 관측과 사격으로부터 은폐 및 엄폐될 수 있도록 북쪽으로 이동한 다음에 다시 동쪽으로 이동한다."라고 무전을 날렸다.

　7중대가 이동하는 길은 바위가 여기저기 놓여져 있었기 때문에 기동력을 발휘하는 데는 제한사항이 많았다. 특히 들것으로 부상자를 운반하는 병사들에게는 짜증 그 자체였다. 설상가상으로 무전기도 고장나버렸다. 중대는 어둠 속에서 길을 더듬어 가듯이 조심스럽게 움직였다.

　몇 시간이 지났다. 아마 7중대는 1.6km도 이동하지 못했을 지점이었다. 갑자기 포병화력이 7중대 우측에 떨어지기 시작했다. 너무 가까운 거리에서 포탄이 떨어졌기 때문에 병사들은 땅바닥에 바짝 엎드려 있었다. 이렇게 두 번의 포병사격이 7중대 부근에 떨어졌다. 그중 한 발이 중대장과 행정보급관 사이에 떨어졌다. 그 포탄이 바위 위에 떨어져 파편이 웨스트 대위 등에 튀겼다. 웨스트 대위는 잠시 정신을 잃었지만 심한 부상을 입지는 않았다. 천만다행이었다.

　잠시 후 화기부소대장인 링크 중사(SFC. Alvin W. Link)가 행정보급관 옆으로 가서 "행정보급관님! 이제 가시죠!"라고 말했다. 그러나 행정보급관은 아무런 반응을 보이지 않았다. 행정보급관은 포격으로 인해 전사한 것이다.

　웨스트 대위는 사체를 수습한 다음에 소대장들에게 "어떠한 경우라도 사격을 해서는 안 된다. 만약 우리가 사격을 하지 않는다면 주요 고지에 있는 북한군들은 우리들을 자기편으로 생각하고 우리의 접근을 허용할 거야!"라고 명령하고 다시 이동을 개시했다.

　중대는 계속 동에서 서로 가로지르는 소로가 나올 때까지 이동을 계속했다. 소로가 나오자 7중대는 동남쪽으로 방향을 돌려 약 1.6km를 더 이동했다. 그런데 어둠과 부상자들로 인해 중대의 대열이 끊게 되었다. 이때 화기소대장을 포함한 20명의 병사들이 길을 잃고 어디론가 사라져버렸다. 웨스트 대위는 그들을 찾으려고 했으나 어둠으로 움직일 수가 없었다. 웨스트 대위는 실종된 20명의 병사들을 찾기 위해 현 위치에서 날이 밝을 때까지 대기하기로 결정했다.

화기소대장인 안그레그 중위(Lt. Anderegg)는 자신들이 중대와 떨어져 있다는 사실을 알게 되었다. 안그레그 중위는 잠시 생각하더니 오던 길을 다시 되돌아가기로 결정했다. 당시 화기소대는 부상자 3명을 운반하고 있었고 경기관총 1정과 박격포 1문을 가지고 있었다. 소대 선두에는 부소대장인 리드 상사(Msgt. Reed)가 서 있었다. 이들은 어둠 속에서 세 번이나 북한군을 만났지만 아무도 사격을 하지 않았다.

리드 상사는 저 앞에서 북한군으로 보이는 거수자와 마주쳤지만 아무런 일이 발생하지 않고 각자의 길을 갔다. 중대장의 말대로 북한군들은 화기소대가 사격을 하지 않자 이들을 자기편으로 오인한 것이었다. 한 번은 휴식시간에 잠에 곯아떨어져서 출발신호를 듣지 못한 병사들을 찾아야 하는 상황이 벌어졌다. 안그레그 중위는 "링크 중사, 토보도 상병! 좀 전에 휴식했던 장소로 가서 그 다섯 명을 찾아와라!"라고 지시했다. 새벽 3시 30분쯤 되자 링크 중사는 그 다섯 명을 찾아 화기소대로 복귀했다. 이들이 도착하자 안그레그 중위는 몇 분간 더 이동했고, 평지가 나오자 소대원들에게 휴식시간을 부여했다. 이들은 판초우의를 뒤집어쓰고 담배를 피우더니 몇 분 후에는 모두 잠들어 버렸다.

한 시간도 되지 않아 날이 밝기 시작했다. 안그레그 중위는 소대원들을 깨웠다. 그는 부소대장에게 "가능하면 고지 정상으로 가까이 가서 주변을 정찰해봐라! 잘하면 중대가 있는 곳이 보일지도 모른다. 설령 보이지 않더라도 동쪽으로 가는 길을 잘 살펴보도록 해!"라고 지시했다. 리드 상사는 링크 중사와 몇 명의 병사를 데리고 고지로 올라가기 시작했다. 그들이 고지 정상 부근에 도착했을 때 해가 막 떠오르고 있었다. 리드 상사는 자신들이 현재 465고지 동쪽 1.2km 지점에 있다는 사실을 알게 되었다.

리드 상사는 불길한 느낌이 들어 주변을 살펴보았다. 역시나 북한군들이 파놓은 진지들이 여기저기 있었다. 리드 상사는 자신들이 북한군에게 발각되기 전에 "주위의 진지에 투입하라!"라고 지시했다. 리드 상사는 총 4개의 호에 2명씩 투입시켰다. 그러는 동안 링크 중사는 기관총 호를 하나 골라서 토보도 상병과 하퍼 일병에게 기관총을 거치하라고 지시했다. 기관총 거치가 끝나자 토보도 상병은 소나무 가지로 가려져 있는 인접호로 걸어 나갔다.

토보도 상병은 몇 분간 그 진지를 유심히 살펴보더니 "리드 상사님! 저 호에 누군가 있는 것 같습니다."라고 말했다. 잠시 후, 링크 중사가 다가오더니 토보도 상병에게 "호 안에 미군이 있어?"라고 물어보았다. 그 호에서 아무런 반응이 없자 링크 중사는 토보도 상병에게 "그쪽을 잘 감시해라!"라고 말하고 고지 정상으로 정찰을 떠났다. 링크 중사는 정찰을 마치고 리드 상사에게 "정상에 북한군이 있습니다."라고 보고했다.

바로 그때 안그레그 중위가 올라와서 "좋아! 그러면 북한군을 쓸어버리자!"라고 말했다. 그런데 잠시 후에 고지 정상에서 총격전이 시작되었다. 안그레그 중위는 순간 "중대장님께서 전투를 하고 계시는 거 아냐?"라고 생각했다. 그래서 병사 4명을 고지 정상으로 보내 상황을 파악하라고 지시했다.

리드 상사는 화기소대원들을 공격대형으로 전개시키고 있었고, 토보도 상병은 아직도 의심되는 진지를 감시하고 있었다. 리드 상사가 토보도 상병에게 가서 "너, 지금 뭐하냐?"라고 말했다. 토보도 상병이 의심되는 진지를 손으로 가리키자 리드 상사는 그 호로 접근해서 소나무 가지를 제쳤다. 거기에는 4명의 북한군이 쪼그려 앉아 있었다.

리드 상사는 나오라고 손짓을 했으나 북한군들은 움직이지 않았다. 리드 상사는 장교로 보이는 북한군을 끌어내려고 했으나, 그는 리드 상사의 손을 뿌리치고 달아나 버렸다. 하퍼 일병은 그를 사살했다. 하퍼 일병이 사격을 실시하자 다른 병사들도 의심되는 진지로 사격을 실시했다. 나중에 진지를 확인해 보니 거기에는 북한군들의 시체가 널려 있었다.

링크 중사는 고지 정상에서 주변을 살펴보고 있었다. 링크 중사는 약 50m 떨어진 곳에서 북한군들이 머리를 드는 모습을 발견했다. 잠시 후 리드 상사가 병사들을 이끌고 링크 중사 옆으로 접근했다. 링크 중사가 북한군의 위치를 말하자 리드 상사는 병사들을 이끌고 그들을 공격하기 시작했다. 리드 상사는 북한군이 있는 진지 우측으로 우회한 후, 돌격하여 사격을 가했다. 리드 상사는 몇 명의 북한군을 죽이고는 여기저기 이동하며 진지를 수색하기 시작했다. 거기에는 소년병이 있었다. 리드 상사는 차마 죽이지 못하고 투항하라고 손짓을 했다. 그러나 소년병은 투항을 거부했다. 그러자 리드 상사는 소대에 있는 국군을 오라고 해서 소년병에게 투항을 권유하게 했다. 마침내 소년병은 포로가 되었다.

리드 상사는 고지 정상을 종회무진하며 7명의 북한군을 더 죽이고 2명의 포로를 획득했다. 리드 상사는 더 이상 북한군이 없자 병사들에게 주변을 수색하라고 지시했다. 적 진지에서 장교로 보이는 북한군의 가방을 열자 적의 지도와 작전일지를 발견할 수 있었다.

화기소대가 465고지에서 동남쪽으로 1.2km 떨어진 무명고지에서 북한군을 소탕하고 있을 때, 북한군 3명이 7중대가 사주방어하고 있는 곳으로 접근하고 있었다. 이 3명의 북한군은 미군 복장을 하고 있었기 때문에 아무도 사격을 하지 않았다. 그러자 누군가 수하를 했다. 그러자 3명의 북한군들은 달아나기 시작했고 7중대원들은 일제히 사격을 하여 적들을 사살했다.

그러자 도처에서 적의 기관총 사격이 날아오기 시작했다. 웨스트 대위는 중대 사주방어진지가 이미 적에게 포위당했다는 느낌을 받았다. 동시에 서쪽에서도 교전 소리를 들었다. 웨스트 대위는 "저것은 안그레이 소대가 교전을 하고 있는 것이다."라고 말했다. 웨스트 대위가 위치한 곳은 평지였기 때문에 적의 사격에 대단히 취약했다. 그래서 웨스트 대위는 안그레이 소대 쪽으로 공격을 하기로 결정했다.

무전기도 고장이 났기 때문에 대대로부터 화력지원도 요청할 수 없었다. 그래서 연막 수류탄을 던져 적의 사격과 관측을 은·엄폐하고 기관총 사수들에게 적 의심지역으로 사격을 가하게 한 다음 동쪽으로 나아갔다. 잠시 후에 안그레그 중위가 파견한 4명의 병사와 만나게 되어 화기소대의 위치를 알게 되었다. 이들은 결국 아침 8시에 합류하였다.

웨스트 대위가 화기소대가 있는 무명고지에 도착했을 때, 주변을 살펴보았다. 쌍안경으로 동남쪽을 바라보는 순간 몇몇 미군들이 움직이는 모습이 포착되었다. 웨스트 대위는 즉각 정찰대를 편성하여 미군들이 있을 것 같은 패군동으로 투입했다. 웨스트 대위는 정찰대장으로 임명된 2부소대장에게 "가서 미군들이 있으면 7중대가 무명 고지 위에 있다고 전해! 그리고 무전기를 가져와! 귀관이 무전기를 가져오는 순간 중대는 다시 465고지 방향으로 공격을 재개할 것이다. 알았지?"라고 말했다.

웨스트 대위는 패군동으로 정찰대를 보내고 또 다른 정찰대를 편성하여 465고지로 투입했다. 이번 정찰대는 1부소대장이 인솔했다. 그런 다음 웨스트 대위는 나머지 중대 간부를 집합시킨 다음, 주변 경계를 강화하라고 지시하고 "중대 공격은 야간에 실시한다. 우선 화기소대는 이 무명고지 전사면으로 이동하여 사격 지원진지를 점령하라! 그리고 3개 보병소대는 3개의 통로를 따라 동시에 공격을 한다. 이때 1소대는 중앙 통로를 따라, 2소대는 좌측 측면을 따라, 3소대는 우측 측면을 따라 공격을 한다. 화기소대는 3개 소대가 적 진지에 도착하기 전에 사격을 해서는 안 된다. 사격 시기는 중대장이 기관총 사격을 목표에 집중하면 그 예광탄을 보고 사격을 할 수 있도록!"이라고 공격명령을 하달했다.

20시가 되자 패군동으로 보냈던 정찰대가 도착했다. 2부소대장은 "중대장님! 패군동에는 우리 대대 본부가 있습니다. 무전통화 준비되었습니다."라고 보고했다. 무전기에서는 반가운 목소리가 흘러나오고 있었다. 바로 대대장님이었다. 웨스트 대위는 대대장과 무전통화를 하고 현재의 상황을 보고했다. 대대장은 "지난 밤 총격전을 듣고 7중대가 전멸한 줄 알았네! 그리고 자네 계획 잘 전달받았네! 대대에서 지원해줄 사항이 무엇인가?"라고 말했다. 그래서 웨스트 대위는 "오늘 밤 22시에 465고지로 공격할 것입니다. 조명탄과 고폭탄 지원을 요청하는 바입니다."라고 말했다. 그러자 대대장은 "알았네! 건투를 비네!"라고 답변했다.

465고지로 정찰을 나간 1부소대장이 돌아왔다. 그는 "중대장님! 적들은 지금 465고지에서 서쪽방향으로 방어를 하고 있습니다. 그들의 동쪽은 무방비입니다."라고 보고했다.

웨스트 대위는 신속히 대대에 무전을 쳐서 "대대장님! 516고지와 465고지 사이에서 작전을 하고 있는 아군 부대가 있습니까?"라고 물어봤다. 잠시 후 대대장은 "5중대가 516고지를 공격하기 위해 망정동 일대에 투입되어 있네!"라고 말했다. 웨스트 대위는 "그렇다면 5중대에 연락을 해서 21시 45분에 465고지 서쪽으로 접근하여 정확히 22시까지 사격을 해달라고 협조를 부탁드립니다."라고 말했다. 그러자 대대장은 "22시 이후에는 어떠한 경우라도 사격을 중지해야겠지?"라고 답변하였다. 웨스트 대위는 "예, 그렇습니다."라고 대답하고 무전을 마쳤다.

21시가 되자 웨스트 대위는 각 소대에게 공격명령을 하달했다. 각 소대는 은밀히 465고지를 향해 접근했으며, 웨스트 대위는 중대본부를 이끌고 중앙 통로를 따라 1소대를 후속했다. 7중대는 적과 접촉 없이 465고지 부근에 도착했다.

이 시각이 21시 30분이었다. 7중대는 5중대의 사격이 시작될 때까지 465고지 후사면에 있는 목표 부근 재집결지에 은폐해 있었다. 45분이 되자 서쪽에서 5중대의 사격이 실시되었다. 웨스트 대위는 각 소대장들에게 각자 통로를 따라 1소대는 465고지 중앙으로, 2소대는 465고지 좌측으로, 3소대는 465고지 우측으로 신속히 기동하라고 지시했다. 북한군들은 5중대의 사격을 받고 있었기 때문에 7중대의 기동을 눈치채지 못했다.

22시 정각이 되자 5중대의 사격은 종료되었다. 웨스트 대위는 대대장에게 "465고지 전사면에 고폭탄 지원 바랍니다."라고 무전을 날렸다. 그러자 약 1분 후에 아군의 포병탄들이 465고지 전사면을 강타하기 시작했다. 그리고 나서 조명탄이 7중대 후방 상공에서 터졌다. 그 결과 북한군은 7중대의 모습을 식별할 수 없게 되었고 7중대는 아무런 지장 없이 계속해서 공격을 할 수가 있었다.

웨스트 대위는 기관총 사수에게 465고지 정상을 향해 사격을 하라고 지시했다. 그러자 예광탄들이 고지 정상으로 날아갔고, 후방에 있는 화기소대에서도 60미리 박격포와 기관총이 불을 뿜기 시작했다. 이 사격은 약 10분 동안 계속되었고 465고지 측방으로 공격하는 2소대와 3소대는 적 진지 바로 옆까지 접근할 수 있었다.

웨스트 대위는 화기소대의 사격이 끝나자마자 적색 신호탄을 쏘아 올렸다. 그러자 3개 소대는 465고지 좌·우측과 후방에서 일제히 사격을 실시했다. 7중대의 공격을 받은 북한군들은 서둘러 총구를 자신들의 뒤쪽으로 돌리려 했지만 이미 늦었다.

중대원들은 조명탄 아래서 북한군들을 유린하기 시작했다. 북한군의 규모는 예상 외로 컸다. 약 1개 중대 규모는 되는 것 같았다. 여기저기서 총소리가 들리더니 이내 멈추고 말았다. 각 소대장은 포로들을 인솔하여 465고지 정상으로 집합했다. 웨스트 대위는 소대장들에게 주변 수색을 철저히 하여 숨어있는 적을 찾아내라고 지시했다. 수색 결과 국군과 미군 복장이 다량 발견되었다. 그리고 465고지 주변이 상세히 그려진 지도도 발견되었다.

웨스트 대위는 전투가 끝나고 대대장에게 보고했다. 운이 좋게도 몇 명의 부상자만 발생했고 전사자는 없었다. 웨스트 대위는 포로들을 이끌고 대대 본부가 있는 패군동으로 이동했다. 465고지에서의 전투는 끝났지만 7중대가 돌아가는 길에 또 다른 북한군이 침투해 있을지 모르는 상황이었다. 웨스트 대위는 소대장들에게 사주경계를 철저히 하며 이동하라고 지시했다.

이로써 이틀간의 후방지역작전은 종료되었다. 516고지에서도 5중대와 6중대의 협조된 공격으로 중대 규모의 북한군을 섬멸했다.

배워야 할 소부대 전투기술 4

Ⅰ. 야간전투에서 방향 유지는 소부대 전투의 핵심이고, 조명탄은 내 등 뒤에서 터져
야 적의 관측을 방해할 수 있다.

Ⅱ. 적극적인 정찰대 운용은 적의 약점을 파악할 수 있고, 동시에 단절된 아군과의
접촉을 유지할 수 있다.

Ⅲ. 우군 간 피해를 최소화하기 위해서는 사전 기동계획을 인접부대와 공유해야 한다.

5 노드스트롬(Lt. Francis G. Nordstrom) 전차소대의 사격 지원

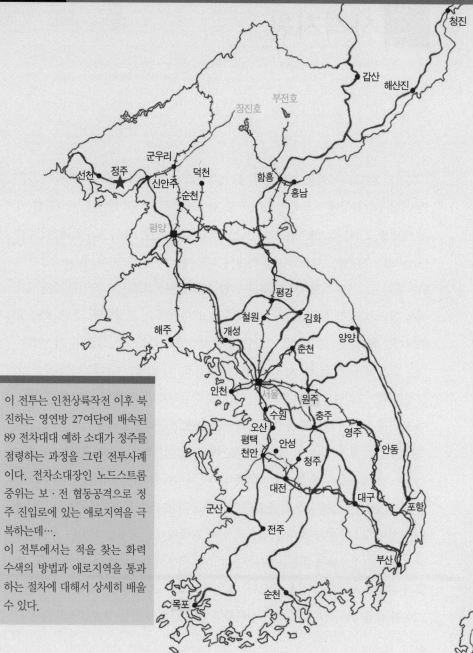

청진

갑산

해산진

부전호

장진호

군우리

덕천

함흥

선천 정주

신안주

흥남

순천

평양

평강

철원

김화

해주

개성

양양

춘천

인천

서울

원주

수원

충주

오산

영주

평택

안성

안동

천안

청주

대전

대구

포항

군산

전주

부산

목포

순천

이 전투는 인천상륙작전 이후 북진하는 영연방 27여단에 배속된 89 전차대대 예하 소대가 정주를 점령하는 과정을 그린 전투사례이다. 전차소대장인 노드스트롬 중위는 보·전 협동공격으로 정주 진입로에 있는 애로지역을 극복하는데….
이 전투에서는 적을 찾는 화력 수색의 방법과 애로지역을 통과하는 절차에 대해서 상세히 배울 수 있다.

Lt. Francis G. Nordstrom

노드스트롬 전차소대의 사격지원

Effective pursuit requires the highest degree of leadership and initiative.
FM 7-40 : Infantry Regiment(January 1950)

북한의 수도인 평양을 점령한 후에, 서부전선에 있던 미 8군의 예하 부대들은 가장 먼저 압록강에 도착하기 위해 서로 경쟁하듯 북진하고 있었다. 미 1군단 예하 영연방 27여단도 예외는 아니었다. 그러나 27여단은 왕실 호주연대, 아자일 (Argyle) · 수더랜드(Sutherland)연대의 1개 대대, 미들섹스(Middlesex)연대의 1개 대대 등 순수 보병으로 편성되어 있었기 때문에 효과적인 작전을 수행하기에는 어느 정도 한계가 있었다. 이에 8군은 27여단에 미 포병여단, 공병, 89중전차대대를 배속시켜 전투력을 보강한 후에 서해안을 따라 북진시켰다. 이 연합부대는 코드 준장(Brig. B. A. Coad)이 지휘했고, 미 기병1사단에 작전통제를 받고 있었다. 그러나 27여단은 기병1사단 및 상급부대인 1군단과 상당히 먼 거리에 떨어져 있었기 때문에 독자적인 작전을 수행할 수밖에 없었다.

1950년 10월 22일 날이 밝자, 27여단에서 편성한 특수임무부대(이하 특임대)는 한 · 만 국경을 향해 전진을 재개했다. 이 특임대의 행군장경은 약 3~4km였으며, 보병들은 전차나 트럭에 분승하여 행군의 속도는 무척이나 빨랐다. 27여단 특임대가 1개 전차 소대를 선도로 하여 파죽지세로 국경을 향하여 전진했으나, 다음 날 정오까지 적은 나타나지 않았다. 특임대가 숙천에 도착했을 때, 비교적 대규모 부대와 교전을 했으나, 그들의 저항은 조직적이지 못했다. 셋째 날 27여단 특임대는 적과 조우없이 신해주와 안주 근처에 있는 청천강을 도하했다.

그러나 적들이 박천 북쪽의 태녕강 다리를 폭파하면서 27여단 특임대는 정주 서쪽으로 진입하기 전까지 이틀 동안 적과 교전을 벌일 수밖에 없었다. 북한군은 지형의 이점을 살려 박천에서 도하하는 27여단 특임대를 효과적으로 저지했다. 적은 어렵게 잡은 승기를 지키려고 박천일대에 대규모 부대를 증원했다. 그러나 27여단장은 예하 대대장들에게 계속해서 공격하라고 지시했다. 여단장의 명령으로 예하 대대들은 8월 29일 아침부터 박천일대의 적 부대를 격멸하며 공격하기 시작했다. 선두에서 공격하는 중대는 적을 찾기 위해 모든 의심지역에 화력수색[28]을 실시했다. 그렇지만 27여단 특임대는 적들이 언제 어디서 나타날지 몰랐기 때문에 신중에 신중을 거듭했다. 코드 여단장은 특임대가 신속히 북쪽으로 기동하길 원했지만 27여단 특임대는 하루 동안 24km 밖에 전진하지 못했다.

8월 29일 특임대는 서쪽으로 전진을 재개했다. 그날의 목표는 정주였다. 미89 중전차대대로 증강된 왕립 호주대대의 4중대는 부대의 전진을 선도했다. 보병들은 하차하여 적이 있을 것이라 예상되는 도로 좌·우측을 점령하여 본대의 측방을 방호했고, 정찰기는 부대 전방에 대한 항공정찰을 실시하여 실시간 기동로 전방에 대한 적정을 기동부대에 통보해 주었다. 공군의 딕슨 중위(Lt. James T. Dickson)는 특임대 전방에서 적 전차를 발견하자 부대 전방의 적 전차에 대한 폭격을 실시하기 위해 특임대를 여러 번 정지시켰다. 정오쯤에, 부대가 높은 고지를 향하여 기동하고 있을 때, 딕슨 중위는 "전방의 고지 진입로 좌·우측에 적 전차들이 매복하고 있습니다."라고 4중대장에게 무전을 날렸다. 적 전차매복 지점까지는 약 4km의 구불구불한 좁은 도로가 나있었고 그 좌·우측에는 논이 있었다. 선두 전차소대는 천천히 적 전차가 매복을 하고 있는 계곡을 향해 전진했다. 선두 전차소대장인 노드스트롬 중위(Lt. Francis G. Nordstrom)가 적의 전

....

28) 화력수색(Fire Reconnaissance) : 기동 간 의심지역에 사격을 하여 적으로 하여금 자신의 위치가 발각되었다고 느끼게 하여 적의 사격을 유도하고 그 위치를 찾는 방법

차매복을 관측하고 "현 위치에서 정지! 신속히 차폐진지를 점령하라!"라고 지시했다.

몇 분 후에 전차대대장 돌빈 중령(Lt. Col. Welborn G. Dolvin)과 호주 보병 대대장이 노드스트롬 중위가 지휘하는 전차소대로 왔다. 그들이 공격계획을 상의하는 동안, 딕슨 중위는 공중에서 전방지역에 대해 세밀히 관측을 했다. 그러고 나서 노드스트롬 전차소대에게 적 전차매복 지점을 무전으로 알려주었다. 노드스트롬 중위는 전차장들을 집합시켜 "적 전차는 저기, 저기, 그리고 저기에 배치되어 있을 거야!"라고 말했다. 그리고 전차장들에게 사격할 표적을 할당해 주었다. 공군 전투기들은 다른 표적을 공격 중이었기 때문에 계곡 사이에 배치된 적은 특임대 자체 화력으로 격멸해야만 했다. 이에 노드스트롬 중위가 지휘하는 전차소대는 의심지역에 대해 사격을 했다. 노드스트롬 중위는 아무것도 맞추지 못했을 것이라 생각했다. 잠시 후 딕슨 중위가 "노드스트롬 중위! 내가 사격을 조정할 테니까 다시 사격하도록!"라고 말했다. 노드스트롬 소대가 전차포 사격을 조정하고 10발을 발사한 후에 마침내 의심지역에서 연기가 피어오르기 시작했다. 가솔린이 타는 것처럼 검은 연기가 피어오르고 있었다. 그러자 딕슨 중위는 전차포 사격을 중지시켰다.

그러는 동안에 두 대대장들은 차후 공격계획을 결정했다. 잠시 후 무전기에서 "현 시간부터 공격을 재개한다. 보병들이 좌 · 우측 능선을 따라 공격을 할 것이다. 노드스트롬 소대는 현재 위치에서 사격지원진지를 점령하여 좌 · 우측에서 기동하는 보병을 엄호하다가 리스트(Lt. Gerald L. Van Der Leest) 전차 소대가 도착하면 계속 공격해라! 그리고 쿡(Lt. Alonzo Cook) 전차소대는 좌측 능선을 타고 올라가 보병을 근접하여 화력지원하라!"라는 전차 대대장의 단편명령[29]이

....

29) 단편명령(Fragmentary Order) : 예하부대에 이미 발행된 명령의 내용 중 변경된 사항을 지시하는 명령으로 기 발행된 명령에 대한 적시적인 수정이 요구될 때 사용

흘러 나왔다. 무전으로 단편명령을 수령한 리스트, 쿡 전차소대는 보병을 태우고 노드스트롬 전차소대를 신속히 후속했다. 이 행렬은 13대의 전차와 2개 보병중대로 구성되었다.

리스트 전차소대가 도착하자 노드스트롬 전차소대는 최대 속도로 적이 배치된 계곡을 향하여 전진했다. 도로의 폭이 좁고 구불구불했지만 노드스트롬 전차소대는 약 3km 정도를 기동했다. 적이 배치된 지역은 우회하는 도로가 없었으므로 특임대는 이곳을 반드시 극복해야만 했다. 리스트 전차소대는 보병을 하차시키고, 노드스트롬 전차소대를 엄호하기 위해 신속히 도로 좌·우측에 사격지원진지를 점령했다. 쿡 전차소대는 도로의 좌측에서 능선을 따라 전진하였다. 사격지원진지를 점령한 전차들은 보병들의 기동을 엄호하기 위해 교차사격을 실시했다. 계곡의 폭이 좁았기 때문에 도로 좌측에 진지를 점령한 전차들을 우측 계곡으로, 도로 우측에 배치된 전차들은 좌측 계곡으로 사격할 수밖에 없었다.

노드스트롬 전차소대는 전차포와 기관총사격을 시작했다. 노드스트롬 중위는 100m 전방에서 적군들이 급하게 도로의 좌측에서 고지로 올라가고 있는 것을 관측했다. 이에 노드스트롬 중위는 기관총사격을 지시했다. 이와 동시에 적들도 노드스트롬 중위를 향해 기관총 총구를 돌리고 있었다. 이를 발견한 노드스트롬 중위는 즉각 76미리 전차포 사격을 지시했다. 첫 발은 적 기관총진지를 빗나갔으나, 주변의 나뭇잎들을 날려 보내 도로의 우측에서 매복하고 있던 적 전차진지를 식별할 수 있었다. 자신들의 위치가 노출되자 적 전차들은 전차포 사격을 실시했다. 적 포탄은 노드스트롬 중위의 머리와 전차포탑 상단의 헤지 사이를 통과했다. 이런 상황에서 그는 더 이상 사격을 통제할 필요가 없었다. 그는 즉시 철갑탄 사격을 지시했고 포수들은 1,000m 전방에 배치된 적 전차의 전면을 맞췄다. 포수들은 계속 철갑탄을 발사했고, 세 번째 사격으로 인해 적 전차에서 심한 폭발이 발생했다. 그 폭발로 인해 적 전차에서 검은색 연기가 발생했다. 검은 연기는 도로 우측에 있는 능선을 따라 동에서 북으로 이동했고, 급기야 그 지역 전체를 감쌌다. 노드스트롬 중위는 전차장인 모리슨 중사(SFC. William J. Morrison, Jr)에게 지시하여 검은 연기 속으로 기관총과 전차포 사격을 계속하도록 지시했다. 동시에 다른 전차 승무원들은 도로 좌측의 북한군을 발견하고 기관총사격을 실시했다.

노드스트롬 중위는 적이 대전차 화기를 가지고 있을 것이라 생각했기 때문에 전방으로 더 이상 전진할 수 없었다. 만약 적 전차포에 의해 전차가 파괴된다면 좁은 도로를 막아 본대의 전방진출을 지연시킬 수 있었기 때문이었다. 이에 노드스트롬 중위는 소대 전전차를 도로로부터 약 70m 이격된 곳으로 전개시켰다. 첫 번째 공격과 마찬가지로 노드스트롬 중위는 도로 좌측에 배치된 적 전차에 대해 공격을 개시했다. 두 번째 전차포가 발사되자 검은 연기가 다시 피어올랐고, 적 전차 포탑이 공중으로 약 4.5m 정도 날아갔다.

전방에서 전차포 사격이 이루어지고 있는 동안 호주 대대는 도로 양쪽의 능선을 따라 공격을 개시했다. 적들의 강력한 사격이 양쪽 능선에서 날아왔다. 이미 좌측 능선으로 진입한 쿡의 전차소대는 보병 후방에서 근접하여 전차포 사격을 지원했다.

전차포 사격 중에 2대의 전차에서 불발탄이 발생하자, 더 이상 사격을 못하고 있었다. 바로 그때 좌측 능선으로 부터 노드스트롬 소대로 전차포가 날아왔다. 노드스트롬 중위는 전차장인 리 중사(Msgt. Jasper W. Lee)에게 불발탄을 처리할 때까지 적 포탄이 날아온 곳을 향하여 기관총사격을 하도록 지시했다. 리 중사의 사격은 몇 분간 지속되었다. 불발탄 처리가 완료되자 숙달된 전차포 사격술을 보유한 노드스트롬 전차 소대는 좌측 능선을 향해 5m의 간격을 두고 일제히 전차포 사격을 실시했다. 6발의 철갑탄을 발사한 후에 또 다른 섬광과 함께 폭발음이 들렸고 주변의 나무는 타오르고 있었다.

몇 분 후에 적 자주포 공격(당시 적은 상황이 급박하여 자주포를 곡사가 아닌 직사화기로 운용했음)이 시작되었다. 그것은 아마 우측 능선에서 발사된 것처럼

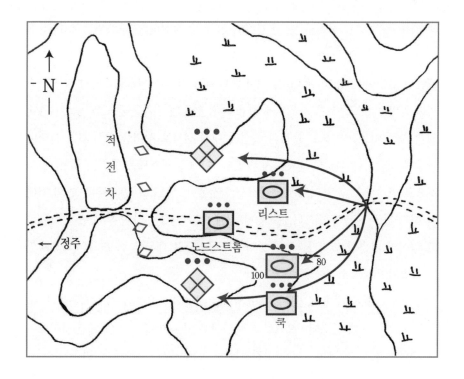

보였다. 적 자주포탄은 노드스트롬 전차 포탑으로부터 약 30cm 높이로 구경 50 기관총과 무선 안테나 사이를 지나갔으나, 도로 좌측에서 임무수행 중인 쿡 전 차 소대에 명중하여 4명의 전차 승무원이 중상을 입었다. 노드스트롬 중위는 검 은 연기 때문에 정밀사격을 할 수 없었다. 어쩔 수 없이 노드스트롬 중위는 도 로 우측의 능선 정상을 향하여 철갑탄을 발사하도록 지시했다. 노드스트롬 중위 는 이 사격으로 인해 적들이 자신들의 위치가 노출되었다고 믿게 하여, 그들의 움직임을 감지하려고 했다. 그때 다른 녹색포탄이 노드스트롬 중위의 전차 옆을 지나갔고 전차 우측에서 터졌다. 이에 노드스트롬 중위는 전 소대에 동일 지역 에 최대 발사 속도로 전차포를 발사하도록 지시했다. 잠시 후에 적의 반응은 멈 추었고, 노드스트롬 중위는 포탄을 아끼기 위해 사격을 중지시켰다. 그런데 갑 자기 전방 고지 부근에서 적의 사격이 재개되었다. 그러나 전방에는 뚜렷한 적의 행동이 없었다. 쿡 중위는 이 공격이 방금 전 자신의 전차를 파괴시킨 적 전차의 소행으로 생각하여, 파괴된 전차로 갔다. 그는 파괴된 전차에 탑승하여 적 포탄이 관통한 구멍으로부터 적 전차가 배치된 지역을 역으로 가늠했다. 쿡 중위는 곧바로 노드스트롬 중위에게 좌표로 적 전차의 위치를 통보했고, 그는 3대의 전차를 이용하여 도로 우측의 능선에 대해 전차포 사격을 실시했다. 그러나 아무런 폭발이나 섬광도 일어나지 않았다. 이에 노드스트롬 중위는 첫 번째 사격으로 연기가 발생한 지역에 재사격을 실시했다. 노드스트롬 중위는 거의 기대를 하지 않고 사격을 했으나, 운 좋게도 세 번째 전차포 사격 후 폭발음이 들렸고 곧이어 가솔린 연기가 피어올랐다. 이 공격으로 대부분 적 전차는 파괴되었고 산발적인 소총소리만 들렸다.

잠시 후에 호주 대대 보병들은 목표지역인 전방 좌·우측 고지를 점령했다. 이 공격이 오후 늦게 종료되었으므로 27여단장은 밤 동안에 그 지역에서 급편방어로 전환하라고 지시했다. 이 방어진지는 도로 좌·우측 능선을 따라 전차와 보병이 배치된 U자 형태였고, 노드스트롬 중위는 능선 사이의 도로를 경계하는 임무를 수행했다.

연기가 그쳤을 때, 좌측 능선에서 파괴된 자주포를 발견할 수 있었다. 그 자주포는 공격이 시작되었을 때는 우측 고지에 있었으나 우측 고지의 전차가 불타자 검은색 연기를 이용하여 신속히 좌측 고지로 진지변환을 실시한 것으로 판명되었다. 결국 쿡 중위가 지시한 좌표는 정확했으나, 이 자주포가 좌측 능선으로 진지변환을 했기 때문에 우측 능선에 대한 노드스트롬 전차 소대의 공격은 효과가 없었던 것이었다.

밤 9시, 적 보병들은 전차를 파괴하기 위해 U자 형태로 배치된 호주대대를 공격하기 시작했다. 노드스트롬 중위가 지휘하는 전차 1소대는 도로를 경계하기 위해 도로 동쪽 100m 지점에 위치하고 있었는데, 한 시간 동안 적들의 공격을 받았다. 이에 노드스트롬 중위는 전차에 장착된 탐조등을 비춰 적의 위치를 찾아내라고 지시했다. 탐조등으로 적을 찾아내면 그 후 전차에 장착된 기관총으로 침투한 적을 사살했다. 그리고 전차 주변의 사각지대로 접근한 적에 대해서는 인접 전차에서 탐조등을 비춰주고 해당 전차 승무원들이 권총을 이용하여 적들을 사살했다. 점차적으로 북한군의 공격은 잠잠해졌으며, 나머지 밤은 더 이상 아무런 일이 일어나지 않았다. 날이 밝았을 때, 전차 1소대 주변에는 25~30구에 달하는 북한군 시체가 널려 있었는데, 그중 몇 구는 전차 바로 옆에 있었다. 아침 7시 특임대는 공격을 재개하여, 그날 오후에 정주에 입성했다. 이로써 그들은 임무를 완수했으며 특임대는 해체되었다.

배워야 할 소부대 전투기술 5

Ⅰ. 직접전진 간 적을 찾는 가장 좋은 방법은 화력수색이다.

Ⅱ. 애로지역에서의 보·전 협동공격은 반드시 '제압(직사 및 곡사화기) → 차장(연막) → 확보(보병의 능선 확보) → 개척(장애물 지역 개척)'의 순으로 실시해야 한다.

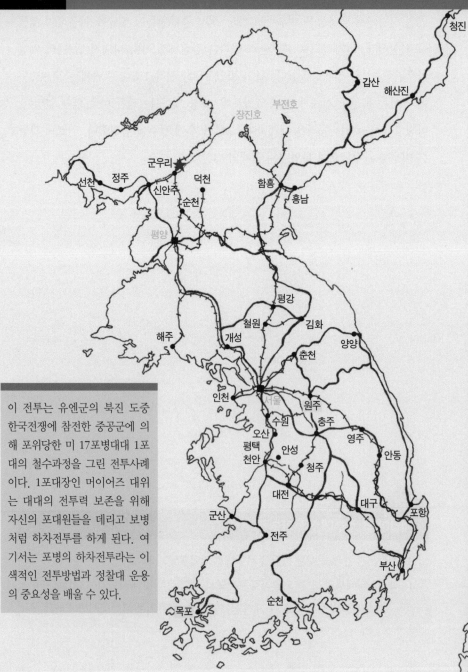

이 전투는 유엔군의 북진 도중 한국전쟁에 참전한 중공군에 의해 포위당한 미 17포병대대 1포대의 철수과정을 그린 전투사례이다. 1포대장인 머이어즈 대위는 대대의 전투력 보존을 위해 자신의 포대원들을 데리고 보병처럼 하차전투를 하게 된다. 여기서는 포병의 하차전투라는 이색적인 전투방법과 정찰대 운용의 중요성을 배울 수 있다.

6 머이어즈 포대의 하차전투

In war obscurity and confusion are normal. Late, exaggerated or misleading
information, surprise situations, and counterorders are to be expected.

Infantry In Battle

인천상륙작전 이후 미 8군은 파죽지세로 북진하여 북한 지역의 70%를 점령하
게 되었다. 그러나 팽덕회가 이끄는 중공군의 참전으로 압록강을 향하던 8군은
심각한 위험에 봉착하게 된다.

11월 하순에 미 17야전포병대대장(Lt. Col. Elmer H. Harrelson)은 진지변환
을 하기 위해 북쪽으로 지형정찰을 나갔다. 당시 보병의 기동속도가 너무 빨라
서 포병들은 주야를 가리지 않고 진지변환을 하고 있었다. 그러나 북진하던 보
병부대들이 규모 미상의 적들에게 기습을 받아 큰 피해를 입었다. 이에 8군 사령
부는 예하부대에게 철수명령을 하달했다. 보병의 철수를 엄호하기 위해서는 포
병이 먼저 후방으로 진지를 변환해야만 했다. 북쪽에서 지형정찰을 하던 대대장
은 신속히 지프차의 방향을 바꿔 남쪽으로 향했다. 이것이 비극의 서막이 될 줄
은 그 누구도 몰랐다.

8인치 곡사포로 편성된 17야전포병대대는 엊그제 미 1기병사단으로부터 작전
통제가 해제된 이후 11월 24일에 미 24보병사단에 재배속되었다. 11월 23일 수
색정찰 후 대대는 다음 날 아침 구장동 일대에 포진을 점령했다. 좁은 길과 선로
가 구장동을 통과했고 그 주변에 황량하게 보이는 여러 채의 집들이 모여 있었
다. 1포대는 마을 끝 쪽에 포진을 점령했고 여러 채의 민가는 숙영지와 지휘소로
사용하였다.

당시 1포대는 인가병력 135명 중에 74명이 보직되어 1950년 8월 해외에서 한국으로 파병되기 전보다 감소편성되어 있었다. 그 이유는 유엔군의 북진으로

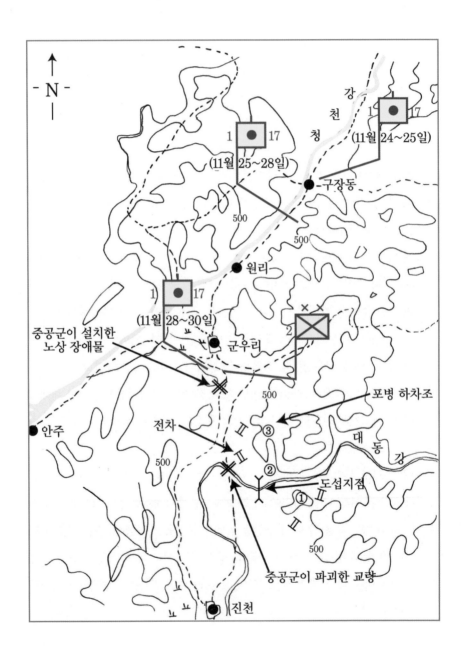

조만간 한국전쟁이 끝날 것이라는 유엔군 사령부의 섣부른 판단 때문이었다. 그래서 유엔군은 일선부대에서 미군의 수를 점차 줄여 갔으며 그 부족분을 국군에서 지원하고 있었다. 17야전포병대대 1포대도 8월까지 50여 명의 국군이 배속되었다.

1포대원들에게 전쟁이 아직 끝나지 않았음을 알려주는 첫 계기가 있었다. 그것은 바로 11월 24일 항공 관측자가 약 200명의 적군을 발견한 사실이었다. 당시 그렇게 많은 북한군(당시 항공 관측자의 오판)을 본 지도 한 달 이상이 지났으며, 그들이 중공군이라는 사실은 그 누구도 알지 못했다. 1포대가 적을 향해 사격을 했을 때, 적은 구장동 북쪽으로 3km도 되지 않은 위치에 있었다. 당시(11월 25일) 대대장인 해럴슨 중령은 차후포진을 살펴보기 위해서 구장동에서 북쪽으로 2km 정도 떨어진 곳에서 지형정찰을 실시 중이었다.

당시 105미리 곡사포로 편성된 61야전포병대대도 17야전포병대대 근처에서 포진을 점령하고 있었다. 두 대대는 23보병연대에게 효과적인 화력을 지원하기 위해 전방으로 진지변환을 하려 했다. 그러나 전방에 있던 사단 8인치 곡사포대대가 다음 날 아침까지 진지변환을 하지 않기로 결정함에 따라, 두 대대의 진지변환은 잠시 보류됐다. 그날 저녁 중공군은 청천강을 도하하여 23보병연대를 타격하고 종심으로 진출하여 61야전포병대대를 유린했다. 그날 저녁 23시에 61포병대대의 생존자들은 그들의 장비와 곡사포를 모두 잃은 채, 17야전포병대대 1포대에 도착했다. 병사 중에 몇 명은 맨발이었다. 1포대장인 머이어즈 대위(Capt. Allen L. Myers)는 "중공군이 더 이상 종심으로 진출하지 못하도록 포진경계를 강화하라!"라고 전포대원들에게 지시했다.

11월 24일 새벽에 미 2사단 포병연대장은 17야전포병대대장에게 후방으로 진지변환하라고 지시했다. 61대대가 그들의 장비와 곡사포를 되찾기 위해 공격하는 동안 17대대는 후방에서 새로운 포진을 점령했다. 보급로는 여전히 차량들로 붐벼 정체가 심했으나 17대대가 후방으로 진지변환 명령을 수령한 23시 30분에는 도로의 정체가 어느 정도 풀렸다. 17대대는 등화관제 하에 남쪽으로 진지변환을 실시했다.

대대 행렬 후미에 있었던 포반장 한 명은 구장동 마을을 통과하는 동안 속도를 줄이라고 운전병에게 말했다. 운전병은 포반장이 좌회전을 지시하는 줄 알고 차량을 옆쪽의 작은 도로로 돌렸다. 차량이 잘못 진입되었다는 사실을 인지한 포반장은 차량을 돌리려 했으나 공간이 너무 협소하여 주위의 민가에 여러 차례 부딪쳤다. 트럭을 돌리는 시간은 어느새 10분이 흘렀다. 머이어즈 대위는 모든 포반장들이 차후포진을 알고 있기 때문에 모든 차량들이 문제없이 자신을 후속하고 있다고 생각했다. 차량 속도가 너무 빨랐기 때문에 구장동 마을에서 이탈된 차량은 끝까지 1포대에 합류하지 못했다.

1포대는 구장동 남쪽 하상지역에 새로운 포진을 점령했다. 먼저 3개의 곡사포반이 도착했고 뒤이어 정비반, 유선반, 취사반, 무선반이 도착했으며 3제대로 마지막 곡사포반이 도착했다. 마지막으로 차량행군을 후방에서 엄호하는 기동타격대가 도착했다. 1포대원들이 새로운 포진에 도착하여 진지를 편성했을 때는 영하의 날씨였고, 강한 칼바람이 불고 있었다. 1포대는 정확한 사격제원을 산출하지 않고 사격지휘소에서 하달한 평균제원을 곡사포에 일괄 장입했다.

11월 27일 2사단의 보병 연대들과 타사단의 보병부대들이 적으로부터 강력한 공격을 받고 있었으나, 1포대는 비교적 평온했다. 그들은 사격임무가 없을 때 가솔린 스토브 옆에서 손을 비비는 여유를 가지기도 했다. 머이어즈 대위는 포사격을 하는 동안 포진 방호를 위해 경계를 강화하고 탄약보급소로부터 예비탄약을 운반하라고 지시했다. 탄약보급소와 1포대의 포진 사이의 도로는 매우 좁았으며 청천강을 따라 구불구불하게 발달되어 있었으므로 트럭보다는 민가에서 빌린 우마차가 더 유용했다.

적의 압박이 2사단 전지역으로 증가되어 해럴슨 중령은 밤 22시에 "후방으로 진지변환하라!"라고 지시했다. 다음 날(11월 28일) 아침 7시 45분 1포대가 이동을 시작했을 때, 북쪽에서 2사단 보병들이 중공군과 교전하는 소리를 들을 수 있었다. 머이어즈 대위는 2사단 동쪽의 국군 7사단이 붕괴되어 2사단의 우익이 중공군에게 노출되었다는 소식을 들었다. 머이어즈 대위는 그의 포대를 남쪽으로 약 8km 이동시키고 도로 주변에 포진을 점령했다. 그러나 전방에서 중공군과 혈투를 벌이고 있던 2사단 보병들이 무질서하게 철수를 거듭하자 1포대는 그날 12시 30분에 다시 남쪽으로 진지를 변환했다.

1포대는 군우리로부터 남서쪽에 있는 넓은 지역에 새로운 포진을 점령했다. 이곳은 2사단의 보급로가 통과하고 있어서 교통이 혼잡했다. 첫째 날은 비교적 조용하여 1포대원은 취침을 할 수 있었으나, 11월 29일 동이 트기 2시간 전부터 사격명령이 하달되어 북쪽으로 약 2시간을 사격했다.

날이 밝은 후부터 전장상황은 급속도로 악화되었고, 주간에는 여러 건의 사고가 발생하였다. 아침 일찍 해럴슨 중령은 순천으로 향하는 철수로 상에 가용한 포진을 확인하라는 상급부대의 명령을 수령하여 지형정찰에 나섰다. 그러나 좋지 않은 소식들이 2사단 본부로부터 흘러나왔다. 이미 중공군들이 순천에 이르는 철수로 좌 · 우측 능선을 점령하여 2사단의 철수로를 차단하고 있다는 것이었다. 사단본부 장교들은 이 소식을 담담히 받아들였다. 그리고 그들은 중공군의 포위망을 뚫고 남쪽으로 철수하기 위해 아침 늦게 수색중대를 남쪽으로 투입했다. 그들의 임무는 철수로의 좌 · 우측을 확보하여 사단의 철수를 엄호하는 것이었다. 수색중대가 정찰을 나간 후, 사단본부 참모들은 수색중대가 군우리-순천 간 철수로 좌 · 우측에 배치된 중공군을 격멸해 주길 바랐다.

머이어즈 대위는 오전 10시쯤에 군우리(탄약보급소)에 있는 탄약을 현재 포진으로 옮기라는 명령을 수령했다. 그 이유는 군우리가 중공군에 의해 피탈될 수 있기 때문이었다. 그날 2사단 예하 105미리 곡사포 3개 대대와 155미리 대대가 1포대를 통과하여 남쪽으로 철수했다.

해럴슨 중령과 머이어즈 대위는 진지를 변환할 장소를 찾기 위해 군우리-순천 사이의 도로 주변에 대한 지형정찰을 계획했다. 그들은 사단 수색중대가 군우리-순천 사이의 도로를 점령했을 것이라는 막연한 기대를 가지고 있었다. 그러나 그들은 지형정찰을 할 수 없었다. 이미 군우리-순천간 도로는 차량들로 인해 빽빽이 차 있었기 때문이었다. 일부 차량들은 다시 북쪽으로 이동하면서 해릴슨 중령에게 남쪽으로 가는 것을 포기하라고 말하기까지 했다. 실제로 그 도로를 통과하는 것은 불가능했다. 머이어즈 대위는 저녁이 다 되어서 포대에 도착했고, 해릴슨 중령은 군우리-순천간 도로 상황을 보고하기 위해 사단 지휘소로 갔다. 거기서 해릴슨 중령은 비록 상황은 아군에게 불리하지만 군우리-순천간 도로를 개통할 수 있다는 사단장의 자신감을 느꼈다. 그는 예하 포대에게 주야 연속으로 사격임무를 수행하라고 지시했다. 사단 철수계획에는 11월 30일 아침에 17야전포병대대가 가장 먼저 철수하도록 되어 있었다. 물론 군우리-순천간 도로에 교통 혼잡이 없다는 전제 하에서였다. 그 이유는 17대대가 8인치 곡사포라 화력이 가장 좋았기 때문에 미2사단이 철수하기 이전에 포진을 점령하여 2사단의 본대를 엄호하기 위함이었다. 만약 군우리-순천간 도로상의 중공군을 아침까지 제거하지 못한다면, 사단의 예하 부대들은 서쪽의 안주를 경유하여 남쪽으로 철수할 수밖에 없었다. 해릴슨 중령은 22시와 23시 사이에 새로운 정보를 받았다. 사단 지휘소가 적의 공격을 받은 것이었다. 그는 아군의 상황이 급변할 수 있다는 사실을 깨달았다.

　11월 29일 아침에 사격방향은 북쪽을 지향했으나, 낮에는 점진적으로 동쪽으로 연신[30]되었다. 그날 저녁 1포대의 모든 곡사포는 방위각은 1,600밀에 놓여있었고, 장약은 7호로 2km 떨어진 곳으로 초탄을 발사했다. 11월 30일 아침에는 모든 곡사포들이 장약 1호로 약 1.5km 떨어진 곳에 사격을 했다. 해릴슨 중령은 전방의 급박한 상황을 걱정하고 있었으나 예하 포대에게는 알리지 않았다. 그는

....

30) 연신(Lift) : 적의 기동에 따라 포구가 따라 움직이는 것

3명의 포대장을 소집했다. 11월 30일 새벽 4시에 소집된 포대장들은 대대장으로부터 차후 가능한 몇 가지의 작전계획을 들었다. 해럴슨 중령은 포대장들에게 "첫 번째 방법은 군우리로 돌아가 대형 트레일러로 군우리로 진입하는 차량들을 차단한 후에, 서쪽의 안주를 경유하여 남쪽으로 철수하는 것이다. 두 번째 방법은 사단의 명령대로 군우리-순천간 도로가 개통되면 남으로 철수하는 방안이다."라고 말했다. 그러고 나서 해럴슨 중령은 "만약 두 계획이 모두 실패한다면 전대대원은 현재 위치에서 대대의 전장비가 파괴될 때까지 적과 싸우고, 포대별로 남쪽으로 철수한다."라고 덧붙였다. 해럴드 중령은 전자를 선호했다. 그 이유는 북쪽으로 가면 지형이 익숙하고 차량 소통량이 적어, 아주 쉽게 안주로 진입할 수 있기 때문이었다. 그러나 해럴슨 중령은 곧 사단 지휘소로 호출되어, 군우리-순천간 도로를 따라 철수하라고 명령을 받았다.

헌병 대대장은 11월 29~30일 밤사이에 이미 안주로 향하는 도로는 모두 중공군이 점령했다고 사단장에게 보고했다. 2사단의 상급부대인 9군단은 2사단에게 안주 남쪽에 이미 아군 3개 사단이 철수 중이니 군우리-순천간 도로를 따라 철수할 것을 지시했다.

낙오된 많은 병사들이 11월 30일 낮 동안에 1포대가 점령한 포진 주변에 모여들었다. 거기에는 국군도 있었고, 2사단 소속 병사도 있었으며, 다른 사단 소속의 미군 병사들도 많았다. 날이 저물기 전에 전차부대 장교가 1포대 위병소에서 정지하여 전방의 모든 보병부대들이 군우리-순천간 도로를 따라 철수 중이라고 말했다. 그는 자신이 몇 대의 전차를 지휘하고 있으니 필요하다면 1포대를 지원할 수 있다고 말했다. 머이어즈 대위는 전차 중대장의 제안을 수락하여, 곡사포 주변에 전차를 배치했다.

해럴슨 중령은 11월 30일 아침 8시에 모든 포대장들을 다시 소집시켰다. 아직 서쪽에 있는 안주로 향하는 도로가 개방되어 있었지만, 그는 군우리-순천간 도로를 따라 철수한다고 예하 포대장들에게 말했다. 그는 "사단 9연대가 남쪽으로 공격하여 군우리-순천간 도로 좌·우측을 점령하고 있는 적 부대를 격멸할 것이다."라고 포대장들에게 알려주었다. 그러나 9연대는 지난 며칠간의 전투에서 많은 사상자가 발생했다. 9연대가 아침 일찍 군우리-순천간 도로 좌·우측 능선을 공격할 때, 연대 병력은 약 400~500명밖에 되지 않았다. 아침 9시에 9연대는 전투력이 너무 약해서 그만 적에게 격멸당했다. 이에 사단 지휘소는 9연대의 공격을 지원하기 위해 38연대를 증원했다.

아침 9시 30분 해럴슨 중령은 머이어즈 대위를 불렀다. 그는 머이어즈 대위에게 하차전투를 준비하라고 지시했다. 머이어즈 대위는 대대장의 명령을 자신의 모든 장비와 화포를 파괴하고 보병처럼 하차전투를 하라는 의미로 받아들였다. 그러나 머이어즈 대위는 자신의 장비를 파괴하기 전에 다시 한 번 대대장에게 물어 보았다. 이에 대대장은 "귀관의 장비와 화포는 철수 대열에 놓고, 병력들만 일반트럭과 반궤도차량에 탑승하여 하차전투를 준비하란 말이야!"라고 머이어즈 대위에게 말했다. 그는 포대원들에게 기관총을 탈거하여 보병처럼 전투준비를 하라고 지시했다. 대대의 차량이동 순서는 전차-1포대 하차1조-2포대-1포대(화포)-1포대 하차2조-대대본부-전투근무지원 차량-3포대-1포대 하차3조 순이었다. 1포대원들은 대대 행군대형과 별도로 2·1/2톤 트럭과 반궤도차량에 분승하여 하차전투를 준비했다. 1포대원들을 태운 차량들은 대대 행군대열 선두, 중간, 후미에 배치되어 중공군의 기습공격에 대비했다.

대대는 평균 시속 8km로 남진했고, 이동 간 아직도 포진을 점령하여 사격 지원을 하고 있는 2사단 예하의 3개 포병대대를 통과했다. 머이어즈 대위는 모든 포대원들에게 "탈거한 기관총과 개인화기를 가지고 사주방어를 철저히 해라!"라고 지시했다. 정오쯤에 대대 행렬은 미 25보병사단에서 유기한 병참수송차량들 때문에 정지했다. 그 근처에는 차량에 피복을 적재하는 인원들이 있었는데, 작업량에 비해 그 인원수는 매우 부족해 보였다. 그 옆에는 약 100명 정도의 국군과 미군들이 잠을 청하고 있었다. 이들을 책임지고 있는 대위 한 명이 "2사단 예하 2개 보병연대가 지금 남쪽에서 군우리-순천간 도로를 개통하기 위해 전투를 벌이고 있어서, 지금 2시간째 현 위치에서 대기하고 있습니다."라고 말했다. 오후 14시에 대대는 다시 이동하기 시작했고, 타부대 보병들이 대대 차량의 가용공간에 올라탔다. 잠시 후 모든 차량들은 공병이 개설한 도로 진입구에서 정체되었다. 도로 좌·우측에는 절벽이 있었고, 도로 폭이 좁아 차량소통이 지연된 것이다.

날씨가 매우 추웠다. 병사들은 무척 피곤했고 모두 지쳐 있었다. 2.5~3km를 전진한 후에, 포대 차량들은 적들의 매복지점을 통과하게 되었다. 적군들은 도로 좌·우측의 도랑을 따라 기어 올라오고 있었다. 우군 비행기가 그들을 발견하고 기총소사를 했다. 중공군들은 어느새 어디론가 사라져버렸다. 항공기의 지원이 있을 때, 대대 차량들은 전진할 수 있었으나 다시 적의 기관총사격이 시작되면 정지할 수밖에 없었다. 갑자기 약 200~300m에 달하는 17포병대대 차량행렬은 길 위에서 멈춰 섰다. 이번에는 밤이 될 때까지 움직일 수가 없었다. 헌병들은 차량들을 도로 좌·우측에 소산시키고, 지프차를 타고 차량들을 정지시킨 원인을 찾기 위해 전방으로 정찰을 나갔다.

차량들이 정지하고 있는 동안에 국군 병사들이 도로 좌측 능선에서 걸어 내려왔다. 그들은 국군의 낙오병들이었으며 일부는 무기도 소지하지 않았다.

밤 동안에 자신의 부대가 길 가운데서 움직일 수 없다는 사실을 알게 된 해럴슨 중령은 전 차량을 도로 좌·우측에 소산시켰으며, 적의 공격에 대비하여 급편방어로 전환했다.

그러나 황혼 경에 17포병대대는 다시 기동할 수 있었다. 대대 선두에는 전차와 기관총이 장착된 반궤도식 차량이 있었다. 이들은 의심되는 모든 지역에 화력수색을 실시했고, 종종 나무를 조준하여 유탄이 공중에서 터지게 하기도 했다. 대대 차량들이 남쪽으로 이동하는 동안 많은 국군이 나타나 차량 옆에 달라붙었다.

날이 지자 모든 운전병들은 등화관제하 운전을 해야만 했다. 그들은 도로상에 유기된 차량을 식별하기가 매우 어려웠다. 통신차량을 운전하고 있던 브라이선 중사(SFC. Preston L. Bryson)는 지프차 뒤에서 정지했고, 지프차에 탄 2명의 병사를 볼 수 있었다. 몇 분을 기다려도 지프차가 출발하지 않자, 브라이선 중사는 차에서 내려 지프차 쪽으로 걸어갔다. 지프차에 탑승한 병사들은 이미 죽어 있었다. 브라이선 중사는 주위를 살펴보았다. 여기저기 파괴된 차량들이 흩어져 있었다.

가장 큰 문제점은 도로 남쪽 끝에서 발생했다. 복차 통행이 가능한 콘크리트 다리가 파괴되어 우회해야만 했다. 그러나 강의 유속이 빠르고, 깊어서 도섭을 할 수 있는 지점이 없었다. 이에 대대장은 1포대장에게 "하천에 정찰대를 투입하여 도섭이 가능한 지역을 찾고 주변 감제고지에 적들이 있는지 정찰하라!"라고 지시했다. 우여곡절 끝에 1포대 정찰대는 차량이 도섭할 수 있는 지점을 발견했다. 그러나 그곳으로 진입하기 위해서는 계단식 논을 통과해야 했다. 계단식 논을 통과하여 기동하는 것은 매우 어려웠다. 정찰대가 "강 위에 트럭 2대가 있습니다. 누군가 이미 도섭을 한 것 같습니다."라고 보고를 해왔다.

대대 작전장교인 푸르새티스 소령(Maj. Joseph J. prusaitis)이 머이어즈 대위에게 "저 트럭들을 치우고 빨리 도섭하지 않고 뭐하나?"라고 말했다. 호퀸즈 중사(SFC. Harrington D. Hawkins)가 이끄는 행정반 인원들이 트럭을 치우기 시작했다. 앞을 가로막고 있는 트럭을 제거하는 동안, 전차들이 탐조등을 켜 작업지역을 비췄다. 잠시 후 적의 기관총사격이 시작되었고, 탄도가 사방에서 반짝이기 시작했다. 곧이어 박격포탄이 포대 주변에 떨어지기 시작했다. 머이어즈 대위는 모든 병력들에게 차량에서 떨어지라고 소리쳤다. 부포대장인 저드 중위(Lt. Donald. Judd)는 탐조등이 비춰졌을 때, 도로 위에 서있었다. 중공군은 저드 중위로부터 10m 떨어진 곳에서 저드 중위를 조준하고 있었다. 저드 중위를 조준하고 있는 중공군을 발견한 전차장은 탐조등을 끄고, 중공군을 향해 기관총사격을 했다. 적의 사격이 잠잠해지자 머이어즈 대위는 전차를 이용하여 앞을 가로막고 있는 트럭을 제거하고, 호퀸즈 중사에게 도섭하여 남쪽으로 진출하라고 지시했다. 그러고 나서 머이어즈 대위는 "하차1조! 귀관들을 도섭지점 대안상에 있는 감제고지를 점령하여 대대의 도섭을 엄호하라. 하차 3조! 귀관들은 다리 주변과 도섭지점 차안상의 감제고지를 점령하여 도섭을 대기하고 있는 차량들을 엄호하라. 그리고 하차2조는 도섭 진입로에서 대대 예비로 기동타격대 임무를 수행하라."라고 지시했다. 동시에 전차 중대장에게 "전차를 2개조로 나누어 도섭지점 대안과 차안에 배치하여 감제고지를 점령하고 있는 하차조와 대대행렬을 엄호해주기 바랍니다."라고 무전을 날렸다.

그러는 동안 파괴된 도로 북쪽에서 도섭로로 진입하는 차량을 통제하고 있던 생크스 상사(Msgt. Judge Shanks)는 강을 넘은 전차와 넘고 있는 전차를 볼 수 있었다. 다리 북쪽으로 차량들이 계속해서 몰려들고 있었다. 생크스 상사는 그곳에서 도섭지점으로 차량들을 유도했으나, 차량이 너무 많았기 때문에 통제하기가 쉽지 않았다. 이 정체의 주범은 8인치 곡사포를 끄는 견인 차량들이었다. 8인치 곡사포의 덩치가 너무 커서 운전병들이 쉽게 운전을 할 수 없었다. 생크스 상사는 차량의 진입을 통제했고, 머이어즈 대위는 도섭을 통제했다. 대대장은 차량들이 밀집되지 않도록 도로 주변에 소산시키고 도섭을 통제했다. 차량이 강 중간을 통과하면 생크스 상사는 다음 차량을 출발시켰다. 도섭지점 차안과 대안에 배치된 전차와 1포대 하차병력들은 주변의 중공군과 이따금 교전을 벌였다.

이 도섭지점은 17야전포병대대의 마지막 장애물이었다. 밤 21시 30분, 대대 전원은 무사히 도섭을 완료했다. 차량들은 헤드라이트를 켤 수 있었다. 헤드라이트를 켜자 많은 낙오자와 부상자들이 보였다. 그리고 수많은 곡사포, 트레일러, 이미 앰뷸런스가 되어버린 3/4톤 트럭들이 즐비하였다. 이후 대대는 도로에 널브러져 있는 적어도 400구 이상의 미군을 포함한 유엔군의 시체를 통과했다.

1포대 인원 중 8명의 병사가 도섭지점 부근에서 대대를 엄호하다가 가벼운 부상을 입었을 뿐, 전사자는 없었다. 그리고 1포대는 4대의 2·1/2톤 트럭, 3대의 5톤 트럭, 취사 트레일러, 기계적 결함 때문에 유기한 보급차량 1대를 잃었다. 대대는 26대의 차량, 2포대의 곡사포 1대를 잃었다. 2포대의 곡사포가 전복되어 견인차량에 타고 있던 국군 8명이 사망했다.

다른 포병 대대들과 2사단의 예하 부대들은 그렇게 운이 좋지 않았다. 중공군의 추격이 가까워지자 해럴슨 중령은 도섭지점 북쪽에 있는 모든 장비를 폭파했고, M6 트랙터를 이용하여 도섭지점 중간을 막아 중공군들이 도섭할 수 없게 만들었다. M6 트랙터는 후속하는 부대에게 도섭지점을 표시해주는 역할도 했다. 이후 17야전포병대대는 다른 포병대대와는 다르게 비교적 안전하게 남쪽으로 철수했다.

배워야 할 소부대 전투기술 6

Ⅰ. 포병도 자신들의 생존을 위해서는 보병처럼 하차전투를 해야 한다.

Ⅱ. 도섭 간에는 도섭지점 차안과 대안에 있는 감제고지를 확보하여 본대를 엄호해야 한다.

Ⅲ. 정찰대는 상황에 따라 임무, 규모, 장비가 달라지므로 모든 전투병과는 정찰대 양성에 힘을 기울여야 한다.

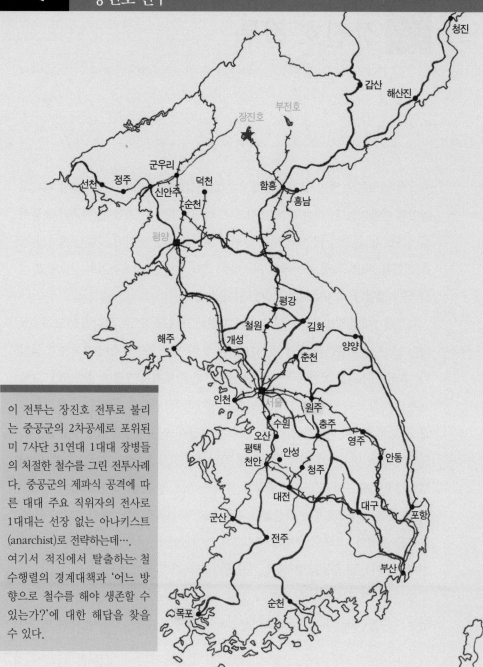

이 전투는 장진호 전투로 불리는 중공군의 2차공세로 포위된 미 7사단 31연대 1대대 장병들의 처절한 철수를 그린 전투사례다. 중공군의 제파식 공격에 따른 대대 주요 직위자의 전사로 1대대는 선장 없는 아나키스트(anarchist)로 전략하는데….
여기서 적진에서 탈출하는 철수행렬의 경계대책과 '어느 방향으로 철수를 해야 생존할 수 있는가?'에 대한 해답을 찾을 수 있다.

7

Lt. Col. Don C. Faith
페이스 특수임무부대의
장진호 전투

If you know the enemy and know yourself, you need not fear the result of a hundred battles.

Sun Tzu

날씨는 영하로 떨어져 지독하게 추운데다 칼바람 소리마저 귓가에서 떠나지 않았던 겨울이었다. 많은 눈이 내렸으나, 날씨가 매우 건조했다. 진흙과 눈들이 섞여 도로는 진창이 되었다. 도로 주변의 눈들은 차량 행렬이 지나갈 때마다 강한 바람을 타고, 차량 주변에서 회오리를 쳤다. 주변은 툰드라처럼 참혹했고 식물 하나 없었다. 그야말로 저주받은 땅이었다.

32연대 1대대 장병들은 어디론가 가기 위해 트럭 주변으로 하나둘씩 모여들었다. 그들은 얼어붙은 사지를 녹이기 위해 트럭 짐칸 좌 · 우측에 옹기종기 앉았다. 그러나 추위를 쫓기에는 역부족이었다. 마침내 차량 행렬이 출발했다. 그들 대부분은 양모로 된 내의를 입고 있었고 양말은 두 겹으로 신었다. 그리고 양모로 된 전투복 상 · 하의를 입었고, 그 위에 야상과 모자가 달린 방한복을 입었다. 또한 동상을 방지하기 위해 방한화를 신었고 양모로 된 벙어리장갑을 꼈다. 이 벙어리장갑에는 사격을 하고 탄창을 꺼낼 수 있도록 검지부분이 돌출되어 있었다. 그들은 동상으로부터 자신들의 귀를 보호하기 위해 철모 밑에 양모로 된 스카프를 둘렀다. 그래도 냉기가 뼛속까지 스며들었다. 이따금 차량 행군은 멈춰섰다. 그 이유는 동상을 방지하는 방한운동을 하기 위해서였다.

32연대 1대대는 페이스 중령(Lt. Col. Don C. Faith)이 지휘했다. 이 대대는 알몬드 중장(Maj. Gen. Edward M. Almond)이 지휘하는 10군단 예하 미 7사

단의 예속부대였다. 이들의 임무는 해병대가 점령한 장진호 호수 동쪽지역을 인수한 후, 압록강으로 북진하는 것이었다. 그러나 장병들은 이 작전에 대해 무척이나 냉담했다. 그 이유는 페이스 대대가 1950년 11월 25일 함흥을 떠나 북쪽으로 전진할 때, 도쿄방송으로부터 한국전쟁은 조만간 끝난다는 방송을 들었기 때문이었다.

당시 전 미군 병사들은 "한국전쟁은 조만간 끝난다."라는 안일한 분위기에 젖어있었다. 유엔군 사령관인 맥아더 원수는 방송에서 "한국전쟁에 투입된 모든 미군은 크리스마스까지 일본으로 복귀할 수 있다."라고 말했다. 이것은 한국전쟁을 치루고 있던 미군에게는 희소식이었다.

10월말 10군단 예하 3개 사단이 흥남부두의 동쪽 해안에 집결하자, 군단장인 알몬드 중장은 10군단의 목표인 한·만 국경선을 가능한 한 빨리 점령하기 위해 예하부대들을 북진시켰다. 11월 셋째 주에 10군단 예하 모든 부대는 울퉁불퉁하고 바위가 많은 4,000평방미터가 넘는 북한지형에 전개했다. 장진호의 양쪽 측면을 따라 공격하는 미 해병1사단은 내륙으로 80km 진출했다. 7사단 32연대는 흥남 북쪽으로 약 160km를 진출했으며, 11월 21일 압록강에 도착했다. 7사단의 나머지 부대들은 32연대와 직선거리로 약 130km 후방에서 전진하고 있었다. 모든 기동로가 구불구불해서 그 거리가 더 길게 느껴졌다. 10군단이 전진하는 동안 적의 저항은 경미했으나, 북한의 날씨와 자연 장애물은 10군단의 가장 큰 적이었다.

공병들은 32연대 선두에 있었다. 공병들은 가파른 능선상에 유실된 도로를 개척하여 선반모양의 좁은 길을 만들었다. 페이스 대대는 간신히 그 길을 통과하여 북쪽으로 전진했고, 마침내 장진호 남쪽에 위치한 하갈우리라는 마을에 도착했다. 해병1사단의 예하부대들이 그곳에 도착해 있었다. 페이스 중령이 지휘하는 차량행렬은 해병대 집결지[31]를 통과했다. 해병대원들은 추위를 피하기 위해 텐트 주변에서 불을 쬐고 있었다. 잠시 후 갈래 길이 나오자 페이스 부대는 우측으로 진입했다. 차량들은 민가 몇 채가 있는 장진호 동쪽으로 이동했다. 그곳은 하갈우리로부터 얼마 떨어지지 않은 곳이었다.

페이스 부대가 하갈우리에서 북쪽으로 15km 떨어져 있는 방어진지에 도착했을 때, 밤은 무척이나 고요했다. 그러나 중대별로 적어도 1~2명의 동상환자가 발생하여 비전투손실이 발생했다. 페이스 대대원들은 밤을 지새우기 위해 급편 방어진지를 구축하기 시작했다. 날씨가 무척이나 추웠기 때문에 산 능선 뒤쪽에 난로를 텐트 안에 설치하여, 진지를 구축하는 병사들이 교대로 몸을 녹일 수 있었다.

다음 날인 11월 26일 아침은 맑고 추웠다. 아직 그곳에 해병들이 머물고 있었기 때문에 페이스 중령은 사단의 명령을 대기하고 있었다. 정오쯤에 부사단장인 호즈 준장(Brig. Gen. Henry I. Hodes)이 경비행기를 타고 하갈우리 비행장에 도착했다는 소식이 전달되었다. 잠시 후 호즈 준장은 작전명령과 추가적인 정보를 가지고 페이스 대대 지휘소에 도착했다. 그는 페이스 중령에게 "7사단의 나머지 병력들이 장진호를 향해 올라오고 있다. 그리고 곧 31연대 3대대장인 맥린 중령(Lt. Col. MacLean)이 장진호 동쪽지역에 대한 지휘권을 인수하기 위해 도착할 것이다. 귀관은 맥린 부대가 이곳에 도착할 때까지 현재 위치에서 급편방어를 실시하도록!"라고 말했다. 맥린 부대는 31연대의 선발대로 3대대, 중박격포 중대, 수색소대, 의무대, 57야전포병대대로 편성되어 있었다. 맥린 부대는 어찌 보면 특수임무부대(이하 특임대)의 성격을 가지고 있었다. 57야전포병대대는 감편되어 있는 대신에, 15대공포대대의 4포대가 배속되어 있었다.[32]

호즈 장군은 "내일 해병1사단의 나머지 병력들도 공격을 하기 위해 하갈우리

....

31) 집결지(Assembly Area) : 부대가 차후 행동을 준비하기 위하여 집결하는 장소로 명령하달, 전투편성, 장차작전을 위한 훈련, 재급유 및 재보급, 정비 및 제독 작업, 급식 등의 활동을 실시하는 곳

32) 15대공포대대는 다양한 대공 사격용 기관총(구경 50, 40mm Bofors 등)이 장착된 반궤도 차량을 보유하고 있었다. 이 기관총들은 유사시 지상화력으로도 전환할 수 있었다.

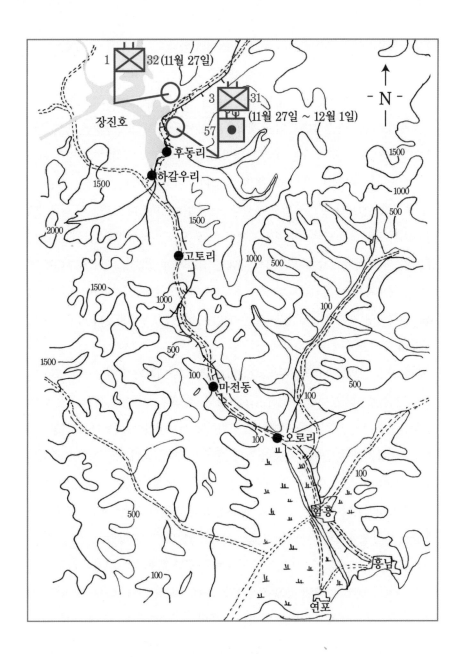

에 도착할 거야!"라고 인접부대 상황을 페이스 중령에게 전하기도 했다. 호즈 장

군이 가지고 온 작전명령에는 "페이스 부대는 한·만 국경으로 전진하기 위해

장진호 동쪽지역을 우선 확보하라."라고 적혀 있었다.

그날 저녁 맥린 중령이 그의 참모를 대동하고 페이스 부대의 지휘소에 도착했다. 그는 페이스 중령에게 그의 특임대 임무를 간단히 설명했다. 그리고 두 대대장은 진지교대에 대한 추가적인 부대협조를 실시했다. 페이스 중령은 맥린 중령에게 "특임대가 다 도착하면, 우리는 내일 아침에 해병대가 점령하고 있는 북쪽지역의 진지를 교대하여 방어로 전환할 것입니다."라고 말했다.

11월 27일 월요일 아침은 맑고 추웠다. 해병대는 새벽부터 트럭으로 북쪽진지에 배치된 병력들을 남쪽으로 이동시켰다. 정오에 모든 해병대원들은 진지를 비웠으며, 이에 페이스 중령은 자신의 대대를 진지에 투입했다. 페이스 부대가 진지를 점령하자 맥린 특임대도 그날 오후부터 페이스 부대가 급편방어를 하던 지역을 점령하여 방어에 들어갔다. 맥린 특임대는 페이스 부대로부터 남쪽으로 약 4~5km 떨어진 곳에 위치하고 있었다.

해병1사단은 다음 날 아침부터 북진하는 것으로 계획되어 있었으나, 갑자기 11월 27일 밤부터 방어를 준비하기 시작했다. 해병대에서 어제 북한군 옷을 입은 중공군 포로들을 잡았다고 페이스 지휘소에 통보해왔다. 해병대 작전장교가 페이스 중령에게 "중공군을 신문한 결과, 중공군 3개 사단이 지금 장진호 주변에 있고, 그들의 임무는 미군의 보급로를 차단하여 장진호 주변에 있는 미군을 전멸시키는 것이랍니다."라고 무전을 보냈다. 또한 해병대 작전장교는 "어제 저녁에 중공군 정찰대가 해병대원을 포로로 잡아갔습니다."라고 말했다.

해병대의 첩보 제공 후, 페이스 중령은 예하 중대에게 "방어진지의 강도를 높이고, 경계를 철저히 해라!"라고 지시했다. 그는 도로를 건너 북쪽을 향하여 2개 중대를 배치했으며, 1개 중대로 하여금 동쪽의 산악지역을 방어하게 했다. 늦은 오후까지 전 병사들은 참호를 구축했으며, 방어진지 전방의 관목, 수풀 등을 제거하여 사계를 확보했고, 중·소대별로 사격구역을 나누었다.

얼어붙은 땅은 약 20~25cm를 판 후에야 파기가 쉬워졌다. 거기에는 돌이 전혀 없었다. 페이스 중령은 방어진지로부터 약 1,000m도 떨어지지 않은 곳에 있는 민가에 지휘소를 개소했다. 어둠은 빨리 찾아 왔고, 추위는 참을 수 없을 정도였다. 날이 저물고 1~2시간 동안 방어진지 전방에서는 포병과 박격포의 제원기록 사격으로 이따금 폭발소리가 들렸다. 포탄 소리는 그 후 한두 시간 동안 더 들렸으나, 21시가 되어서는 조용해졌다. 대대 연락장교가 240km 떨어진 사단으로부터 2주일 분의 편지를 가지고 대대에 도착했다.

몇 분 후 맥린 특임대의 한 참모장교가 지휘소에 도착했다. 그는 "다음 날 아침 저의 특임대는 페이스 대대를 초월하여 북으로 공격을 실시할 예정입니다. 그 세부계획은 여기 있습니다."라고 말했다. 페이스 중령은 다음 날 맥린 부대의 공격계획을 설명하고 중대별로 편지를 분배하기 위해 중대장들을 소집했다.

회의가 진행되는 동안에 적의 공격이 시작되었다. 적 정찰대가 길가 근처에 배치한 소대(1중대) 정면에 나타났다. 적이라고 생각한 1중대원들이 사격을 하자, 1중대 부중대장인 스미스 중위(Lt. Cecil G. Smith)는 "이것은 아군의 정확한 위치를 파악하기 위해 적이 보낸 정찰대야!"라고 소리치며 사격을 중지시켰다. 스미스 중위는 참호 여기저기를 돌아다니며, "사격 중지!"라고 외쳤다. 스미스 중위는 가까스로 사격을 중지시켰으나, 중공군 정찰대는 미군의 정확한 위치를 탐지하고 어둠 속으로 유유히 사라졌다. 또한 다른 방어진지 전방에서도 중공군 정찰대들이 나타나 이와 같은 방식으로 페이스 대대의 위치를 파악했다. 몇 분 후, 자정이 되자 적들의 정찰활동은 공격으로 변했다. 중공군 1개 중대가 길을 따라 북쪽에 배치된 1중대를 공격했다. 이와 동시에 동쪽에 배치된 2중대와 3중대 사이도 중공군의 강력한 공격을 받기 시작했다.

페이스 부대는 전방을 향해 불을 뿜기 시작했다. 잠시 후, 강력한 박격포탄과 소화기탄들이 페이스 부대에 날아들었다. 중공군들은 페이스 부대의 방어진지를 뚫기 위해 소부대 규모로 제파식 공격[33]을 계속했다. 중기관총이 배치된 곳으로 중공군 한 무리가 가파른 능선을 타고 올라오고 있을 때, 아멘트라우트 상병

(Cpl. Robert Lee Armentrout)은 중공군을 향해 기관총을 발사했다. 잠시 후, 그는 기관총을 들어 삼각대를 왼손을 잡고 개머리판을 우측 겨드랑이에 고정시킨 후 가파를 능선을 향하여 기관총을 난사해가며 많은 중공군을 사살했지만, 중공군은 마치 파도처럼 다시 밀려 왔다.

중공군의 첫 번째 공격이 있은 후, 중공군은 2 · 3중대 사이의 협조점[34] 지역을 점령했다. 이 지역은 페이스 부대의 방어지역 중에서 가장 높은 지역으로 2 · 3 중대를 감제할 수 있는 중요 지형지물[35]이었다. 동시에 시버 대위(Capt. Dale L. Seever)가 위치하고 있는 3중대의 지휘소에 대해 사격을 가할 수도 있었다. 이에 시버 대위는 그곳을 되찾기 위해 화기 소대와 중대본부 인원들을 협조점 지역으로 투입했다. 1중대의 상황은 더 심각했다. 중공군의 공격으로 능선에 배치된 1중대 2개 소대는 진지를 이탈한 상태였다. 동시에 중공군은 좌측 능선을 점령하여, 1중대의 박격포 진지를 공격했다.

중공군은 공격을 시작할 때, 맥린 지휘소와 57야전포병대대로 연결되는 모든 유선을 절단했다. 가까스로 맥린 특임대와 무전이 연결되었으나, 맥린 부대도 중공군에게 공격을 당하고 있다고 통보해 왔다. 이를 통해 페이스 중령은 57야 전포병대대가 즉각적인 화력지원을 못하는 이유를 알게 되었다.

페이스 부대는 11월 28일 날이 밝을 때까지 진지를 고수했다. 사단은 페이스 중령에게 현재 방어진지를 고수하라고 지시했지만, 거의 불가능한 일이었다. 페이스 부대가 장진호에 도착했을 때, 그들은 인가 병력의 90%를 유지하고 있었

....

33) 제파식 공격(Wave Attack) : 어느 한 공격지역으로, 종으로 수개 제대를 편성하여 파도가 밀려오는 것처럼 연속적인 타격으로 방어지대를 공격하는 전법. 일명 파상공격이라고도 함.

34) 협조점(Coordinating Point) : 인접부대 간의 병력, 화력, 장애물 운용 등을 협조 및 통제하기 위하여 설정한 전술적 통제수단의 한 종류

35) 중요 지형지물(Critical Terrain Feature) : 피아가 탈취, 확보, 통제함으로써 현저한 이익을 주는 지역

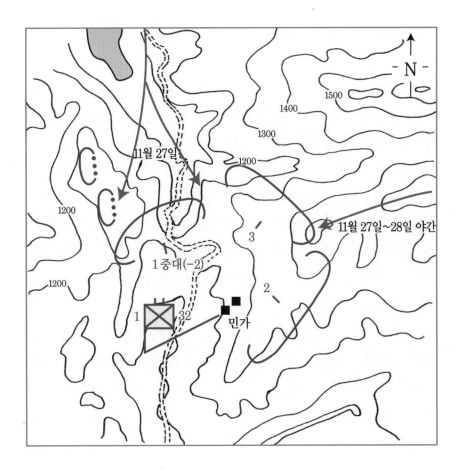

고, 국군도 약 50명이 배속되었었다. 사기 또한 좋았었다. 그러나 중공군의 야간
공격으로 페이스 부대의 사기는 저하되었고, 많은 사상자들이 발생했다. 특히
장교와 부사관의 손실은 엄청났다. 1중대 소대장인 덴취필드 중위(Lt. Raymond
C. Denchfield)가 무릎에 부상을 입자, 중대장인 스컬리언 대위(Capt. Edward
B. Scullion)가 임시로 덴취필드 소대의 지휘를 맡았다. 그러나 얼마 후 중공군
의 수류탄 공격으로 스컬리언 대위도 전사하고 말았다.

페이스 중령은 작전장교인 하이니스 대위(Capt. Robert F. Haynes)에게 1중
대를 지휘하도록 했다. 그러나 그 또한 1중대에 도착하기 전에 중공군의 사격으

로 전사했다. 결국 페이스 중령은 1중대 부중대장인 스미스 중위에게 전화를 걸어 "이젠 자네가 중대장이야! 잘해!"라고 스미스 중위를 격려해 주었다.

중공군의 공격 방법과 규모는 장병들의 사기를 떨어뜨렸다. 사기저하는 혹독한 추위와 함께 페이스 부대원들에게 나타났다. 중공군이 공격을 할 때마다 페이스 부대의 공포는 증폭되어 갔다. 페이스 부대원들은 중공군의 공격을 격퇴시켰지만 여전히 경계를 풀 수 없는 상황이었음에도 불구하고 그들의 피로를 조금이나마 풀기 위해 침낭을 꺼내 허리까지 올렸다.

경기관총은 추운 날씨에서 잘 작동하지 않았다. 그날 밤 기온이 급격히 떨어졌기 때문에 모든 무기들은 자동발사가 되지 않았다. 모든 병사들은 한 발을 사격하고 장전손잡이를 전진, 후퇴를 반복하여 재장전해야만 했다. 그러나 중기관총들은 방수포를 감싸고 부동액을 발랐기 때문에 자동발사가 가능했다.

중공군은 페이스 부대에서 후방으로 약 5km 떨어져 있는 맥린 특임대에게도 제파식 공격을 감행했다. 중공군의 제파식 공격은 마치 계속 몰려오는 파도와 같았다. 중공군은 맥린 특임대의 2개 중대를 유린하고, 후방의 포병진지로 향했다. 그러나 그들의 속도가 너무 빨라서 맥린 특임대는 적시적인 조취를 취할 수 없었다. 야간 동안에 중공군의 공격은 경악을 금치 못할 정도로 집요했다. 맥린 특임대원들은 밤새 정신을 차리지 못했다. 이상하게도 날이 밝자 중공군은 철수했다. 그러나 페이스 부대와 맥린 특임대의 피해는 심각했다.

맥린 중령의 또 다른 걱정거리가 생겼다. 그것은 중공군의 공격이 있기 전에 수색소대를 투입하여 장진호 주변을 수색하게 했는데 12시간이 지나도 단 한 명도 돌아오지 않은 것이다.

페이스 중령은 지난 밤 적에게 내주었던 방어진지를 되찾기 위해 온갖 노력을 다했다. 결정적인 손실은 2·3중대 사이의 협조점 지역을 중공군에게 빼앗긴 것이었다. 2중대 소대장인 무어 중위(Lt. Richard H. Moore)는 11월 28일 소부대 공세행동[36]을 실시하여 일시적으로나마 2·3중대 사이의 협조점을 탈환했으나,

중공군의 반격으로 곧 후퇴하고 말았다. 이때 중공군은 미군들이 유기한 기관총을 협조점 지역에 배치하여 페이스 부대원들을 괴롭혔다.

페이스 중령은 박격포와 근접항공지원을 이용하여 협조점 지역을 탈환하려고 노력했다. 낮 동안에는 아군의 항공기의 근접항공지원[37]이 효과적으로 운용되었다. 아군의 공격이 있을 때면 지휘소에 위치한 해병 전술항공통제 장교[38]인 스탬포드 대위(Capt. Edward P. Stamford)는 항공기 조종사와 무전을 주고받았다. 항공기의 근접지원을 유도하기 위해 인으로 된 수류탄을 중공군이 점령한 2 · 3중대 협조점 지역에 던졌다. 이런 노력에도 불구하고 중공군은 계속해서 2 · 3중대 사이의 높은 고지를 점령하고 있었다.

오후 늦게 무어 중위와 대대 주임원사는 다시 소부대 공세행동을 실시했으나, 중공군이 쏜 구경 50 톰슨 경기관총(중공군들이 유기한 미군 기관총)에 의해 다시 한 번 좌절되었다. 그 사격으로 주임원사는 전사했으며, 무어 중위는 철모에 기관총탄이 튕겨져 나가 잠시 동안 정신을 차리지 못했다. 그러나 무어 중위는 운이 좋게도 상처를 입지 않았다. 중요 지형지물인 그 고지를 점령하지 못하자, 3중대는 그 고지 맞은 편 고지에 방어진지를 구축하여 중공군들이 기관총사격을 하지 못하도록 했다.

그날 하루 동안 약 60명이 넘는 인원들이 대대 구호소로 몰려들었다. 밤사이에 70여 구가 넘는 시체들이 대대 구호소로 사용되고 있는 민가 앞마당에 쌓였다. 구호소 안에서는 비명 소리가 들렸으며, 12명이 넘는 환자가 붕대를 감은

....

36) 소부대 공세행동(Small Unit Offensive Actions) : 방어 시 주도권을 장악하기 위하여 제한된 목표에 대해 소규모 부대로 실시하는 공격행동 또는 적극적이고 능동적인 방어활동

37) 근접항공지원(Close Air Fire) : 지상부대에 인접되어 있는 적이 아군에게 직접적인 위협을 주거나 줄 수 있는 적 표적을 파괴, 무력화 내지 교란시키기 위하여 공중 공격을 실시하는 전술항공지원으로서 그 표적은 무기 집적소, 탱크, 차량, 병력 집결지, 벙커 등이 될 수 있음.

38) 전술항공통제 장교(Tactical Air Coordinator) : 항공기로부터 지상부대의 근접지원에 참가하는 전술 항공기의 활동을 조정하는 장교

채 누워있었다. 구호소 밖에는 치료를 받기 위해 많은 병사들이 무리지어 서 있었다.

11월 28일 오후에 헬리콥터 한 대가 페이스 부대 지휘소 부근에 있는 논에 착륙했다. 10군단장인 알몬드 장군이 전선시찰을 하려 페이스 부대에 온 것이다. 그는 페이스 중령과 현재 상황을 의논했다. 그리고 나서 알몬드 장군은 페이스 중령에게 훈장을 받을 만한 인원을 추천하라고 말했다. 페이스 중령은 주위에 있는 모든 병사를 집합시켰다. 페이스 중령은 주위를 돌아보았다. 어젯밤 부상을 입은 1중대 소대장 스몰리 중위(Lt. Everett F. Smalley)가 후송을 기다리며 물가에 앉아 있었다. 페이스 중령은 "스몰리 이리로 와! 차렷 자세로 서 있어라!"라고 말했다. 스몰리는 지시대로 했다. 그때 본부중대 취사반장 스탠리 상사(Sgt. George A. Stanley)가 걸어오고 있었다. 페이스 중령은 "스탠리 이리로 와라! 스몰리 중위 옆에 차렷 자세로 서라!"라고 말했다. 스탠리 상사도 지시에 따랐다. 페이스 중령은 주위의 부상자, 운전병, 행정병 12명을 집합시켜 스몰리 중위와 스탠리 상사 뒤에 일렬로 정렬시켰다.

알몬드 장군은 페이스 중령, 스몰리 중위, 스탠리 상사의 가슴에 훈장을 달아주고, 악수를 했다. 그리고 주위의 병사들에게 "여러분의 앞에 있는 적은 북쪽으로 달아나는 중공군의 낙오병들이다. 우리는 다시 공격을 할 것이고, 반드시 압록강까지 진출할 것이다. 절대로 저 오합지졸 중공군이 우리의 공격을 가로막게 해서는 안 된다."라고 간단히 연설을 했다.

알몬드 장군은 지도를 펼친 후, 지프차 후드에 지도를 올려놓았다. 그리고 페이스 중령에게 북쪽을 지시하며 간단하게 말했다. 알몬드 장군이 탄 헬리콥터가 하늘에 떠오르자 페이스 중령은 훈장을 목에서 잡아채어 눈 속에 버렸다. 페이스 중령은 작전과장인 커티스 소령(Maj. Wesley J. Curtis)과 함께 그의 지휘소로 돌아갔다. 커티스 소령이 "도대체 지프차 앞에서 알몬드 장군님과 무슨 대화를 나누셨습니까?"라고 페이스 중령에게 물었다. 페이스 중령은 "커티스 소령!

그 소리 들었어? 중공군의 낙오병들이라고 한 말을!"이라고 투덜거리며 말했다. 스몰리 중위는 개울가로 다시 돌아가서, 주위에 있는 병사들에게 "나 은성무공훈장을 받았어! 그런데 이게 무슨 소용이냐고!"라고 소리쳤다.

그날 오후 맥린 중령은 난국을 해결할 방법을 찾기 위해 페이스 부대 쪽으로 나아갔다. 그러나 그가 출발하려 했을 때, 두 부대 사이는 이미 중공군이 가득차 있었다. 그는 중공군이 이미 이 지역 전체를 포위한 것 같은 불길한 생각이 들었다. 그는 더 이상 페이스 부대 쪽으로 나아갈 수 없었다.

11월 28일 날이 지기 전, "대규모 중공군이 페이스 부대 북쪽 약 3~4km 지점에서 접근 중입니다."라는 무전이 페이스 지휘소로 날아 왔다. 그 시각은 17시에서 17시 30분 사이였다. 페이스 중령은 근접항공지원을 요청했으나 중공군이 어느 정도의 피해를 입었는지는 알 수가 없었다. 비록 아직 날이 저물지는 않았지만, 중공군의 압박은 심해졌으며 최전방 진지까지 식량을 보급해 줄 시간이 없었다. 만약 날이 저문 후, 식량을 방어 중인 장병들에게 불출한다면 식량은 곧 얼어버릴 것이 분명했다.

방어선에 배치된 페이스 부대원들은 어제 저녁과 같이 중공군과의 경미한 전투를 기대하고 있었지만 그 기대는 무너져버렸다. 중공군은 페이스 부대를 유린하기 위해 산을 오르고 있었다. 병사들은 동요되어 진지를 이탈하려는 징후마저 보였다. 그러자 소대장 중에 한 명은 "자신의 진지에 위치하는 것이 신상에 좋을 거야! 그렇지 않으면 쥐도 새도 모르게 중공군에게 당할 거야!"라고 소대원들에게 말했다.

11월 28일 날이 저물었을 때, 페이스 부대는 중공군의 공격을 걱정하고 있었다. 여전히 2·3중대 협조점은 중공군이 점령하고 있었다. 4중대(화기) 소대장인 캠벨 중위(Lt. James G. Campbell)는 그 고지를 향해 기관총을 배치했다. 그러나 캠벨 중위가 배치한 기관총의 위치와 중공군이 점령한 협조점 사이에는 소총병 5명으로 구성된 1개 분대가 방어를 하고 있었다. 캠벨 중위는 그들을 내심 걱정하고 있었다. 사실 5명으로 구성된 1개 분대는 너무나 작은 규모여서, 협조점 지역에서 급편방어로 전환한 중공군의 사격을 저지할 수 없었다.

중공군은 낮 동안에 요란사격[39]을 지속적으로 실시했고, 날이 저문 후에도 페이스 부대 방어선에 대한 포병사격을 계속했다. 중공군들은 본격적인 공격에 앞서 페이스 부대의 방어선을 따라 여러 번 소규모 공격을 감행했다. 이 공격은 날이 저물고 3~4시간이나 계속되었다. 예상했던 것처럼, 중공군은 도로 동쪽의 취약지역에 대해 공격을 시작했다. 캠벨 중위는 누군가 소리치는 소리를 들었다. 이에 5명이 지키고 있던 능선을 내려다보니, 여러 그림자들이 올라오고 있었다. 어둠 속에서 캠벨 중위는 5명의 그림자를 세고, 여섯 번째 그림자부터 사격했다. 예상했던 것보다 많은 중공군들이 몰려왔다. 이에 캠벨 중위는 기관총사수들에게 "5명의 병사가 점령했던 낮은 고지가 잘 보이는 곳으로 진지변환 해! 어서!"라고 소리쳤다. 갑자기 캠벨 중위는 기절했다. 그는 누군가 그의 얼굴을 해머로 내려쳤다고 생각했다. 그러나 고통을 느끼지 못했다. 총알만한 박격포탄의 파편이 그의 뺨을 관통하여 입천장에 박힌 것이다. 그는 기관총사수들과 남아 있었다. 그날 밤 첫 번째 중공군의 공격이 끝나고, 약 1~2시간가량 중공군의 행동은 잠잠했다.

중공군의 공격이 진행되고 있을 때, 알몬드 장군은 맥아더 장군의 호출로 도쿄로 날아가고 있었다. 알몬드 장군은 맥아더 장군에게 11월 28일 22시부로 10군단의 공격을 중지하고, 후방으로 철수한 후 급편방어로 전환하여 적의 차후 공격에 대비하겠다고 보고했다.

이 회의 후 4시간 만인 11월 29일 새벽 3시에 페이스 부대의 부대대장인 밀러 소령(Maj. Crosby P. Miller)은 중대장들에게 "6km 후방에 있는 맥린 특임대로

....

39) 요란사격(Harassing Fire) : 적 병력의 휴식을 방해하고 이동을 제한하며 손실 위협으로 적의 사기를 저하시키기 위하여 실시되는 사격

철수하라!"라고 지시했다. 중공군의 후방침투로 페이스 부대와 맥린 특임대가 접촉을 유지할 수 없는 상황이었기 때문에, 맥린 중령은 페이스 중령에게 필요한 장비만을 휴대하고 차량에 부상자를 태워서 남쪽으로 공격하라고 제안했다. 잠시 후 도로에 차량행렬이 늘어섰는데, 그 위에는 약 100여 명의 부상병들이 누워 있었다. 페이스 부대가 맥린 특임대로 가기 위해서는 기도비닉이 요구되었으므로, 페이스 중령은 남은 장비를 전소시킬 수도 없었다. 할 수 없이 차량, 취사기구와 다른 장비들을 남겨두고 철수할 수밖에 없었다.

철수 명령이 소총소대에 전달되었을 때, 방어선은 갑작스럽게 붕괴되었다. 그 이유는 페이스 부대가 철수명령을 수령한 이후 한꺼번에 온 대대원들이 도로로 몰려들었기 때문이다. 중공군들은 미군의 움직임을 즉각 포착하여 사격을 중지했다. 미군들이 진지를 비우고 있었으므로 더 이상의 사격은 무의미했던 것이다.

페이스 중령은 대대가 남쪽으로 철수하는 동안 2개의 중대로 하여금 측방을 방호하도록 지시했다. 페이스 부대의 행군장경은 약 3km에 달했다. 페이스 부대는 11월 29일 새벽에 남쪽으로 행군을 시작했다. 3중대장인 시버 대위가 어제 저녁 무릎에 부상을 입었기 때문에, 소대장 중의 한 명인 모르트루드 중위(Lt. James O. Mortrude)가 중대를 지휘했다. 모르트루드가 지휘하는 3중대는 대대의 우측을 방호하면서 맥린 특임대로 향했다. 3중대 선두에는 모르트루드 중위가 위치했는데, 그는 비틀거리면서 걷고 있었다. 2중대는 3중대 맞은편에 있었다. 모르트루드는 아래쪽에서 트럭 소리를 들을 수 있었으나, 너무 어두워서 볼 수는 없었다. 행군 간 모르트루드 중위는 적과 조우하지 않았다. 페이스 부대의 행군은 별일 없이 날이 밝을 때까지 계속됐다. 페이스 부대는 장진호와 맞닿는 도로에 도착했다.

그곳은 손가락 모양으로 길게 돌출되어 있었는데 강 표면은 얼어있었다. 그들은 거기서 남동쪽으로 호수를 따라 선회했다. 중공군은 이 좁은 길 끝에서 페이스 부대에 사격을 가했다. 페이스 부대의 목표인 맥린 특임대는 호수를 가로질러 간다면 직선거리로 1.5km도 채 되지 않은 곳에 있었다. 중공군에 사격으로 차량행렬이 멈추었을 때, 페이스 중령은 무전으로 "2중대장, 3중대장! 귀관들은 북쪽 고지로 올라가 크게 우회하여 도로를 차단하고 있는 중공군의 측방을 공격하라!"라고 지시했다. 그리고 캠벨 중위에게 "귀관은 중공군이 보이는 고지로 올라가서 기관총을 배치하고 2·3중대를 엄호하라!"라고 지시했다. 캠벨 중위는 중기관총 2정과 75미리 무반동총을 고지로 운반했고, 중공군을 향하여 사격을 개시했다. 캠벨은 고지 정상에서 맞은편에 있는 맥린 특임대를 볼 수 있었고, 그 남쪽에서 대규모 중공군을 볼 수 있었다. 약 100여 명 이상의 중공군이 맥린 부대가 배치된 방어진지 남쪽에 서 있었다. 그리고 약 12명의 중공군 병사들이 남쪽 도로를 따라 걸어 올라오고 있었다. 중공군들은 모두 기관총 사거리 밖에 있었으나, 일부는 무반동총의 유효사거리 내에 있었다.

페이스 부대는 갑자기 호수 맞은편에 있는 맥린 특임대로부터 사격을 받았다. 이 사격이 자신의 부대에서 날아간 것을 안 맥린 중령은 사격을 정지시키기 위해 얼어붙은 장진호 위를 뛰어가기 시작했다. 그러나 그가 장진호 위에 서 있을 때, 적으로부터 4발의 사격을 받았다. 주위의 장병들은 그의 몸에 총알이 박히는 것을 봤다. 그러나 그는 끝까지 사격을 중지시키기 위해 손짓을 했다. 맥린 중령은 그 자리에서 쓰러졌고, 다시는 그를 볼 수가 없었다.

페이스 중령은 주위의 병사들을 모두 집합시켰다. 그는 50여 명의 병사들에게 모두 호수를 건너 맞은편 맥린 특임대로 달려가라고 지시했다. 페이스 부대가 호수를 건너고 있을 때, 중대 규모의 중공군이 57야전포병대대를 공격하고 있었다. 페이스 부대가 57야전포병대대를 공격하고 있던 중공군의 후미를 타격하여 중공군은 혼비백산하여 사라졌다. 페이스 부대는 약 60명의 중공군을 사살했다. 페이스 중령은 맥린 특임대에 도착한 병사들을 즉각 소산시켜 주변 경계를 강화했다. 그러는 동안에 2·3중대가 길을 막고 있는 중공군에게 접근했다. 이들은

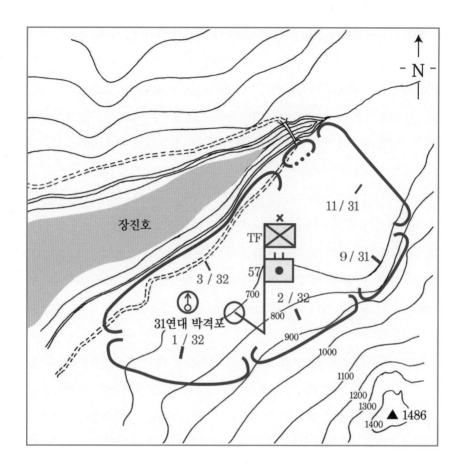

기동 자체로 중공군을 포위한 것이었다. 중공군은 깜짝 놀라 고지로 사라졌다. 이렇게 도로가 개방된 후에, 페이스 부대의 전 차량은 맥린 특임대 지역으로 진입할 수 있었다.

페이스 중령은 맥린 중령의 시신을 찾으려고 했으나, 그의 시신은 어디에도 없었다. 그는 자신이 맥린 특임대의 잔여병력과 장비를 지휘해야 한다는 생각이 들었다. 맥린 특임대의 방어진지는 잘 구축되어 있었지만, 여전히 취약한 부분은 남아 있었다. 오후 동안 페이스 중령과 그의 중대장들은 중공군의 공격을 막기 위해 600×1,000m의 급편방어진지를 구축했다.

방어진지는 뒷주머니 모양이었다. 동에서 서로 경사가 형성되어 있어서 적의 공격에 대단히 취약했다. 장진호 호수와 맞닿는 지역만 빼고 페이스 부대의 방어선 대부분은 중공군의 영향력이 미치는 능선으로 둘러싸여 있었다. 한 개의 도로와 선로가 페이스 부대의 방어진지를 관통했다. 거기에는 도로를 따라 제방이 형성되어 있어서 참호 대신에 병사들의 생명을 보호해 줄 수 있었다.

방어진지 내의 모든 민가는 파괴되어 있었다. 또한 방어진지 내에는 수많은 중공군 시체가 널려 있었으며, 그들 중 몇 명은 아직 꼬리표도 떼지 않은 미군 전투복을 입고 있었다. 식량은 거의 떨어졌고, 탄약과 유류도 얼마 남지 않았다. 병사들은 추위로 인해 사지가 마비되었다. 침낭을 가지고 있는 병사라 할지라도 동상에 대한 공포 때문에 감히 잘 수가 없었다. 병사들은 동상에 걸리지 않기 위해 자신들의 손발을 계속 움직였고, 자동화기는 15~30분 단위로 작동상태를 확인해야만 했다.

페이스 부대에게는 중공군의 공격을 막을 수 있는 세 가지 긍정적인 요소가 있었다. 첫 번째 요소는 11일 29일 오후부터 시작된 공중보급이었다. 첫 번째 보급 낙하산이 동쪽의 높은 고지에 떨어졌다. 페이스 부대는 그 보급품을 차지하기 위해 중공군과 싸워야만 했다. 두 번째 낙하산은 방어선 밖 남동쪽 중공군 진영에 떨어지고 말았다. 세 번째 낙하산만이 성공적으로 방어진지 내로 떨어졌다. 거기에는 식량들과 각종 탄약들이 들어 있었다.

두 번째 요소는 해병대의 전술공군지원이었다. 전술공군은 지속적으로 네이팜탄, 로켓포, 기관총을 사용하여 중공군을 괴롭혔다. 11월 29~30일 양일 밤에는 월광이 양호했기 때문에 해병대 전술공군은 방어진지 주변의 중공군을 타격했다. 조종사는 수많은 중공군이 방어선 주변에 몰려 있어서 효과적으로 폭탄을 투하했다고 보고했다.

세 번째 요소는 아군이 남쪽으로부터 중공군을 돌파하여 고립된 페이스 부대를 구해줄 것이라는 희망이었다. 최초 2개의 특수임무부대(페이스와 맥린 특임대)를 통제한 7사단 부사단장인 호즈 준장은 페이스 중령에게 "지금 아군이 연결작전[40]을 준비하고 있다."라고 말했다.

페이스 중령은 자신이 적진에 고립되었다는 것을 알고, 11월 28일(어제)에 연대와 사단에 지원을 요청했다. 페이스 중령은 함흥에서 군단의 명령을 대기하고 있는 32연대 2대대를 증원시켜 달라고 요청했다. 비록 군단이 페이스 중령의 요청을 시기적절하게 들어 주지는 못했지만, 군단은 하갈우리와 페이스 부대 사이에 있는 후동리에서 잔여부대를 모아 페이스 부대를 증원하기 위한 특임대를 편성했다. 호즈 준장의 지휘 아래 이 특임대는 11월 28일 아침에 북쪽으로 공격을 실시했으나, 적의 강력한 저항으로 얼마 가지 못하고 결국 철수했다.

그러는 동안에 32연대 2대대는, 11월 28일 늦은 오후에 함흥과 하갈우리의 1/3지점인 마전동에 저지진지를 구축하라는 군단의 명령을 수령했다. 병력들은 철도로 수송되었으며 물자는 차량으로 운반되었다. 철로로 이동중인 2대대에게 군단으로부터 내일 아침까지 마전동에 도착하라는 급박한 명령이 도착했다. 이 무렵 10군단으로부터 지원된 차량들이 2대대의 물자를 싣고 북쪽으로 출발했다.

철도로 이동한 2대대원들은 마전동에 도착하여 하루 종일 물자를 실은 트럭들을 기다렸지만 도착하지 않았다. 잠시 후 대대 차량들이 마전동에 도착했으나 2대대는 방어준비를 하지 못했다. 2대대의 물자를 실은 군단 지원차량들을 군단본부의 실수로 차량집결지에서 해산되었기 때문이었다. 이렇듯 페이스 부대를 구출하기 위한 군단의 노력은 첫날부터 삐걱거리기 시작했다. 2대대는 마전동에서 가만히 앉아 중공군이 페이스 부대에 대한 공격을 중지하기만을 기대할 수밖에 없었다.

....

40) 연결작전(Link-up Operation) : 한 개 부대가 기동하여 타 부대에 합류하거나 양개 부대가 각각 기동하여 합류하는 작전

마침내, 11월 30일 아침에 2대대는 북쪽으로 길을 나섰다. 2대대가 하갈우리로 가는 도중에 중공군으로부터 공격을 받았다. 2대대는 다음 날 아침에야 비로소 고토리에 도착할 수 있었다. 당시 하갈우리와 함흥간 도로는 중공군에 의해 위협을 받고 있었다. 따라서 마전동에 위치하고 있던 2대대는 10군단(해병1사단, 7사단)의 철수로를 방호하기 위해 고토리로 이동할 수밖에 없었다.

페이스 중령은 하갈우리를 지난 지점(최초 위치로부터 남으로 16km 지점)에서 이틀(11월 29~30일) 동안 자신들을 괴롭힌 적 정찰대를 격멸시켰다. 중공군의 공격은 방어선을 통과하는 도로의 양쪽 진입로에 집중되었다. 그들은 도로상에 배치된 75미리 무반동총진지를 공격하여 무력화시키고 사수들을 사살했다. 그러나 이것은 중공군의 결정적인 공격이 아니었다.

다음 날 새벽까지 페이스 부대는 전투력 손실이 거의 없었다. 추운 아침이 다시 밝았다. 하늘은 청명하여 항공지원이 가능했다. 밤을 지내기 위해 형성한 방어선 내에는 여기저기 불이 피워져 있었다. 그러나 이 모닥불이 적의 화력을 유인하지는 않았다. 병사들 대부분이 중공군의 끔찍한 공격을 막아내기로 결심했다. 그리고 그들은 오늘 안에 안전한 곳까지 철수를 할 수 있을 것이라 생각했다.

후송헬기가 11월 30일 페이스 부대에 도착하여 4명의 중상자를 후송했다. 전투기들은 페이스 부대 주변의 높은 고지에 폭격을 했으며, 수송기들은 보급품들을 투하했으나, 또다시 중공군 진영으로 떨어졌다. 오후가 지나가고 있을 때, 페이스 부대원들은 오늘 안에 아군진영으로 철수를 못할 것이라는 불길한 생각에 사로잡히게 되었다. 페이스 중령과 커티스 소령(작전과장)은 밤 동안의 중공군의 공격에 대비해서 기동타격대를 조직했다. 16시간의 긴 밤이 시작되었을 때, 지휘관들은 "하루만 더 견디자! 우리는 반드시 이곳을 빠져나갈 수 있다."라고 말하며 부하들을 독려하기 시작했다.

11월 30일 밤 22시경에 중공군의 끔찍한 공격이 다시 시작되었다. 중공군의 야간 공격은 지난 이틀간의 공격보다는 강력했지만 부대협조가 제대로 이루어지지 않아 우왕좌왕하는 모습을 보였다. 4중대장인 비거 대위(Capt. Erwin B. Bigger)는 중공군의 공격에서 특이한 사항을 발견했다. 중공군의 총구에서는 미군과 다른 화염이 뿜어져 나왔다. 이에 비거 대위는 중공군의 공격이 시작되면 호루라기를 불어 중공군의 위치를 부하들에게 알려 주었다.

자정이 지난 후, 중공군의 공격은 절정을 이루었고, 페이스 부대 방어선 한 쪽을 돌파했다. 페이스 중령은 돌파된 방어선을 막기 위해 기동타격대를 출동시켰다. 그로부터 다음 날 아침까지 중공군의 공격은 다섯 번이나 더 있었고, 그때마다 페이스 대령은 기동타격대를 출동시켜 방어선을 유지했다. 12월 1일에는 중공군이 방어선을 뚫고 들어와 방어선 내 작은 고지를 점령함으로써 페이스 부대가 위험한 상황에 빠졌다. 페이스 중령은 4중대 간부들을 불러서 중공군이 점령한 고지를 다시 탈환할 수 있는지를 물었다. 잠시 후 소대장인 윌슨 중위(Lt. Robert D. Wilson)가 자원했다. 윌슨 중위는 소대원들에게 "가자! 우리 모두는 전투원이다. 우리는 저 고지를 다시 탈환할 수 있다."라고 외쳤다.

윌슨 중위는 중공군이 점령한 고지에 박격포를 유도했지만, 탄약이 고갈되어 박격포탄은 날아오지 않았다. 20~25명 정도 되는 윌슨 소대원들은 날이 밝기까지 몇 분 동안을 기다렸다. 그의 부대는 탄약이 거의 떨어졌으며, 유탄발사기도 보유하고 있지 않았다. 단지 소화기탄 몇 발과 3발의 수류탄이 전부였다. 윌슨 중위는 톰슨식 소형 기관총을 휴대하고 있었다. 날이 밝아 윌슨 소대가 행동을 개시하자, 윌슨 중위는 선두에서 진두지휘했다. 적에게 접근하자 적은 사격을 실시했다. 윌슨 중위는 팔에 관통상을 입고 땅에 넘어졌다. 잠시 후 그는 일어났으나 또 다른 총알이 그의 팔과 가슴에 박혔다. 그는 "아무것도 아니야!"라고 말했으나, 몇 초 후 또 다른 총알이 날라 와 그의 머리를 관통했다. 그는 현장에서 즉사했다.

부소대장인 슈가 중사(SFC. Fred Sugua)가 지휘권을 인계하여 공격을 지휘했으나, 그 또한 몇 분이 지난 후에 전사했다. 그러나 결국 윌슨 소대의 잔여 병력들은 방어선 밖으로 중공군을 쫓아내는 데 성공했다.

중공군은 이례적으로 주간에 공격을 실시했다. 도로를 경계하고 있던 무반동총 진지를 주간에 공격한 것이다. 약 2개 소대 규모가 도로 옆에 난 깊은 도랑을 이용하여 남쪽에서 공격해 왔다. 캠벨 중위는 아멘트루트 상병 앞으로 달려가 기관총을 발사하라고 지시했다. 그러나 전날 밤 적 박격포탄이 기관총에 충격을 가하여, 더 이상 기관총은 발사되지 않았고, 몇 분 후에는 아예 작동되지 않았다. 아멘트루트 상병은 그의 부사수에게 중기관총을 가지고 오라고 화기반으로 보냈다. 잠시 후 아멘트루트 상병은 중기관총을 발사하여 적어도 20여 명의 중공군을 사살함으로써 그들의 공격을 격퇴하였다.

12월 1일 아침 7시 캠벨 중위가 대대 군수장교인 버드레빌 대위(Capt. Raymond Vaudrevil)와 탄약보급에 대해 이야기를 나누고 있을 때, 적 박격포탄이 그들 옆 3m 지점에서 터졌다. 파편이 그들 좌측에서 날라 와 버드레빌 대위, 캠벨 중위, 그리고 2명의 병사가 그 자리에서 쓰러졌다. 병사들은 쓰러진 캠벨 중위를 끌어당겨 트럭 뒤로 옮긴 후, 곧바로 의무대로 보냈다. 의무대 텐트 안에는 약 50명의 부상자들이 있었으며, 의무대 앞에는 약 35명의 부상자들이 치료를 받기 위해 대기하고 있었다.

충격으로 정신을 차리지 못한 캠벨 중위는 의무대 밖에서 30분 동안 대기했다. 페이스 중령이 갑자기 의무대 앞에 나타나서 "싸울 수 있는 장병은 모두 제 위치로 돌아가라!"라고 소리쳤다. 또한 페이스 중령은 "우리가 40분만 더 견디면, 항공지원을 받을 수 있다."라고 말했다. 그러나 의무대 앞의 병사들은 대부분 중상자였으므로 아무런 반응이 없었다. 페이스 중령은 "지금 우린 한 명의 병사라도 절실한 상황이다."라고 말했다.

이 말로 인해 캠벨 중위를 포함한 몇 명의 마음이 바뀌었다. 캠벨 중위는 걸을 수 없었기 때문에 선로를 따라 약 20m를 기어갔고, 거기서 단 한 발의 총알

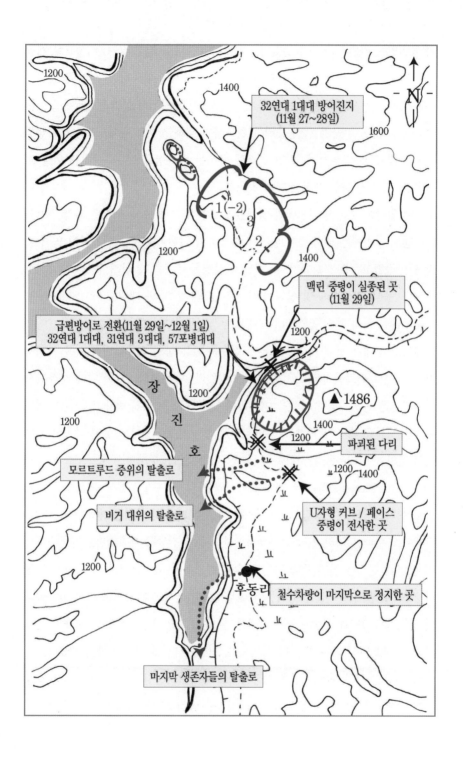

32연대 1대대 방어진지
(11월 27~28일)

1(-2)
3
2

맥린 중령이 실종된 곳
(11월 29일)

급편방어로 전환(11월 29일~12월 1일)
32연대 1대대, 31연대 3대대, 57포병대대

▲1486

장
진
호

파괴된 다리

모르트루드 중위의 탈출로

비거 대위의 탈출로

U자형 커브 / 페이스
중령이 전사한 곳

후동리

철수차량이 마지막으로 정지한 곳

마지막 생존자들의 탈출로

이 들어있는 카빈 소총을 발견했다. 그는 카빈 소총을 질질 끌며, 서쪽으로 계속 기어갔다. 그가 기어가는 도중에 캠벨 중위는 참호에 빠져버렸다. 캠벨 중위는 누군가 자신을 도와 의무대로 보내줄 때까지, 참호 안에서 꼼짝 못 한 채로 있을 수밖에 없었다. 누군가 캠벨 중위를 치료하기 위해 참호로 왔다. 그러나 위생병은 붕대와 모르핀 주사가 없었다. 캠벨 중위는 위생병으로부터 상처 부위를 소독받고, 몇 시간 동안 선잠에 빠져버렸다.

이런 현상이 모든 방어선에서 일어났기 때문에, 구호소의 상황은 최악이었다. 의무텐트 주변에는 보다 많은 환자를 수용하기 위해 방수포를 이용하여 임시 천막을 만들었고, 주변의 민가 두 채도 부상병을 수용하기 위해 임시 거처로 쓰여졌다. 중대 위생병과 몇 명의 병사들은 군의관인 너바 대위(Capt. Vincent J. Navarre)를 도와 하루 종일 의무대에서 부상병들을 치료했다.

페이스 부대가 첫 번째 진지로부터 철수를 하는 동안 의료장비를 실은 지프차가 사라져서 의료장비의 2/3 이상이 없어졌다. 대부분의 의료장비가 사라지자 의무병들은 판초우의나 야상을 이용하여 들것을 급조했다. 붕대가 없었기 때문에 의무병들은 속옷이나 천 조각을 찢어서 붕대 대용으로 사용했고 낙하산을 모아서 환자들이 체온을 유지할 수 있도록 덮어주었다. 취사반장인 포고스키 상사(Sgt. Leon Pugowski)는 두 개의 스토브와 커피, 스프를 구했다. 그는 의무대에 스토브를 설치하고 부상당한 병사들에게 따뜻한 스프와 커피를 제공했다.

페이스 부대는 영하의 날씨 속에서 8시간 동안 전투를 계속했다. 그들 대부분이 씻거나 면도를 하지 못했으며, 목숨을 부지하는 최소한의 식사도 하지 못했다. 또한 손발이 얼어붙은 병사들이 대부분이었다. 설상가상으로 기상이 악화되어 근접항공지원과 공중보급을 기대할 수 없게 되었다. 그 누구도 집요한 중공군의 공격에 맞서 하루 밤을 더 지새워야 한다는 사실을 믿으려 하지 않았다.

3중대장인 시버 대위는 참호 가장자리에서 작전과장인 커티스 소령과 현재 상황에 대해서 이야기를 나누고 있었다. 갑자기 박격포탄이 그들 옆 4m 지점에 떨어졌다. 그러나 두 사람 모두 다치지는 않았다. 시버 대위는 어깨를 한 번 들어 올리며 "작전과장님! 전 천년 정도 산 것 같습니다."라고 말했다.

해병대 항공기 1대가 12월 1일 10시에 페이스 부대를 포위한 중공군에게 폭탄을 투하했다. 조종사는 지상의 전술항공통제반과 교신을 유지하였다. 날씨가 맑아지자 전술항공통제반은 오후부터 페이스 부대 지역에 항공기의 공격을 유도했다. 페이스 중령은 "우리 부대와 하갈우리 사이에 아군이 있는가?"라고 조종사에게 물어보았다. 그러자 조종사는 "죄송합니다. 없습니다."라고 답변했다.

페이스 중령은 현재의 위치에서 밤을 맞느니, 차라리 남쪽으로 돌파하여 하갈우리 쪽으로 전진하는 것이 부대 전투력 손실을 줄이는 방법이라고 생각했다. 그는 13시에 돌파를 실시했고, 항공기들은 페이스 부대에 근접하여 집중적인 항공지원을 실시했다. 페이스 중령은 포병 및 중박격포 중대에게 그들의 장비가 모두 파괴될 때까지, 중공군들에게 사격을 계속하라고 지시했다. 그는 32연대 1대대를 선두에 배치하고, 그 뒤에 57야전포병대대, 중박격포중대, 31대대 3대대(맥린 부대) 순으로 철수대열을 구성했다. 15대공포대대 4포대의 반궤도차량들은 대열 중간 중간에 배치했다. 페이스 중령은 피해를 최소화하기 위해 대열을 가능한 한 짧게 편성했으며, 부상병들은 차량의 가용 공간을 이용하여 탑승시켰다. 모든 병사들은 도보로 이동해야 했으며, 필요가 없는 장비들은 모두 태워버렸다. 페이스 부대원들은 2 · 1/2톤, 3/4톤, 1/4톤 차량 중에 양호한 것을 골라 도로 위에 일렬로 22대의 차량행렬을 만들었다. 운전병들은 다른 차량의 가솔린을 빼서 22대의 차량에 채웠다. 그러고 나서 백린수류탄이나 소이수류탄을 이용하여 쓸모없는 모든 차량을 전소시켰다.

정오쯤에 누군가 캠벨 중위에게 다가와서 "조금 있으면 중공군을 돌파하고 남쪽으로 갈 거랍니다."라고 말했다. 그와 약 100여 명이 되는 부상병들은 부대의 최종 공격준비가 끝날 때까지 트럭 위에서 한 시간 동안 대기하고 있었다. 그런데 갑자기 중공군의 박격포탄이 차량 주변에 떨어지기 시작했고, 부상병들은 순식간에 공포에 휩싸였다.

페이스 중령은 32연대 3중대를 전위부대[41]로 임명했다. 중공군의 공격으로부터 피해가 가장 적은 모르트루드 소대가 3중대의 선두에 배치되었다. 40미리 유탄발사기가 장착된 반궤도차량의 지원을 받는 모르트루드 소대는 도로의 장애물을 제거하고, 의심지역에 화력수색을 실시하여 본대의 전진을 보장했다. 무릎에 부상을 입었던 모르트루드 중위는 반궤도차량에 탑승하여 소대를 지휘했다. 1중대는 측위로서 도로의 좌측(동쪽)에서 기동했다. 철수로 우측(서쪽)에는 장진호가 있었기 때문에 적의 공격은 없었다.

아군 항공기가 머리 위에서 선회했다. 전위인 모르트루드 소대가 13시에 출발했다. 스미스 중위는 1중대를 지휘했고, 전위 소대가 출발한 지 10분 후에 출발했다. 페이스 부대는 중공군의 총알이 빗발치는 가운데 방어진지를 간신히 빠져나왔다. 거의 같은 시간에 근접항공지원을 하던 아군 항공기들이 표적을 잘못 식별하여 선두부대에 네이팜탄을 떨어뜨렸다. 모트투르 중위가 탔던 반궤도차량은 불길에 휩싸이고, 주위의 병사들은 불에 타서 즉사했다. 약 5명의 병사들은 전투복에 불이 붙어 미친 듯이 불을 끄고 있었고 주위의 모든 병사들은 흩어졌다.

지금까지 부대 지휘체계를 그럭저럭 유지했지만, 아군의 오폭으로 순식간에 부대는 분열되었다. 공황은 주위로 전달되어 병사들은 마치 아나키스트(Anarchist)처럼 행동하기 시작했다. 대부분의 중대장, 소대장, 분대장들은 죽거나 부상을 당했다. 대대의 주요 참모들도 부상을 입었다. 부대대장 밀러 소령, 작전과장 커티스 소령, 정보장교 파웰 대위(Capt. Wayne E. Powell), 본부중대장 바우어 대위, 탄약 소대장 무어 중위(Lt. Henry M. Moore) 이들 모두가 이미 부상

....

41) 전위부대(Advance Guard) : 적을 격멸 혹은 지연함으로써 적의 기습적인 공격으로부터 이동하는 부대를 방호하고 중단 없는 전진을 보장하기 위하여 이동하는 본대의 전방에서 작전하는 다분히 공격적인 성격을 띤 경계부대

을 입은 상태였다. 중요한 보직에 있던 부사관들도 마찬가지였다.

모든 장병들은 여러 날 동안 자지도 먹지도 못했다. 한 가지 생각이 장병들의 머릿속에 맴돌았다. 그것은 "지금 여기서 나가기 위해서는 계속 움직여야 한다." 라는 것이었다. 부상을 입지 않은 병사이라 할지라도 그 자리에 주저앉아서 자고 싶은 심정이었다. 그러나 전 장병들은 움직이지 않는다면 모두 죽는다는 사실을 알고 있었기에 남으로 전진했다.

모르트루드 중위는 전위임무를 계속 수행하기 위해 주위의 병사들을 불러 모았다. 그들은 전진하면서 도망치고 있는 20여 명의 중공군을 사살했다. 모르투르 소대가 욕설을 하면서 도로를 내려가고 있을 때, 그들이 사살한 중공군 시체들이 여기저기에 흩어져 있는 것을 목격했다. 잠시 후 모르트루드 소대는 출발지점으로부터 약 3km 떨어진 위치에 있는 다리에 도착했으나, 다리는 이미 파괴된 뒤였다. 1중대의 소대장인 마쉬번 중위(Lt. Herbert E. Marshburn, Jr)도 다리 부근에 도착했다. 그들은 다리 밑을 도섭[42]하여 동쪽으로 이동하다가 다시 남쪽으로 나아갔다.

갑자기 북동쪽 고지로부터 중공군의 사격이 날아들었다. 모든 병력들은 바닥에 엎드렸다. 모르트루드 중위는 본대가 다리로부터 그리 멀지 않은 곳에 있었는데 왜 아직도 다리에 도착하지 않는지 궁금해 했다. 그가 능선에서 적의 사격을 피하고 있었으나, 어디선가 날아 온 총알에 의해 머리에 관통상을 입고 그 자리에서 쓰러졌다. 그때까지 본대는 네이팜탄의 충격에서 벗어나지 못하고 있었다. 페이스 중령은 네이팜탄으로부터 피해를 받은 3중대와 1중대의 일부를 재편성했고 2중대로 하여금 전위임무를 수행하게 하여 부서진 다리까지 전진하도록 했다. 본대의 차량행렬은 도로를 따라 계속 이동하고 있었고, 공중 엄호는 지속

....

42) 도섭(Fording) : 수심 얕은 하천을 장비 또는 별도의 도하장비 및 보조수단을 이용하지 않은 인원이 건너가는 것

적으로 지원되었다.

　오후 늦게 차량행렬은 무너진 다리에 도착했다. 그러나 페이스 부대는 가파른 하천 둑과 거친 도로를 우회하여 도섭지점을 찾았으나, 차량을 통과시키기 위해 간단한 공사를 해야만 했다. 고장난 트럭을 반궤도차량이 견인하는 동안 부상을 입지 않은 병사들은 트럭에 탔던 부상병들이 쓰러지지 않게 부축했다. 페이스 부대가 도섭지점에서 대기하는 동안 중공군들은 트럭과 병사들에게 무차별 사격을 가했다. 캠벨 중위는 부상병과 함께 트럭에 타고 있었는데, 그들은 트럭을 타고 있느니, 차라리 밖으로 기어나가는 것이 나을 것이라는 생각을 했다. 그는 차에서 내려 약 500m 앞에 있는 선두 차량을 향하여 걷기 시작했다. 그가 약 200m를 걸어가고 있을 때, 중공군의 사격이 집중되기 시작했다. 그가 땅에 엎드려, 머리를 확인해 보니 부상은 경미했다. 비록 그의 다리와 옆구리에 통증이 있었고, 3일 전에 입은 부상으로 뺨과 입이 부어올랐어도, 그의 몸 상태는 그럭저럭 괜찮았다. 약 30분 후에 그가 3/4톤 트럭에 접근했을 때, 그는 그 차량에 올라탔다. 그는 자신이 내렸던 트럭이 어떻게 되었는지 알지 못했다.

　도섭지점에서 반궤도차량이 견인줄을 이용하여 일반차량을 끌어당기고 있었기 때문에 파괴된 다리 부근에 있던 차량행렬들은 서서히 앞으로 움직였으나 여전히 거북이 걸음이었다. 대대 수송장교인 매이 중위(Lt. Hugh R. May)는 도로에 서서 차량들의 도섭을 감독했다. 그러나 생각 외로 적의 사격은 그다지 강하지 않았다. 오후 늦게 페이스 부대는 무사히 도섭을 완료할 수 있었다.

　모트루트 중위가 경사면에서 의식을 되찾았을 때, 아군들은 파괴된 다리 남쪽의 능선을 향해 올라가고 있었다. 위생병인 카모사스 상병(Cpl. Alfonso Camoesas)이 그의 얼굴에 붕대를 감았다. 모트루트 중위는 무의식중에 비틀거리며 어디론가 걸어가고 있었다. 의식이 혼미한 상태에서 모트루트는 자신이 따라가고 있는 행렬을 희미하게 볼 수 있었다. 그들은 장진호를 향하여 걷고 있었다. 그 주위에는 많은 전사자와 부상자들이 여기저기 흩어져 있었다.

이런 일이 벌어지고 있는 동안에, 본대는 계속 남쪽으로 전진하고 있었다. 그러나 파괴된 다리로부터 800m 떨어진 곳에 있는 U자형 커브에서 중공군이 설치한 노상 장애물 때문에 차량행군은 또다시 멈추었다. 적어도 2정 이상의 기관총이 소총과 함께 멈춰선 차량행렬을 향해 사격을 하고 있었다. 어깨에 모포를 덮은 페이스 중령은 차량행렬을 돌아다니면서 도로 동쪽에 있는 적을 격멸하기 위해 기동타격대를 조직했다. 그가 차량행렬의 중간을 지나고 있을 때, 그의 지프차는 구경 50기관총에 의해 공격받았다. 강력한 적의 사격은 장진호 방향인 도로의 서쪽에서도 날아왔다. 이 사격으로 차량에 탑승한 많은 부상자들이 전사했다. 페이스 중령은 중공군들이 접근하기 전에 이곳을 떠나야 한다는 생각이 들었다. 그는 부상병들을 도로 주변 도랑에 배치하여 사격지원진지를 구축했으며 기동타격대를 조직하여 적 진지를 향해 돌격했다.

그중 4중대장인 비거 대위가 지휘하는 기동타격대는 도로와 장진호 사이의 적들을 격멸했다. 페이스 중령은 32연대 1대대 정보장교인 존스 대위(Capt. Robert E. Jones)에게 U자 커브 남쪽에 있는 고지를 점령할 수 있는 가용한 병력을 모으라고 지시했다. 페이스 중령 자신도 U자 커브 북쪽에 있는 고지를 점령할 부대를 소집하고 있었다.

적의 박격포 파편으로 다리와 한 쪽 눈에 부상을 입은 비거 대위는 절뚝거리면서 박격포탄을 날랐다. 그러자 부하들의 사기는 높아졌으며, 대다수의 병사들과 부상병들이 절뚝거리면서 자신이 맡은 소임을 다했다.

중공군이 설치한 장애물 지대에 도착한 페이스 중령과 존스 대위는 거의 어두워지고 나서야 100여 명의 병력을 동원하여 장애물을 개척하기 시작했다. 페이스 중령은 갑작스런 적의 수류탄 공격으로 치명적인 부상을 입었고, 그의 옆에 서있던 병사들도 부상을 입었다. 중공군의 기관총사격이 강력해서 주위에 있던 병사들은 페이스 중령을 도로에서 끌어내릴 수 없었다. 잠시 후 병사 몇 명이 페이스 중령을 운반하여 트럭 보조 운전석에 눕혔다.

그가 쓰러진 후 페이스 부대는 와해되기 시작했다. 대대, 중대, 소대의 주요 지휘자들이 모두 죽거나 부상당한 상태에서 누구도 병사들을 통제할 수 없었다. 페이스 부대는 개인, 10~20명의 그룹단위로 개별행동을 하기 시작했다. 존스 대위는 부상자를 트럭에서 운반하기 위해 남은 병사들을 지휘했다. 강력한 적의 사격으로 여러 대의 트럭이 폭발하여 차량행렬을 가로막았으며, 어떤 차량은 중공군의 사격으로 타이어에 바람이 빠졌다. 이 상황이 벌어진 시간은 12월 1일 17시경이었으며 밤으로 접어들고 있었다.

사지가 온전한 모든 병사들은 중공군의 공격으로 차량행렬 중간에 파괴된 2 · 1/2톤 트럭에서 부상병들을 신속히 빼내어 기동 가능한 트럭에 다시 태웠다. 그리고 나서 파괴된 모든 트럭은 장진호 쪽으로 밀어버렸다. 적의 장애물을 개척하는 동안 여기저기서 도와달라는 부상자들의 울부짖음이 들렸다. 한 시간 반 동안 건강한 병사들은 부상자들을 후송하기 위해 도로 양쪽을 샅샅이 뒤졌다. 차량행렬이 다시 출발할 준비가 되었을 때, 대부분의 트럭들은 부상병들로 가득 차 있었다. 병사들은 차량 범퍼와 후두에 걸쳐 앉았고, 6~8명의 병사들은 각 차량의 옆에 매달려 있었다. 차량대열을 재정비한 존스 대위는 부상을 입지 않았거나 걸을 수 있는 부상병 150여 명을 이끌고 남쪽으로 행군해 갔다. 트럭들은 이 행렬 후미에서 움직였다.

비거 대위를 따라간 병력들은 서쪽 능선에 있었던 중공군을 격퇴한 후에 남서쪽의 호변으로 이동했다. 1중대를 지휘했던 스미스 중위, 1중대 소대장 무어 중위, 포병 관측장교 반스 중위(Lt. Barnes)가 포함된 15명의 무리는 도로 서쪽의 중공군 기관총진지를 격퇴시킨 다음, 호변으로 가고 있는 비거 대위를 보고 그들을 따라갔다. 호변에서 그들은 무엇을 할 것인가에 대해 논의했다. 15~20명의 중공군이 그들을 향해 사격을 했지만 소용이 없었다. 그러나 비거 대위를 중심으로 차후 행동에 대해 이야기를 나누고 있을 때, 중공군 한 명이 대검을 들고 나타났다. 그는 스미스 중위를 찔렀다. 순식간에 일어난 일이었다.

캠벨 중위는 존스 대위가 인솔하는 차량대열에 있었다. 차량행렬이 막 떠나려고 할 때, 캠벨 중위는 자신의 부소대장인 크래그 상사(Msgt. Harold M. Craig)를 만났다. 크래그 상사는 등 중앙에 부상을 입은 상태였다. 크래그 상사는 자신의 무장을 최대한 경량화시켰다. 그는 자신의 카빈 소총을 캠벨 중위에게 건네주고, 대검을 뽑아 들었다. 캠벨 중위가 받은 소총에는 약 30발의 탄약이 삽탄되어 있었다. 차량이 앞으로 출발했을 때, 캠벨 중위는 5명의 병사와 함께 차량 옆에 매달렸다. 존스 대위가 지휘하는 차량행렬은 말 그대로 처참한 모습이었다. 발에 동상이 걸려 쩔뚝거리며 걷는 인원이 대다수였으며 대형이나 계획 없이 오로지 남쪽으로 향했다.

약 3km 전진했을 때 파괴된 전차 2대가 다시 길을 막았다. 차량행렬은 병력들이 우회로를 만들 때까지 다시 정지해야만 했다. 도로에는 1.5km 단위로 장애물이 설치되어 있어서, 차량행렬은 매우 더디게 전진했다. 몇몇 병사들은 살아남을 수 있다는 희망을 가지고 있었다. 그러나 차량행렬이 지체될 때마다, 많은 병사들이 대열을 이탈했다. 이들은 밤 21시경 마지막 방어진지로부터 약 8km를 전진했고 판자 집이 여기저기 흩어져 있는 하동리에 접근하고 있었다. 본대와 간격을 두고 운행하던 선두 차량이 하동리에 진입하자 중공군의 사격이 시작되고, 결국 운전병이 전사했다. 트럭은 전복되었고, 짐칸에 있던 부상병들이 땅바닥으로 쏟아져 나왔다. 그들 중 몇 명은 도로로 다시 기어 올라와 후속하는 본대에 경고했다. 존스 대위는 도로를 이탈하여 철로로 진입하기로 결정했다. 그 철로는 도로와 평행하게 놓여 있었으나, 호변과 너무 가까워서 위험했다. 차량행렬 중에 몇 대만이 존스 대위를 뒤따랐다.

존스 대위가 도로를 이탈한 후에, 약 75~100명의 병사들이 하동리 진입도로에 남겨졌다. 한 포병장교가 걸을 수 있고 사격할 수 있는 병사들을 모아 재편성한 후에, 그들을 지휘하여 하동리 방향으로 진출했다. 그들이 하동리 마을 북쪽 입구에 도착했을 때, 적어도 1정의 기관총이 포함된 규모 미상의 중공군으로부터 공격을 받았다. 중공군의 사격이 강력한 나머지 그들은 다시 북쪽에 있는 차량으로 복귀했고, 전복된 차량에서 부상병 몇 명을 구했다. 이들이 차량에 다시 복귀한 시간이 12월 1일 22시였다. 차량으로 복귀한 후, 장교들과 몇 명의 병사들은 현재 위치에서 숨어있기로 결정했다. 그들은 무슨 수를 써서라도 하갈우리를 통과하려 했지만 현재 상황으로서는 불가능했고 그 누구의 지원도 기대하기 어려웠다.

그들이 약 한 시간을 대기하고 있었을 때, 차량의 후미에 중공군의 박격포탄이 떨어지기 시작되었다. 그들은 중공군의 공격을 피하기 위해 차량에 시동을 걸고 하동리 방향으로 출발했다. 그러자 캠벨 중위는 "우리는 절대로 이곳을 빠져 나갈 수 없어!"라고 말했다. 그는 자포자기하며 차량 옆에 매달려 있었다.

차량들이 하동리로 천천히 나아갔을 때, 적들은 선두 차량을 공격하여 3명의 운전병을 죽였다. 차량대열은 또다시 정지했고 적은 기관총을 난사하기 시작했다. 캠벨 중위와 몇 명의 병사들은 도로 우측에 있는 낮은 둑으로 약 2.5~3m를 뛰어갔다. 그들은 도로 맞은편 고지에서 발사되는 기관총의 화염을 뚜렷이 볼 수 있었다. 그는 둑에 기대어 적의 기관총이 내뿜는 화염 방향으로 카빈 소총을 발사했다. 어느 누군가의 절단된 팔과 전복된 트럭의 휠이 도로가에 함께 뒹굴고 있었다. 몇몇 시체들은 전복된 트럭 위에 널려 있었다. 근처에 흩어져 있는 부상병들은 도움을 요청했다. 길 위에서 어떤 병사는 계속해서 차량을 운전하라고 소리치고 있었다. 그때 중공군 병사들이 차량대열 후미에 접근했다. 캠벨 중위는 차량대열 후미에서 백린수류탄이 터지는 광경을 목격했다. 캠벨 중위는 "이것이 우리의 최후인가?"라고 중얼거렸다. 누군가 "조심해요!"라고 소리쳤다. 그 순간 캠벨 중위는 자신에게 돌진하고 있는 3/4톤 트럭을 봤다. 그가 차를 피해 옆으로 기어갔을 때, 트럭이 캠벨 중위의 다리를 쳐서 타박상을 입었다. 누군가 길에서 트럭을 밀어뜨린 것이었다. 병사들은 기동로를 확보하기 위해 4대의 차량을 도로 좌·우측으로 굴러떨어뜨렸는데, 차량들은 전복되어 논바닥 여기저기에 놓여졌다. 트럭 짐칸에 있던 시체들이 튕겨져 나왔다. 주위의 부상병들은 여기저기서 비명을 질렀고, 캠벨 중위는 그 비명 때문에 미칠 것만 같았다. 그는 마지막 남은 3발의 총알을 맞은편에 있는 선로를 향하여 발사했다. 그는 적 기관총진지에 대해 사격을 실시하고, 선로 밑의 배수로로 몸을 숨겼다. 그때 진눈깨비가 내리기 시작했다.

모든 병사들은 흩어졌다. 중대 위생병인 카모사스 상병은 어느 순간에 자신도 전혀 모르는 15명의 병사들 틈에 끼어 있었다. 그들은 6명의 부상병을 부축하면서 장진호에 도착했다. 카모사스가 얼어붙은 장진호 위를 걷고 있을 때 그는 뒤를 돌아보았다. 트럭들이 불타고 있었다.

캠벨 중위는 선로 밑 배수로를 따라 기어갔다. 그는 거기서 다리에 상처를 입고서 걸을 수 없는 병사 한 명을 발견했다. 잠시 후 2명의 병사가 다가왔다. 그들은 그 부상병을 끌면서 볏단이 있는 논으로 몸을 숙이면서 재빨리 이동했다. 거기에 2명의 병사가 더 있었다. 1.2km를 더 이동한 후, 장진호 끝에서 여러 명의 병사들이 캠벨의 무리에 합류했다. 그들은 얼어붙은 장진호를 걸었다. 캠벨 중위는 솔직히 하갈우리가 어디인지 알지 못했다. 그러나 그는 장진호를 따라 걸어가면 하갈우리에 도착할 수 있을 것이라 생각했다. 강한 바람이 장진호 위의 눈을 날려 단단한 얼음이 나타났지만 호수는 미끄럽지 않았다. 얼음은 두꺼워서 박격포탄이 떨어져도 깨지지 않았다.

캠벨 중위는 민가 부근에서 만난 국군에게 해병대가 어디 있는지 물어봤다. 국군은 도로를 지시하며 미군 지프차들이 매일 그 길을 따라 내려갔다고 말했다. 그러나 캠벨 중위는 그들의 말을 믿을 수가 없었다. 그래서 계속하여 장진호를 따라 걸어갔다. 이동 중에 캠벨 중위는 해병대 정찰대를 만나 하갈우리 방향을 식별할 수 있었다. 그때 캠벨 중위를 따르는 무리는 17명에 달했으며, 그중에 3명이 소총을 휴대하고 있었다. 3km를 걸어 내려간 후, 그들은 해병대 전차부대를 만났다. 해병대원들은 캠벨 중위 일행을 근처에 있는 중대지휘소로 안내했다. 캠벨 일행이 해병대 지휘소 부근에 도착하자 그들은 곧 하갈우리에 있는 해병대 야전병원으로 후송됐다. 캠벨 일행은 12월 2일 아침 5시 30분에 병원에 도착했다. 캠벨 중위는 갑자기 통증을 느꼈다. 입천장에 박힌 박격포탄 파편으로 여태까지 잊고 있었던 고통을 느끼기 시작한 것이다.

중공군의 공격으로 흩어졌던 병사들은 개인 또는 무리를 지어 12월 초에 하갈우리에 도착했다. 그들은 중공군의 눈을 피해 밤에만 이동했고 결국 해병대가 방어하고 있는 하갈우리에 도착했다. 스미스 중위가 인솔했던 무리들은 12월 2일 22시에 해병대 보급소에 도착했다. 항공기들은 "도로와 호변주위로 접근하지 말고 얼어붙은 장진호를 건너서 남하하라!"라고 적힌 쪽지를 반합에 넣어 떨어뜨렸다. 잠시 후에 비거 대위와 몇 명의 병사들이 절뚝거리면서 하갈우리에 모습을 나타냈다.

존스 대위와 함께 떠났던 차량들은 선로를 따라 얼마 동안 이동하였으나, 중공군의 기관총 세례를 받았다. 그래서 그들 대부분은 장진호로 달아났고, 자정이 지난 시간에 해병대 방어진지에 도착했다. 그러나 장진호를 통해 빠져나오지 못한 페이스 부대 장병들은 아직도 방어진지와 하동리 사이에서 우왕좌왕하고 있었다. 그들은 얼마 후 중공군의 포로가 되거나 얼어 죽었다.

4중대의 기관총 사수였던 휜흐록 상병(PFC. Grenn J. Finfrock)은 차량행렬이 마지막으로 멈춰 섰을 때 출혈과다로 정신을 잃었었다. 그가 정신을 되찾은 시간은 12월 2일 아침이었다. 그는 도로를 따라 걸어 내려갔다. 거기서 그는 페이스 중령 시신이 있는 차량 옆에서 불을 피우려고 하는 몇 명의 병사들을 만났다. 페이스 중령의 얼어붙은 시신은 아직도 차량 조수석에 그대로 있었다. 휜흐록 상병과 몇몇의 병사들이 상태가 양호한 트럭을 발견하고, 가까스로 시동을 걸어 도로를 따라 내려가기 시작했다. 그들이 한참 동안 도로를 따라 내려가고 있을 때, 중공군들이 정면에서 나타났다. 몇몇 병사들은 얼어붙은 장진호로 줄행랑을 쳤으며, 나머지는 중공군의 포로가 되었다. 중공군들은 부상병들에게 모르핀 주사를 놔주었으며 상처 부위를 붕대로 감아주었다. 포로들은 여러 날 동안 중공군에게 치료를 받았다.

머리와 무릎에 부상을 입은 모르트루드 중위도 장진호를 건너 하갈우리에 도착했다. 그 시간이 12월 2일 새벽 3시 30분이었다. 위생병인 카모사스 상병과 몇몇의 병사들은 하갈우리에 진입하는 도로에 도착할 때까지 선로를 따라 남쪽으로 계속 이동했다. 그들은 휴식을 취하기 위해 6명의 부상자와 함께 호수 주변의 수풀지역에 숨었다. 아침 8시 경에 그들은 해병대 전차부대를 만났고 300m 남쪽에 그들을 후송하기 위해서 앰뷸런스가 대기하고 있었다. 하루 종일 페이스 부대원들은 각자의 방식대로 해병대 방어진지에 도착하고 있었다.

12월 4일, 32연대 1대대의 생존자를 파악했을 때, 그 인원은 181명에 불과했다. 최초 작전에 투입된 인원이 1,053명이었으나 오로지 17%의 병력만이 살아 돌아온 것이다. 중공군에게 공격을 받은 다른 대대들도 마찬가지였다. 중공군들이 하갈우리와 흥남 사이의 도로를 통제하고 있었기 때문에 비극은 아직 끝나지 않았다. 그러나 하갈우리에는 비행장을 포함하여 해병1사단이 굳건한 방어선을 형성했기 때문에 중공군은 섣불리 미군을 공격할 수 없었다. 해병대 방어진지에는 탄약, 식량, 의료품들이 풍부했고 중상자들은 비행기로 흥남까지 후송되었다. 그러나 하갈우리에 남은 인원들은 끔찍한 10일간의 전투를 더 치러야만 했다.

배워야 할 소부대 전투기술 7

Ⅰ. 모든 기동은 우직지계(迂直之計)의 개념을 적용해야 한다. 때로는 직선으로 가는 것보다 멀더라도 우회하는 것이 빠를 수 있다. 특히 적진에 고립되어 있을 때는 더욱 그러하다.

Ⅱ. 적진에서 탈출할 때는 본대의 전방, 측방, 후방에 경계부대를 운용해야 한다. 소부대는 경계부대의 일부로 운영되어 본대의 눈이 되어야 한다.

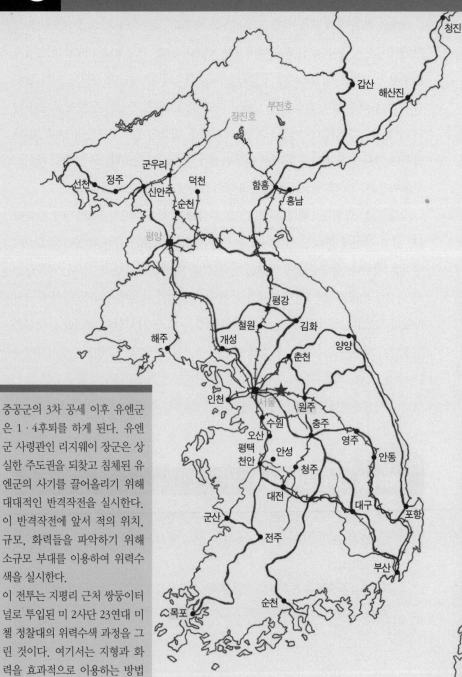

중공군의 3차 공세 이후 유엔군은 1·4후퇴를 하게 된다. 유엔군 사령관인 리지웨이 장군은 상실한 주도권을 되찾고 침체된 유엔군의 사기를 끌어올리기 위해 대대적인 반격작전을 실시한다. 이 반격작전에 앞서 적의 위치, 규모, 화력들을 파악하기 위해 소규모 부대를 이용하여 위력수색을 실시한다.

이 전투는 지평리 근처 쌍둥이터널로 투입된 미 2사단 23연대 미첼 정찰대의 위력수색 과정을 그린 것이다. 여기서는 지형과 화력을 효과적으로 이용하는 방법에 대해서 배울 수 있다.

8 미첼 정찰대의 위력수색

The event corresponds less to expectations in war than in any other case what.
Livy : History Of Rome

1950년 12월, 이미 북한 지역에 깊숙이 진출한 미8군은 중공군의 공격을 피하기 위해 대대적인 철수작전에 돌입했다. 중공군의 포위망으로부터 간신히 빠져나온 미 8군은 리지웨이 장군(Lt. Gen. Matthew B. Ridgway)의 명령으로 1951년 1월 말까지 37도 선을 연하는 선에서 방어진지를 구축했다. 그런 다음 적의 규모와 위치를 식별하고 적과의 접촉을 유지하기 위해 부대별로 북쪽에 소규모 전투정찰대를 투입했다.

미 24단과 2사단은 8군 방어선의 중앙에 나란히 위치하고 있었다. 1월 27일 늦게 8군사령부는 2사단에게 지평리 남쪽으로 몇 km 떨어져 있는 쌍둥이 터널을 전투정찰하라는 지시를 하달했다. 8군의 단계별 위력수색[43]이 시작되었을 때, 2사단은 24사단과 보조를 맞춰 이호리의 북쪽으로 같이 전진했다.

8군의 전투정찰 명령이 2사단과 24사단에게 늦게 도착했기 때문에, 24사단은 한강을 도섭하기 위한 조치를 취할 수가 없었으며, 부여된 날짜에 2사단과 이호리에서 접촉할 수가 없었다. 이에 2사단 23연대의 전투정찰대는 단독으로 쌍둥이 터널에 대한 수색을 실시했으나 적과 조우없이 방어진지로 복귀했다. 그러나

---

43) 위력수색(Reconnaissance in Force) : 적의 병력, 구성, 배치 그리고 적의 반응, 기동 및 능력과 그 강도를 파악하고 기타 첩보를 획득하기 위하여 실시하는 정찰활동

미 10군단 사령부는 28일 22시 40분에 2사단에게 다음 날 인접하고 있는 24사단과 보조를 맞추어 쌍둥이 터널에 대해 다시 전투정찰을 실시하라고 지시했다.

이 전투정찰 명령은 23시에 23연대에 하달되었다. 전투정찰 명령은 차례로 23연대 1대대에 하달되었으며, 대대장은 이를 다시 3중대의 소대장 중에 한 명인 미첼 중위(Lt. James P. Mitchell)에게 "정찰명령을 수령하고 내일 아침 6시에 연대 지휘소에서 나한테 브리핑하라!"라고 명령했다.

날은 아직 어두웠고, 하늘은 맑았다. 미첼 중위가 1월 29일 연대 지휘소에 도착했을 때, 텐트 앞의 온도계는 영하를 가리키고 있었고 미첼 중위가 연대 지휘소에 들어가자 연대 작전장교는 투명도와 명령지를 주면서 "3중대 북쪽 48km쯤에 있는 쌍둥이 터널을 수색정찰하고, 적과 접촉을 유지하라! 그러나 대규모 적과는 절대 교전을 벌이지 마라! 그리고 오늘 10시 30분에 24사단의 정찰대와 접촉을 해야 하니까 가능한 한 빨리 전투준비를 해라!"라고 지시했다. 미첼 중위는 6시 30분에 대대 지휘소에 복귀했고 대대 지휘소에서 연대 명령을 대대장에게 보고한 후 중대로 복귀하여 전투준비를 실시했다. 물론 중대장에게도 전투정찰 명령을 보고했다.

전투정찰 계획은 정찰대 병력들이 집결하고 있는 동안 변경되었다. 대대 본부는 미첼 중위를 6시 30분부터 8시까지 세 번 호출했으며, 그때마다 투입되는 병력과 무기의 규모는 변경되었다. 왜냐하면 2사단이 북한에서 철수하는 동안에 대부분의 장비를 잃었기 때문이었다. 특히, 차량과 무전기가 많이 부족했다. 1대대는 결국 인접 대대로부터 3대의 지프차와 운전병을 빌렸으며, 무전기는 포병연대에서 빌렸다. 미첼 중위는 SCR-300 무전기 2대를 수령했는데, 모두 작동상태가 불량했다. 그래서 연대는 통신 소통을 원활히 하기 위해 L-5 연락기를 이용하여 정찰부대와 연대지휘소간의 중계소를 운용했다.

정찰대와 대대 지휘소는 연락기와의 통신소통을 위해 SCR-619 무전기 2대를 빌려야만 했다. 포병연대는 무전기를 잘 다루는 무전병과 함께 SCR-619 무전기

2대를 정찰대와 1대대 지휘소에 파견했으며, 미첼 중위는 아침 9시에 대대장에게 임무 브리핑을 마친 후, 전투정찰을 출발했다.

정찰대는 44명의 장교와 병사들로 구성되었다. 이들 대부분은 3중대 인원들로 구성되었으며, 9명은 4중대에서 차출되었고 무전병은 포병연대로부터, 운전병은 4중대에서 지원되었다. 정찰대는 9대의 지프차와 2대의 3/4톤 차량에 분승했다. 차량들 중 5대는 24사단으로부터 지원받았다. 정찰대는 2정의 브라우닝 자동소총을 휴대했으며, 각개병사는 카빈 소총을 휴대했다. 동시에 75미리 및 57미리 무반동총, 3.5인치 바주카포, 60미리 박격포, 경기관총을 휴대했다. 2정의

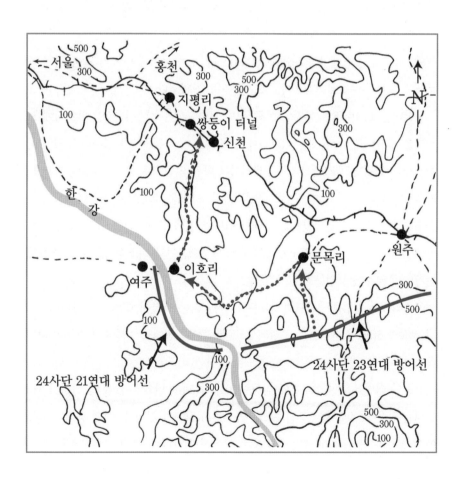

구경 50기관총과 3정의 구경 30기관총은 차량에 장착되어 있었다.

정찰대 44명 중 20명은 4일 전에 3중대에 보충된 인원으로 전투경험이 없었으며, 대부분 기행병과학교에서 훈련을 받은 인원들로 보병훈련은 거의 받지 않은 상태였다. 대대 작전보좌관인 스타이 대위(Capt. Melvin R. Stai)가 미첼 정찰대와 24사단 정찰대의 합류를 통제하기 위해 정찰대가 출발 전에 파견되었다.

구경 50기관총이 장착된 지프차에 탑승한 미첼 중위와 4명의 병사들은 선두에서 정찰대를 지휘했다. 4중대의 소대장인 펜로드 중위(Lt. William C. Penrod)가 지휘하는 본대는 그 뒤를 후속했고, 미첼이 탑승한 차량과 적어도 100m의 간격을 유지했다. 눈이 많이 쌓여 있었고, 도로가 좁았기 때문에 이동 속도는 매우 느렸다. 설상가상으로 그늘진 지역의 도로는 얼어붙었고, 도로의 기복 또한 심했다. 연락기는 정찰대의 위에서 선회했으나 계곡 사이에 안개가 많이 꼈기 때문에 정찰기들은 정찰대의 이동 모습을 볼 수가 없었다.

정찰대는 11시 15분 한강의 동쪽 제방지역에 있는 작은 마을인 이호리에 도착했을 때 24사단 정찰대는 이호리에서 미첼 중위의 정찰대를 기다리고 있었다. 24사단의 정찰대는 21연대의 6중대에서 선발된 인원으로 뮬러 중위(Lt. Harold P. Muller) 외 14명의 병사들로 구성되었다. 그들은 소총에 추가하여 6정의 브라우닝 자동소총과 경기관총을 휴대했으며, 하얀색 방상외피를 입고 있었고, 하얀색 후드(모자)를 써서 철모가 드러나지 않았다. 이와 대조적으로 미첼 정찰대는 얼룩무늬 야전상의를 입고 있었다.

이호리에서 합류한 2사단과 24사단의 정찰대는 스타이 대위를 포함하여 4명의 장교와 56명의 병사들로 구성되었고, 복귀하기 전에 수색목표인 쌍둥이 터널을 함께 수색하기 위해 약 24km 정도를 전진했다.

쌍둥이 터널은 지평리로부터 남동쪽으로 약 5km 떨어져 있었고, 신천이라고 불리는 작은 마을로부터 북서쪽으로 약 800m 떨어져 있었다. 미첼 중위가 선두에서 쌍둥이 터널로 접근했을 때, 도로 서쪽에서 가파른 능선이 나타났다. 그 능

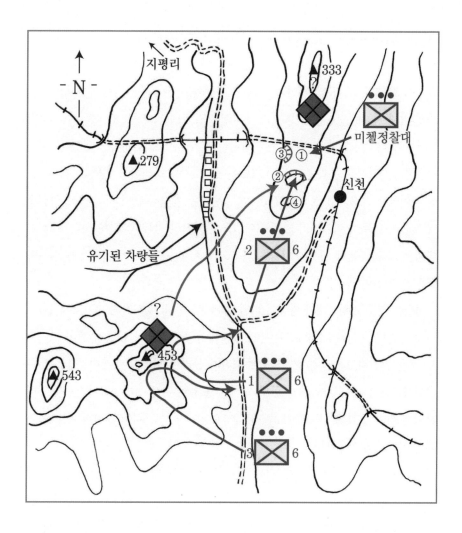

선은 주변 전지역을 감제할 수 있을 만큼 높았다. 미첼 중위가 지도를 확인한 결
과 그 능선 정상에는 453고지가 있었다. 정찰대가 북쪽으로 계속 전진하자 두
갈래 길이 나왔다. 정찰대는 두 갈래 길에서 좌회전하여 약 2km를 전진했다. 전
방에 철로가 통과하고 있는 쌍둥이 터널이 보였다.

미첼 중위는 뮬러 중위와 스타이 대위가 탄 지프차를 기다리기 위해 신천마을
부근에서 멈춰 섰다. 스타이 대위가 도착하자마자 "전투정찰이 예정보다 늦어졌

다. 귀관들은 쌍둥이 터널에 대한 수색을 지금 즉시 실시하라. 나는 그동안 신천지역을 돌아보겠다."라고 지시하였고, 이에 미첼 중위와 뮬러 중위는 차량을 인솔하여 쌍둥이 터널로 진입했다. 그들은 수색을 마친 후, 즉각 방어진지로 복귀하기 위해 전차량을 U턴시켰다.

쌍둥이 터널은 가파른 두 능선이 만나는 계곡 사이에 위치하고 있었다. 서쪽 터널은 279고지를 통과했고 동쪽 터널은 333고지를 통과하고 있었다. 이 두 능선 사이에는 개울이 흐르고 있었고, 그 주변에는 계단식 논이 자리 잡고 있었으며 포플러 나무가 여기저기 있는 그야말로 전형적인 한국의 지형이었다. 스타이 대위는 12시 15분에 길가에 차를 세워두고 단조로운 집들이 산재해 있는 신천마을로 혼자 걸어 들어갔다.

비극은 선두 차량 2대가 쌍둥이 터널 앞에서 U턴할 때 시작되었다. 24사단 21연대 정찰대가 선로 너머에 있는 333고지에서 중공군 15~20명이 뛰어 내려오는 것을 발견하고 사격을 가했다. 총소리가 들리자 나머지 정찰대원들은 무슨 일이 일어났는가를 확인하기 위해 고개를 돌려 주위를 살펴보았다. 곧바로 몇 발의 총성이 들렸고, 곧 10~12발의 박격포탄이 터널 근처에 정차한 차량을 향해 떨어지기 시작했다.

그 시간에 연락기는 정찰대 위에서 선회하고 있었다. 그 안에는 1대대 부대대장인 엔겐 소령(Maj. Millard O. Engen)이 탑승하고 있었다. 아침에 꼈던 안개가 사라지자 이호리 부근으로 다시 돌아온 것이다. 엔겐 소령은 미첼 정찰대를 공격하는 적을 발견했으며, 동시에 453고지에서 중대급 규모의 적부대도 발견했다. 그는 SCR-16 무전기를 이용하여 미첼 중위에게 즉각 그 지역에서 빠져나올 것을 지시했으나, 미첼 중위는 무전기의 수신불량으로 이 전문을 수신하지 못했다.

그 시간에 정찰대의 후미차량은 신천 부근의 개울을 통과하여 터널을 향하고 있었다. 미첼 중위는 453고지에서 적들이 움직이고 있는 것을 발견했으며, 순간 매복에 걸려들었다는 느낌을 받았다. 미첼 중위는 "중공군이 453고지 위에서 정찰대 차량이 터널 쪽으로 접근하고 있는 모습을 관측하고 있어!"라고 주위 병사들에게 말했다. 453고지는 철수로를 차단할 수 있는 주요 지형지물이었다.

차량행렬은 선로 너머 북동쪽에 위치한 333고지에서 중공군들이 기관총사격을 하자 멈춰 섰다. 도로 주변에는 능선으로 둘러싸여 있어서 연락기와 정찰차량 간의 무전 소통은 잘 이루어지지 않았다. 후미에서 이동하는 차량은 선두 차량을 볼 수 없었으므로 미첼 중위는 연락체계를 유지하기 위해 모든 차량들의 간격을 줄이라고 지시했다.

미첼 중위가 탑승한 선두 차량을 우측으로 지프차와 트럭들이 지나가고 있었다. 미첼 중위는 "U턴한 다음 여기를 빠져나가!"라고 소리쳤다. 그러나 모든 정찰 차량들이 U턴을 완료하자 중공군의 박격포탄이 또 떨어졌다. 선두 차량을 따라 남쪽으로 이동하던 차량들은 신속히 도로 좌·우측에 차폐진지를 점령했다.

그러는 동안에 453고지에 있던 중공군들은 정찰대를 향해 뛰어가고 있었다. 물론 정찰대의 머리 위에 있던 엔겐 소령도 그 광경을 관측했다. 그는 미첼 중위에게 즉시 동쪽의 고지로 올라가라고 지시했으나 응답이 없었다. 엔겐 소령은 적의 위치와 규모를 미첼 중위에게 알려주고 싶었지만 어쩔 수 없었고, 결국 연락기의 연료가 떨어지자 엔겐 소령은 주둔지로 복귀했다.

정찰 차량에서 구경 50기관총이 발사되었다. 구경 50기관총은 날씨가 너무 춥고 오일이 너무 많이 발라져 있어서 발사하는 데 시간이 걸렸다. 한 병사가 장전 손잡이를 후퇴·전진시킨 후, 다른 병사가 사격했다. 그러나 기관총사격은 효과가 없었다. 펜로드 중위는 중공군에게 75미리 무반동총을 발사하려고 했으나, 중공군이 이미 퇴로를 차단했기 때문에 사격을 포기했다. 중공군은 곧바로 도로의 동쪽에 있는 능선으로 올라가기 시작했다. 방금 하차한 펜로드 중위는 "미첼! 중공군들이 자네를 포위하기 위해 동쪽 고지로 올라가고 있어! 그들이 올라가지 못하도록 사격해! 자네 3시 방향에 있어! 보이는가?"라고 무전을 날렸으나 아무런 응답이 없었다.

스타이 대위가 하차하여 신천마을로 걸어 들어갈 때, 그의 운전병은 스타이 대위의 뒤를 따라 약 100~200m를 전진한 후 그리고 스타이 대위를 기다리기 위해 길가에 차량을 정차시켰다. 중공군이 453고지에서 동쪽 능선으로 달려갈 때, 그 운전병은 그 자리를 신속히 이탈하여 본대에 합류하려고 노력했으나 그는 얼마가지 못해 중공군의 사격으로 전사했고, 차량은 전복되었다.

펜로드 중위가 중공군을 향해 기관총을 발사하자, 미첼 중위와 뮬러 중위는 중공군이 도로 동쪽 능선으로 올라가고 있는 모습을 관측했다. 적의 매복과 측방 공격으로 진퇴양난(進退兩難)의 상황에 직면한 미첼 중위는 중공군보다 먼저 고지 정상으로 올라가는 길만이 살길이라고 생각했다. 미첼 중위는 부하들에게 "우리가 중공군보다 먼저 고지 정상에 올라가야 한다."라고 소리쳤다.

정찰대와 중공군이 각축을 버리고 있는 도로 동쪽의 능선은 매우 가파르게 형성돼 있었다. 그 폭은 900m 정도였고, 높이는 약 300m 정도였다. 그리고 동쪽 능선에는 작은 수풀들로 우거져 있었고, 남쪽 경사면에는 발목 높이의 눈이 쌓여 있었다. 뮬러 중위는 짧은 거리를 올라간 후에 지형을 분석하기 위해 쌍안경으로 주위를 살펴보았다. 그는 남쪽에서 자신이 있는 방향으로 중공군이 뛰어오는 것을 관측했다. 뮬러 중위는 "중공군이 남쪽에서 우리 쪽으로 달려오고 있다. 우리가 먼저 고지 정상을 점령해야 한다."라고 정찰대원들에게 재차 강조했다.

고지 정상을 확보하기 위한 피아 간의 경쟁은 매우 치열했다. 누가 먼저 정상에 올라가 하향사격을 하느냐가 관건이었다. 중공군은 쌓인 눈을 헤치며 능선을 올라가고 있었으며, 정찰대는 무거운 공용화기를 버리면서 고지 정상을 향해 뛰어가기 시작했다. 펜로드 중위와 미첼 중위는 병사들에게 최대한 많은 양의 탄약을 가져가라고 말했고, 삼각대가 달린 구경 30기관총과 바주카포도 챙기라고 지시했다. 뮬러의 병사들은 경기관총을 휴대했으나, 무반동총, 60미리 박격포, 차량에 장착된 5정의 기관총은 운반할 수 없었다. 어쩔 수 없이 그들은 무거운 무기들을 차량과 함께 도로에 남겨둬야 했다. 정찰대가 고지를 올라갈 때, 차량에서는 여전히 엔진소리가 흘러나오고 있었다.

미첼의 부하 중 7명은 적들의 기습사격에 놀라 도로 옆 도랑에 몸을 숨기고 있었다. 이들은 너무나 놀랐기 때문에 도량에서 떠날 엄두를 내지 못했다. 그들은 모두 4일 전에 3중대에 합류한 전투경험이 전혀 없는 신병들이었다. 그들은 그날 오후 모두 중공군에 의해 사살되었다. 최초 60명 중에 스타이 대위와 그의 운전병을 포함하여 9명이 전사한 것이다. 이때가 오후 13시였다. 나머지 51명은 서쪽에서 가파른 능선을 오르고 있었다.

등반은 무척이나 더뎠다. 그러나 중공군이 남쪽에서 고지 정상을 향해 먼저 올라갔기 때문에, 미첼의 정찰대원들은 지체할 시간이 없었다. 갑자기 333고지에 배치된 적으로부터 기관총과 소총사격을 받았다. 미첼 정찰대는 설상위장을 하지 않고, 카키색 전투복을 입고 있었기 때문에, 중공군은 그들을 쉽게 식별할 수 있었다. 중공군의 사격으로 정찰대원들은 손과 무릎을 짚으며 우왕좌왕하기 시작했고, 그들은 마침내 공황에 빠졌다. 적의 사격은 무척 정확했기 때문에, 어떤 정찰대원은 중공군의 사격이 다른 병사로 전환될 때까지, 죽은 척하고 땅에 오랫동안 누워 있었다. 정찰대원들은 들고 올라온 무거운 장비와 탄약 때문에 능선에서 미끄러지기 시작했다.

짧은 시간 동안에 대부분의 정찰대원은 눈이나 땀에 의해 옷이 흠뻑 젖었고, 여러 명의 병사들은 중상을 입었다. 경기관총과 삼각대를 군장에 넣고 이동하던 헨슬리 상병(Cpl. Bobby G. Hensley)은 앞으로 꼬꾸라져서 나무 그루터기에 갈비뼈가 부러졌다. 헨슬리 상병과 동행하고, 4박스의 탄약을 운반하던 부차난 병장(Sgt. Alfred Buchanan)은 헨슬리 상병을 깨우기 위해 눈으로 그의 얼굴을 비볐다. 그리고 헨슬리 상병의 머리를 자신의 대퇴부 위에 올려놓았다. 잠시 후 펜로드 중위가 와서 헨슬리 상병에게 기관총을 놓고 가라고 지시했으나 더 이상 못가겠다고 대답했다. 이에 펜로드 중위는 "너는 곧 정상에 도착할 수 있어! 계속 가!"라고 말했다. 부차난 병장은 탄약을 버리고 헨슬리 상병을 부축하여 고지로 올라갔다.

뮬러 중위도 고지 정상에 올라가기 전에 부상을 입었다. 2차 세계대전 중, 그는 등에 부상을 입어 등과 다리가 많이 약화되어 있었다. 잠시 후 뮬러 중위의 다리가 마비됐다. 그는 잠시 동안 미끄러지더니, 마침내 눈 위에 철퍼덕 앉아버렸다. 그가 대열 후미에 앉아 있을 때, 지프차 운전병인 스트라튼 일병(PFC. William W. Stratton)이 멈춰 서서 "어서 올라가십시오!"라고 재촉했다. 스트라튼 일병은 얼마 전에 뮬러 소대에 합류한 인원으로 이번이 첫 번째 전투경험이었다. 뮬러 중위는 "난 더 이상 갈 수 없다."라고 말했다. 그러자 스트라튼 일병은 "저도 소대장님과 함께 남겠습니다."라고 말했다. 잠시 후, 뮬러 중위와 스트라튼 일병이 앉아 있는 곳으로부터 5m 위쪽에서 중공군 3명이 나타났다. 뮬러 중위는 순간 나무 뒤로 몸을 숨겼다. 스트라튼은 중공군을 향해 7발을 쐈으나 모두 빗나갔다. 뮬러 중위도 1발을 쐈으나 빗나갔다. 뮬러 중위의 소총이 기능고장을 일으켰다. 그는 신속히 그의 대검을 뽑아 약실에 껴있는 탄피를 뺐다. 그러는 동안에 총알 1발이 스트라튼 일병의 소총 개머리판에 명중되어, 그는 오른손에 중상을 입었다. 그때 중공군의 소총도 기능고장이 났다. 중공군들은 뒤를 돌아봤다. 누군가 고지 정상에서 중공군들에게 소리치고 있었다. 중공군들이 고개를 돌리자, 약실에서 탄피를 뺀 뮬러 중위는 중공군을 향해 사격을 실시하여 3명 모두를 사살했다. 이후 두 사람은 능선을 미끄러져 내려가 적의 사격을 피할 수 있는 웅덩이로 들어갔다. 거기에는 갈비뼈가 부러진 헨슬리 상병이 앉아 있었다. 세 사람은 한 시간 동안 그 웅덩이에 있었다.

생존한 정찰대원 48명은 고지 정상으로 다시 올라가기 시작했다. 기관총 탄약을 운반하던 가델라 병장(Sgt. John C. Gardella)이 미끄러져 능선 사이 계곡으로 빠져버렸다. 능선의 경사가 너무 심했기 때문에, 능선을 우회해서 본대에 합류하기로 했다. 그런데 북쪽으로 걸어가던 도중 갑자기 기관총을 조작하고 있는 여러 명의 중공군을 발견했다. 그는 적 기관총 진지 6m 앞에 있었으나, 가델라 병장 앞에 숲이 우거져 있어서 중공군들은 그를 발견할 수 없었다. 그러나 가델라 병장은 움직이는 것이 두려워서 밤이 될 때까지, 거기서 꼼짝하지 않고 앉아 있었다.

펜로드 중위와 14명의 병사들은 맨 처음으로 고지 정상 부근에 도착했다. 그들이 그곳에 도착한 이후에, 그들은 북쪽과 남쪽의 높은 고지로부터 그나마 은·엄폐를 받을 수 있다는 사실을 알게 되었다. 정찰대원들이 도착한 곳은 333고지에서 남쪽으로 뻗어 나온 능선의 정상이었다. 그리고 그 주변에는 333고지보다 낮은 몇 개의 봉우리가 있었고, 능선 정상에는 오솔길이 나 있었다. 미첼 정찰대원들은 북쪽으로 900m 거리에 있는 333고지보다 18m가 낮은 무명고지(①)를 점령했다. 남쪽으로 200m 떨어진 곳에는 미첼 부대가 점령한 고지보다 약간 높은 또 다른 무명고지가 있었다. 미첼 정찰대가 가운데 고지(①)를 점령하자마자 중공군도 미첼 정찰대의 남쪽고지(②)를 점령했다. 그리고 미첼 정찰대가 점령한 고지 서쪽으로 또 다른 작은 고지(③)가 있었는데, 이미 중공군이 점령하고 있었다. 이 고지는 수류탄을 투척할 수 있을 만큼 가까웠다. 미첼 정찰대가 점령한 고지를 중심으로 서·남·북으로 안부가 형성되었기 때문에, 미첼 정찰대는 사방에서 중공군의 사격을 받게 되었다.

미첼 정찰대가 점령한 고지 정상의 크기는 분대용 텐트를 칠 정도였다. 그리고 동쪽으로는 급격한 경사가 형성되어 있었기 때문에, 동쪽에서는 적의 사격이 없었다. 그러나 고지 정상이 너무 좁아서 모든 인원을 수용할 수 없었다. 그래서 펜로드 중위는 몇 명의 병사들을 안부를 따라 북쪽으로 이동시켰다. 그럼에도 모든 인원이 방어진지를 편성할 수는 없었고, 땅이 얼어 참호를 깊게 팔 수도 없었다.

중공군의 기관총과 소총사격은 남쪽과 북쪽에서 동시에 시작되었다. 중공군 공격은 북쪽보다는 남쪽에서 심각했다. 그 이유는 남쪽 고지는 미첼 정찰대가 점령한 고지보다 높아서 미첼 정찰대가 점령한 전 지역에 대해 기관총 최저표척사[44]가 가능했기 때문이다. 설상가상으로 두 고지 간의 거리도 가까웠기 때문에, 중공군들이 기관총사격 하에 안부를 따라 신속히 공격한다면 미첼 정찰대는 수류탄 세례를 받을 처지에 놓여 있었다. 그러나 두 고지를 연결하는 오솔길은 하나밖에 없고 매우 좁았기 때문에, 한 번에 대규모 중공군이 공격을 해올 수는 없었다. 이에 미첼 중위는 이 점을 방어의 중점으로 생각하여 이 오솔길을 통제하기 위해 기관총을 배치했다. 이 기관총은 미첼 부대가 가진 유일한 구경 30기관총이었다. 미첼 정찰대는 8정의 브라우닝 자동소총과 3.5인치 바주카포를 보유하고 있었다.

중공군의 첫 번째 공격은 박격포 사격과 함께 시작되었다. 잠시 후, 적은 기관총의 엄호 하에 수류탄 투척거리까지 미첼 정찰대에 접근했다. 미첼 정찰대는 기관총과 브라우닝 자동소총을 집중하여 중공군의 공격을 방어진지 직전방에서 저지했다. 이 공격으로 중공군은 패퇴했으며, 적들의 공격은 약 20분간 잠잠했다.

부상당한 뮬러 중위, 헨슬리 일병, 스트라튼 일병은 고지 정상에 있는 뮬러 정찰대에 합류하기 위해 능선을 따라 올라가고 있었다. 스트라튼의 손은 고향으로 돌아갈 수 없을 만큼 심각한 부상이었다. 이들이 정상에 거의 도착했을 때, 고지 위에서 몇 명의 병사들이 스트라튼을 발견했다. 병사들은 "집 전화번호가 뭐야? 내가 캘리포니아에 돌아가면 자네 아내에게 전화해 줄게!"라고 하며 농담했다.

첫 번째 공격에 이어 333고지에서 기관총사격이 시작됐다. 이 사격으로 방어진지 끝에 있던 9명의 병사들이 부상을 입었다. 이미 한국전쟁에서 여러 번 부상을 입은 분대장 기븐스 상병(Cpl. LeRoy Gibbons)을 제외하고, 나머지 병사들

....

44) 최저표척사(Grazing Fire) : 지면 가까이 평행이 되도록 집탄지를 형성하여 사격함으로써 조준지역은 물론 피탄지까지 살상효과를 가져올 수 있는 효율적인 사격술의 일종으로, 최고 탄도 높이는 1m 이하임.

은 참호 밖으로 고개를 들지 못했다. 기브스 상병은 방금 방어진지에 도착한 뮬러 중위와 이야기하기를 원했다. 그는 총알이 빗발치는 가운에 똑바로 서서 뮬러 중위에게로 다가갔다. 주위의 병사들이 기브스 상병에게 엎드리라고 말했다. 그러나 기브스 상병은 "중공군은 사격이 서툴기 때문에 날 맞출 수 없어!"라고 말하며 계속 걸어갔다.

기브스 상병의 말이 사실로 드러나자, 리 병장(Sgt. Everett Lee)은 고개를 들어 적의 기관총진지를 공격하기로 결심했다. 그는 북쪽으로 5m를 포복해가서, 주위의 병사들에게 "저놈들을 공격할 거야!"라고 말했다. 그리고 그는 소총으로 2발을 사격하여 기관총을 조작하고 있던 중공군 2명을 사살했다. 그의 주위에 있던 병사들도 적진을 향해 사격을 가하자 북쪽의 중공군 사격은 잠잠해졌다. 리 병장은 자리에서 일어나 자신의 위치로 돌아갔고 이로 인해 북쪽에서의 적의 압력은 저하되었으나, 서쪽(③)과 남쪽(②)에서 적의 주력이 공격해오기 시작했다.

미첼 정찰대의 유일한 기관총은 방어의 중추적 역할을 했다. 오후 동안에 5~6차례 적의 공격이 있었으나 그때마다 미첼 정찰대는 적이 유효사거리[45] 이내로 진입할 때까지 기다렸다가, 기관총과 소화기의 화력을 집중하여 적을 패퇴시켰다. 이처럼 기관총과 브라우닝 자동소총은 미첼 정찰대에게 생명과 같은 존재였다. 오후 동안에 남쪽에서 기관총과 브라우닝 자동소총을 사격한 7명의 병사들은 모두 머리에 총상을 입고, 죽거나 심각한 부상을 당했다. 기관총사수가 적의 사격으로 쓰러지면 뒤에 있던 다른 병사가 그를 뒤쪽으로 끌어내리고 포복으로 기관총에 접근하여 사격을 계속 했다.

기관총사수 중에 한 명인 블리자드 상병(Cpl. Billy B. Blizzard)은 지면으로부터 약 15cm 정도 고개를 올렸는데, 적의 사격으로 철모가 관통되어 머리에

....

45) 유효사거리(Effective Range) : 어떤 무기가 평균 50%의 확률로 표적을 명중시킬 수 있는 거리

서 피가 흐르고 있었다. 이를 본 미첼 중위가 "다치지 않았나? 피가 흐르고 있는데."라고 말했다. 미첼 중위는 그를 후방으로 빼고, 다른 병사를 기관총 사수로 임명했다.

적의 공격 중에, 한 중공군 병사가 미첼 정찰대의 방어진지에 은밀히 포복하여 접근하여 자동소총을 난사하기 시작했다. 주위의 병사들이 그를 발견하고 사살할 때까지, 뮬러 중위를 포함하여 5명이 부상을 입었다.

1대대 부대대장인 엔겐 소령이 재급유를 위해 쌍둥이 터널을 떠났을 때, 그는 즉시 23연대 지휘소에 미첼 정찰대가 중공군의 매복에 걸렸다고 보고했다. 23연대장인 프리만 대령(Col. Paul Freeman)은 즉시 근접항공지원을 요청했고, 연락기 조종사에게 탄약을 공중으로 보급하라고 지시했다.

23연대 2대대는 이미 연대 방어진지 전방으로 16km 정도 추진되어 정찰대의 최초 출발지역을 점령하고 있었다. 13시에 연대 명령이 2대대장인 에드워즈 중령(Lt. Col. James W. Edwards)에게 하달되었다. 에드워즈 중령은 즉시 6중대장인 티렐 대위(Capt. Stanley C. Tyrrell)를 호출하고, 2시간 내에 차량, 장비, 탄약을 포함한 중대 전투준비를 완료하라고 지시했다. 6중대는 어제도 다른 부대의 구조작전을 수행한 부대로서 3명의 장교와 142명의 병사들로 구성되어 있었다. 에드워즈 중령은 8중대의 81미리 박격포반, 중기관총 반을 추가적으로 배속시킴과 동시에 포병 관측장교를 배속하여 연락기와의 무전소통을 원활하게 했다. 이렇게 6중대는 167명의 장교와 병사들로 증강되었다.

티렐 대위의 임무는 적에게 포위된 미첼 정찰대의 본대와 차량을 구조하는 것이었다. 그러나 전투준비가 지연되어 날이 저물었기 때문에 에드워즈 중령은 티렐 대위에게 내일 아침 일찍 떠나도록 지시했다. 6중대는 추가적인 전투준비를 갖추고 다음 날 15시 15분이 돼서야 비로소 북쪽으로 출발할 수 있었다.

미첼 정찰대를 공격하던 중공군의 공격은 오후 늦게부터 잠시 잠잠해졌다. 그러나 탄약이 떨어지기 시작했다. 미첼 중위는 병사들에게 탄약을 아껴 쓰라고 지시했지만, 병사들의 사격을 통제할 수는 없었다. 의료품도 중공군과 전투를 시작한 지 3시간 반 만에 동이 났다. 미첼 정찰대는 거의 2/3 이상이 부상을 당했다.

손이 으깨진 스트라튼 일병은 부상당한 병사의 브라우닝 자동소총을 들고 왼손으로 사격을 했다. 침묵이 흐르는 동안 스트라튼 일병은 주위를 돌아다니면 동료들에게 너무 걱정하지 말라고 격려하면서 "우리 모두 여기를 빠져 나갈 수 있어!"라고 말했다. 그러나 스트라튼 일병의 격려에도 불구하고 그날 저녁 부상당한 몇 명의 병사들이 죽고 말았다.

미첼 중위는 병사들을 고지 정상 방향으로 몇 미터 후퇴시켰다. 그곳은 적의 사격을 피해 움직이기에 적당했고, 중공군이 정찰대를 관측할 수가 없었다. 대신에 정찰대도 새로 점령한 진지에서는 관측과 시계가 불량했고 중공군이 진지 전방까지 접근해야지만 사격을 할 수 있었다. 이는 탄약을 아껴 쓰기 위한 미첼 중위와 펜로드 중위의 조치였다. 날이 저물자마자 병사들은 중공군의 공격을 대비했다. 한 병사가 "이봐 친구! 우리는 지옥에서 다시 만나겠지?"라고 말했다. 모든 정찰대원들은 극도로 긴장하고 있었다.

정찰대 구조작전은 오후 늦게 시작되었다. 해가 지기 전인 17시 30분에 항공기가 정찰대 위에 나타났다. 정찰대원들은 첫 번째 전투기가 자신들의 머리 위를 선회하자 기뻐하며 소리를 쳤다. 전투기는 총 4대가 정찰대 위를 선회했는데, 2대씩 짝을 이루어 나타났다. 전투기가 나타나자 중공군의 공격은 갑자기 멈췄다. 정찰대원들은 일어서서 방어진지 위를 뛰어 다녔다. 첫 번째 전투기가 중공군에게 기총소사와 로켓 공격을 선사했다. 두 번째 전투기는 네이팜탄을 투하하여 중공군 진지에 오렌지색 불꽃이 튀기고 있었다. 아주 훌륭한 근접항공지원이었다. 미첼 중위와 그의 정찰대원들은 근접항공지원이 실시되는 동안 방긋 웃고 있었다.

근접항공지원 후, 연락기는 4회에 걸쳐 미첼 방어진지에 보급품을 투하했다.

연락기는 미첼 방어진지 위를 낮게 비행했기 때문에, 정찰대원들은 조종사의 뺨을 볼 수 있었으나 주위에 중공군의 진지가 근접해 있었기 때문에, 연락기는 무척이나 위험했다. 연락기는 30개의 탄약띠와 2박스의 기관총탄, 여러 탄창의 카빈 소총 탄약을 투하했는데, 이것들은 모두 노란색 테이프로 둘러져 있었다. 기관총탄 한 박스만 제외하고, 나머지 탄약은 정찰대 방어진지 위에 정확이 떨어졌다. 근접항공지원이 끝나자, 중공군은 사격을 다시 시작했다. 그럼에도 병사들은 투하된 보급품을 재분배하려고 바쁘게 움직였다.

병사 한 명이 종이를 들고, 미첼 중위가 있는 곳으로 뛰어갔다. 거기에는 "구조대가 남쪽에서 접근하고 있음. 잠시 후면 도착할 것임."이라고 적혀 있었다. 미첼 중위는 이 종이를 읽은 후, 방어진지에 있는 나머지 병사들에게 보여줬다.

이와 동시에 남쪽에서 사격소리가 들려왔다. 몇 분 후에 453고지에 박격포탄이 떨어졌다. 생존의 희망이 용솟음쳤고, 병사들은 즐거워했다. 정찰대원들은 이로써 구조대가 접근하고 있다는 사실을 알 수 있었다.

어두워져 항공기들이 복귀하자, 뮬러 중위와 펜로드 중위는 병사들에게 중공군의 야간 공격에 철저히 대비하라고 지시했고, 만약 부상을 당한다면 소리를 치지 말라고 했다. 그 이유는 중공군이 그 소리를 듣고 정찰대의 위치를 파악할 수 있었기 때문이었다.

박격포탄 몇 발이 정찰대 방어진지 위에 떨어졌다. 그중에 한 발이 방어진지 중앙에 떨어져서 병사 한 명이 중상을 입었다. 중공군은 기관총과 소총사격을 실시했고, 빠르게 화력을 집중했다. 총알이 빗발치는 가운데 중공군의 나팔소리와 목소리가 들려왔다. 얼어붙은 능선으로 걸어 올라오는 소리가 들렸다. 4명의 병사들이 중공군이 보일 때까지 앞으로 포복해갔다. 그들 중에 한 명인 라르손 병장(Sgt. Donald H. Larson)이 "중공군이 여기 있다."라고 소리쳤다. 그들은 사격을 했으나 중공군의 공격으로 오히려 부상을 입고, 뒤로 포복하여 후퇴했다. 하루 동안 다섯 번의 부상을 입은 라르손 병장이 포복하여 미첼 중위 옆을 지날 때, 이마를 가르치면서 "이만하면 충분하죠! 소대장님!"이라고 말했다.

상황은 아군에게 불리한 쪽으로 전개되었다. 453고지 근처에서 더 이상의 불꽃을 볼 수 없었고, 아군이 접근하고 있다는 증거는 어디에서도 찾을 수가 없었다. 티렐 부대가 사격하고 있던 지역을 걱정스럽게 바라보던 병사들은 현재 상황을 벗어날 수 있다는 희망을 잃어가기 시작했다. 날씨는 점점 추워져 갔다. 미첼 정찰대원들의 젖은 전투복은 얼어가고 있었으며 몇몇 병사들은 동상으로 고생하고 있었고 절반 이상의 병사들이 부상당했다. 중상자들은 고지 정상 동쪽 후방으로 질질 끌려가서 얼은 땅위에 눕혀졌다. 그곳은 경사가 급해 적군이 접근하여 수류탄을 투척할지라도 능선 아래로 굴러버리면 그만이었다.

경상자들은 방어진지에서 사격을 하거나, 기관총이나 자동소총의 부사수 임무를 수행했다. 배에 큰 구멍이 난 한 병사는 죽기 전까지 한 시간 반 동안 탄약을 나르기도 했다. 먼저 다리에 부상을 입은 뮬러 중위는 두 번째 총상을 입었다. 이번에는 좌측 눈에 부상을 입었다. 뮬러 중위는 "눈앞에 불빛이 반짝거리고 있어!"라고 말했다. 그리고 가끔씩 의식을 잃기도 했다.

중공군의 2차 야간공격이 미첼 정찰대를 괴롭혔다. 이번에도 박격포탄이 먼저 발사되었고, 기관총의 엄호 하에 중공군들이 미첼 방어선 전방으로 접근하여 수류탄을 투척하려고 했다. 그러나 미첼 중위는 중공군이 보일 때까지 기다렸다가 기관총과 브라우닝 자동소총을 집중하여 격퇴하였다. 스트라튼 일병은 왼손으로 자동소총을 쐈다. 그는 중공군이 가까이 접근했을 때, 일어서서 중공군을 조준한 다음 총알이 더 이상 나가지 않을 때까지 사격을 했다. 이때 스트라튼 일병은 가슴에 두 번째 부상을 입었다. 누군가 그를 방어진지 중앙으로 끌고 왔다. 잠시 후에 스트라튼 일병 발 사이에서 수류탄이 터졌다. 스트라튼은 비명을 질렀다. 그가 "오! 주여! 제발!"이라고 말할 때, 뮬러 중위는 "입 닥쳐!"라고 말했다. 스트라튼은 "내 다리가 잘려 나갔어!"라고 울부짖었다. 그러자 뮬러 중위가 "알아! 그러니까 입 닥쳐!"라고 말했다. 잠시 후에 스트라튼은 네 번째 부상을 입고 전사했다.

이런 일들이 고지 정상에서 일어나고 있는 동안에, 티렐 중대는 구조작전에 돌입했다. 6중대는 근접항공지원이 진행되고 있는 17시 20분과 17시 30분 사이에 쌍둥이 터널지역 일대에 도착했다. 티렐 부대는 3/4톤 트럭 8대와 13대의 지프로 구성되어 있었다. 모든 트럭과 지프차에는 트레일러가 달려 있어서 여분의 박격포와 무반동총 탄약을 실을 수 있었다. 티렐 부대는 미첼 정찰대가 이동했던 도로를 따라 쌍둥이 터널 근처에 도착했다. 그때 연락기는 미첼 정찰대의 현재 위치와 차량의 위치, 주변의 적의 위치를 적은 쪽지를 티렐 부대 위에 떨어뜨렸다.

선두에 있는 지프차 2대가 스타이 대위가 사라졌던 개울가로부터 100~200m 지점에 진입했을 때까지 적의 행동은 없었다. 그런데 갑자기 453고지 위에서 적의 기관총이 발사되었고, 이에 티렐 부대의 차량행렬은 순간적으로 멈춰 섰다. 현지 주민들은 사격을 피해 도로 좌·우측 도랑에 몸을 숨기고 있었다.

세 번째 지프차에 타고 있던 티렐 대위가 곧 나타났다. 그는 하차하여 차량행렬 후미로 걸어갔다. 티렐 대위가 탄 지프차를 운전하던 운전병은 이미 도랑으로 몸을 피해 티렐 대위에게 "중대장님! 빨리 이리로 오세요! 중공군이 중대장님을 조준하고 있습니다."라고 말했다. 그러나 티렐 대위는 계속 걸어 내려가 2소대에 도착하여 "중공군과 함께 지옥으로 가자!"라고 말했다.

티렐 대위는 주위 고지에 적들이 매복해 있었으므로 더 이상 미첼 정찰대 방향으로 전진하지 않기로 결정했다. 티렐 대위는 바쁘게 453고지에 대한 공격을 준비했다. 그는 2소대에게 하차하여 즉시 공격 부대를 엄호할 사격지원진지를 점령하고, 나머지 1·3소대에게는 453고지를 공격하라고 명령했다. 2소대는 중공군이 사격한지 3~5분도 안 돼서 453고지를 향해 사격했다. 안개가 자욱하게 낀 가운데, 티렐 대위는 2개 소대를 453고지를 향해 공격시켰다. 그들은 453고지에서 동쪽으로 뻗어있는 능선을 따라 공격을 실시하면서 중기관총반은 보병들이 능선을 올라가고 있는 동안에 사격 지원을 했고, 81미리 박격포반도 보병들이 공격한 지 얼마 안 돼서 사격 지원을 시작했다. 티렐 대위는 박격포반에게 보병들이 공격하는 동안에 간단없이 사격을 하라고 지시했고, 박격포탄은 453고지 정상에 집중되어 전진하는 보병을 엄호했다. 이 모든 행동들이 중공군이 사격한 지 20분 만에 진행되었다. 그러나 중공군의 사격도 여전히 강력했다.

그러는 동안에 6중대의 중사 1명은 차량을 돌려 박격포반 근처에 주차시켰다. 운전병들은 하차하여 차량 주변에서 삼삼오오로 진지를 구축하여 주변 경계를 철저히 했으며, 동시에 박격포반을 방호했다. 이로 인해 박격포진은 이중으로 방호되는 결과를 가져올 수 있었다.

453고지에서는 전투가 없었다. 중공군들이 6중대가 올라가기 전에 453고지를 포기하고 도주한 것이다. 사실 적의 사격은 최초 한 시간 반 동안만 강력했고, 그 이후에는 무시해도 좋을 만큼 미비했다. 그러나 453고지 주변에도 눈이 쌓여 있었기 때문에 6중대 1·3소대도 공격하는 데 어려움을 겪었다. 실제로 1소대가 서쪽으로 공격하여 453고지를 확보하기까지 2시간 이상이 걸렸다. 티렐 대위는 일단 1소대가 고지 정상에 도착하면 급편방어로 전환하고 1개 분대 규모의 정찰대를 남쪽방향으로 보내 적정을 살필 계획이었다. 어쨌든 22시 30분에 1·3소대는 453고지 정상에서 접촉하게 되었고, 고지에는 적이 없다는 것이 밝혀졌다. 북쪽의 고지로부터 수류탄이 터지는 소리가 들려왔다. 중공군이 미첼 정찰대를 향하여 강력한 사격을 실시하고 있는 것이었다.

453고지를 확보하여 후방의 적의 위협을 제거한 티렐 대위는 미첼 정찰대를 구조하기 위한 작전에 착수했다. 그는 지금까지 도로가에서 사격 지원을 했던 2소대에게 "중대의 잔류 병력들이 2소대를 엄호할 테니까 너희들은 미첼 정찰대가 있는 고지 정상으로 공격해라! 남쪽 능선을 따라 신속히 공격하도록!"라고 말했다. 그리고 티렐 대위는 무전으로 "3소대에게 신속히 하산하여 중대장이 있는 위치로 복귀하고, 1소대는 453고지 정상에서 북쪽으로 7부 능선까지 내려가 사격지원진지를 점령해라. 거기서 너희들은 중공군이 배치되어 있는 333고지 방향으로 사격하여 공격하는 2소대를 엄호하라!"라고 지시했다. 티렐 대위는 박격포진 옆에서 453고지를 향해 기관총사격을 하던 중기관총반도 453고지 7부 능선에 있는 1소대 사격지원진지로 이동하라고 지시했다.

티렐 부대가 재배치하는 데는 시간이 필요했다. 티렐 대위는 신속히 2소대가 있는 도로로 내려가 공격계획을 마무리했다. 그는 우군 간 피해를 방지하기 위해 모든 소대에게 각 소대의 임무를 알려주고 81미리 박격포반을 전방으로 추진하기 위해 진지변환할 지점을 선정했다. 아마 이 시간이 21시 또는 그보다 늦은 시간이었다.

이렇게 티렐 대위가 바쁘게 전투준비를 하고 있는 동안에, 신천 방향에서 다가오는 소리를 들었다. 누군가 "거기 미군이요?"라고 묻자 그것은 미군 병사의 목소리 같았다. 티렐 대위는 "누구냐?"라고 다시 묻자 부상당한 미군 병사 3명이 대답을 했다.

티렐 대위는 도로 주변에 있는 중대원들에게 적의 우측면 공격에 대비하여 경계를 강화하라고 지시한 후 그는 1개 분대와 무전병과 함께 목소리가 들렸던 동쪽으로 이동했다. 티렐 대위는 병력들과 함께 도로 주변의 도랑에 몸을 숨기고 "우리가 알아볼 수 있게 앞으로 나와!"라고 지시했으나, 그들 중 한 명이 우리는 부상을 당해 걸을 수 없다고 대답했다. 티렐 대위 앞에 있는 거동수상자들은 미군이 확실했다. 티렐 대위는 너무 어두워서 앞의 부상자들을 알아볼 수 없었다. 잠시 후에 그들이 얼어붙은 눈 위로 절뚝거리며 걸어오고 있는 모습이 보였다. 티렐 대위는 그들의 소속을 물었다. 3명의 부상당한 병사들은 그들이 미첼 정찰대 소속이라고 설명했다. 그들은 고지 정상에 있는 방어진지로부터 탈출하여 동쪽의 가파른 능선을 타고 내려와 철로를 따라 남쪽으로 내려왔다고 말했다. 3명 모두 흥분되어 있었으며, 몹시 지쳐 있었다. 한 명은 출혈이 심했다. 티렐 대위는 그들을 즉시 도랑으로 옮기고 조용히 시켰다. 혹시 이들을 따라온 중공군들이 있을지도 모른다는 걱정 때문이었다. 그러나 더 이상의 소리는 들리지 않았고 어둠과 정적이 주변에 깔렸다. 몇 분 후에 그들은 2소대가 있는 도로로 복귀했다.

6중대에 도착한 3명의 말로는 미첼 정찰대가 전멸했다고 했다. 그들은 "중공군의 마지막 공격으로 미첼 정찰대는 전멸했으며, 지금 방어진지에는 중공군으로 가득 차 있습니다. 중공군의 사격과 수류탄으로 모두 전사했습니다."라고 진술했다. 티렐 대위가 자세히 질문을 하더라도 그들 모두는 감정이 격앙되어 정찰대원 모두가 중공군에게 유린당했다는 말만 되풀이 했다.

그는 공격을 잠시 보류하기로 했다. 그 이유는 대대장이 어두워지기 전에 미첼 정찰대와 접촉하지 못한다면 중공군의 매복을 피하고 우군 간 피해를 방지하기 위해 급편방어로 전환하라는 명령을 받았기 때문이다. 티렐 대위는 현위치에서 급편방어로 전환하고 내일 아침에 공격하기로 결심했다. 그는 그의 소대장들에게 계획이 변경되었다고 지시했다. 10~15분 후, 차후 공격을 위해 453고지 북쪽 7부 능선에서 사격지원진지를 구축하고 있던 1소대장 나피어 중위(Lt. Leonard Napier)가 무전기로 중대장을 호출했다. 그는 중대장에게 "지금 미첼 정찰대는 대부분이 부상을 입은 채 중공군의 공격을 막아내고 있다고 합니다."라고 보고했다. 나피어 중위는 이 사실을 미첼 정찰대의 위생병으로부터 들었으며, 그 위생병은 오후에 의약품이 떨어져 의약품을 구하기 위해 도로에 세워진 차량으로 내려갔다가 날이 어두워져 길을 잃었다. 이런저런 설명하지 못할 이유로 그 위생병은 남쪽으로 향했고, 나피어 소대와 만나게 된 것이다. 티렐 대위는 무전기로 그 위생병에게 질문을 했고, 그는 비록 그들 중 3/4의 병력이 부상을 당했다 할지라도 아직도 고지 정상에는 미첼 정찰대원들이 생존해 있다는 사실을 알게 되었다.

티렐 대위는 사격지원진지를 점령하고 있던 1소대와 중기관총반을 중대 급편방어진지로 복귀시켰다. 그리고 2소대장인 존스 중위(Lt. Albert E. Jones)에게 새로운 명령을 하달했다. 그는 2소대에게 정찰대가 있는 고지를 향하여 남쪽으로 능선을 타고 올라가라고 지시했다. 2소대의 공격로상에는 3개의 높은 봉우리가 있으나 최대한 빨리 기동하기 위해서는 추가적인 전투준비나 지원사격 없이 가파른 지형을 극복하는 고통을 감내할 수밖에 없었다. 그들은 정찰대의 방어진지에서 또 다른 사격소리를 들으며 한 시간 후 첫 번째 봉우리(④)에 도착했다. 두 번째 봉우리(②)는 대부분의 중공군 공격이 시작되는 발판이었다. 그 고지를 넘어 약간 낮은 봉우리가 보였는데, 그곳이 정찰대가 방어를 하고 있는 고지(①)였다. 2소대가 첫 번째 봉우리에 도착했을 때까지 중공군의 사격은 없었다. 그는 고지로 향하는 동안 중공군의 매복에 걸릴까 봐 걱정했기 때문에 소대를 2개로 쪼개 교대전진을 했다. 2개 분대가 전진하면 2개 분대는 사격 지원을 하는 방법으로 전진과 정지를 반복하며 미첼 정찰대에 접근해 갔다.

6중대가 사격을 한 지 벌써 몇 시간이 지났다. 생존한 미첼 정찰대를 구조할 수 있다는 보장도 없었다. 그러나 티렐 대위는 미첼 정찰대가 살아있다는 희망을 포기하지 않았다.

적의 공격은 계속되었다. 17시부터 21시까지 중공군은 4차례의 공격을 감행했는데, 모두 미첼 방어진지의 남쪽을 집요하게 겨냥한 공격이었다. 티렐 대위가 2개 소대와 함께 방어진지를 구축하는 동안 중공군의 네 번째 공격이 시작되었다. 역시 기관총 소리가 요란하게 나더니 중공군의 돌격이 이어졌다. 그러나 이 공격도 미첼 중위의 부하 중 한 명인 산체스 상병(Cpl. Jesus A. Sanchez)에 의해 저지되었다. 그는 중공군이 남쪽의 좁은 길로 올라오길 기다렸다가 앞으로 뛰어나가서 순식간에 브라우닝 자동소총 두 탄창을 사격했다. 사격을 한 후, 그는 신속히 방어진지로 뛰어 들어가 엎드렸다.

이후 중공군이 공격을 재개할 때까지, 한 시간 동안 잠잠했다. 이때 6중대 1소대가 2소대를 후속하여 북쪽으로 능선을 타고 올라가기 시작했다. 중공군은 다음 공격을 위해 미첼 정찰대의 서쪽 능선(③)으로 옮겨가서 공격을 시작했다.

10~15명의 중공군들이 포복하여 정찰대의 방어진지 서쪽으로 조용히 올라가고 있었다. 그러나 기관총은 아직도 남쪽 방어진지에 있었으므로, 5명의 미첼 정찰대원들은 중공군이 서쪽 방어진지 직전방에 나타날 때까지 기다렸다가 최대발사 속도로 약 1분 동안 사격했다. 그러자 중공군은 흔적도 없이 사라졌다.

다음 공격에서는 중공군 3명이 방어진지 내로 진입하는 데 성공했다. 어둠 속에서 발생한 상황이라 미첼 정찰대원들은 공황에 빠졌다. 한 중공군은 미첼 정찰대원 사이에서 서 있었다. 그는 "다 죽어버리겠다."라고 소리쳤으나 몇 명의 병사들이 그를 발견하고 즉각 사살했다. 잠시 후 뒤에서 나타난 다른 중공군도 사살됐다. 세 번째 중공군 병사가 미첼 정찰대 부소대장인 마르틴손 중사(SFC. Odvin A. Martinson) 뒤로 접근하여 자동소총으로 사격했다. 이미 다섯 번이나 부상을 당한 마르틴손 중사는 권총으로 반격했다. 그러나 중공군과 마르틴손 중사의 사격은 모두 빗나갔다. 중공군 병사 뒤에 앉아 있던 모르티머 일병(PFC. Thomas J. Mortimer)은 일어나서 대검을 이용하여 중공군의 등을 찌름과 동시에 마르틴손 중사도 그 중공군에게 권총을 발사했다. 순간 중공군의 시체가 마르틴손 중사에게 쏠리게 되고, 마르틴손 중사와 모르티머 일병은 중공군 시체를 방어진지 밖으로 던져버렸다. 마르틴손 중사는 "내가 살든 죽든, 어쨌든 난 여기 있기 싫어!"라고 말했다.

그때가 밤 22시 30분이었다. 미첼 부대에는 27~30명의 부상자가 발생했다. 부상자 중에는 마르틴손 중사처럼 싸울 수 있는 경상자도 있었으나, 뮬러 중위처럼 싸울 수 없는 중사자도 많았다. 뮬러 중위의 의식이 돌아왔다. 그러나 눈앞에는 여전히 별들이 빙빙 돌고 있었다.

탄약이 거의 고갈되고 미첼 정찰대의 저항도 점점 쇠약해지기 시작했다. 이에 미첼 정찰대원들은 중공군의 차후 공격을 두려워했고, 일부 병사는 항복하자는 말을 하기도 했다. 이때 마르틴손 중사가 "항복은 안 돼!"라고 화를 내며 말했다.

붉은 불꽃 2개가 서쪽에서 떠올랐고, 주변은 다시 조용해졌다. 그 이후로 30여

분 동안 아무런 일이 발생하지 않아 정찰대는 안전했다. 그때 정찰대원들은 발자국 소리를 들었다. 얼은 눈 위를 걸어 올라오는 소리였다. 이 소리는 다시 남쪽에서 들려왔다. 발자국 소리가 가까워졌을 때, 정찰대원들은 사격을 시작했다. "미군이다. 쏘지 마라!"라고 누군가 소리쳤다. 몇 초 동안 누구도 말하거나 움직이지 않았다. 마침내 산체스 상병이 "미식축구에서 누가 우승했어?"라고 물어봤다. 잠시 동안 다시 침묵이 흘렀다. 잠시 후에 "우리는 23연대 6중대원들이다."라고 말했다. 6중대 2소대장인 존스 중위와 그의 소대원들이 중공군의 공격로를 따라 미첼 정찰대의 방어진지로 진입한 것이다. 남쪽에서의 중공군 공격이 미첼 부대의 기관총과 브라우닝 자동소총으로 저지되자 중공군들이 미첼 부대의 서쪽(③)으로 옮겨 간 사이, 존스 소대가 텅 비어있는 남쪽 능선(④ → ② → ①)을 타고 올라 온 것이다. 산체스 상병이 벌떡 일어서서 "우린 살았어!"라고 소리쳤다. 다른 병사들도 덩달아 일어나서 좋아했고, 밤 동안 중공군의 공격은 주춤했다.

그믐달이 나타났고 부상병들을 후송할 수 있을 정도의 희미한 달빛이 비추고 있었다. 그럼에도 부상병들을 모두 도로로 운반하는 데는 3시간이 넘게 걸렸다. 산체스 상병이 고지 정상에서 후송을 감독했으며, 주변에 생존한 병사가 있는지 샅샅이 수색했다. 그리고 중공군 시체 주머니를 모두 뒤져 정보가 될 만한 것들은 모조리 꺼냈다.

부상자들 중에는 심각한 상처 이외에도 추운 날씨와 들것에 실려 갈 때 발생하는 통증을 불평했다. 그러나 대부분의 부상자들은 존스 소대원들에게 감사의 말을 전했다. 5발의 총을 맞은 마르틴손 중사는 들것을 다른 병사에게 양보하고 절뚝거리면서 하산했다. 전투초기에 갈비뼈가 부러졌던 핸슬리 상병은 응급처치를 받은 후 들것에 실려 산 아래로 내려갔다. 6중대가 미첼 정찰대의 부상병 모두를 산 아래로 운반한 시간이 1월 30일 새벽 3시 30분이었다. 티렐 대위는 남쪽으로 철수를 시작했다. 부상병들을 차량에 실어야 했기 때문에 6중대는 도보로 트럭 뒤를 따라 이동해야만 했다. 단 1개 소대만 선두에 배치하여 중공군의 공격을 대비했다.

사단에서는 티렐 중대가 철수를 시작하자 중공군을 향해 무차별 포병사격을 실시하여 그들을 엄호했다. 6중대와 미첼 정찰대는 동이 틀 무렵 안전하게 이호리에 도착함으로써 24사단은 중공군이 규모와 배치를 대략적으로 알 수 있었으며, 차후 공격을 위한 발판을 마련할 수 있었다.

배워야 할 소부대 전투기술 8

Ⅰ. 공자는 병형상수(兵形象水)의 원리를 따라 병력을 운용한다. 물이 바위를 만나면 갈라지듯이 병사들도 기동가능한 길로 공격할 수밖에 없다.

Ⅱ. 고립 방어 시 방어지속능력을 유지하기 위해서는 방어지역을 축소하거나 효율적인 사격통제를 통해 탄약소비량을 최대한 줄여야 한다.

9 히쓰(Capt. Thomas Heath) 중대의 지평리 전투

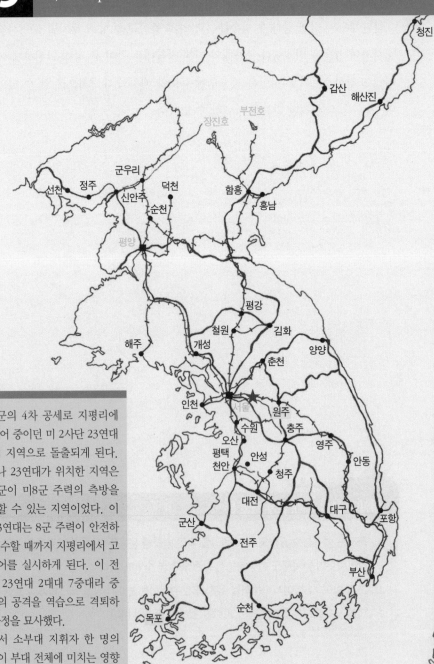

중공군의 4차 공세로 지평리에서 방어 중이던 미 2사단 23연대는 적 지역으로 돌출되게 된다. 그러나 23연대가 위치한 지역은 중공군이 미8군 주력의 측방을 위협할 수 있는 지역이었다. 이에 23연대는 8군 주력이 안전하게 철수할 때까지 지평리에서 고립방어를 실시하게 된다. 이 전투는 23연대 2대대 7중대라 중공군의 공격을 역습으로 격퇴하는 과정을 묘사했다.

여기서 소부대 지휘자 한 명의 잘못이 부대 전체에 미치는 영향과 역습 간 '기동' 및 '화력' 운용과 절차에 대해서 배울 수 있다.

Capt. Thomas Heath

히쓰 중대의 지평리 전투

In appears that it is as necessary to provide soldiers with defensive arms of every kind as to instruct them in the use of offensive ones. For it is certain a man sill flight with greater courage and confidence when he finds himself property armed for defense.

VEGITIUS : Military Institutions of The Rome

1951년 2월 11일, 미 10군단은 중공군의 4차 공세에 의해 지평리의 동쪽 횡성에서 원주로 철수했다. 또한 지평리의 23연대가 적 지역으로 돌출되어 있어 이를 여주-원주를 연하는 선으로 철수시킴과 동시에 새로운 방어선을 편성해야 할 입장에 처하게 되었다. 그러나 지평리에 배치된 23연대가 철수를 하게 된다면 적의 주력이 여주-장호원-평택으로 진출하게 되어 미 8군 주력이 중공군에게 포위될 수도 있었다. 따라서 8군 사령관인 리지웨이 장군은 고심 끝에 8군의 측방견부진지에 해당되는 핵심지역이었던 지평리를 8군 주력부대가 철수할 때까지 고수하기로 결정했다. 결국 프리만 대령(Col. Paul L. Freeman)이 지휘하는 미23연대는 지평리에서 전면방어진지를 구축하고 고수방어에 돌입하게 된다.

23연대 전투단은 1951년 2월 13~14일 양일 동안 지평리에서 아주 중요한 방어임무를 수행했다. 지평리 전투는 지평리의 남동쪽으로 5km 떨어져 있는 쌍둥이 터널에 대한 전투정찰에 이어 순차적으로 실시된 전투로서 쌍둥이 터널 작전 후에 23연대는 2월 3일까지 지평리로 전진하여 방어선을 구축했다. 지평리는 직경 800m의 작은 마을이었고 철로가 마을을 관통하고 있었다. 지평리역은 마을 중앙에 있었고 역사는 벽돌로 지어졌으며 대부분의 집은 초가집이었다. 그러나 절반가량의 건물들은 전투로 인해 벽이나 지붕이 허물어져 있었다.

지평리는 해발 250m 이상 되는 8개의 고지가 에워싸고 있었으며, 그 고지 사이 계곡에는 민가들이 있었다. 이 고지들은 양호한 방어진지를 제공했지만 그 둘레가 18km에 달했고 직경도 5~6km나 됐다. 그러나 23연대 전투단은 고지 둘레에 방어진지를 편성할 만한 인원과 장비를 가지고 있지 못했다. 프리만 대령은 방어진지를 축소시킬 수밖에 없었고 결국 직경 1.6km로 하는 원형방어진지를 구축하도록 예하 대대장들에게 지시했다. 이 방어진지는 삼면이 작은 고지로 둘러싸여 있었고 북서쪽은 논으로 되어있었다. 보병들은 논 지역에 800m 정도 진지를 구축했다. 그러나 23연대 전투단의 방어진지는 지평리 주변의 높은 고지로부터 감제가 되었기 때문에 적들이 주변 고지를 점령하여 사격을 한다면, 23연대 전투단의 방어체계는 순식간에 무너질 수도 있었다. 프리만 대령은 이런 약점들을 방어진지를 견고히 구축함으로써 극복하려고 노력했다.

지평리로 진입한 23연대 전투단은 10일 동안 진지를 강화했다. 제37야전포병대대가 2월 5일에 23연대 전투단에 배속되었고 제82방공대대 2포대도 같이 배속되었는데, 그들은 지상화력으로 사용할 수 있는 10대의 대공포를 보유하고 있었으며, 며칠 후에는 155미리를 보유한 제503야전포병대대 2포대도 배속되었는데, 이들은 제37야전포병대대를 증원했다.

보병중대들은 기관총 진지를 구축하고, 박격포 제원을 산출했다. 또한 적의 예상 접근로에 대인 지뢰를 매설했으며 주기적으로 주변 고지지역에 대해서 수색정찰을 실시했다. 연대 박격포 중대는 소대 및 반별로 사격구역을 할당했으며, 포병들은 적 예상 접근로상에 표적을 계획했다. 부대들 간에 통신망도 유·무선을 이용하여 이중으로 구축했으며 방어준비를 하는 동안 보병, 포병, 전술항공통제반은 수시로 협조회의를 열어 적의 공격에 대비했다.

이 이야기는 23연대 전투단 2대대 7중대에서 발생했던 전투를 기록한 것이다. 당시 제503야전포병대대도 7중대 방어진지 후방에 배치되었었기 때문에 7중대의 전투기록에 포함되었다. 2대대장인 에드워즈 중령(Lt. Col. James W. Edwards)은 3개의 소총중대를 대대 책임지역에 배치하여 방어선을 형성했다. 대대 방어진지 좌·우측에 배치된 중대들은 예하 3개 소총소대를 일선형으로 배치했으나, 대대 방어진지 중앙의 6중대는 2개 소대만을 방어에 투입했다. 그 이유는 6중대의 방어지역이 좁기도 했지만 에드워즈 중령이 6중대 3소대를 대대 예비대로 운용했기 때문이었다.

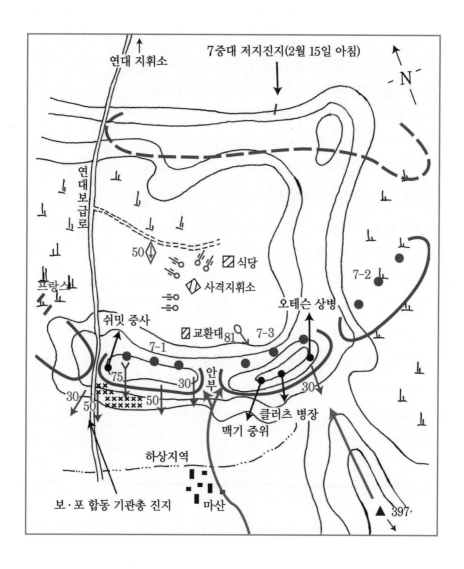

7중대는 말발굽 모양의 작은 능선에서 방어준비를 했다. 이 말발굽 모양의 능선 오른쪽에는 연대 지휘소로 향하는 보급로가 접해있었고, 그 좌·우측에는 제방이 형성되어 있었다. 7중대는 말발굽 남쪽 능선에 방어진지를 편성했는데 능선은 그다지 높지 않아서 보병들이 몇 분 안에 올라갈 수 있었다. 7중대 1소대는 보급로와 근접해 있는 우측지역에, 3소대는 7중대에서 가장 높은 지역인 중앙에, 2소대는 6중대와 근접해있고 대부분의 방어지역이 논인 좌측에 방어진지를 편성했다. 1소대와 3소대는 고지 전사면에 진지를 구축했다. 사격은 다소 제한을 받았지만 좋은 관측을 제공받았다. 특히 3소대는 소대 우측 측면에 있는 하상(강바닥)을 제외하고는 남쪽 전 지역에 대한 관측이 양호했다.

3소대 지역에는 두 개의 중요 지형지물이 있었다. 첫 번째는 3소대 우전방에 있는 하상으로 이곳은 관측사각지역이면서 그 주변에는 마산이라는 마을에 15~20개의 건물들이 있었다. 두 번째는 3소대 남쪽방향으로 397고지와 연해있는 능선으로 이곳은 7중대 지역을 관측할 수 있는 지역이었다.

2소대는 논 지역에 배치되어 관측은 양호하지 않았으나, 소대 전방지역이 평평한 지형이어서 접근하는 적에 대한 사격이 용이했다.

추가적으로 7중대 화기소대와 8중대의 75미리 무반총반과 중기관총반이 방어진지에 배치되었으며, 81미리 박격포반은 7중대 후방에서 포진을 구축하고 있었다. 81미리 관측병은 7중대 지휘소에 파견되었고 추가해서 7중대 지휘소에는 연대 중박격포 관측병과 제37야전포병대대 관측장교도 함께 있었다. 75미리 무반동총반은 주간에는 1소대 방어진지에 배치되었으나, 야간에는 구경 50기관총으로 교체되었다.

탄약소대는 2개소에 네이팜 탄약통을 설치했는데 한 곳은 보급로 남쪽 끝이었고, 다른 한 곳은 1소대와 3소대 사이의 하상지역이었다. 윤형철조망은 중대 방어진지 전체에 설치하기에는 그 수량이 부족했기 때문에, 보급로가 통과하는 1소대 전방에만 설치했다. 대대장은 예하 부대의 모든 진지와 화기를 점검하면서 그는 적의 포병화력으로부터 견딜 수 있을 만큼 견고하고 깊게 진지를 구축하라고 강조했다.

503야전포병대대 2포대가 155미리를 끌고 말발굽형 능선 내부에 도착한 후 1소대와 3소대의 직후방에 포진을 구축했다. 2포대의 곡사포들은 23연대전투단의 동쪽, 서쪽, 남쪽에 대해 사격이 가능하도록 배치하였고 곡사포와 7중대 사이에는 사격지휘소 텐트를 세웠으며 7중대 방어진지 직후방에는 식당과 탄약 보급소를 설치했다. 제37야전포병대대의 연락장교, 2포대의 연락장교인 엘리지 대위(Capt. John A. Elledge)와 7중대장인 히쓰 대위(Capt. Thomas Heath)는 방어진지 전방에 대한 화력계획을 작성하기 위해 협조회의를 열었다. 이 회의에서 가능하다면 포반 인원들을 제외하고, 포병의 기관총반을 방어선으로 추진하는 방안이 협조되었다. 히쓰 대위와 엘리지 대위는 보병과 포병이 통합으로 구성된 구경 50, 30기관총 진지를 1소대와 프랑스 대대 사이에 배치하기로 협조했다. 이 지점은 2대대와 프랑스 대대의 협조점지역이기도 했다.

23연대전투단이 방어준비를 하고 있는 동안에, 8군은 10군단과 함께 적이 점령하고 있는 홍천을 포위하기 위해 2월 5일 공격을 개시했다. 이 공격은 2월 11일 밤까지 아주 천천히 진행되었다. 그러나 중공군은 2개 제대로 나누어 10군단의 책임지역에 있던 홍성과 원주를 향하여 대대적인 반격을 개시했다. 중공군의 공격으로 국군 2개 사단이 와해되었으며, 8군의 공격은 다시금 철수로 바뀌어 남쪽으로 8~32km 정도 밀리게 되었다. 중공군이 반격하기 전까지 지평리는 10군단의 방어선에 포함되었었다. 그러나 10군단이 남쪽으로 철수한 이후에는 23연대전투단이 점령한 지평리는 중공군의 공격에 걸림돌로 작용했으며, 10군단의 방어선 좌측에서 현저하게 돌출되게 되었다.

23연대전투단은 2월 13일 주간 수색정찰에서 중공군의 활동이 지평리 동쪽, 서쪽, 북쪽에서 급격히 증가되고 있음을 발견했다. 공군정찰기도 중공군이 지평리 방어선 동쪽과 북쪽으로부터 접근하고 있다고 알려왔다. 포병 관측장교들은 중공군이 사거리 안에 진입하자 포병사격을 유도했고, 포병사거리 이외 지역에서는 전술공군의 공격이 시작되었다.

중군군의 공격징후는 수색정찰중인 2사단 수색중대로부터 포착되었다. 사단 수색중대는 2월 13일 이호리 북쪽에서 지평리 사이의 약 24~28km를 정찰하라는 명령을 받았으나, 지평리 부근에 수많은 중공군들이 집결하고 있어서 집결지로 복귀했다는 소식이 전해졌다.

중공군의 포위에 직면한 프리만 대령은 지평리를 포기하고 남쪽으로 24km 떨어져 있는 여주로 철수하기를 원했다. 10군단장인 알몬드 장군은 13일 정오에 헬기를 타고 지평리 역사 앞에 착륙했다. 알몬드 장군은 군단과 사단의 명령 없이는 지평리를 떠날 수 없다고 프리만 대령에게 말했다. 그러나 프리만 대령은 "2사단 수색중대의 보고에 의하면, 지금 중공군들이 지평리 주변에서 집결 중입니다. 지금 철수하지 않으면 저희들은 전멸당하고 말 것입니다."라고 알몬드 장군에게 보고했다. 그러나 알몬드 장군은 프리만 대령의 요청을 거절하고, 내일 아침까지 지평리를 고수하라고 지시했다. 또한 8군 사령관인 리지웨이 장군도 지금 23연대전투단이 철수한다면 8군의 측방이 중공군에게 노출되므로, 프리만 대령의 요청을 수락하지 않았다.

프리만 대령은 즉시 진지를 강화하도록 예하 지휘관들에게 명령했다. 그는 사단에 근접항공지원과 공중보급을 요청했다. 그는 다음 날 공병중대를 투입하여 제2방어선을 구축했고, 전차를 제1선 방어진지에 추가적으로 배치했다. 그리고 중대장들에게 방어선의 모든 간격[46]은 지뢰, 철조망으로 설치하고 기관총과 곡사화력을 통합하여 사격계획을 보완하도록 지시했다. 2월 13일 초저녁에 프리만 대령은 예하 지휘관들을 소집하여 중공군의 공격을 경고하고 그들의 포위에 대비하도록 지시하면서 "우리는 여기에 머물 것이다."라고 지시하자, 중대장급

....

46) 간격(Gap) : 방어부대가 배치될 때 양개 부대 사이에 생기는 공간

이상 전 지휘관과 참모들은 당혹스러움을 감추지 못했다.

그날 초저녁은 잠잠했다. 503야전포병대대 2포대 중위 피터스(Lt. Robert L. Peters)는 텐트 옆에 앉아 편지를 쓰고 있었고 2포대 부포대장인 맥키니 중위(Lt. Randolph McKinney)는 비상을 대비하여 전투화만 벗고 야전침대에 누웠다. 2포대원 대부분은 군우리 전투 이후 보충된 인원들이었고, 군우리 전투의 여파로 2포대에는 전투장비가 부족했다. 피터스 중위가 편지 쓰기를 끝마치기 전, 약 3~4km 떨어진 곳에서 폭발소리가 들려왔다. 그는 무슨 일인가 확인하기 위해 관측소로 올라가 확인한 결과 남서쪽에서 횃불을 들고 중공군이 접근하고 있었다. 잠시 후, 남쪽 논에서 접근하는 중공군을 향하여 기관총이 불을 뿜었다. 피터스는 신속히 텐트로 내려가 맥키니 중위를 깨웠다.

7중대의 동쪽에 배치된 2소대에서 이상한 소리가 들려왔다. 넬슨 일병(PFC. Donald E. Nelson)과 워드 이병(Pvt. Jack Ward)은 논에 구축된 참호에 앉아 있었다. 당시 연대장은 50%의 경계를 유지하라고 지시했으므로, 참호 안의 한 명은 잠을 자고, 나머지 한 명은 경계를 하고 있었다. 잠시 후 전방에서 땅을 파는 소리가 들리더니 중공군이 맥기 중위(Lt. Paul . McGee)가 지휘하는 3소대를 공격했다. 중공군 중 몇 개 분대는 3소대 앞에 뻗어 있는 능선에서 포복으로 접근해와서 오테슨 상병(Cpl. Eugene L. Ottesen)이 있는 기관총 진지에 3발의 수류탄을 던지고, 소총을 발사했다. 오테슨 상병은 기관총을 반사적으로 발사하기 시작했다. 22:00경 다른 중공군은 3소대에서 서쪽으로 200m 떨어진 관측사각지역인 하상을 통과하여 1소대와 3소대의 경계지역을 공격해왔다.

사격 소리를 들은 지벨 일병(PFC. Herbert G. Ziebell)은 진지에서 잠을 자고 있던 베노잇 일병(PFC. Roy F. Benoit)에게 "사격소리가 들린다. 어서 일어나!"라고 말하며 깨웠다. 지벨 일병은 아무것도 보이지 않았기 때문에 사격할 수 없었다. 그리고 그는 자신의 사격으로 인해 자신의 위치가 중공군에게 노출될까 봐 두려워하고 있었다. 방어진지의 모든 7중대원은 사격소리를 들었고 어둠 속에서 적의 공격을 기다리고 있었다.

3소대장 맥기 중위가 오테슨 상병의 기관총 소리를 들었을 때, 그는 즉각 유선으로 중대장 히쓰 대위에게 보고한 후 그는 유선으로 분대장들에게 적의 공격을 알렸다. 그는 탄약을 아끼기 위해 적이 식별될 때만 사격을 하라고 지시했으며 중공군은 탐색공격을 몇 차례 실시한 후에 모두 철수해 버렸다.

22시 30분에 중공군 1개 분대가 3소대 중앙으로 접근하기 시작했다. 중공군은 분대장인 모깃 상병(Cpl. James C. Mougeat)의 진지로 수류탄을 던져, 모깃 상병이 부상을 입었다. 모깃 상병은 유선으로 맥기 중위에게 "소대장님! 저 맞았습니다."라고 보고했다. 중공군은 몇 발의 수류탄을 더 던져서 모깃 상병의 손과 개머리판을 박살냈다. 운 좋게도 분대원 2명이 그 중공군을 발견하고 사살했다. 모깃 상병은 부서진 소총을 다시 집어서 전방을 경계하기 시작했다. 맥기 중위는 모깃 상병에게 전화를 걸어 몸 상태를 묻자 모깃 상병은 "저 많이 안 다쳤습니다. 분대를 계속 지휘할 수 있습니다."라고 대답했다. 그때 맥기 중위는 소대 진지 전방 20m 지점에서 움직이는 물체를 발견하고는 옆에 있는 브라우닝 자동소총 사수에게 "저게 뭐야!"라고 묻자, 그 병사는 "중공군입니다."라고 대답했다. 맥기 중위가 능선 아래로 수류탄을 던지자, 곧 폭발하였고 올라오던 중공군들은 능선 아래로 굴러 떨어졌다. 사격이 시작되자마자, 포병장교인 트라비스 중위 (Lt. John E. Travis)와 기관총 사수인 포프 상병(Cpl. William H. Pope)은 탄약 박스 여러 개를 운반하여 7중대 1소대와 프랑스 대대 사이에 있는 매복진지 (보·포 합동 기관총 진지)로 이동했다. 이 기관총진지는 눈으로 잘 위장이 되어 있었고 어젯밤 트라비스 중위가 기관총진지를 확인하러 갔을 때는 그 주변이 하얀 눈으로 덮여 있었으나, 병사들이 밟아 지금은 검은색으로 변해 있었다. 이 기관총 진지는 밤에 거의 보이지 않았다. 그러나 가끔씩 조명탄이 발사되었을 때는 식별이 가능했다.

트라비스 중위와 포프 상병은 잠시 동안만 매복진지에 머물 수 있었다. 갑자기 박격포탄이 기관총진지 주변에 떨어져 2명이 죽고, 6명이 부상을 입었다. 여기에 트라비스 중위와 포프도 포함되어 있었다. 트라비스 중위는 신속히 사격지휘소로 돌아가 지원을 요청했고 6명의 병사가 기관총 진지에 새로 투입되었으며, 다른 6명의 병사는 부상병들을 옮기기 위해 이동했다.

연락장교인 엘리지 대위(Capt. Elledge)는 10명의 병사를 모아서 자신을 따라오라고 말했다. 적 박격포탄이 포대지역에도 떨어지고 있어서 대부분의 포대원들은 자신들의 참호를 떠나려 하지 않아 5명의 병사만이 엘리지 대위를 따라나섰다. 엘리지 대위가 적 박격포탄의 공격을 받은 기관총진지에 도착했을 때, 기관총은 부서져 있어서 엘리지 대위는 알스톤 일병(PFC. Leslie Alston)에게 기관총을 바꿔오도록 지시했다. 엘리지 대위가 도착했을 때, 먼저 출발했던 6명의 병사들이 부상병을 옮기고 있었다. 그들은 한동안 포대와 기관총진지를 오가며 기관총, 탄약, 부상병을 옮겼다.

2월 14일 새벽, 중공군은 프랑스대대 방향으로 전투력을 집중하기 시작했다. 중공군들은 프랑스 대대 전방 약 200m에서 나타났고, 징과 나팔을 불면서 착검을 한 상태로 돌격했다. 그러나 괴짜 같은 프랑스 대대는 중공군이 돌격하자 사이렌을 켜고 중공군을 향하여 달려 나가기 시작했다. 그들은 이상한 소리를 지르고 수류탄을 던지면서 뛰어나가 두 부대는 진지 전방 20m 지점에서 격돌했으나, 중공군은 곧 등을 보이면서 후퇴하기 시작했다. 몇 분 만에 중공군은 사라져 버렸다. 이 사건 이후, 기관총진지 근처의 논은 상대적으로 조용해졌다.

그러는 동안 포병들은 중공군을 향해 요란사격과 차단사격[47]을 실시했다. 또한 5분 간격으로 중공군 머리 위에 조명탄을 쐈다. L자 형태의 포진에 있는 곡사포들은 피터스 중위나 맥키니 중위의 통제 하에 사격을 실시했다.

....

47) 차단사격(Interdiction Fire) : 적이 어떠한 지역이나 지점을 사용하는 것을 저지하기 위하여 가하는 사격

야간에 중공군들은 호각과 나팔을 불며 7중대를 향하여 네 번의 공격을 감행했다. 대부분의 공격은 3소대의 선방으로 저지되었지만 7중대의 전투력이 저하되었기 때문에 503야전포병대대 2포대장인 노우스키 대위(Capt. Arthur Rochnowski)는 20명의 포병들을 7중대의 방어진지로 올려 보내야만 했다.

2월 14일 아침에 1소대와 3소대 전방에 3명의 중공군이 기어서 올라오고 있었다. 한 명의 병사는 곧바로 사살되었으며, 나머지 2명의 병사는 생포되었다. 5~6명의 중공군이 도로 남단에 위치한 기관총진지 앞에 있었다. 그들은 포복하여 도망치고 있었다. 적의 공격을 계속 받았던 1소대와 3소대의 협조점에는 중공군 시체가 12~15구가 있었으며 살아남은 중공군은 후퇴하고 있었다. 맥기 중위의 옆 참호에 있던 부소대장 클러츠 중사(SFC. Bill C. Kluttz)는 3소대 진지 우전방에 위치한 하상(하천바닥)에서 중공군을 발견하고는 몇 차례 사격을 가했다. 맥기 중위는 하상 지역에 중공군이 숨어 있을 것이라고 생각하여 의심지역을 향하여 직접 로켓포를 발사했으며, 나무를 맞춰 공중으로 그 파편이 튀겼다. 약 40명의 중공군이 하상에서 도망치기 시작했으며, 그들은 1소대 전방 논으로 달려갔고 이후 날이 밝자 중공군의 활동은 멈췄다.

2월 14일 낮 동안에 보병과 포병들은 중공군의 공격에 대비하여 그들의 방어진지를 보강했고 아침 9시에 맥기 중위는 중대 전방으로 정찰을 나가서 배수로에 숨어있던 중공군 5명을 생포했으며, 논에 쓰러져 있던 7명의 중공군 부상병을 발견했다. 맥기 중위가 발견한 시체는 18구였다. 그는 마산마을 근처에 있는 건초더미로 걸어가자 그 근처에 유기된 중공군 기관총이 있었다. 갑자기 중공군 부상병이 나타나 맥기 중위를 죽이려고 하자, 부소대장인 클러츠 중사가 그 중공군을 사살했다. 또 다른 중공군이 소련제 자동소총을 발사하려고 하자 샌더 상병(Cpl. Boleslaw M. Sander)이 그들을 사살했다.

엘리지 대위와 몇 명의 포병 병사들은 포진 주위를 점검하기 시작했다. 엘리제 대위는 남쪽 도로 끝에 있는 매복진지(보·포 합동 기관총진지)로부터 서쪽으로

800m 떨어진 지점에서 민가를 발견했다. 그곳은 중공군이 공격을 시작하면 그곳을 사용할 가능성이 높았기 때문에, 엘리지 대위는 그 집을 폭파하기로 했다. 그 집은 포진에서 육안으로 식별할 수 있었으므로, 엘리지 대위는 5포반장인 웹 중사(SFC. James Webb)에게 백린탄을 이용하여 그 집을 파괴하라고 지시했다. 백린탄 3발이 발사되자 집이 불타기 시작했고, 약 15명의 중공군들이 집에서 나와 도망치기 시작했다. 프랑스 대대와 매복진지의 기관총사격으로 그들 중에 8명을 사살했다.

낮 동안에 포병들은 곡사포 주변에 참호를 다시 파기 시작했다. 처음에 판 참호들이 마음에 안 들었기 때문에 이번에는 더 깊고 견고하게 참호를 구축했다. 포대장은 곡사포의 위치도 조정했으며, 2문씩 짝을 이루게 했다. 좌측의 곡사포 두 문은 5,600밀에, 중앙의 곡사포 두 문은 6,400밀에, 우측의 곡사포 두 문은 800밀에 방위각을 맞췄다. 그리고 2포대는 14일 밤부터 150발의 요란사격을 실시했다.

오후에 7중대장 히쓰 대위와 2포대장 노우스키 대위, 포병 연락장교 엘리지 대위가 중공군의 차후공격에 대비하여 2포대 사격지휘소에서 협조회의를 열었다. 지난밤의 경험으로 그들은 중공군이 다시 공격을 해오더라도 진지를 사수할 수 있다는 자신감을 가지고 있었으며 그들은 중공군이 또 다시 7중대의 중앙인 3소대 지역으로 공격을 집중할 것이라고 판단하고 가능한 한 3소대 지역을 병력과 화력으로 증원시키기로 결정했다. 2포대장 노우스키 대위는 3소대 우측의 안부지역에 포병 병사들을 운용하여 3개소의 매복조와 2개소의 브라우닝 자동소총 팀을 운용하는 것에 동의했으며 추가적으로 2포대의 기관총 2정을 7중대에 증원했다. 노우스키 대위는 필요하다면 7중대로 포병 병사를 더 지원해준다고 말했다. 노우스키 대위는 포병 1개 소대 절반의 병력을 7중대에 지원하기로 결정했고, 필요하다면 다른 소대에서도 차출할 생각을 가지고 있었다. 물론 곡사포를 운용할 포반인원을 제외하고, 포대 경계, 행정, 전투근무지원병들이 7중대에 증원되었다. 이렇듯 2포대에서 7중대에 증원한 인원은 약 40명에 달했다.

낮 동안에 23연대전투단은 24다발의 탄약을 공중보급 받았다. 동시에 지평리 방어선 남쪽에 중공군이 집결하기 시작한 지점에 항공기 공격도 지원되었다. 방어진지 내에 간헐적으로 적 박격포탄이 떨어지기 시작했지만 7중대 지역은 고요했으므로 중대원들은 뜨거운 식사를 먹을 수 있었다. 중대원들 중 몇 명은 중공군이 아마 철수했을 것이라고 생각했지만 이런 생각은 날이 저물자 사라졌다. 불꽃이 남쪽 하늘에서 나타나고 나팔소리가 들려왔다. 7중대원들은 참호 안에서 긴장하며 기다리고 있었다. 약 30분 후에, 적들은 맥기 중위가 지휘하는 3소대 중앙에 사격을 시작했다. 분대 규모의 중공군이 남쪽의 397고지와 3소대 진지가 연결된 능선을 따라 오테슨 상병의 진지 쪽으로 다가오고 있었다. 중공군 기관총들은 이들을 엄호하기 위해 무차별 사격을 실시했고, 이 사격은 3소대 중앙과 1소대와 3소대 사이의 안부지역에 집중되었고 예광탄들이 곡사포진지에 날아들기 시작했다.

7중대의 취사병들은 적들의 사격소리를 들었다. 그들은 자신들이 들어갈 참호를 파지 않았기 때문에 8명의 취사병들은 가장 양호한 방호를 제공받을 수 있는 잔반 웅덩이로 뛰어들어갔고 그들 중에 누구도 지독한 냄새에 대해 불평하지 않았다. 적의 포탄이 떨어지자 포병 병사 한 명은 비어있는 참호를 찾아 이리저리 뛰어다니고 있었다. 그는 한 명의 병사가 이미 앉아 있는 참호를 발견하고 그 안으로 뛰어들어갔다. 먼저 들어온 병사가 "여기는 너무 좁아!"라고 말하자, 두 번째로 들어온 병사가 "자! 방을 만들어보자!"라고 말하면서 야삽을 이용하여 급조진지를 구축하기 시작했다.

중공군 2개 분대가 1소대의 좌측 끝을 돌파하는 데 성공했고, 1소대와 3소대 사이의 안부지역에 있는 참호 몇 개를 차지했다. 중공군은 결국 1소대의 좌측 지역을 점령하는 데 성공했고, 이 지역을 발판으로 3소대 우측 측방에 대한 사격을 시작했다. 이때 1소대장은 중대 지휘소가 위치한 곳에서 조금 떨어진 오두막에 위치하고 있었다(이때 중대본부와 1소대본부는 결국 능선 위에 있는 작은 오두막을 이용하였음). 1소대장은 두려움 때문에 중대장에게 적에게 소대 방어진지 일부가 피탈된 사실을 보고하지 않고 오두막에 남아 있었으며 중공군과 교전이 발생한 장소로 가지도 않았다.

1소대 지역에서 사격이 계속되자 3소대장 맥기 중위는 1소대의 좌측 능선이 중공군에게 점령당했다고 판단했다. 그는 유선으로 중대장에게 "1소대에 문제가 없습니까? 1소대에서 3소대 쪽으로 사격을 하고 있습니다."라고 보고했다. 중대장은 즉시 1소대장에게 전화를 걸었으나 받지 않았다. 그래서 1소대 부소대장 슈밋 중사(SFC. Donald R. Schmitt)에게 전화를 걸었다. 부소대장은 "소대 방어진지는 문제없다."라고 중대장에게 보고했다. 그러나 사실 슈밋 중사는 1소대의 우측(보급로)에 위치하고 있었기 때문에 소대 좌측이 중공군에게 점령당한 사실을 알지 못했다. 1소대 부소대장의 말을 들은 중대장은 3소대장에게 1소대에 아무런 일이 없다고 말했으나 3소대장 맥기 중위는 의심을 풀 수 없었다. 그와 그의 부소대장인 클러츠 중사는 1소대 지역을 향하여 "거기 누가 있는가?"라고 소리쳤다. 그러나 아무런 대답이 없었다.

1소대 지역에서의 의심스러운 행동들이 3소대의 우측방에 영향을 미치자 맥기 중위는 화가 나기 시작했다. 바로 그때 맥기 중위는 1소대와 3소대 사이의 안부 지역에서 4명의 중공군이 등에 야삽을 둥여 메고, 손과 무릎을 이용하여 기어 올라오는 것을 발견했다. 그들은 3소대 우측의 분대장호에서 4.5m 떨어진 곳에 있었지만 이상하게도 분대장과 유선으로 연결되지 않았다. 그는 분대장을 향해 "참호 앞에 중공군 4명이 기어 올라오고 있다. 수류탄을 던져!"라고 외쳤다. 그러나 1소대 좌측 지역을 점령한 중공군이 3소대 분대장호를 향해 기관총을 발사해서, 분대장은 수류탄을 던질 수가 없었다. 맥기 중위는 전령 인몬 이병(Pvt. Cletis Inmon)과 함께 브라우닝 자동소총을 발사하여 4명의 중공군을 사살했다. 그 시간이 밤 22시였다.

그러나 3소대 우측 방어진지를 지휘하고 있는 분대장의 고난은 아직 끝나지 않았다. 맥기 중위는 아래쪽을 바라봤다. 소규모 중공군이 소대 우측전방 하상으로부터 분대장호를 향해 기어 올라오고 있는 것을 보고는 분대장에게 "귀관 앞에 15~20명의 중공군이 기어 올라오고 있다."라고 소리쳤다. 이번에도 1소대 지역에서 중공군의 기관총탄이 날아 왔다. 분대장은 아래쪽에서 올라오는 중공군을 볼 수가 없었고 맥기 중위와 인몬 이병이 사격을 했지만, 중공군을 저지할 수 없었다. 그들은 계속해서 소대 우측에 있는 분대장호를 향해 기어 올라가고 있었으며 중공군이 방망이 수류탄을 분대장호에 투척했다. 분대장과 병장 한 명은 신속히 진지에서 나와 소대장호로 뛰어들어갔다. 그 병장은 소대장호로 오는 동안에 부상을 입었고 중공군들은 분대장호에 남아 있던 병사를 죽이고 곧바로 어디론가 사라졌다. 맥기 중위는 중공군을 볼 수도 사격할 수도 없었다. 맥기 중위는 분대장에게 "당장 귀관 분대로 돌아가도록!"하고 소리쳤으나 분대장은 소대장의 명령을 듣지 않았다. 그러자 소대장은 다시 한 번 분대장에게 원위치로 돌아가라고 지시했다. 분대장은 소대장호에서 뛰어 나갔으나 중공군의 사격으로 어깨에 부상을 입었다. 맥기 중위는 즉각 위생병을 불렀고, 분대장과 병장을 사격이 빗발치는 가운데 후방으로 후송했다. 그러는 동안에 다른 중공군들은 맥기 중위의 진지를 향해 기어 올라와 그중 한 명이 맥기 중위가 사격하기 전에 수류탄 3발을 소대장호에 던졌다. 어떤 중공군들은 3소대원을 죽이고 획득한 브라우닝 자동소총으로 사격하기도 했다. 맥기 중위는 10발 정도를 사격했을 때, 소총에 기능고장이 나서 신속히 주머니에서 칼을 꺼내어 약실의 탄피를 제거하려 했지만 칼을 떨어뜨렸고, 너무 어두워서 칼을 찾을 수가 없었다. 맥기 중위는 재빠르게 그의 브라우닝 자동소총을 포기하고 카빈 소총을 꺼내어 3m 전방에 있는 중공군을 향해 사격을 시작했다. 적들이 일어설 때, 그는 자물쇠를 풀고 사격하려 했으나, 날씨가 너무 추워 자물쇠는 잘 풀리지 않아 사격을 할 수 없었다. 맥기 중위는 장전손잡이를 상하로 움직여 중공군에게 4발을 발사하여 사살했다.

소대장호 주변의 병사들은 소대장 주변의 다른 중공군 3명을 사살했다.

거의 23시가 되고 맥기 중위는 지원이 필요했다. 유선이 중공군에게 절단된 후, 맥기 중위는 마틴 일병(PFC. John M. Martin)을 전령으로 운용하여 중대 지휘소에 보내 3소대의 급박한 상황을 전하고, 인원, 탄약, 위생병을 요청했다. 상황을 접수한 히쓰 대위는 지휘소에서 나와서 2포대 사격지휘소를 향해 "노우스키 대위에게 지금 도움이 필요합니다."라고 외쳤다. 2포대장인 노우스키 대위는 즉시 15명의 병사를 집합시켰고, 전령 마틴 일병은 그들을 3소대가 배치된 고지로 이끌었다. 그들이 고지 정상 부근에 도착하자 중공군의 사격이 시작되었다. 그리고 어디에선가 박격포탄이 날아와서 증원 병력 중 1명이 사망하고 여러 명이 부상당했다. 결국 증원 병력은 고지 아래로 내려갈 수밖에 없었고, 마틴 일병은 중대 지휘소로 돌아가 3소대에게 줄 탄약을 운반하고 있는 중대 유선반을 안내했다.

히쓰 대위는 고지 아래서 포병을 재편성하여 자신이 직접 고지로 인솔했다. 그러는 동안에 고지 위에서는 치열한 전투가 벌어지고 있었다. 7중대와 중공군은 안부부근에서 7중대 방어선의 존립을 걸고 치열한 공방전을 펼치고 있었다. 히쓰 대위가 인솔해 간 포병들이 고지 정상에 도착했을 때, 그들은 중공군의 공격으로 와해되었다. 히쓰 대위는 우왕좌왕하는 포병들을 모두 내려보냈다. 히쓰 대위는 너무 격분해서 그가 지르는 소리가 사격지휘소에 들릴 정도였다. 능선 아래로 반 정도 내려갔을 때, 그는 큰 목소리로 도움을 요청했다. 그리고 그는 중대 방어선을 회복하기 위해 포병들을 방어진지로 계속 투입했으나 쓸데없는 짓이었다. 어쩔 수 없이 히쓰 대위는 고지 아래로 내려갔다. 히쓰 대위는 아래에서 중대진지를 이탈한 병사들의 멱살을 잡고 "당장 진지로 돌아가! 우린 어차피 여기서 죽는다. 어서 돌아가는 것이 신상에 좋을 것이다."라고 소리쳤다.

적 기관총 예광탄들이 붉은 구슬같이 고지 정상에서 사방으로 뻗어 나갔다. 불꽃들이 머리 위에서 피어오르는 것 같았다. 7중대 지역에는 마치 누군가 불을 반복해서 껐다 켰다 하는 것처럼 어둠과 불빛이 교대로 나타났다. 포병들이 7중대가 배치된 고지를 향하여 엄호사격을 하고 있을 때, 히쓰 대위는 능선 위아래로 오르내리며 중대 방어진지를 이탈하는 병사들에게 복귀하라고 명령했다. 그때가 2월 15일 자정과 새벽 1시 사이였다.

포병 연락장교인 엘리지 대위는 히쓰 대위가 지원을 요청하는 소리를 들었다. 그는 무기고로 가서 병사들에게 7중대를 지원하라고 소리쳤으나 전투경험이 없던 포병들의 반응은 당연히 늦었다. 엘리지 대위는 곡사포 주위를 돌아다니면서 참호 속에 남아있던 10명의 병사들을 강제로 끌어냈다. 그리고 아직도 7중대 1소대가 방어 중인 지역으로 출발했다. 그가 1소대 지역에 도착했을 때 그곳은 잠잠했다. 그는 이미 사수와 부사수가 죽어 있는 진지에서 구경 30기관총을 발견했고 엘리지 대위는 그곳에 데리고 간 병사 중 3명을 배치시켰으며, 나머지 병사들은 1소대 전 지역에 배치시켰다. 그리고 그는 기관총을 점검했다. 기관총은 작동이 되지 않았고, 탄약도 없었다. 그는 그 기관총을 어깨에 동여매고 능선 아래로 내려갔고 병사들에게 새로운 기관총을 가지고 1소대 지역으로 다시 올라가라고 말했다. 엘리지 대위는 고장 난 기관총을 2포대의 구경 50기관총으로 바꾸고 탄약을 휴대하여 1소대 지역으로 다시 올라갔다. 그는 1소대 진지로 올라간 후 기관총을 설치했으며 주변의 병사 3명에게 그 기관총을 인계했고, 그는 능선을 따라 도로와 1소대가 만나는 우측능선 끝으로 갔다.

엘리지 대위는 1소대의 진지를 따라 보·포 협동 기관총진지로 내려가고 있었다. 능선을 타고 서쪽으로 가다가 이상한 소리가 들렸다. 엘리지 대위는 1m 높이의 무덤가에서 멈춰 섰다. 거기에서 중공군으로 의심되는 병사들을 발견했다. 엘리지 대위는 중공군을 볼 수는 없었으나, 그들은 올빼미 소리가 나는 호각을 불고 있었다. 그 소리는 다른 병사들을 부르는 중공군의 신호였다. 그는 거기에서 몸을 숨긴 후 기다리자 몇 분 후에 능선을 기어오르는 중공군을 발견할 수 있었다. 엘리지 대위가 무덤에서 얼굴을 내민 순간, 중공군도 건너편 흙더미에서 고개를 내밀었다. 엘리지 대위와 중공군은 눈이 정면으로 마주쳤다. 당시 엘리지 대위는 오른손에 카빈 소총을 들고 있었다. 소총은 자동에 맞춰져 있었고, 엘리지 대위는 중공군 방향으로 총구를 지향했다. 그는 방아쇠를 당겨 중공군을 사살했다. 잠시 후 중공군 1명이 엘리지 대위에게 수류탄을 던져 어깨에 부상을 입었다. 그의 손은 감각이 없었으며, 상처 부위는 깊었다. 엘리지 대위는 능선 아래로 미끄러져 2포대 텐트로 굴러 떨어졌다.

22시 이후 중공군이 1소대 지역을 점령했을 때, 7중대의 방어진지는 무너지기 시작했다. 7중대원들은 3시간 동안의 사투를 벌였다. 당시 중공군은 23연대전투단의 전 지역을 공격했지만, 그들의 주공은 7중대를 지향하고 있었고 주공은 7중대의 1소대와 3소대를 집중 공격했다. 그들의 접근로를 분석해보면, 첫 번째 접근로는 3소대 전방에 있는 397고지로부터 3소대로 향하는 능선이었고, 두 번째 접근로는 마산마을에서 1소대와 3소대 사이의 공간지역으로 향하였다. 전투 초기에 1소대 지역의 안부를 적에게 피탈당한 것은 7중대 방어력을 약화시킨 주 원인이었다. 특히 자신의 참호가 빼앗겼는데도 이를 중대장에게 보고하지 않은 1소대장의 실책은 치명적이었다. 이로 인해 7중대에 형성된 돌파구는 점점 더 확대되었으며, 2대대는 역습할 시기를 상실하게 되었다.

히쓰 대위는 가용한 모든 지원화기를 사용했다. 그는 중대 60미리 박격포, 8중대의 81미리 박격포, 연대 중화기 중대의 화력지원을 요청했고 요청한 박격포 탄들은 7중대의 남쪽에 떨어졌고, 폭발소리는 날카로웠다. 제37야전포병대대도 7중대에서 1,500m 떨어져 있는 397고지에 포격을 가했다. 적 박격포탄도 7중대와 155미리 곡사포 사이에 떨어졌다. 그리고 7중대 우측에 있는 프랑스 대대에도 박격포탄이 떨어졌다. 일정한 시간 간격을 두고 조명탄이 발사되었다. 한 번은 항공기에 의해 낙하산 조명탄이 투하되었는데, 공중에서 약 30초 동안 탔다. 이로 인해 7중대 대원들은 중공군이 1소대와 3소대 사이의 안부를 점령하여 사격지원진지를 구축하고 사격하는 모습을 볼 수 있었다.

중공군들은 마치 파도처럼 7중대 방어진지를 몰아쳤다. 중공군들은 마침내 돌파구를 확장하여 중대 지휘소 부근까지 공격했고, 주변의 7중대원들과 증원된 포병들을 향해 무참히 공격했다. 걸을 수 있는 부상병들은 능선을 내려가 포병 텐트에서 치료를 받았고 중상자들은 지평리역에 있는 연대 구호소로 후송되었다.

중공군이 1소대와 3소대 사이의 안부를 점령했다는 사실을 알게 된 7중대장은 포병들을 모아 역습부대를 조직하려고 했으며 대부분 구경 50기관총사수인 포병들은 7중대의 진지에서 열심히 싸웠다. 그러나 히쓰 대위가 역습부대를 모으고 보니, 그들 대부분이 최초 7중대 방어선에 증원된 병력들이었다. 그들은 적의 강력한 공격이 시작되자 진지를 이탈하여 2포대로 복귀한 것이었다. 심지어는 전투를 회피하는 병력도 있었다.

이처럼 여러 차례의 역습 시도가 실패로 돌아가자 히쓰 대위는 2포대장에게 달려가 추가적인 병력을 요청했고, 그때 새로운 역습부대가 조직되었다. "우리는 저놈의 고지로 올라갈 것이다."라고 히쓰 대위가 소리쳤다. 히쓰 대위가 병력을 모아 역습을 하려고 할 때, 맥기 중위가 지휘하는 3소대는 병력과 방어진지의 손실이 증대되고 있었다. 1소대 지역에서 발사된 중공군의 기관총 사격으로 3소대 전령인 인몬 이병이 좌측 눈에 부상을 입게 되었다. 그는 "소대장님 눈에 맞았어요!"라고 외쳤다. 맥기가 그를 진정시키려고 하자, 많은 피가 눈에서 흘러나왔다. 맥기 중위는 그를 눕히면서 "조금만 참아라! 곧 후송시켜주마!"라고 말했다. 그는 "인몬이 맞았어!"라고 말하며, 부소대장에게 위생병을 부르라고 지시했다.

몇 분 후에 위생병이 달려와 응급처치를 했다. 맥기 중위는 인몬 이병이 계속해서 사격하기를 원했으나, 인몬 이병은 앞을 전혀 볼 수 없었다. 그래서 자신이 사격하는 동안 인몬 이병에게 탄창에 탄을 끼우라고 지시했다.

3소대의 가장 강력한 무기는 소대 중앙에 위치한 오테슨 상병이 운용하고 있는 기관총이었다. 오테슨 상병은 3소대 전방 능선에서 기어 올라오고 있는 중공군에 대해 사격을 했고 또 다시 중공군들이 사라졌다. 잠시 후인 자정에 중공군 2명이 오테슨 상병의 진지 측면에 나타나 수류탄을 던져서 기관총은 박살이 났으며, 오테슨 상병은 실종되었다.

더 이상 기관총 소리가 들리지 않았다. 맥기 중위는 부소대장 클러츠 중사를 불러서 "왜 기관총을 사격하지 않지? 지금 소리가 들리지 않아!"라고 말했다. 클러츠 중사는 맥기 중위에게 이미 오테슨 상병의 분대(1분대)에 중공군이 진입하여 진지들을 유린하고 있다고 보고했다. 그는 아직 중공군의 공격을 받지 않은 소대 좌측의 베넷 분대(2분대)에 전화를 걸어, 몇 명을 보내 오테슨 상병이 운용하던 기관총진지 일대의 간격을 메우라고 지시했다. 동시에 맥기 중위는 탄약과 병력을 신속히 보충받기 위해 중대장에게 전령 마틴 일병(PFC. John N. Martin)을 보냈다.

중공군은 쉴 새 없이, 가까스로 3소대지역으로 들이닥쳤다. 베넷분대는 가까스로 오테슨 분대가 방어하던 지역에 도착했다. 베넷 상병은 중공군이 나팔을 불자 그 중공군을 사살했으나, 베넷 분대가 중공군과 육박전을 치루는 동안 어디선가 수류탄이 날아와 베넷 상병은 손에 큰 부상을 입었다. 잠시 후 베넷 상병은 어깨와 이마에 관통상을 당했다. 유선 전화기는 먹통이 되었고 맥기 중위는 베넷 상병과 더 이상 통화할 수 없었다.

케인 병장(Sgt. Jones E. Kane)이 지휘하는 6중대 3소대 1분대(중대랑 히쓰대위가 대대장에게 요청할 증원병력)가 7중대에 도착한 시각은 새벽 2시였다. 이 분대의 임무는 1소대와 3소대 사이의 안부를 회복하는 것이었는데, 3소대 부소대장인 클러츠 중사는 이들을 적들이 점령하고 있는 서쪽 안부지역으로 인도했다. 곧바로 중공군과의 치열한 전투가 전개되었으나 10분도 안 되어 6중대 1개 분대는 대부분 죽거나 부상당했다. 클러츠 중사는 맥기 중위에게 다가가서 "안부지역을 포기해야 합니다."라고 건의했다.

중공군은 공격을 멈추지 않고 제파식 공격으로 1소대와 3소대 사이를 계속 공격했다. 중공군은 결국 1소대의 전지역과 3소대의 우측 지역을 점령했으며 공격이 너무나 강력해서 3소대 병력도 거의 전멸했다. 맥기 중위는 클러츠 중사에게 베넷 분대는 전멸되었냐고 물었고, 클러츠 중사는 "서너 명 남아 있습니다."라고 대답했다. 맥기 소대는 탄약이 거의 떨어졌으며, 클러츠 중사의 기관총은 기능고장이 났다. 전의를 상실한 맥기 중위는 클러츠 중사에게 "저놈들이 우릴 다 죽일 것 같다."라고 말하자, 클러츠 중사는 "저놈들이 우릴 죽이기 전에 사력을 다해 저놈들을 죽일 수 있을 만큼 죽여야 합니다."라고 대답했다.

만약 중공군이 7중대 지역을 점령한다면, 말굽형 방어진지 안에 있는 포병과 박격포 부대들은 심각한 타격을 받을지도 모르는 상황이었다. 화기소대장인 해버만 중위(Lt. Carl F. Haberman)는 그의 박격포를 100m 후방으로 진지변환을 시켰다. 그는 7중대의 고지를 되찾고 적의 사격을 중지시킬 병력들을 찾았다. 그는 포병들이 가득 차 있는 텐트 안으로 들어가며 "지옥이 따로 없구먼!"이라고 소리쳤다. 텐트 안에도 총알이 빗발치고 있었다. 거기서 해버만 중위는 5~6명의 병사를 설득하여 자신을 따라오게 했다. 하지만 병사들은 텐트 밖으로 나오기는 했지만, 고지로 올라가려고 하지 않았다. 새벽 2시 30분과 3시 사이에 결국 7중대 방어진지는 중공군에게 피탈당했다. 쉬밋 중사와 1소대의 잔여 병력들은 소대의 서쪽지역에서 고지 아래로 내려왔다. 중대 중앙에서 사격하던 클러츠 중사의 기관총이 또 다시 기능고장이 났다. 그와 맥기 중위는 철수하기로 결정했고 소대원들을 불러 모은 후에 남은 수류탄을 중공군에게 던졌다. 그리고 나서 그들은 산 정상을 경유하여 고지 아래로 내려갔다.

히쓰 대위는 대대장에게 7중대 방어진지가 적에게 넘어갔다고 보고했다. 연대 방어선 중에 어느 한 곳이라도 뚫리면 연대 전체가 위험에 빠질 수 있었으므로 대대장은 즉시 역습을 명령했고, 히쓰 대위에게 지원을 약속했다. 대대 예비대는 6중대 3소대로 구성되어 있었으나 7중대 안부지역에 1개 분대가 이미 투입되었기 때문에 이제는 2개 분대 규모밖에 남지 않았다. 대대장의 명령 후에, 대대 예비소대는 7중대 지역으로 투입되었다.

대대장은 연대장에게 더 많은 지원을 요청했으나 프리만 대령에게는 더 이상의 예비대는 없었다. 비록 연대 수색중대를 예비대로 보유하고 있었지만, 그들은 중공군의 공격으로 심각한 상황에 빠져 있는 3대대 지역으로 투입할 준비를 하고 있었다. 그러나 2대대장의 끈질긴 요청으로 프리만 대령은 어쩔 수 없이 수색중대의 1개 소대와 전차를 2대대 지역으로 투입하기로 결정했다.

7중대원들이 극소수만이 생존했으므로 대대장은 대대참모인 커티스 중위로 하여금 7중대에 증원되는 2개 소대(6중대 3소대(-1)와 연대 수색 1소대)를 지휘하게 했고, 커티스 중위는 수색소대를 인솔하기 위해 출발했다. 커티스 중위가 수색소대를 이끌고 7중대 지역으로 가는 동안에, 히쓰 대위는 U자형 능선의 북쪽 능선, 그러니까 포진 바로 뒤 능선에 저지진지를 구축하려 했다. 포병 사격 지휘소에서 조명탄 사격을 지휘하고 있을 때 밖에서 히쓰 대위의 목소리가 들려왔다. 히쓰 대위는 사격지휘소에 들어와 "우리 모두 뒤쪽 능선에 저지진지를 점령해야 한다."라고 소리치고 사격지휘소 주위의 텐트들을 돌아다니며 같은 말을 반복했다. 텐트 안에 있던 포병들은 몇 초 동안 서로 멀뚱멀뚱 쳐다보고 있었다. 포병 병사 한 명이 "이젠 텐트에서 나가야 하는가 봐!"라고 말했다. 그들은 부상병 2명을 침낭에 집어넣고 떠날 준비를 했다. 그때 전화기가 울렸다. 제37야전포병대대 작전장교가 히쓰 대위가 요청한 조명탄에 대해서 히쓰 대위는 "우리가 요청한 조명탄이 어디 있지?"라고 물어보자, 포병 작전장교는 "안타깝게도 우리 진지도 지금 중공군에게 유린당하고 있어서 조명탄 지원을 할 수 없습니다."라고 대답했다.

히쓰 대위는 전화기를 던져버리고 밖의 다른 병사들을 따라 저지진지를 점령할 능선으로 달려갔고 거기에는 적의 사격으로부터 방호를 받을 수 있는 참호와 교통호들이 이미 구축되어 있었다. 많은 포병들이 이미 저지진지에 도착해 있었으나 일부 포병들은 아직 그들의 곡사포를 포기하지 않았다. 그들은 저지진지에서 곡사포에 접근하는 중공군을 향해 사격하여 중공군들이 포진에 접근하지 못하게 막고 있었다.

6중대에서 3소대와 수색 1소대(수색중대장이 직접 지휘)를 인솔해 온 커티스 중위가 새벽 3시 30분에 7중대에 도착했다. 커티스 중위가 2개 소대에 대한 지휘권을 가지고 있었으나, 수색소대에 대한 지휘권을 놓고 수색중대장과 문제가 발생했다. 수색중대장은 자신들은 연대 예비대이기 때문에 오직 연대장의 명령만을 수행한다는 것이었다. 커티스는 즉각 대대장에게 이 사실을 보고했다.

양철 지붕으로 된 대대 지휘소에 있었던 람스버그 대위(Capt. John H. Ramsburg)가 지휘권 문제를 해결하기 위해 7중대로 출발한 시간은 2월 15일 새벽 3시 45분에서 4시 사이였다. 7중대를 제외하고는, 나머지 연대방어진지는 상대적으로 조용해졌다. 람스버그 대위는 약 400m를 걸어서 7중대와 포병들이 점령한 저지진지에 도착했다.

람스버그 대위는 걸어가다가 구경 50기관총이 장착된 반궤도차량을 발견했다. 그 반궤도차량은 길가의 도랑으로 처박혀 거의 전복되기 직전이었다. 커티스 중위가 그 반궤도차량 근처에 서 있었다. 랜턴을 비추자 거기에는 람스버그 대위가 서 있었다. 커티스 중위는 "세상에! 람스버그 대위님! 여기서 만나서 대단히 기쁩니다. 저는 이 수색소대와 아무것도 할 수 없습니다."라고 말했다. 그러자 람스버그 대위는 수색중대장에게 가서 다른 부대에 배속되었으면 지휘권을 인계하라고 말했으나, 수색중대장은 끝까지 수색중대는 연대장의 지시만을 따른다고 억지를 부렸다.

어쩔 수 없이 람스버그 대위는 역습부대를 이끌고 히쓰 대위가 위치한 저지진지로 가서 역습부대가 히쓰 중대와 합류했다고 대대장에게 보고했다. 람스버그 대위는 수색중대장에게 자신의 소대를 데리고 할당된 지역으로 가서 임시적으로 급편방어를 하라고 지시했다.

그 당시 몇 명 남지 않은 7중대와 증원된 6중대 3소대와 수색 1소대 인원들은 대대에서 파견된 람스버그 대위의 통제 하에 적의 예봉을 꺾고 피탈된 7중대의 지역을 탈환하기 위해 역습을 준비했다. 그들은 전투편성과 부대배치 등 역습을 위한 일련의 조치들을 취해갔다. 람스버그 대위는 소대장들에게 "역습부대를 저 지진지 전방에 있는 공격개시선 직후방에 정렬시키고, 2포대에서 데려온 포병들도 역습부대에 재편성해라!"라고 지시했다. 또한 7중대에는 통신장비가 부족했으므로 커티스 중위를 연대 지휘소로 보내 무전기를 가져오도록 했다. 그때 람스버그 대위는 맥기 중위에게 지시하여 모든 포반들을 공격개시선에 근접하여 포진을 점령할 것을 지시했고, 이에 맥기 중위는 박격포반들을 진지변환시켰다.

그러는 동안에 수색 1소대장과 6중대 3소대장은 병력들을 재편성했다. 거기에는 수색 1소대에서 온 38명의 병사들과 6중대 3소대에서 온 28명의 병사들이 있었다. 그러나 7중대의 잔류 병력은 박격포반 인원 6~7명, 기관총사수 2명, 소총병 4~5명뿐이었다. 람스버그 대위는 다음과 같은 공격 복안을 가지고 역습 협조회에서 "짧고 치열한 공격준비사격을 실시한 후, 2정의 기관총으로 보병의 공격을 엄호한다. 그리고 수색 1소대는 7중대 1소대가 점령했던 오른쪽 능선으로, 6중대 3소대는 3소대가 점령했던 중앙 능선으로 돌격한다."라고 설명했다.

아직도 어두웠다. 잠시 후 SCR-3 무전기 3대가 도착했다. 한 대는 람스버그 대위가, 나머지 2대는 소대장들이 휴대했다. 적들은 그 시간까지 조용했고, 공격준비를 하는 람스버그 부대를 방해하지 않았다. 람스버그 대위는 공격개시선에서 모든 무전기를 점검한 후, 박격포사격을 지시했다. 첫 발은 공격개시선으로부터 150m 떨어져 있는, 적에게 피탈된 고지에 떨어졌다. 박격포반 인원 중한 명이 "저기가 맞습니까?"라고 람스버그 대위에게 묻자 그는 "정확하다."라고 대답했다. 그리고 는 "자! 지금부터 적들이 있는 곳을 향해 병행공격[48]을 실시한

....

48) 병행공격(並行攻擊) : 양개 부대가 동일 목표를 향해 같이 공격해가는 것

다."라고 명령했다. 람스버그 대위는 5분간의 공격준비사격을 지시했으나 박격
포반 인원들은 5분간 사격할 수 있는 탄약을 보유하고 있지 않았다. 잠시 후 람
스버그 대위는 기관총사격을 명령했고 곧 2정의 기관총이 불을 뿜기 시작했다.
그러나 적 포탄은 계속해서 공격개시선과 박격포진지 사이에 떨어졌다. 이로 인
해 6명의 부상자가 발생했으며, 이 중에는 6중대 소대장도 포함되어 있었다.

수색중대장은 아군의 사격 지원이 부족하다고 느껴 박격포반과 기관총진지에
더 빨리 사격하라고 엄포를 놨다. 수색중대장이 람스버그 대위의 지휘에 끼어들
어 지휘체계는 혼란에 빠졌다. 람스버그 대위는 화가 났으며 속으로 '저 자식! 지
휘권 침해 좀 안 했으면 좋겠구먼!'이라고 생각하면서, 그에게 부상병들을 빨리
후송하라고 지시했다.

6중대 3소대장이 부상당하자 부소대장이 지휘권을 인수했다. 기관총 사격은
다시 시작되었고 람스버그 대위의 공격 명령이 하달되었다. 그는 "좋아! 앞으로
가자!"라고 힘차게 외쳤다.

능선에 서 있던 병사들은 사격을 하면서 무릎 높이까지 눈이 쌓인 능선을 내려
갔다. 람스버그 대위는 역습 부대 중앙에 위치했다. 공격개시선을 넘은 몇 분 후
에, 7중대가 최초 점령했던 고지로 올라가기 시작했다. 수색중대장은 수색 1소
대 선두에 서서 진두지휘했다. 그들의 공격은 무척이나 빨랐다.

적군의 박격포탄과 수류탄이 능선 중턱에서 터졌다. 공격 중에 프랑스 대대 근
처에 있는 기관총 2정이 수색 1소대를 향해 사격을 시작했다. 그 사격은 자동소
총 또는 경기관총이었는데, 람스버그 대위는 실수로 프랑스 대대가 사격한 것
인지 아니면 중공군이 프랑스 대대 지역을 점령하여 기관총을 발사했는지에 대
해 알 수 없었다. 첫 번째 사격은 수색 1소대 지역으로 지속적이고 길게 실시됐
다. 잠시 후에는 약 1분 동안 두 번째 사격이 실시되었는데, 람스버그 대위와 그
의 부하들은 이 사격이 프랑스 대대가 실시한 것이라고 생각했다. 이에 람스버
그 부대원들은 사격을 중지시키기 위해 소리를 질렀으나 수색 1소대 중 여러 명

이 우군의 사격으로 부상을 입었다.

람스버그 부대원들이 공격하기 전에 커티스 중위는 람스버그의 역습계획을 알리기 위해 전차 3대가 있는 지역으로 갔고, 거기서 람스버그 대위의 명령 없이는 사격을 하지 말라고 전달했다. 그는 수색 1소대가 우군의 기관총을 맞고 있을 때 본대에 복귀했다. 전차 승무원 중 한 명이 프랑스 대대로부터 기관총 공격을 받고 있는 지역에 중공군이 있는 것으로 생각하여 전차에 장착된 구경 50기관총을 약 20~30초 동안 발사했다. 람스버그 대위가 전차를 바라보며 소리를 칠 때 커티스 중위는 전차로 신속히 뛰어가 사격을 중지시켰다. 이 사격으로 수색 1소대 지역은 거의 쑥대밭이 되었으며 사상자는 늘어났고, 람스버그 부대는 공황에 휩싸이게 되었으며, 고지를 거의 올라간 수색 1소대는 "사격중지!"라는 소리를 치면서 우왕좌왕하고 있었다.

이번에는 진짜 중공군의 기관총 사격이 6중대 3소대가 공격하는 좌측 능선에서 발사되어 다시 많은 부상병이 발생했다. 이 사격은 최초 7중대의 2소대가 점령했던 논 주변에서 발사되었다. 이로 인해 람스버그 부대는 2소대가 점령했던 지역도 이미 중공군의 손에 넘어간 사실을 알게 되었다. 적 기관총진지로부터 예광탄이 발사되자 6중대 3소대장은 박격포를 유도했다. 그러나 중공군이 기관총진지를 깊고 견고하게 구축하여 그들의 사격을 멈추게 할 수 없었다.

람스버그는 7중대 1소대가 점령했던 우측 능선에 배치된 적 기관총진지를 격멸했으나, 반대편에서 6중대 3소대가 적의 공격을 받고 있다는 사실을 모르고 있었다. 커티스 중위는 전차의 사격을 통제하고 있었다. 수색 1소대원들 중 몇 명은 그들의 목표인 고지에 이미 올라가 "우리는 고지에 있다. 빨리 올라와라!"라고 외치며 지원을 요청하고 있었다. 그 당시 나머지 수색 1소대원들은 능선을 오르고 있었고 적군과 아군의 사격으로 그들의 전투력은 이미 30% 이하로 저하되어 있었다.

전차의 지원사격이 끝나고 람스버그 대위가 고지를 향해 올라가고 있을 때, 수류탄이 그의 옆에 떨어져 파편으로 그는 발에 부상을 입었다. 그때 그는 오른손에 반자동소총을 들고 있었는데, 수류탄 파편을 맞는 충격으로 순간 방아쇠를 잡아당겼다. 이로 인해 여러 발이 발사되어 발에 관통상을 입은 것이다. 그는 대대장에게 어떻게 이 상황을 설명해야 할지 난감해 했다. 잠시 후, 불빛이 번쩍였다. 수류탄이 터져 그 파편에 다시 부상을 당한 것이다. 그는 장갑을 벗고 그의 발을 살펴보기 위해 앉았다. 기관총사수들이 람스버그 대위를 지나 고지 정상으로 올라갔고, 거기서 새로운 기관총진지를 구축했다. 히쓰 대위도 곧 뒤따라 올라왔는데, 람스버그 대위가 앉아 있는 장소에서 멈춰 섰다. 그리고 "이게 무슨 일입니까?"라고 물었다.

람스버그 대위는 부상으로 능선을 내려가 낙오자들과 부상자들을 모았다. 격렬한 전투 끝에 고지가 확보되자 람스버그 대위는 고지 정상을 향해 올라갔다. 그는 자신의 부상은 그리 심하지 않으며, 단지 발목을 약간 다쳤을 뿐이라고 설명했다. 그 시간부터 히쓰 대위가 부대지휘를 맡게 되었다. 히쓰 대위는 람스버그 대위의 무전기를 메면서 능선으로 나아갔다.

몇 분을 쉰 람스버그 대위는 고지로 올라가기 시작했다. 어떤 병사가 부상병을 부축하면서 아래로 내려오고 있었다. 람스버그 대위는 그를 정지시키고 부상병을 확인했다. 람스버그 대위는 "누가 부상당했지?"라고 물었다. 그 병사는 "히쓰 대위입니다. 가슴에 총상을 입었습니다."라고 말했다. 람스버그 대위는 고지로 올라갔고 곧 중공군과 지근거리에 위치하게 되었다. 히쓰 대위의 부상이 심각하지 않았기 때문에 히쓰 대위는 어깨에 카빈 소총을 메고 람스버그 대위를 따라 올라왔다. 중공군과 총격전이 시작되었다. 이 총격으로 수색 1소대장이 사망했으며 이번 역습으로 중공군을 완전히 7중대 진지에서 몰아낼 수 없었다. 대신에 람스버그 부대는 어둠 속에서 적들과 고지 정상에서 치열한 전투를 치러야 했다. 람스버그 부대의 피해는 심각했다.

여러 명의 부상병들이 능선 아래로 굴러 떨어졌다. 몇 초 안에 몇 명의 병사들이 더 굴러 떨어졌다. 교전지역으로 가고 있던 람스버그 대위는 그들과 이야기를 했다. 그들은 "중공군이 다시 고지를 점령했습니다. 거기에선 6중대 3소대원이나 수색 1소대 인원은 없습니다. 더 이상 견디기 힘듭니다."라고 말했다. 람스버그 대위는 그들을 따라 산을 내려갔다. 이로써 역습은 실패로 끝났다.

박격포진지에서 람스버그 대위는 커티스 중위를 만났다. 그는 커티스 중위에게 "모을 수 있는 병력을 다 모아라!"라고 지시했다. 그리고 "중공군들이 박격포진지로 오지 못하도록 해야 한다."라고 말했다.

최초 투입되었던 6중대 3소대의 병력은 28명이었으나, 그중에 22명이 부상을 당했고, 1명이 실종됐다. 오직 5명만이 멀쩡했다. 수색 1소대도 6중대 3소대와 마찬가지였다. 대부분의 부상자들은 지평리의 연대 구호소로 이미 후송되었다. 18~20명의 부상자들은 후송되기 위해 포병 지휘소와 포병 텐트에 모였다.

역습이 실패하여 모든 부대원들이 철수를 했으나, 커티스 중위는 생존자들을 찾기 위해 고지로 올라갔다. 그는 땅을 파는 소리가 들리는 방향으로 나아갔다. 여명이 밝아오고 있었지만 아직도 어두웠다. 커티스 중위와 병사 1명이 고지 정상에 도착했을 때, 갑자기 중공군들이 나팔을 불며 커티스 중위 앞에 나타났다. 12명 이상의 중공군들이 나팔 소리를 듣고 몰려왔다. 커티스 중위는 중공군들이 접근하고 있다고 생각하여 즉시 고지에서 내려왔다. 커티스 중위가 고지를 내려가는 도중에 자신들이 6중대 3소대의 마지막 병력이라고 말하는 3명의 병사들을 만났다. 커티스 중위는 이들을 부축하여 산을 내려간 후 포병 지휘소로 보냈다. 커티스 중위는 생존자를 찾기 위해 다시 고지로 올라갔다. 이번에는 수색 1소대가 공격했던 방향으로 갔으나 중공군만 발견하였다.

커티스 중위가 오두막 안에 구성된 7중대 지휘소로 들어갔을 때, 그는 더 이상 방어할 병력이 남아 있지 않음을 깨달았다. 부상병을 호송하고 돌아온 수색중대장은 "우린 여기서 더 이상 견딜 수 없습니다. 여기서 나갑시다."라고 소리쳤다.

람스버그 대위는 대대장에게 역습이 실패했다고 보고한 후 잔여 병력들을 모아 말굽형 북쪽 능선에 있는 저지진지로 갔다. 거기서 람스버그 대위는 부대를 재편성하고 중공군의 차후 공격을 대비했다. 수색중대장은 지원이 필요하다고 람스버그 대위를 압박했다. 그러나 거기에는 팔다리가 성한 병력들이 거의 없었다. 최초 7중대가 배치된 고지 정상에서 람스버그 부대가 위치한 저지진지로 중공군의 사격이 시작되었다.

중공군의 사격이 실시되는 동안에, 포병 연락장교인 엘리지 대위는 구경 50기관총이 장착된 반궤도차량의 운용을 준비했다. 같은 시간에 람스버그 대위는 또다시 역습을 준비하고 있었다. 엘리지 대위는 전차에 다가가 도랑에 빠진 반궤도차량들을 꺼내 달라고 말했다. 엘리지 대위는 전차의 견인으로 반궤도차량을 도랑에서 꺼낸 후, 사격을 할 수 있었다. 30분 후 엘리지 대위는 반궤도차량에 장착된 총열이 2개 달린 기관총을 좌·우로 움직이며 시험 발사를 실시했다. 그는 람스버그 대위의 명령 하에 사격을 실시했다. 람스버그 대위는 "어서 사격을 실시하라! 한 놈도 살려주지 마라!"라고 명령했다.

엘리지 대위는 적들이 점령한 능선을 따라 총구를 돌리며 사격을 실시했다. 전차를 지휘하는 레나 상사(Msgt. Andrew Reyna)는 2포대 보급 텐트에 남아 있던 16명의 부상병들을 구출하기 위해 적이 점령한 능선 아래로 나아갔다. 엘리지 대위가 4정의 기관총으로 고지 정상 부근을 사격하는 동안에, 레나 상사는 능선 하단부에 전차포와 기관총을 쏘면서 보급 텐트로 접근했다. 그리고 레나 상사는 부상병들을 전차 위에 태우고 적에게 사격을 하면서 람스버그 대위가 있는 방향으로 돌아왔다.

엘리지 대위가 사격을 하고 있는 동안 날이 밝아왔다. 반궤도차량 뒤에 있던 포병들은 반궤도차량에 장착된 기관총 총열에서 하얀 연기가 피어오르는 것을 볼 수 있었다. 엘리지 대위는 적이 있는 능선을 돌아보며 표적을 찾았다. 엘리지 대위는 프랑스 대대와 7중대 1소대가 배치되었던 능선 사이에서 중공군 몇 명이 서 있는 모습을 발견했다. 거기서 엘리지 대위는 75미리 무반동총으로 자신을 겨냥하고 있는 중공군을 발견했다. 엘리지 대위는 75미리 무반동총 총미에 탄을 넣고 있는 모습을 발견하고 총구를 돌려 모든 중공군을 사살했다.

2명의 부상병들이 포병 사격지휘소 안에 남아 있었다. 포병 유선반인 엘리슨 일병(PFC. James W. Ellison)과 윌리암스 일병(PFC. Isaiah Williams)은 3/4톤을 타고 사격지휘소로 향했다. 전차는 이들을 엄호하기 위해 사격을 실시했고, 결국 2명의 부상병은 구출되어 후방으로 후송되었다. 커티스 중위는 남아 있는 부상병들을 독려하여 지평리로 걸어가도록 했다. 그리고 그는 길가의 포병들에게 달려가 보병들이 후퇴했는지 물어 보았다.

곡사포의 안전을 걱정하고 있는 포병들은 곡사포 주변의 제방 뒤에서 그들의 포진을 방호하기 위해서 사격을 계속 하고 있었다. 곡사포와 포병들이 있는 제방 사이에 있던 전차 3대가 포병들을 엄호하면서 지속적으로 기관총 사격을 실시하여 중공군을 움직이지 못하게 했다.

지휘소에는 철수를 감독하기 위해 람스버그 대위와 9명의 부상자가 남아 있었다. 그들은 부상이 심각하여 들것과 자신들을 대대 구호소로 옮겨줄 차량을 기다리고 있었다. 부상병들은 곧 지휘소 부근의 초가집 옆으로 이동하여 누워있었다. 커티스 중위가 지휘소로 돌아왔을 때, 나팔 소리가 들렸고, 10~12명의 중공군들이 맥기 소대가 방어했던 3소대 지역에서 내려오고 있었다. 커티스 중위는 부상병들에게 중공군이 오고 있는 방향을 알려주면서 부상병들에게 "지금 여기를 빠져나가지 못한다면, 너희들은 다 죽을 것이다. 여기에는 너희들을 보호해 줄 병력도 없다."라고 말하자, 그들은 서로를 부축하면서 커티스 중위의 뒤를 따라 저지진지로 이동하기 시작했다.

오직 람스버그 대위와 병사 2명만이 지휘소에 남았다. 그들은 얼어붙은 논바닥을 건너 지평리로 향했으나 그들이 멀리 가기 전에 적 기관총이 발사되기 시작했다. 그들은 기관총 사격을 피해 지그재그로 뛰었다. 람스버그 대위는 발목부상으로 통증이 심했지만, 7중대가 새롭게 점령한 저지진지를 향해 최대 속도로 달리기 시작했다.

엘리지 대위가 통제하는 반궤도차량과 전차 3대는 적이 있는 고지를 향해 사격을 실시했다. 한 포병 장교가 제방 뒤에 있던 포병들에게 155미리를 쏘라고 지시했다. 약 6명의 포병들이 적의 사격을 뚫고 155미리가 있는 포진으로 달려가 6발의 백린탄을 중공군이 있는 능선에 발사했다. 하얀 연기와 불꽃이 능선 위에 피어올랐다.

람스버그 대위는 그가 올라간 능선(저지진지)에서 대대장을 만날 수 있었다. 주위에는 12시간에 걸친 중공군의 공격에서 살아남은 생존자들도 있었고, 대대장이 새로 데려온 수색중대 2개 소대와 2중대가 있었다. 2대대장이 상실된 7중대 방어진지를 회복하기 위해 연대장에게 건의하여 추가병력을 데리고 온 것이다. 그들은 2월 15일의 아침이 밝아오고 있었기 때문에 안도의 한숨을 쉬고 있었다. 왜냐하면 지금까지 중공군은 날이 밝으면 대부분 철수한다고 알려져 있었기 때문이었다. 그러나 날이 밝아 와도 중공군은 철수하지 않았다. 그들은 낮 동안에도 고지를 사수하려고 생각하고 있었다.

대대장은 역습 명령을 하달하기 위해 장교들을 집합시켰다. 그는 람스버그 대위, 히쓰 대위, 수색중대장, 2중대장, 커티스 중위를 불러 모았다. 대대장은 "공군이 최초 7중대 방어진지에 네이팜탄을 쏟아부을 것이고 공군의 근접항공지원이 끝나면 연대에서 포병화력을 지원할 것이다. 공군과 포병에 의해 역습준비사격이 끝나면 우리는 역습을 실시한다."라고 말했다. 그런데 갑자기 전차와 반궤도차량에서 사격하기 시작했다. 대대장은 "저기! 누구야?"라고 물었다.

람스버그 대위는 "레나 상사가 전차 소대를 지휘하고 있고, 포병 엘리지 대위가 반궤도차량을 지휘하여 사격하고 있습니다. 그리고 503야전포병대대 2포대 일부 인원들이 155미리 몇 문을 조작하여 사격하고 있습니다."라고 대답했다.

대대장은 "우리의 역습계획을 이미 프랑스 대대와 7중대 좌측의 5중대장에 통보했다. 아마 우리가 공격할 때, 측방에서 사격 지원을 해줄 거야! 그리고 히쓰!

중공군들이 어디로 공격해 왔지?"라고 말하며 말을 이어나갔다. 7중대장인 히쓰 대위는 "중공군은 하상에서 1소대와 3소대 사이의 공간지역으로 공격했고, 저기 397고지에서 3소대 전방으로 능선을 타고 공격해 왔습니다."라고 대답했다.

대대장은 "좋아! 지금부터 역습명령을 하달한다. 이번 공격은 2개 중대가 병행 공격한다. 우측은 수색중대, 좌측은 2중대가 담당한다. 히쓰! 귀관은 현재 저지진지에 있는 잔여 병력들을 재편성하여 저지진지 좌측에 있는 300고지로 가서 좌측에서 공격하는 2중대를 엄호하라. 그리고 커티스! 귀관은 레나 상사에게 전차소대와 반궤도차량을 재편성해서 7중대 3소대가 점령했던 고지를 향해 사격해! 그리고 엘리지 대위에게 포진에 남아 있는 155미리를 통제하여 사격준비를 하라고 전달하고 박격포들을 한 곳에 모아 화력지원을 준비해! 수색중대장! 우측에 보급로 보이지! 그 옆에 제방이 있잖아. 귀관은 저 제방을 엄폐물로 이용하여 7중대 1소대 지역으로 공격하도록! 그리고 2중대장! 귀관은 이 말발굽 능선을 따라 공격하는데, 300고지를 경유하여 7중대 3소대 지역으로 공격하도록 해! 다들 알았어?"라고 묻자, 대대장 주위에 모인 장교들은 모두 "예!"라고 대답하고 각자의 위치로 돌아갔다.

수색중대장과 2중대장은 부대를 인솔하여 공격하기 시작했다. 동시에 포병 연막탄이 7중대가 점령했던 고지를 뒤덮었다. 이어서 포병화력이 어디선가 떨어지고 있었다. 포탄은 중공군들이 공격했던 1소대와 3소대 전방 하상과 397고지에 떨어지고 있었다. 중공군의 추가 투입을 저지하기 위한 차단사격이었다. 커티스 중위는 전차소대로 달려가 대대장의 지시사항을 전달했고, 엘리지 대위도 155미리를 통제하여 사격준비를 했다. 이후 커티스 중위는 7중대, 6중대 60미리 박격포반, 81미리 박격포반을 통제하여 좌·우측에서 공격하는 수색중대와 2중대를 엄호했다. 7중대 1소대와 3소대가 점령했던 능선에 전차포, 기관총, 박격포 사격이 집중되었다. 중공군들의 사격은 더 이상 없었다. 수색중대는 제방을 따라 신속히 이동한 후, 1소대 우측으로 공격을 시작했고, 2중대도 300고지를 경

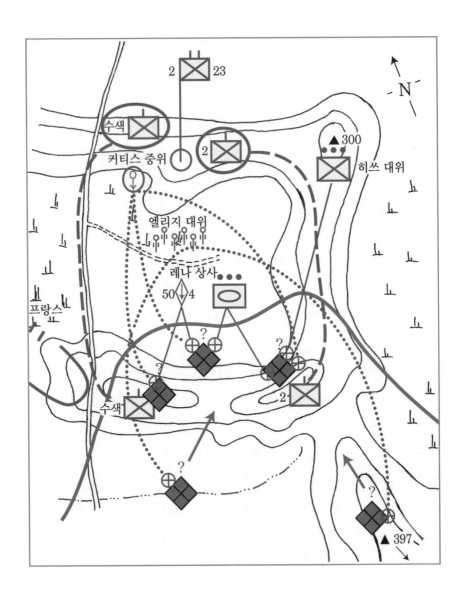

유하여 7중대 3소대 지역으로 공격하기 시작했다. 갑자기 2중대장에게서 "397
고지에서 대규모 중공군이 접근하고 있습니다."라고 보고를 받은 대대장은 엘리
지 대위에게 "3소대와 397고지 사이의 능선에 155미리 사격을 집중하라!"라고
지시했다. 먼저 7중대 1소대 지역에서 청색 연막탄이 피어올랐다. 목표를 점령

했다는 수색중대의 신호였다. 전차와 기관총들은 더 이상 1소대 지역으로 사격하지 않았다. 수색중대는 계속해서 7중대 3소대지역으로 공격을 했지만 중공군의 저항은 강력했다. 그러나 수색중대와 2중대의 협조된 공격으로 중공군은 3소대지역에서 397고지 방향으로 철수하기 시작했고 3소대 지역에서도 녹색 연막탄이 피어올랐다. 2중대장은 대대장에게 "397고지 부근에 상당수의 중공군이 있습니다. 사격 지원 바랍니다."라고 건의했다. 잠시 후, 박격포와 포병은 397고지를 향해 최대발사속도로 포탄을 발사했다. 이로써 2시간 만에 대대장이 지휘한 역습은 성공적으로 종결되었다. 동시에 14시간 동안 진행된 중공군과의 피 말리는 전투도 종결되었다.

2중대는 7중대 지역을 인수하여 진지강화[49] 및 재편성[50]을 실시했으며, 수색중대는 다시 연대 예비로 전환되었다. 이 역습에서 사상자는 거의 발생하지 않았다. 보병, 포병, 기갑, 공군의 협조된 공격으로 피해를 최소화할 수 있었다.

전투가 끝나자 눈이 내리기 시작했다. 이 눈이 2월 15일부터 16일까지 내렸다. 어느새 7중대가 방어하던 고지일대는 흰 눈이 소복이 쌓여 있었다. 수많은 중공군 시체들이 7중대가 방어하던 능선에 널려있었다.

중공군은 한국전쟁에 참전한 이래 지평리에서 처음으로 쓰디쓴 패배의 아픔을 맛보았다.

....

49) 진지강화(Consolidation of Positions) : 새로이 점령한 진지를 사용하기 위해서, 또는 적의 가능성 있는 역습에 대비하여 점령진지를 새로이 편성 및 보강하는 모든 수단이나 대책

50) 재편성(Re-organization) : 전투 간, 전투 후 또는 적 진지(목표) 점령 후의 혼잡한 부대 질서를 정돈 및 복구하고 부대의 전투 효율성을 유지하기 위하여 취해지는 모든 수단이나 대책

배워야 할 소부대 전투기술 9

Ⅰ. 소부대 지휘자는 전투가 가장 치열한 곳에서 부대를 지휘해야 한다.

Ⅱ. 역습은 전투력을 집중하여 돌파구 측방으로 실시해야 한다.

Ⅲ. 역습 간 화력은 돌파구 첨단(尖端)과 기저부(基底部)에 집중해야 한다. 그 이유는 돌파구의 확장을 저지하고 돌파구 안으로 추가적인 적이 증원되는 것을 방지하기 위해서이다.

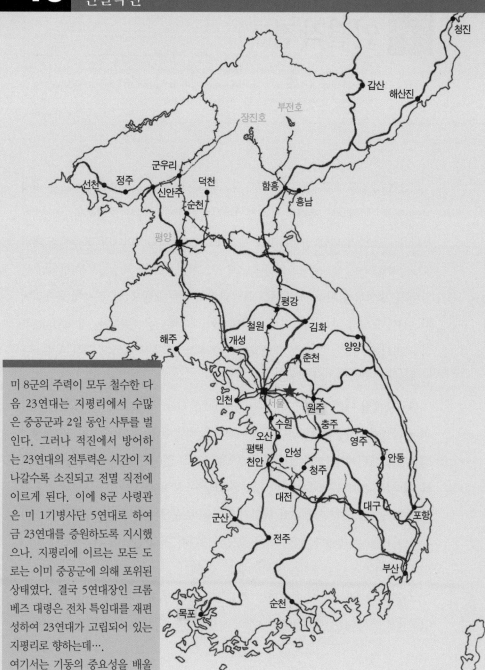

미 8군의 주력이 모두 철수한 다음 23연대는 지평리에서 수많은 중공군과 2일 동안 사투를 벌인다. 그러나 적진에서 방어하는 23연대의 전투력은 시간이 지나갈수록 소진되고 전멸 직전에 이르게 된다. 이에 8군 사령관은 미 1기병사단 5연대로 하여금 23연대를 증원하도록 지시했으나. 지평리에 이르는 모든 도로는 이미 중공군에 의해 포위된 상태였다. 결국 5연대장인 크롬베즈 대령은 전차 특임대를 재편성하여 23연대가 고립되어 있는 지평리로 향하는데….

여기서는 기동의 중요성을 배울 수 있다.

10 크롬베즈 특수임무부대의 연결작전

Lt. Col. Don C. Faith

> Tactically and operationally, maneuver is an essential element of combat power. It contributes significantly to sustaining the initiative, to exploiting success, to preserving freedom of action, and to reducing vulnerability.
>
> US Military Doctrine

미 23연대전투단은 중공군에 의해 포위된 채, 지평리에서 힘겹게 이틀을 버티고 있었다. 이에 8군 사령부는 미 1기병사단의 1개 연대를 투입하여 23연대전투단을 구조하기 위한 연결작전을 계획하고 1기병사단 5연대장 크롬베즈 대령(Col. Marcel G. Crombez)을 주축으로 구조작전을 위한 특수임무부대(이하 특임대)를 편성하게 된다. 크롬베즈 특임대의 임무는 '2월 14일 17시에 곡수리에서 383번 도로를 따라 지평리로 진격해 23연대전투단을 증원하는 것'이었다. 특히 지평리에 이르는 도로를 개방하여 23연대전투단을 구조하기 위한 차량소통을 원활히 하는 것이 이 작전의 중점이었다.

1951년 2월 14일 미 9군단장 무어 중장(Maj. Gen. Bryant E. Moore)이 군단의 예비였던 1기병사단 5연대에 준비명령을 하달했다. 무어 중장이 5연대장인 크롬베즈 대령에게 "여주에서 북동쪽으로 25km 떨어진 지평리에 이르는 도로를 따라 공격하라!"라고 지시한 시간은 그날 아침 10시경이었다. 5연대보다 지평리에 가까이 위치한 부대가 있었지만 그들 주변에는 이미 중공군들이 우글거려서 어찌할 수 없었다. 이에 무어 중장은 그나마 적의 압력이 적은 5연대에 23연대전투단과의 연결작전을 지시하게 된 것이다.

크롬베즈 대령은 즉시 특임대를 조직하고 예하 부대에 준비명령을 하달했다. 크롬베즈 특임대는 예속부대인 3개의 보병대대에 의무중대, 공병중대, 견인포병대대, 자주포병대대, 경전차[51] 2개 소대, 중전차[52] 1개 중대가 배속되었다. 이 중에 중전차 1개 중대는 6전차대대 소속의 4중대로, 1기병사단의 예속부대가 아니었으나, 5연대의 지근거리에 위치하고 있었기 때문에 군단의 명령으로 크롬베즈 특임대에 배속되었다.

무어 중장은 6전차대대장에게 "30분 이내에 4중대가 5연대에 배속될 수 있도록 조치를 취하라!"라고 명령했다. 신속히 출동준비를 마친 4중대는 28분 만에 5연대에 도착했다. 무어 중장은 그날 17시에 크롬베즈 대령에게 전화를 걸어 "귀하의 부대는 오늘 밤 출발해야 한다. 그리고 나는 귀관이 그렇게 할 수 있으리라 생각한다."라고 명령했다.

어둠 속에서 트럭과 차량들이 눈이 덮이고 얼음이 얼은 좁은 길 위에 1열 종대로 대열을 형성했다. 2개의 포병대대를 제외한 전 부대는 한강을 도하하여 지평리로 접근하고 있었다. 크롬베즈 특임대는 중공군이 가까이 있었으므로 등하관제하 부대이동을 실시했고 자정경에 차량대열은 부서진 다리 앞에서 멈춰 섰다. 전투공병중대가 다리를 수리하는 동안 나머지 부대들은 다리 근처에 소산하여 급편방어로 전환했다.

2월 15일 아침에 1대대는 도보로 다시 전진했다. 그들의 임무는 남쪽으로 몇 km 떨어져 있는 고지를 점령하는 것이었다. 이 고지는 383번도로 우측에 있었고, 남쪽지역을 감제할 수 있었기 때문에 크롬베즈 특임대의 입장에서는 반드시 확보해야 할 지형지물이었다. 1대대가 200m를 전진하여 적과 교전이 시작되자, 크롬베즈 대령은 2대대를 투입하여 도로의 좌측능선을 확보하라고 지시했다. 특임대에 배속된 2개 포병대대는 즉시 화력지원에 나섰으며, 근접항공지원도 실시됐다. 그러나 중공군의 저항은 강력했다. 항공관측자들은 북쪽에서 대규모 중공

....

51) 경전차(輕戰車) : 무게 15~20톤에 75~88mm의 포(砲)를 탑재한 전차.

52) 중전차(中戰車) : 25~55톤 무게에 90~120mm의 포를 탑재한 전차

군이 접근 중이라고 크롬베즈 대령에게 보고했다.

중공군들이 기하급수적으로 늘어나자 크롬베즈 특임대의 공격은 지체되었다. 적들이 크롬베즈 특임대가 지평리로 접근하여 23연대전투단과 연결하려는 계획을 알고 있었기 때문에, 중공군들은 더욱 세차게 크롬베즈 특임대를 공격했다. 군단과 사단에서는 계속 공격하라고 독촉했고 적과의 치열한 교전 끝에 크롬베즈 대령은 "적을 돌파할 수 있는 방법은 오로지 전차를 이용하여 적진을 뚫고 지나가는 방법밖에 없다."라고 생각했다. 이에 크롬베즈 대령은 배속된 23대의 전차를 전방으로 추진하여 적을 돌파하기 위한 새로운 전차 특임대를 구성했다. 이 전차들은 6전차대대 4중대와 70전차대대 1중대 소속이었다. 그는 또한 보병 1개 중대로 하여금 전차들이 도로를 통과할 때 중공군의 측방공격을 대비하게 했다. 이 임무는 5기병연대 12중대가 맡았다. 그리고 공병 4명을 배속시켜 혹시 있을지 모르는 대전차 지뢰를 제거하게 했다. 보병들과 공병들은 전차 포탑 위에 탑승했다.

전차 특임대가 공격을 준비하는 동안 크롬베즈 대령은 헬기를 타고 지평리에 이르는 길을 지형정찰했다. 그 길은 매우 좁고, 좌측에는 능선이, 우측에는 논이 형성되어 있었으며, 지평리에 도착하기 1.5km 전에는 좌·우측에 급경사가 형성되어 있는 애로지형이 있었다.

그러는 동안에 12중대장인 배럿 대위(Capt. John C. Barrett)와 6전차대대 4중대장인 히어스 대위(Capt. Johnnie M. Hiers)는 공격계획을 협조하고 있었다. 두 명의 중대장은 전차가 정지하면, 보병은 즉시 하차하여 좌·우측의 능선을 점령하여 전차의 측방을 방호하고, 공병은 전방의 대전차지뢰를 제거하기로 협조했다. 전차 중대장 히어스 대위는 중대로 돌아왔다. 그는 전 전차 승무원들을 집합시켜 공격계획을 간단히 설명해 주고, "보병들이 하차한 후, 재탑승을 지시할 때는 수기를 좌·우측으로 흔들어라."라고 지시했다.

전차대열은 6전차대대의 M46전차가 선두에 서고, 70전차대대의 M4A3전

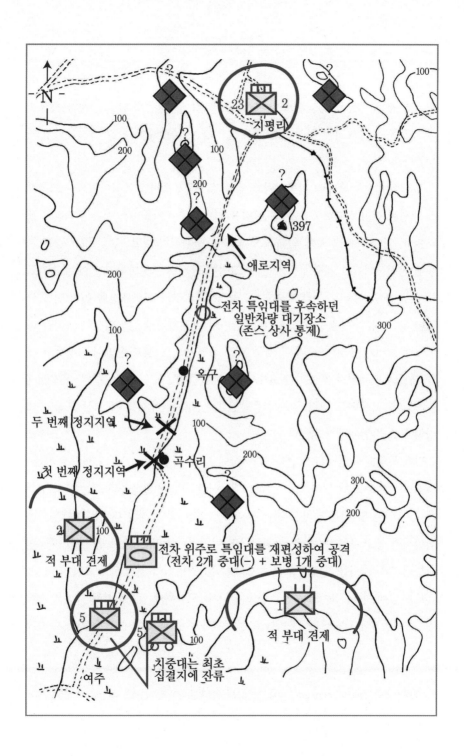

차가 그 뒤에 위치했다. 그 이유는 M46전차의 전차포 구경이 90미리로 M4A3 전차보다 화력이 좋았고, 무엇보다도 포탑을 360도 회전할 수 있어 산악의 좁은 도로에서도 신속한 사격을 할 수 있었기 때문이었다. 또한 M46전차는 76미리 기관총이 장착되어 있어 측방에서 공격하는 적에 대해 즉각 조치사격이 가능했다.

최초에는 전차 후미에 일반차량과 앰뷸런스를 후속시킬 계획이었으나 크롬베즈 대령은 적이 점령하고 있는 좁은 길을 일반차량이 기동하는 것은 무리라고 생각했다. 이에 그는 전차에 의해 도로 좌·우측의 적이 격멸되면, 일반차량을 차후에 전진시키기로 계획을 수정했다. 크롬베즈 대령은 출발하기 전에 무전기로 "프리만 대령! 우리는 지금 출발한다. 들리는가?"라고 23연대장을 여러 번 호출했다. 그러나 아무런 응답이 없었다. 갑자기 무전기에서 23연대장인 프리만 대령의 목소리가 흘러나와 "우린 지금 전멸 직전이다. 사상자가 많이 발생했고 탄약 재보급과 부상자 후송이 필요하다. 전투치중대[53]도 함께 오는가?"라고 짧게 들려왔다. 크롬베즈 대령이 즉시 응답했으나, 무전기에서는 더 이상 프리만 대령의 목소리가 들리지 않았다.

전차 특임대가 출발하기 전에 3대대장인 트래시 중령(Lt. Col. Edger J. Treacy, Jr)은 전차 포탑 위에 탑승한 12중대에서 부상병이 발생하면 그들을 싣기 위해 2·1/2톤 몇 대를 전차 후미에 붙였다. 12중대장인 배럿 대위는 중대원들을 집합시켜 놓고 "만약 전차와 이격된다면 아군이 있는 남쪽으로 돌아가거나, 전차들이 다시 돌아올 때까지 도로 주변에서 잘 숨어 있어라!"라고 교육을 했다.

15시경 배럿 대위는 모든 중대원들을 전차 포탑 위에 탑승시키고 자신은 중간에 있는 전차에 탑승했다. 공병들은 선두에서 두 번째 전차에 탑승했다. 이렇게

---

53) 전투치중대(Combat Train) : 전투부대와 근접한 곳에 위치하여 전투부대가 즉각적으로 필요로 하는 탄약, 유류, 정비, 의무지원 등을 적시적으로 제공하는 전투근무지원부대의 한 집단

15대의 전차는 160명의 보병을 태웠다. 보병 소대장들은 소대원들 중에서 몇 명을 선발하여 포탑 위의 장착된 구경 50기관총을 운용하도록 했고, 배럿 대위는 10명의 병사들과 여섯 번째 전차에 탑승했다. 3대대장인 트래시 중령도 전차 특임대가 출발하기 직전에 합류하기로 결정했다.

항공기들은 전차 특임대가 출발하기 전, 그들의 기동로를 따라 기총소사와 폭격으로 지원하였고 크롬베즈 특임대의 2개 대대도 전차 특임대가 공격하는 동안 적을 분산시키기 위해 도로 좌·우측 능선으로 협공을 가했다. 크롬베즈 대령은 15번째 전차에 탑승했고 1.6km 길이의 전차대열은 2월 15일 15시 45분에 출발했다. 연락기들은 전차 특임대 상공을 선회했고 특임대가 전진하는 동안 수시로 무전소통을 했다.

전차 특임대는 전차 간 5m의 거리를 유지하며 약 3km를 전진했다. 선두 전차가 곡수리에 접근했으나, 전차 특임대는 곡수리를 통과하지 않고 곡수리를 우회하기로 했다. 갑자기 적 박격포탄이 전차 주변에 떨어지기 시작했으며, 도로 주변에서 전차 위에 탑승한 보병들을 향해 기관총과 소총사격을 하기 시작했다. 적의 기관총과 박격포사격이 강력해지는 바람에, 선두 전차가 곡수리를 우회하는 도로상에 있는 다리 위에서 멈춰 섰다. 전차들은 신속히 포신을 좌·우측으로 돌려 식별되는 적 기관총과 박격포 진지를 향해 사격을 실시했지만 여러 명의 보병들이 적의 기습공격으로 부상을 입고, 땅으로 떨어졌으며 포탑 위에 남아 있는 보병들도 안전하지는 않았다. 크롬베즈 대령은 모든 전차는 즉각 응사하라고 지시했다. 그는 전차 내부 통신망을 사용하여 "주변의 중공군들을 전멸시켜라!"라고 외쳤다.

몇 분 후에 크롬베즈 대령은 이 작전의 성공은 계속 움직여야만 가능하다고 생각했다. 그래서 모든 전차에게 지금 즉시 지평리 방향으로 전진하라고 지시했다. 전차들은 경고 없이 앞으로 전진하기 시작했고 보병들은 전진하는 전차 뒤를 따라 뛰기 시작했다. 그러나 12중대의 2명의 장교를 포함한 30~40명의 보병들이 뒤에 처지고 말았다. 전차를 후속하던 트럭들이 도착하여 도로 근처에 뒤처진 인원들과 부상병 3명을 태웠으나 적의 사격이 너무나도 강력했기 때문에 일부 인원들은 트럭에 탑승하지 않고 도로 주변의 은·엄폐물을 찾아 숨었다. 트럭을 인솔했던 존스 상사(Msgt. Lloyd L. Jones)는 트럭에 탑승하기를 원하지 않는 병력들을 모아 남쪽의 아군지역으로 걸어가게 했다.

곡수리를 통과하자 전차 특임대는 두 번째로 정지했고, 보병들이 다시 하차하여 적의 사격이 날아오는 방향으로 모든 전차와 보병들은 화력을 집중했다. 또 다시 전차들은 경고 없이 전진하고, 많은 보병들이 뒤에 처지게 되었다. 몇 명의 보병들은 도로로부터 50~75m 떨어진 곳에서 중공군과 교전을 벌이고 있었다. 전차가 갑자기 출발하자 이들은 재탑승할 수가 없었고 전차들이 다시 출발했을 때, 포탑 위에는 70명도 안 되는 보병들이 남아 있었다. 뒤처진 많은 병사들은 숨을 곳을 찾거나 남쪽의 아군 진영으로 걸어갔다. 3대대장인 트래시 중령을 포함한 여러 명의 병사들은 결국 중공군의 포로가 되고 말았다.

배럿 대위도 그가 탑승했던 전차에 탈 수 없었다. 그래서 그는 뒤에 오는 전차에 탑승했다. 5km를 전진하는 동안에 전차 특임대는 여러 번 멈춰 섰고, 중공군들은 전차 특임대의 정지와 이동에 관계없이 강력한 사격을 가했다. 적의 사격이 쏟아지는 가운데, 전차 중대장은 무전으로 "차폐진지를 점령하여 적을 격멸할까요?"라고 크롬베즈 대령에게 물어보았다. 그러나 크롬베즈 대령은 무조건 앞으로 전진하라고 지시했다.

크롬베즈 특임대는 10km 공격하는 동안 계속해서 소총, 기관총, 전차포 사격을 했다. 특임대가 출발했던 지역에서 적을 견제[54]하고 있던 보병대대들은 특임대의 사격소리를 들을 수 있었다. 전차가 기동하면서 전차포 사격을 하는 것이

....

54) 견제(Containment) : 적의 이동이나 전환 배치를 방지하기 위하여 적 부대를 정지, 억제 혹은 포위하거나 적의 행동을 일정한 지역에 집중하도록 하는 전술적 행동

어려웠기 때문에, 포탑에 탑승한 보병들은 도로 좌·우측에 있는 능선을 향해 무차별 사격을 가했다. 사실 보병들을 사격하는 중공군들을 볼 수 없었다. 배럿 대위는 논에서 TNT 탄약통을 들고 전차에 접근하는 3명의 중공군을 발견하고 사살했다.

도로를 향한 중공군의 사격이 엄청났기 때문에, 크롬베즈 대령은 전차 후미의 일반차량들이 더 이상 전차를 후속할 수 없다고 판단했다. 크롬베즈는 지평리 2/3 지점에 도달했을 때, 지원차량을 지휘하고 있던 존스 상사에게 "지원차량은 현재 위치에서 대기하고 있다가, 차후 명령을 대기하라!"라고 지시했다.

크롬베즈 전차 특임대의 선두 전차가 지평리 남쪽에 가까이 접근했을 때, 중공군들은 전차를 정지시키기 위해 온갖 노력을 다했다. 전차 특임대가 150m를 더 전진했을 때 1~1.5m 높이의 제방이 나타났고, 제방 좌·우측에는 감제고지가 있었으며, 우측 감제고지는 397고지로서 지령리에 있는 23연대전투단을 공격하고 있었다. 드슈바이니츠 중위(Lt. Lawrence L. DeSchweinitz)가 지휘하는 선두 전차가 제방지역으로 접근했을 때, 적의 공격이 시작되었다. 박격포탄들이 도로에 떨어졌고, 두 번째 전차에 탑승했던 맥스웰 병장(Sgt. Maxwell)은 제방을 따라 바주카포를 들고 움직이는 중공군을 발견했다. 그는 즉시 무전으로 드슈바이니츠에게 알리려 했으나, 중공군은 이미 바주카포를 발사하여 선두 전차의 포탑을 맞췄다. 이에 드슈바이니츠 중위와 포수인 헤럴 상병(Cpl. Donald P. Harrell), 탄약수인 갤러드 이병(Pvt. Joseph Galard)이 부상을 당했다. 드슈바이니츠 중위가 탄 선두 전차는 계속해서 전진했지만, 적의 공격으로 무전기가 파괴되어 무전소통은 되지 않았다.

첫 번째 전차가 파괴되자, 4명의 공병은 두 번째 전차인 맥스웰 전차에 탑승했다. 공병들이 꽉 달라붙어 있는 전차가 적의 사격이 심한 지역으로 진입했다. 바주카포탄이 맥스웰 전차 주변에 떨어지고, 공병 중에 한 명은 적의 사격으로 땅에 떨어졌다. 그러나 뒤의 전차들이 늘어서 있었기 때문에 맥스웰은 계속 전진할 수밖에 없었다.

전차 중대장 히어스 대위가 탑승한 네 번째 전차가 애로지형인 제방일대에 진입했다. 적의 바주카포탄이 포탑을 뚫고 들어와 내부에 적재되어 있는 전차 포탄이 터졌다. 전차는 불타기 시작했고, 내부의 전차 승무원과 히어스 대위는 전사했다. 그러나 전차 조종수인 칼혼 상병(Cpl. John A. Calhoun)은 불타고 있는 전차를 끝까지 조종하여 제방지역을 통과했다. 그 결과 후속하는 모든 전차들이 계속 전진할 수 있었다.

제방 좌·우측에 있는 감제고지에는 수많은 중공군들이 있었다. 그들은 거기서 기동하는 크롬베즈 전차 특임대의 모든 행동을 관측했다. 또한 바주카포를 발사하여 전차의 기동을 정지시키려고 했다. 이런 애로지형을 무사히 통과하기 위해서는 전차들 간 단결력과 소부대 전투기술이 필요했다. 이미 제방을 통과한 전차들은 포신을 돌려 제방 좌·우측의 감제고지를 향해 전차포 사격을 실시해서 적의 사격을 감소시킴으로써 나머지 전차들이 무사히 제방지역을 통과할 수 있었다. 그러나 전차 위에 탑승한 보병들은 상황이 달랐다. 그들은 엄폐수단이 없었으므로 적의 소화기와 기관총 사격에 대단히 취약했다. 그리고 중공군의 사격으로 부상병과 낙오자를 태우기 위해 전차를 후속했던 2·1/2톤 차량 바퀴에 구멍이 났다. 운전병은 곡수리에서 부상병을 태우기 위해 하차했을 때 이미 전사했다. 이후에는 부상당한 크리잔 중사(SFC. George A. Krizan)가 2·1/2톤 차량을 운전했고 부상병들 중에 몇 명은 간신히 전차 후미에 따라 붙어 지평리로 후송되었지만, 대부분의 부상병들은 중공군들에게 포로가 되거나 실종되었다.

그러는 동안 중공군은 지평리에서 원형방어를 하고 있는 23연대전투단의 남쪽 방어선인 2대대 7중대 지역을 집요하게 공격하고 있었다. 2월 15일 늦은 오후 이미 중공군과 20시간의 전투를 치룬 23연대 2대대장은 4대의 전차를 대대 방어선을 넘어 도로를 따라 중공군의 후방으로 전진시켜 중공군의 노출된 측방과 후방을 공격하라고 지시했다. 10~15분간의 전차포 사격으로 중공군은 갑자기 공황에 빠지게 되었으며, 이미 도망치기 시작했다.

바로 그때, 크롬베즈 전차 특임대가 남쪽에서 나타났다. 전차장인 맥스웰 병장은 길 위에서 능선을 향해 사격을 하고 있는 4대의 전차를 발견했다. 그는 그 전차들이 아군임을 한 눈에 알아볼 수 있었다. 선두 전차가 멈추자 맥스웰 병장은 하차하여 23보병연대 전차들과 접촉하기 위해 전진해갔다. 맥스웰 병장은 그들에게 다가가 우리가 이 길을 통과해서 지평리로 진입해야 하니 사격하는 전차들을 도로 좌·우측으로 바짝 붙이라고 지시했다.

중공군들은 지평리의 남쪽진지를 포기하고 그 지역을 탈출하기 위해 달리기 시작했고 적의 수는 점차 감소했다. 많은 적들이 개활지로 뛰어가자, 그들은 크롬베즈 전차 특임대의 표적이 되었다. 크롬베즈는 전차를 정지시키고 중공군을 사살하라고 지시했다. 전차들은 불을 뿜기 시작했으며 적들은 개활지에서 쓰러지기 시작했다.

크롬베즈 전차 특임대는 17시에 지평리 방어선에 진입했다. 그들이 적의 포위망을 뚫고 지평리에 도착할 때까지 1시간 15분이 걸렸다. 도착한 크롬베즈 전차 특임대에 지원차량과 앰뷸런스는 없었지만은 23연대전투단의 병력들은 크롬베즈 부대가 도착한 사실만으로도 크게 기뻐했다.

최초 전차 위에 탔던 12중대원 160명 중(공병 4명 포함) 23명만이 지평리에 도착했다. 이 중 13명이 부상을 당했고, 그중 1명은 그날 저녁에 사망했다. 도중에 낙오된 병사들은 공격개시선[55] 근처에 있는 3대대로 복귀하였으며, 그렇지 못한 인원들은 곡수리와 지평리 사이 도로에 흩어져 있었다. 크롬베즈 특임대가 곡수리와 지평리 사이 10km를 통과하는 동안 12중대는 중대병력의 반 이상을 잃었다. 12명이 전사했으며, 19명이 실종되었고, 약 40명이 부상을 입었다.

....

55) 공격개시선(Line of Departure) : 공격작전을 실시하는 부대가 지정된 시간에 통과하는 일종의 통제
　　선으로, 공격부대의 공격방향과 공격개시시간을 협조시키기 위해 사용함

날이 저물기 전에 크롬베즈 대령은 그의 연대로 돌아갈 것인가 아니면 지평리에서 밤을 보낼 것인가를 결정해야만 했다. 크롬베즈 대령은 "만약 우리가 지금 복귀한다면 어둠 속에서 적과 조우할 확률이 높고, 적의 공격으로 복귀시간이 지체되며, 적의 매복에 걸리기 쉽다. 반면에 우리가 지평리에서 밤을 보낸다면 탄약이 부족하여 심각한 상황을 초래할 수 있다. 중공군이 야간공격을 감행한다면 우리는 그들을 막지 못할 수도 있다."라고 예하 지휘관들에게 설명했다. 크롬베즈 대령은 곰곰이 생각한 후 "우린 오늘 여기에 잔류한다. 그 이유는 첫째, 우리의 임무가 23연대전투단을 증원하는 것이다. 둘째, 야간에 복귀를 한다면 중공군의 매복에 걸려 심각한 상황을 초래할 수 있다."라고 결심하고 부하들에게 명령했지만 현재 중상을 입은 부하들, 연결작전 간 뒤처진 부하들, 적진에 남겨진 치중대원들이 크롬베즈 대령의 마음 한구석에 자리 잡고 있었다. 크롬베즈 대령은 아침이 빨리 오기만을 기다렸다.

그는 야간의 중공군 공격에 대비하여 모든 전차들을 23연대전투단의 방어진지에 배치했다. 그러나 그날 밤 적들은 공격하지 않았다. 적진에 몇 개의 불꽃이 나타나기는 했지만, 지평리에는 아무 일도 일어나지 않았다. 아침이 밝아 왔으나, 갑자기 눈이 오기 시작했다.

2월 16일 아침 9시, 크롬베즈 대령은 병력들을 집합시켜 놓고 연대로의 복귀시간이 연기되었다고 알려주었다. 그 이유는 눈 때문에 가시거리가 100m도 안 되어, 공중엄호가 불가능해졌기 때문이었다. 눈이 그치자 크롬베즈 대령은 11시에 병력들을 다시 집합시켰다. 크롬베즈 대령은 병력들에게 보병과 공병 중에 오직 지원자만을 전차에 탑승시켜 복귀한다고 말했지만 아무도 지원하지 않았다. 대신에 포병 연락기가 크롬베즈 부대가 남쪽으로 기동하는 동안에 부대 위에서 선회하기로 했다. 크롬베즈 특임대가 복귀하는 동안 연락기에 탄 관측자는 적을 식별하여 전차포와 기관총 사격을 유도했다. 크롬베즈 특임대가 복귀하는 동안 적은 거의 나타나지 않았으며, 그들의 사격도 거의 없었다.

크롬베즈 대령은 존스 상사가 위치하고 있던 지역을 통과하자마자 무전으로 연대 치중대(최초 집결지에 위치)를 지평리로 출발시켰다. 전차의 엄호 아래 28대의 2·1/2톤 트럭과 19대의 앰뷸런스가 그날 오후에 지평리로 출발했다. 12중대장인 베럿 대위도 곡수리와 지평리 사이의 도로에서 부상당하거나 뒤처진 중대원들을 찾기 시작했고 지프차를 타고 도로 주변을 샅샅이 살폈다. 그러나 중대원들은 없었다. 마지막으로 지평리에 있는 23연대 구호소에 도착했을 때, 4명의 중대원을 발견하고, 지프차에 태워 복귀행렬에 따라 붙었다. 23연대전투단과 크롬베즈 특임대의 부상병은 앰뷸런스와 2·1/2톤 차량 7대에 나뉘어 실렸다.

23연대전투단은 그날 저녁에 지평리를 떠나 크롬베즈 특임대의 보병 대대들이 배치된 곳을 향해 출발했다. 23연대전투단이 지평리에서 철수하기 전에 크롬베즈 대령는 전차 특임대를 나누어 23연대전투단의 차량행렬을 엄호하기 위해 지평리와 곡수리 사이 중간중간에 배치했다. 이를 위해 23연대전투단과 크롬베즈 특임대에서 사지가 멀쩡한 보병들을 집결시켜 재편성했다. 재편성된 보병은 약 3개 소대 규모였다. 재편성이 끝나자 크롬베즈 대령은 지평리와 곡수리 사이의 도로에 선점부대를 투입했다. 선점부대는 3개소에 투입되었는데, 각 지점에 전차 1개 소대(6전차대대의 4중대 전차 3개 소대)와 보병 1개 소대가 배치되었다. 보병들은 2·1/2톤 2대에 나눠 타고 전차소대와 편조[56]되어 선점지점을 점령했다. 그리고 선점부대들은 도로를 감제할 수 있는 고지 주변이나 일반차량의 기동에 영향을 주는 애로지역에 집중 배치되었다. 선점지역은 397고지 좌측에 있는 애로지역, 곡수리 우회도로 주변, 크롬베즈 특임대의 최초 집결지 부근이었다. 또한 복귀 행렬의 선두와 후미에 각각 전차 1개 소대(경전차 2개 소대)

---

56) 편조(Task Organization) : 지휘관이 전투편성을 실시함에 있어서 특정 임무 또는 과업을 달성하기 위하여 특수하게 계획된 부대의 구성

가 편성되어 23연대전투단의 차량행렬을 엄호했다. 사전 배치된 전차들과 보병들은 23연대전투단 차량행렬이 자신들을 지나가자마자 그들을 후속했다. 그리고 연락기들은 항공정찰을 실시하여 크롬베즈 대령에게 보고하면서 크롬베즈 특임대의 포병과 전차들을 통제하여 의심되는 지역에 사격을 유도했다. 그러나 이상하게도 중공군의 흔적을 찾아볼 수 없었다.

어느새 지평리와 곡수리 사이의 도로는 전차들과 차량들로 가득 차 있었다. 하늘에는 유엔군 공군기들이 네이팜탄을 떨어뜨릴 곳을 찾기 위해 요란스럽게 비행했으나 중공군을 찾지 못했다. 결국 23연대전투단과 크롬베즈 특임대는 그날 오후 중공군의 포위망을 뚫고 아군진영으로 철수했다.

배워야 할 소부대 전투기술 10

I. 전차의 중심기동 자체로 적에게 심리적 충격을 줄 수 있다.

II. 기동은 주도권(Initiative)을 유지하고 행동의 자유(Freedom of Action)를 보장하는 전투력의 핵심이다. 공자의 취약점을 보완하기 위해서는 화력엄호하 끊임없이 기동해야 한다.

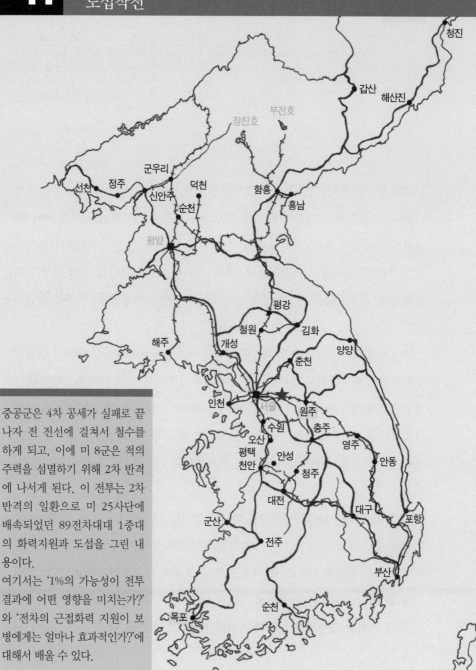

중공군은 4차 공세가 실패로 끝나자 전 전선에 걸쳐서 철수를 하게 되고, 이에 미 8군은 적의 주력을 섬멸하기 위해 2차 반격에 나서게 된다. 이 전투는 2차 반격의 일환으로 미 25사단에 배속되었던 89전차대대 1중대의 화력지원과 도섭을 그린 내용이다.

여기서는 '1%의 가능성이 전투 결과에 어떤 영향을 미치는가?'와 '전차의 근접화력 지원이 보병에게는 얼마나 효과적인가?'에 대해서 배울 수 있다.

11 브래넌 전차중대의 도섭작전

They say that Henri of Navarre Ivry told his cavalry to follow the white plume on his helmet when he ordered the charge that decided the battle and the future him a figurative white plume - his mission - never to be lost sight of until his objective is attained.

The Infantry Journal(1943)

89중전차대대 1중대원들은 1951년 3월 7일 새벽 3시 30분에 침낭에서 기어 나왔다. 그들은 3시 45분에 아침을 먹고 6시 15분에 시작되는 공격을 위해 부산하게 움직였다. 이른 새벽부터 눈이 오고 있었다. 눈은 떨어지자마자 녹아버렸고, 지면은 얼어붙어 미끄러웠다. 아직 어둠이 가시지 않았고 아침 안개가 껴 있었지만, 조종수들은 아침시간을 이용하여 전차에 시동을 걸어 엔진을 예열시켰다.

나머지 승무원들도 절반쯤 파괴된 기린리 구석에서 아침식사를 마치고 침낭을 정리하면서 단차단위로 전투준비를 실시했다. 1중대는 전차 15대와 구난전차 1대로 편성되어 있었으며 기린리 건물 사이사이에 소산되어 있었다. 파괴된 건물과 전차들은 꽤 잘 어울려서 자세히 보지 않으면 찾을 수가 없었다. 단차별로 71발의 전차포탄을 내부에 적재했으며, 추가적으로 포탑 후미에 54발의 포탄을 실었다.

1중대의 임무는 1951년 3월 7일 미 25보병사단 35연대가 한강을 도하하는 동안 그들을 엄호하는 것이었다. 도하작전 동안 전차중대는 35연대 3대대에 배속되었다. 도하명령은 3월 2일에 미 8군사령부로부터 35보병연대에 하달되었으며 연대 및 대대 장교들은 명령을 받자마자 단정[57]을 이용하여 보병들을 도하시키기 위한 계획을 작성하기 시작했다. 지휘관들은 연락기를 타고 한강 상공을 선회하며 도하가 가능한 지역을 선별했다. 또한 한강의 대안에 대한 보다 상세한 정보를 수집하기 위해 35연대 수색소대가 투입되었다.

공병이 측정한 결과 한강의 깊이는 약 2.1~2.7m였고 그 결과 사단 및 연대 명령에는 전차의 도하계획이나, 보병들이 도하를 완료한 이후에 전차 운용계획에 대해서는 명시가 되어있지 않았다. 그러나 35연대장은 공격 기세를 유지하고 주도권[58]을 확보하기 위해서는 도하 이후에도 보·전 협동 공격을 해야 한다고 생각했다. 여러 번의 협조회의 끝에 공병대에서 전차를 도하시킬 15톤 용량의 부교[59]를 설치하는 계획을 수립하였다.

전차의 최초 임무는 보병들이 강습도하를 하는 동안 대안 상의 적에 대해서 사격을 실시하여 도하하는 보병을 엄호하는 것이었다. 이에 전차대대장인 돌빈 중령(Lt. Col. Welborn G. Dolvin)은 중대장들에게 보병을 엄호할 수 있는 사격진지를 찾으라고 지시했다. 그러나 돌빈 중령 머릿속에는 차후 임무에 대한 걱정으로 가득 차 있었다. 왜냐하면 보병들이 도하를 완료하면, 전차가 도하할 수 있는 부교를 공병대가 설치한다는 허무맹랑한 계획 때문이었다. 물론 가용 병력과 자재가 부족하여 보병 도섭 후에 부교를 설치할 수밖에 없었지만, 보·전 협동 공격을 해야 하는 전차 대대의 입장에서는 보병에 대한 엄호는 물론이고, 작전템포[60]도 맞출 수가 없었다. 즉, 강습도하를 마친 보병들이 한강 대안 상에서

....

57) 단정(Assault Boat) : 비교적 폭이 넓은 하천에서 전투요원 및 화기를 도하시키기 위하여 운용되는 고무보트로서 도하작전 간 강습도하 단계에서 운용됨.

58) 주도권(Initiative) : 능동적이고 적극적인 행동으로서 적을 수동적인 위치로 유도하여 전세를 지배하는 것

59) 부교(Floating Bridge) : 부주나 부유물에 의해 지지되는 차도 또는 보도가 있는 임시 교량

60) 작전템포(Operational Tempo) : 군사행동의 속도율로서 전장에서 수행되는 일련의 군사 활동 속도와 리듬을 의미함. 주도권 장악의 필수요소로서 작전상황에 따라 빠를 수도 있고 느릴 수도 있으며 속도와 집중을 적절히 통합함으로써 달성됨.

교두보[61]를 확장시키고 있을 때, 전차들은 한강 차안 상에서 부교가 완성될 때까지 기다려야 했던 것이다.

이에 돌빈 중령은 도하가 아니라 도섭을 고려하기 시작했다. 도섭만 할 수 있다면, 보병을 후속하여 효과적인 근접화력을 지원할 수 있었다. 한강의 제방을 정찰하고 여러 번의 항공정찰을 한 후에, 돌빈 중령은 1중대장인 브래넌 대위(Capt. Herbert A. Brannon)에게 도섭지점을 찾으라고 지시하면서 "이건 한 번 해볼 만한 일이다."라고 브래넌 대위에게 당부했다.

브래넌 대위는 공병대에 가서 한강의 깊이와 강바닥에 대한 정보를 얻었으나 한강 대안에 배치된 중공군들이 밤낮으로 기관총사격을 했으므로, 공병 또한 한강 주변에 대한 정확한 정보를 수집할 수 없었다. 결국 브래넌 대위는 자신이 원하는 정보를 얻을 수가 없었다. 어쩔 수 없이 그는 항공사진을 이용하여 도섭지점을 찾기 시작했다. 항공사진과 실제지형을 비교해가면서 도섭가능지역을 찾았다. 도섭가능지역을 판단한 그는 대대장에게 보고하여 항공정찰을 요청했다. 사단에서 지원된 연락기를 타고 도섭가능지역을 샅샅이 정찰한 후 결국 전차 도섭에 가장 적합한 지점을 찾아냈다. 그리고 대대장과 상의 후, 보병에 대한 사격지원이 끝나자마자, 전차를 도섭시키기로 결정했다.

브래넌 대위는 3월 4일에 자신의 중대를 기린리에 있는 공격대기지점[62]으로 집결시켰다. 이곳은 보병들의 도하지점으로부터 약 3km 떨어진 곳이었다. 그날 저녁 브래넌 대위는 소대장들을 소집하고, 전차를 도섭시킬 예정이라고 지시한 후 "보병에 지원사격이 끝나면, 우리는 도섭한다. 구난전차 윈치의 견인줄을 전차에 연결하여 전차 한 대를 먼저 도섭시킨다. 내 예상과 달리 강이 깊다면 전차

....

61) 교두보(Bridgehead) : 도하작전 시 주력부대를 충분히 수용할 수 있고, 도하지점을 적절히 방어할 수 있으며, 계속되는 공격의 발판을 제공할 수 있는 하천 대안 상의 적측에 있는 지역

62) 공격대기지점(Attack Point) : 공격제대가 공격개시선을 통과하기 전에 공격대형 전개, 최종협조, 초월공격을 위해 점령하는 지점

는 물에 잠기게 될 것이다. 그땐 구난전차의 윈치를 돌려 전차를 끌어올릴 것이다. 그렇게 된다면 우리 도섭계획은 사라지게 되고, 공병대에서 부교를 설치할 때까지 한강 차안에서 기다려야 한다. 그러나 수심이 얕아 실험용 전차가 도섭한다면, 나머지 전차도 그 길을 따라 도섭한다."라고 소대장들에게 지시했다. 브래넌 대위가 설명을 마치자 대부분의 장교들이 난감한 표정을 지었으나 3소대장인 앨리 중위(Lt. Thomas J. Allie)는 중대장의 판단을 믿고 "제가 실험용 전차에 타고 도섭하겠습니다."라고 자원했다.

다음 날 아침 브래넌 대위는 우선 보병들을 엄호할 사격지원진지를 정찰하고, 전차 도섭지점 주변을 정찰했다. 35연대 장병들의 도하지점은 북한강과 한강이 만나는 지점에서 우측으로 500m 떨어진 곳이었다. 보병들의 도하지점에서 우측으로 500m를 더 가면 강 위에 작은 섬 하나가 떠 있는데, 그곳이 전차 도섭지점이었다. 차안(아군 진영)에서 섬까지는 250m였고, 섬에서 대안(적 진영)까지는 약 200m였다.

브래넌 대위는 제방을 따라 전차 도섭지점까지 걸어갔다. 그는 항공사진을 펼쳐놓고 실제 지형과 비교하면서 도섭하기에 가장 좋은 지점을 발견했다. 그곳은 섬의 서쪽 끝 지점이었다. 그는 전차가 보병 도하지점 근처에서 사격 지원을 할 필요가 없다고 생각했다. 그는 전차의 도섭지점에서 보병을 엄호하고, 보병의 도하가 끝난 후에 바로 도섭을 한다면 도섭시간을 절약할 수 있다고 생각했으며 이 사항을 대대장과 상의했다. 적이 배치된 한강의 대안은 대부분 평지였으므로 전차의 사격에는 아무런 문제가 없었다. 따라서 대대장은 브래넌 대위의 계획을 허락하고 35연대 지휘소에 이 사항을 보고했다. 35연대 지휘소에서 돌빈 중령의 건의를 받아들인 후, 브래넌 대위는 전차의 도섭지점 부근에서 보병의 강습도하를 엄호할 사격지원진지를 선별했고, 소대장들에게 알려주었다.

3월 7일 35연대의 아군의 모든 움직임이 제방 뒤에 은폐되어 어둠 속에서 진행되었다. 35연대장은 공병대에게 은밀히 제방 뒤로 모든 장비를 이동시키라고

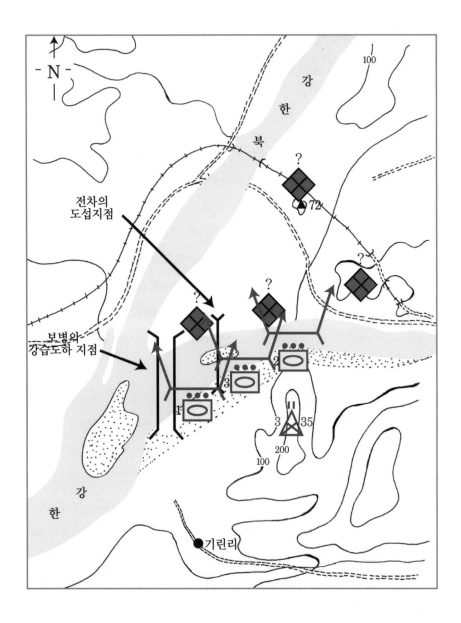

지시했다. 이 작업은 어둠 속에서 철저히 은폐되어 밤 동안에 계속되었다. 브래
넌 대위와 소대장들도 도섭지점과 보병을 지원할 진지를 정찰하였다.

35연대장의 지시로 제방 뒤에 숨겨진 공병장비들은 일제히 움직이기 시작했다. 공병의 트레일러는 각각 5개의 단정을 운반하였고 트레일러를 이용하여 단정을 강에 투하하였다. 그리고 단정들은 보병들이 도착하여 탑승하기 전까지 고정되어 있었다. 트레일러들이 단정을 강에 투하하자, 전차들은 보병의 강습도하를 엄호할 사격지원진지를 점령하고 사격준비를 했다. 전차들은 새벽 5시 55분부터 20분 동안 추가적인 사격준비를 했다.

3월 7일 아침이 밝아왔다. 1전차중대원들도 보병들의 도하를 지원하기 위해 움직이기 시작했다. 브래넌 대위가 이동을 지시했을 때, 눈은 멈춘 상태였다. 전차들은 천천히 달렸다. 그는 전차들이 빨리 달려 불필요한 소리가 나는 것을 원하지 않았고 너무 어두워서 전차 조종수들은 바로 앞의 길의 형체도 알아볼 수 없어, 빨리 달릴 수도 없었다.

계획된 대로 정확하게 전차들은 사격지원진지에 도착했다. 1전차중대가 진지를 점령한 시간은 새벽 5시 45분이었다. 강 반대편에서 포탄이 터지는 소리가 들려왔다. 공격준비사격이 보병들이 강습도하를 시작하기 전, 약 20분에 걸쳐 실시되었다. 5시 55분에 105미리 4개 대대, 155미리 1개 대대, 영국 포병연대가 기계획된 표적에 사격을 실시했다. 브래넌 대위도 대안상의 표적에 대하여 지원사격을 명령했다. 전차 승무원들은 사격을 위해 포탑 후미에 적재된 탄약만을 사용했다. 그 이유는 내부에 적재된 탄약은 한강을 도섭한 이후에 사용하기 위해서였다. 6시 15분부터 35연대 3대대 보병들은 강 위에 보트를 타고 노를 젓기 시작했다.

드디어 보병들이 단정을 타고 강습도하를 시작한 것이다. 포병들은 적들의 관측과 사격을 방해하기 위해 한강 대안 상에 연막탄을 쏟아 부었다. 그리고 전투기들은 네이팜탄을 투하하기 위해 적진을 휘젓고 다녔다.

아직 어두웠고 안개가 껴 있었으므로 전차 승무원들은 대안에 있는 고지를 식별할 수 없었다. 아침이 밝아오기는 했으나 아직까지는 적의 관측을 부분적으로 회피할 수 있었다. 보병들이 탄 단정은 100~200m를 전진했다. 보병들은 전차 승무원들이 예상했던 것보다 다양한 경로를 따라 도하했다.

비록 적의 기관총 사격으로 단정에 구멍이 나고 여러 명의 병사가 부상을 입었지만, 도하작전은 순조롭게 진행되고 있었다. 보병들이 도하 후에 한강 대안에 있는 낮은 제방에 올라가 적을 향해 사격했다. 일부 전방 관측자들과 소대장들을 포병과 박격포화력을 요청하여 적 기관총진지를 공격했다. 동시에 적 포병은 남쪽 제방지역에 화력을 집중하여 아군의 도하작전을 방해하기 시작했다. 게다가 적의 포병사격은 전차의 도하를 위해 집결 중인 부교를 파괴하기 시작했다. 부교를 이용한 전차중대의 도하계획은 사라져버린 것이다.

3대대장인 리 중령과 브래넌 대위는 3대대 관측소에서 보병들의 도하작전을 지켜보고 있었다. 7시 40분에 3대대 병력들이 도하를 완료했다는 보고를 받은 리 중령은 브래넌 대위에게 북쪽 제방이 확보되었다고 전파하면서, 그는 브래넌 대위에게 "자네가 원한다면 도섭해도 좋네!"라고 말했다.

브래넌 대위는 앨리 중위를 호출하여 첫 번째 전차를 도섭시키라고 지시했다. 앨리 중위의 전차와 구난전차는 견인줄로 연결하였다. 8시에 앨리의 전차는 물속으로 진입했고, 강의 중간에 있는 모래섬의 서쪽 끝을 향하여 전진하기 시작했다. 앨리 중위는 전차를 정지시키고 내부 무전망을 통하여 조종수에게 세부지침을 하달하였다. 물의 깊이는 1m 정도였다. 셔먼 전차는 1m 정도에서 도섭이 가능하도록 제작되었기 때문에, 도섭하는 데는 문제가 없었다. 그러나 구난전차에서 케이블이 풀려 나오는 속도와 앨리 중위가 탑승한 전차의 속도가 일치하지 않을 경우에는 문제가 발생할 수도 있었다. 전차가 강 중간의 섬까지 2/3 정도를 전진했을 때, 윈치가 정지했다. 앨리가 탑승한 전차는 구난전차를 몇 미터 끌고 이동했으며, 케이블은 끊어져 버렸다. 전차가 자유롭게 움직일 수 있다는 사실을 감지한 조종수 존슨 병장은 속도를 높였다. 남쪽 제방을 출발한 지 몇 분 후에 전차는 강 중간의 섬에 도착했다.

앨리 중위가 탑승한 전차는 북쪽 제방을 향해 다시 물속에 들어갔다. 그러나 갑자기 전차가 물 아래로 쑥 들어가 버려, 조종수인 존슨 병장(Sgt. Guillory Johnson)과 부조종수의 옷이 젖었다. 경험이 많은 존슨 병장은 물이 전차 뒤쪽의 엔진에 들어가 시동이 꺼지는 것을 막기 위해 전속력으로 후진했다. 전차는 물 밖으로 나왔으나 몇 분 뒤 전차를 받치고 있던 모래 바닥이 무너지면서 전차는 다시 물속에 잠기게 되었다. 물은 전차의 포탑 아래까지 찼으나 전차의 기동은 가능했다. 앨리 중위가 탑승한 전차는 1~2분 후에 북쪽 제방에 도착할 수 있었다.

앨리 중위는 나머지 전차들을 도섭시키기 위해 중대에 무전을 보냈다. 도섭은 소대 단위로 실시됐다. 그리고 도섭하지 않는 소대는 도섭하는 전차들을 엄호하기 위해 사격지원진지를 점령했다. 같은 도섭로를 따라 이동한 하몬 일병(SFC. Starling W. Harmon)은 5분 안에 소대장인 앨리를 만날 수 있었다. 오직 전차 한 대만이 도섭을 할 수 있었기 때문에, 앨리 중위는 하몬 상병에게 북쪽 제방에 사격지원진지를 점령하라고 지시했다. 세 번째 전차는 하부의 탈출구로 물이 새어 비교적 수심이 얕은 모래섬의 남쪽에서 정지했다. 이 전차는 보병을 엄호하는 동안 전차하부의 탈출구를 개방하였다가, 다시 조립하는 과정에서 나사를 잘 조이지 않았기 때문에 도섭도중에 전차 내부로 물이 들어온 것이다. 브래넌 대위는 남아 있는 2명의 전차장에게 한꺼번에 정지된 전차 주변을 우회하여 도섭하라고 지시했다.

앨리 소대 전차 2대는 8시 30분에 보병과 합류했다. 보병들은 북한강과 한강이 만나 형성된 뾰족한 돌출부의 횡으로 발달된 좁은 도로 부근에서 정지했다. 왜냐하면 보병들로부터 600m 떨어진 72고지에서 적들이 사격을 가해왔기 때문이었다. 72고지는 횡으로 발달된 도로와 그 북동쪽에 횡으로 발달된 선로 사이에 위치한 작은 고지였다. 전차 2대를 전방으로 추진하였고, 72고지를 향해 사격을 했다. 72고지에서 적군의 사격이 멈추자, 전차는 다시 72고지 주변에 있는 제방을 향해 사격을 가했다. 선로 위에는 6대의 적전투차량이 서 있었다. 그 차량들은 근접항공지원으로 불타고 있었으나 중공군들은 파괴된 차량 아래에서 3정의 기관총으로 12~15발의 사격을 가해왔다. 전차는 재빨리 사격을 하여 적의 기관총을 파괴했고 보병들은 전차와 함께 600m를 전진했다. 전차 뒤를 후속하는 보병들이 철로를 넘어 전진하자, 적의 기관총사격이 다시 시작되었다. 이에 앨리 중위는 76미리 기관총과 2발의 전차포를 사격했다. 적의 시체와 기관총은 찢겨져 공중으로 날아올랐다. 잠시 후, 해럴 상사(Msgt. Curtis D. Harrell)가 지휘한 전차 2대가 보병의 공격에 합류하여, 적 기관총진지에 대해 사격을 실시했다. 이들은 앨리 소대의 나머지 전차들이었다. 그리고 목표를 향해 700m를 전진하는 동안에 전차 4대는 30분 동안 기관총을 사용하여 적 기관총진지를 날려버렸다.

그러는 동안에 브래넌 대위는 나머지 소대들을 북쪽 제방으로 도섭시키기 시작했고, 20분 안에 5대의 전차가 도섭하여 다른 보병중대를 지원하기 시작했으며, 마지막 소대는 도섭을 하고 있었다. 10시까지 1대를 제외한 1중대의 모든 전차는 도섭을 완료했고, 정오까지 리 중령(Lt. Col. Lee)이 지휘하는 3대대는 목표를 확보했다. 도섭 도중에 정지한 전차는 구난전차에 의해 강 밖으로 견인되어 정비를 받은 후, 오후에 한강을 도섭했다.

보병의 도하작전은 성공적으로 끝났다. 3대대장인 리 중령은 전차의 근접화력지원이 이번 작전의 성공에 가장 크게 기여했다고 평가했다.

배워야 할 소부대 전투기술 11

Ⅰ. 1%의 가능성이 있는 곳이라면 어디라도 기동이 가능하다. 이 1%를 찾는 자는 반드시 승리할 것이다.

Ⅱ. 도섭이나 도하작전은 '제압(포병, 공격헬기, 전술공군) → 차장(연막차장) → 도섭/도하 → 엄호 → 교두보 확장'의 순으로 진행된다.

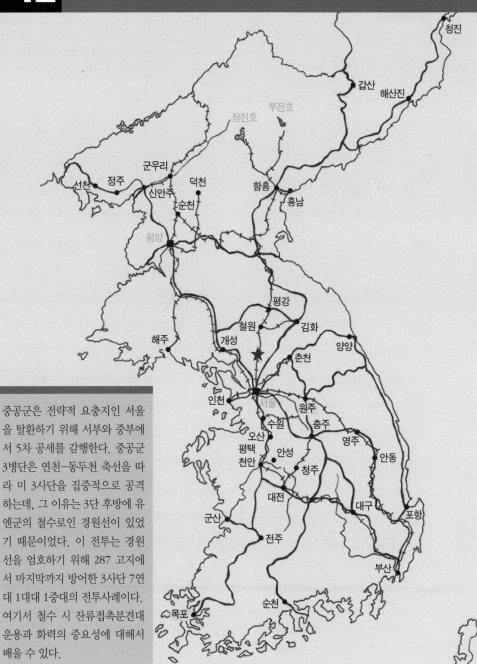

중공군은 전략적 요충지인 서울을 탈환하기 위해 서부와 중부에서 5차 공세를 감행한다. 중공군 3병단은 연천–동두천 축선을 따라 미 3사단을 집중적으로 공격하는데, 그 이유는 3단 후방에 유엔군의 철수로인 경원선이 있었기 때문이었다. 이 전투는 경원선을 엄호하기 위해 287 고지에서 마지막까지 방어한 3사단 7연대 1대대 1중대의 전투사례이다. 여기서 철수 시 잔류접촉분견대 운용과 화력의 중요성에 대해서 배울 수 있다.

12 무니 중대의 엄호

After the main body withdraws a safe distance, the security force moves to intermediate of final positions. If the enemy detects the withdrawal and attacks, the security force delays to allow the main body to withdraw. Main body units may reinforce the security force if necessary.

US FM 3-0

1951년 4월 말, 조·중연합군은 전 전선에 걸쳐 대대적인 공세에 돌입했다. 4월 22일, 적의 공격이 시작되었을 때 미 8군은 개성을 제외한 지역에서 서부전선을 형성하였고, 그들 대부분은 38선 북쪽 16km 지점에 위치해 있었다. 북한군은 대부분 산악지역인 동부전선에서 국군과 소규모 전투를 한 반면에, 중공군은 서부전선에서 38선 남쪽으로 56km 떨어져 있는 서울을 점령하기 위해 미군과 피 말리는 전투를 전개했다. 중공군들은 이 공격을 '5차 전역 1단계 작전'이라고 불렀다.

이런 중공군의 공격은 '철의 삼각지대'라고 불리는 철원—김화—삼강 지역을 확보하려고 하는 유엔군의 계획을 방해했다. 미 3사단은 서울에서 철의 삼각지대를 통과하여 원산에 이르는 도로를 따라 북쪽으로 공격했으나, 중공군의 강력한 저항에 막혀 결국 3사단의 예하부대들은 철원 외곽 16km 지점과 임진강 북쪽 16km 지점에서 방어진지를 구축하고 중공군과 대치하였다.

여느 때와 마찬가지로 중공군은 밤이 돼서야 공격을 시작했고 4월 23일 아침까지 중공군은 유엔군의 방어진지 사이의 간격을 통과하여 침투기동[63]을 실시했

---

63) 침투기동(Infiltration Movement) : 공격부대의 일부 또는 전부가 적 방어진지의 간격 또는 적 배치가 미약한 지역을 은밀히 통과하여 적의 측·후방을 공격하는 공격기동 형태

다. 침투한 중공군들이 유엔군의 후방 보급시설을 타격하고 철수로를 차단하려 하자, 유엔군은 철수하기 시작했고 3사단은 임진강 북쪽으로 약 16km를 철수했으며, 거기서 23일 저녁까지 방어진지를 구축하여 적의 공격에 대비했다.

3사단 7연대 방어진지 후방에는 서울에서 원산으로 이어지는 경원선이 있었다. 이 경원선은 3사단의 유일한 철수로이기도 했다. 따라서 7연대는 사단 주력이 후방으로 철수할 때까지 현재 위치에서 중공군의 공격을 막아내야만 했다.

7연대의 방어진지는 38선 남쪽으로 1km도 채 떨어지지 않은 곳에 위치하고 있었고 그중 1대대는 연대 방어지역의 동쪽에 위치하고 있었다. 2중대는 283고지에서 도로 아래쪽을 향하여 벙커와 참호를 구축하여 방어진지를 편성했다. 1중대는 2중대의 좌측에서 고지 정상의 안부지역을 따라 약 1,400m의 방어진지를 편성했다. 1중대의 좌측에는 인접대대인 3대대가 위치하고 있었는데, 그 사이에는 약 500m의 간격이 형성되어 있었다. 1중대장인 무니 대위(Capt. Harley F. Mooney)는 넓은 중대 정면을 방어하기 위해 3개 소대를 일선형으로 배치했고, 자신과 부중대장, 화기소대장이 포함된 8명의 인원을 중대 예비로 운용했다. 1중대의 방어진지는 종심이 없는 것을 제외하고는 상당히 양호했고, 전방지역은 상당히 가파른 급경사라서 적군이 쉽게 올라올 수도 없었다.

화기소대장인 미들마스 중위(Lt. Hohn N. Middlemas)는 소대 직사화기들을 적의 예상 접근로상에 배치했고, 박격포는 2소대 방어진지 직후방에 포진을 점령했으며 포진과 중대 방어진지와의 거리가 짧아서 박격포반 인원들은 유사시 중대 방어진지로 증원될 수 있었다.

무니 대위는 적이 가장 쉽게 접근할 수 있는 중대 좌측방에 대해 고민하기 시작했다. 그곳은 1대대와 3대대 사이의 간격이 형성된 곳으로 적의 공격에 매우 취약한 지역이었다. 이에 무니 대위는 전투경험이 많은 락 상사(Msgt. Joseph J. Lock)가 지휘하는 1소대를 중대 좌측에 배치했고 양개 대대의 간격을 엄호하기 위해 태티 중사(SFC. Thomas R. Teti)가 지휘하는 1소대 2분대(9명으로 편

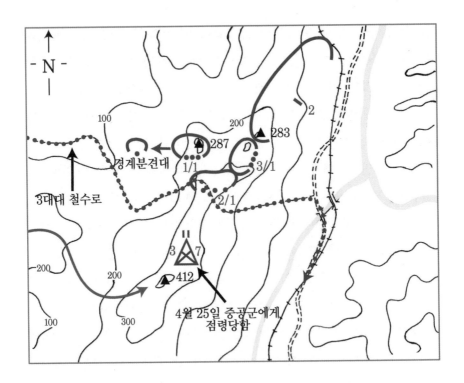

성)를 경계분견대로 양개 대대 사이의 작은 고지에 배치했다. 무어 대위는 경계
분견대에게 인접하고 있는 3대대와 1시간에 한 번씩 연락을 유지하라고 지시했
다. 3대대 우측에 배치된 9중대도 1시간 반마다 순찰대[64]를 파견하여 태티 중사
가 지휘하는 경계분견대와 접촉을 유지했다.

　7연대는 중공군이 공격하기 전인 4월 24일 아침까지 방어준비를 어느 정도 갖
추었다. 공격이 시작되자 중공군은 3대대 지역으로 맹공을 퍼부었다. 결국 3대
대는 주야로 중공군과 치열한 접전을 펼쳤고 그들의 공격은 24일 자정부터 25일
아침까지 계속되었다. 1중대원들은 2중대와 중공군의 전투를 보면서 조용히 적

----

64) 순찰대(Patrol Party) : 책임지역 내 여러 곳을 돌아다니며 적의 접근이나 초병의 경계상태 등을 확인,
　　감독하는 국지경계부대

들을 기다렸다.

4월 25일 아침 대규모 중공군이 무니 중대 남쪽으로 400m 떨어진 곳에 위치한 3대대 관측소를 공격했다. 관측소는 1대대와 3대대의 방어진지보다 약 100m가 높아 양개 대대의 활동을 관측할 수 있었다. 중공군은 그날 밤 방어진지를 돌파하여 관측소가 배치된 고지를 향하여 강력한 공격을 감행했다. 이로 인해 3대대장은 관측소를 포기하고 무니 중대 방향으로 허겁지겁 철수해 버렸으며 결국 관측소가 적의 수중으로 떨어지자 양개 대대는 심각한 위험에 처하게 되었다.

1중대 좌측에 배치되어 1소대를 지휘했던 락 상사는 이 광경을 목격하고 기관총을 돌려 관측소에서 1중대로 철수하는 아군들을 엄호하면서 즉시 중대장에게 이 사실을 보고하고 412고지 일대(3대대 관측소)에 박격포 사격을 집중했다. 그러는 동안에 대대 작전장교는 무니 대위에게 연락하여 8군 전체가 서울 북방으로 철수하여 새로운 방어진지를 구축할 예정이라고 말했다. 작전장교는 "너희 중대와 2중대는 10시까지 3대대의 철수를 엄호해야 한다."라고 무니 대위에게 지시했다. 왜냐하면 1중대 방어진지 후방에 서울로 진입하는 유일한 도로와 철로가 남서쪽으로 나 있었기 때문이었다. 만약 1중대 지역이 적에게 피탈된다면 연대의 철수행렬이 노출되어 심각한 피해를 초래할 수 있는 상황이었다. 무니 대위는 즉시 소대장들을 소집하여 이 명령을 설명했으며 곧바로 2중대장인 블라딘 대위(Capt. Ray W. Blandin, Jr)와 협조하기 위해 283고지를 내려갔다. 이 시각이 8시였다.

1중대 서쪽에 배치된 1소대는 3대대의 관측소를 점령한 중공군을 향해 사격하느라 바빴다. 중공군이 점령한 3대대 관측소 북쪽에는 대규모 중공군 행렬이 뒤따르고 있었으며, 선두 부대는 큰 바위를 돌아 이동하고 있었다. 락 상사는 즉각 그들을 조준하였고 기관총 사수인 로드리게스 상병(Cpl. Pedro Colon Rodriguez)은 300m 정도 떨어져서 기동하는 중공군을 조준하여 신중하게 방아쇠를 당겼다. 하지만 그는 바위를 돌아가는 모든 중공군을 맞출 수는 없었다. 중공군은 미군의 사격이 멈추고 탄약을 장전하는 시간을 틈타 바위를 돌아 남쪽으로 기동했다. 로드리게스는 몇 시간 동안 사격을 하여 59명의 중공군을 사살했다.

무니 대위는 2중대장과 협조 후에, 부중대장인 할리 중위(Lt. Leonard Haley)와 각 소대장들에게 중대의 엄호계획과 연대의 엄호중대로서의 철수계획을 설명해 주었다. 무니 대위는 "3대대는 우리 중대 1소대와 2소대를 통과하여 동쪽 소로를 따라 이 고지를 내려가게 될 것이다. 1소대장! 귀관은 3대대가 1소대를 통과하면 국지경계부대를 철수시킬 수 있도록 해라. 그리고 중대장 명에 의거 1소대-2소대-중대본부-박격포반-3소대 순으로 철수할 것이다. 화기소대는 직접 지원나간 소대를 따라 철수한다. 화기소대장은 중대본부에 위치하도록!"이라고 소대장들에게 명령했다.

9시까지 무니 대위는 소대장들에게 철수계획에 대해 철저히 확인했다. 그때까지도 1소대와 3대대 9중대는 3대대 관측소가 있었던 412고지를 향하여 사격을 집중하고 있었다. 무니 대위는 이 상황을 면밀히 살펴보기 위해 1소대지역으로 이동한 후 현장을 둘러본 그는 순간 3대대 지역에 어떤 일이 발생했는지 직감했다. 대대 지휘소이자 관측소인 412고지가 중공군의 공격으로 피탈되자, 3대대장의 지휘통제력이 사실상 마비가 되어 3대대원들이 우왕좌왕하고 있었다. 철수명령이 1시간 반 전에 하달되었음에도 3대대원 중 그 누구도 태티 중사가 지휘하는 경계분견대를 통과하지 못했다. 오히려 3대대 지역에서 중공군의 숫자만 계속해서 늘어났다. 동시에 412고지로부터 중공군의 기관총 및 소화기사격이 꾸준히 늘어나고 있었다.

3대대 11중대 병력들이 처음으로 9시 15분에 1소대 방어진지 지역에 도착했다. 그들은 지난 하루 동안의 전투로 몹시 지쳐 보였고 좁은 길을 따라 1소대 방어진지로 천천히 걸어 올라오고 있었다. 무니 대위는 그들에게 좀 더 빨리 이동하라고 재촉했으나 11중대원들은 전투 피로가 증대되어 이동 속도를 더 이상 낼 수 없었다. 모든 11중대원들이 1중대에 진입하는 데 45분이 걸렸고, 3대대의 다른 중대는 10시 이후에나 모습을 나타냈다. 이 시간에 1중대원들이 철수하게 계획되어 있었으나, 3대대의 지체로 철수계획은 시작부터 난항을 겪게 되었다. 이에 무니 대위는 대대장에게 보고하여 차후조치를 요청하였으나, 대대장은 모든 3대대원이 1중대 지역을 통과하기 전까지는 한 발자국도 움직이지 말라고 지시했다.

그러나 인접중대인 2중대는 3대대의 지체로 최초 계획이 수정된 것을 알지 못했기 때문에 10시부터 산 아래로 내려가기 시작했다. 무니 대위는 이 사실을 부중대장인 할리 중위로부터 보고받았으나, 이로 인해 1중대는 1소대가 방어하고 있는 좌측과 3소대가 방어하고 있는 우측 모두 중공군의 공격에 노출되었다. 이에 무니 대위는 중대 예비대를 2중대 지역이었던 283고지로 투입했고 3소대장에게 "소대 방어진지를 동쪽과 남쪽을 동시에 방어할 수 있도록 재배치해라!"라고 지시했다.

그러는 동안에 항공기 4대가 412고지에 네이팜탄 4발을 투하했다. 얼마 동안 적의 사격이 조용해졌고, 3대대의 행렬이 계속해서 1중대 지역으로 들어서고 있었다. 11시경에 9중대의 마지막 인원이 무니 대위가 기다리고 있는 지점에 도착했다. 무니 대위는 9중대 간부들에게 좀 더 빨리 이동하라고 재촉했으나, 그들은 중대원들이 너무 지쳐서 속력을 더 이상 낼 수 없다고 대답하면서 오히려 무니 대위에게 들것을 요청했다. 그는 들것을 제공해 주었고, "너희들이 서두르지 않는다면, 우리 모두는 여기서 죽을 거야!"라고 말하면서 9중대원들에게 신속한 이동을 강조했다.

3대대 3개의 소총중대 중 2개 중대가 1중대를 통과하는 데 거의 2시간이 걸렸다. 그 사이에 블라딘 대위가 지휘하는 2중대는 고지 아래로 내려가 대대장인 웨이앤드 중령(Lt. Col. Fred D. Weyand)에게 이 사실을 보고했다. 웨이앤드 중령은 계획이 잘못 진행되고 있음을 깨닫고, 블라딘 대위에게 즉시 1개 소대를 올려 보내 1중대의 우측을 방호하도록 지시했다.

2중대 소대장인 메이 중위(Lt. Eugene C. May)는 소대를 이끌고 283고지 일대로 다시 올라갔다. 그와 그의 소대는 11시 30분에 283고지 일대에 도착했고 바로 그때 3대대의 마지막 중대가 1소대에 있는 287고지를 향해 한 줄로 걸어 올라오고 있었다. 서쪽 끝에 있는 무니 대위는 동쪽 끝에 있는 미들마스 중위를 무전으로 호출했다. "지금 서쪽 지역에서 중공군의 사격이 갑자기 멈췄다. 동쪽 상황은 어떠한가?"라고 미들마스 중위에게 물었다. 미들마스 중위는 "여기는 너무 조용합니다. 너무 지루해서 탐험소설을 읽어야 할 지경입니다."라고 대답했다.

바로 그때, 283고지 일대에서 산발적인 소총소리가 들려왔다. 무니 대위는 2중대가 철수한 다음, 중대 예비대를 283고지 일대에 투입시켰기 때문에 불안해졌다. 283고지는 동쪽 능선에서 가장 높은 봉우리여서, 중대 우측에 배치된 3소대를 감제할 수 있었다. 3소대가 배치된 지역은 283고지보다 약 40m 낮았고, 283고지로부터 서쪽으로 약 70m 떨어져 있었다. 1~2분 후에, 283고지에 투입되었던 중대 예비대의 하사 한 명이 283고지와 3소대 사이의 중간에서 큰 소리를 지르며 3소대 지역으로 뛰어왔다. 그는 3소대원들이 다 들릴 정도로 "그들이 온다! 그들이 온다! 100만 명의 중공군이 온다!"라고 외치면서 뛰어왔다.

미들마스 중위가 그 소식을 들었을 때, 그는 중대 중앙에 위치하고 있었다. 그는 최대한 빨리 그 하사를 만나기 위해 3소대 지역으로 뛰어갔으며 3소대 지역에 도착하여 그 하사를 만났다. 283고지에 배치되었던 4명의 병사들도 그 뒤에 있었고, 그 하사는 "마치 어미 거위를 따라오는 새끼오리들 같이 중공군이 올라오고 있었습니다."라고 보고했다. 동시에 3소대 우측 끝에 배치된 보병 3명이 중공군을 보고 겁에 질려 미들마스 중위 쪽으로 도망쳐 오고 있었다. 순식간에 중대 우측 지역이 무너지고 있었다. 미들마스 중위는 소리를 크게 치고, 그들의 철모를 몇 번 친 후, "당장 진지로 돌아가!"라고 명령했다.

미들마스 중위는 그들을 다시 283고지로 보내고 3소대장을 불러 1개 분대를

283고지로 보내도록 지시하였고, 그들은 283고지에 도착하여 때마침 이쪽으로 뛰어 올라오고 있던 중공군 1명을 사살했다. 잠시 후 15명의 중공군이 283고지 정상에서 뛰어내려오고 있었다. 만약 중공군이 283고지를 점령하면 1중대 후방에 있는 서울로 향하는 유일한 철수로에 사격을 가할 수 있었다. 당시 그 길에는 연대 병력들이 철수를 하고 있었기 때문에 1중대의 입장에서는 이 중간 고지를 반드시 사수해야만 했다. 미들마스 중위는 적어도 1시간 동안은 중공군의 공격을 막아야 한다는 생각을 했지만 3소대 지역의 손실은 너무나 컸다. 그는 몇 분 안에 이 전투가 이기든 지든 승부가 날 것이라는 것을 알고 있었다. 미들마스 중위는 "계속 쏴라! 계속 쏴!"라고 외쳤다.

중대 우측지역에서의 전투는 빠르게 전개되었다. 중공군은 283고지에서 엄청난 사격을 퍼부었고, 일부 병사들은 3소대 진지 전방까지 기어와 수류탄을 투척했다. 그러나 잠시 후, 중대 예비대 5명과 미들마스 중위를 포함한 3소대 1개 분대 8명이 283고지에 도착했고 중공군을 향해 치열한 사격을 실시했다.

그때 4중대에서 배속된 화기 소대장이 이 중요한 상황을 지켜보고 있었다. 이 소대장은 즉시 중기관총 2정을 283고지로 이동시켰다. 그러고 나서 그는 2소대에 배속되어 있던 경기관총인 구경 30기관총과 중기관총 1정도 283고지로 이동시켰다. 이 모든 행동들은 283고지에 배치되었던 중대 예비대가 중공군의 접근을 알리고 나서 5분도 채 안 되어 일어났다.

2중대 3소대도 때마침 283고지에 도착하여 사격을 실시했다. 이 소대는 기관총 1정을 가지고 있었다. 이와 동시에 2소대에서 보내진 기관총 2정이 10분도 안 되어 283고지에 도착했다. 이로써 283고지에는 병력 45명과 기관총 4정이 배치되어 미들마스 중위의 지휘를 받게 되었다. 사격소리는 커졌고, 심지어는 사격 후 떨어지는 클립소리도 컸다. 이에 283고지 양쪽 측면에서 공격하던 중공군은 비틀거리기 시작했으며 자신들의 생존을 위해 283고지 북동쪽으로 사라지기 시작했다.

반대편에 있던 무니 대위도 이 총격 소리를 들었다. 그는 자신이 이 총격으로부터 약 1km 이상 떨어진 사실을 알고 있었다. 그는 동쪽으로 뛰어가기 시작했다. 그러나 3소대에서 발생한 총소리를 듣고 앉아 있는 3대대 철수병력 때문에 빨리 뛸 수가 없었다. 무니 대위는 대열 속의 간부들을 찾아 자신이 동쪽으로 갈 수 있도록 3대대 병력들을 길 좌·우측으로 비껴 앉게 해달라고 부탁했다. 무니 대위가 부중대장인 할리 중위를 만났을 때 3대대 병력들의 탄약을 모으라고 지시했으며, 그때 283고지에서 중공군의 공격을 격퇴한 장병들은 평정을 되찾고, "우리가 지켜냈다."라고 자랑스러워했다.

점차적으로 283고지에 배치된 인원들은 자신들이 283고지를 지킬 수 있다는 자신감을 회복했고, 곧 그들의 두려움과 걱정은 허장성세로 바뀌게 되었다. 병사 한 명이 "와서 가져가 봐!"라고 외쳤다. 그리고 다른 병사들은 소리를 지르거나 중공군을 향하여 사격을 했다. 미들마스 중위가 사격을 통제시키자 중공군의 엄청난 사격이 시작되었다. 이에 미들마스 중위는 계속해서 사격을 해야 한다는 사실을 깨달았으나, 동시에 탄약부족을 걱정해야만 했다. 그는 앞뒤로 오가며 모든 병력들에게 적을 제대로 조준하여 사격하라고 지시했다. 1중대원들은 기본 휴대량과 3대대로부터 수거한 탄약을 합하여 300개의 탄약대를 가지고 있었다. 무니 대위는 이 탄약들을 3소대가 배치된 고지로 운반했으나 283고지로 뛰어 나가는 것은 위험했다.

11시 45분에 무니 대위는 3소대 지역에 도착했다. 그때 3대대 잔여병력들이 태티 중사의 경계분견대와 락 상사가 지휘하는 1소대를 통과하여 1중대를 통과하고 있었다. 무니 대위는 3대대장인 웨이앤드 중령을 만나 상황을 설명하고 포병화력이 절대적으로 필요하다고 보고했다. 이 일이 벌어지고 있을 때, 1중대에 배속된 포병 관측장교는 적의 사격으로 다리에 부상을 입었고, 무니 대위는 포병화력을 유도할 만한 지도가 없었다. 무니 대위는 웨이앤드 중령에게 283고지 일대에 포병화력을 요청하고 싶다고 보고했다.

웨이앤드 중령은 "주변에 한 발 떨어뜨려보지? 난 그 탄을 보고 화력을 유도할 수 있을 것 같은데!"라고 말했다. 웨이앤드 중령은 주변 지형을 잘 알고 있었고, 지형분석에 능숙했으므로 포병화력을 요청했다. 무니 대위는 포병탄의 폭발이나 그것의 소리를 들을 수 없다고 웨이앤드 중령에게 보고했고, 웨이앤드 중령은 "우로 200, 좌로 200"을 수정하여 포병에 재사격을 요청했다. 잠시 후에 포병탄이 적이 위치해 있는 283고지 주변에 떨어졌다. 얼마 후에 중공군 진영에서 비명소리가 들리기 시작했다. 무니 대위는 무전기에 대고 "훌륭하다. 아주 효과적이다. 몇 발 더 쏴라!"라고 외쳤다. 무니 대위 주변에 있던 병사들은 열광하면서 소리를 쳤다. 몇 발의 포탄이 떨어지자 283고지에 있던 미들마스와 그의 병사들에게 가해졌던 중공군의 압력이 현저히 경감되었다.

그러는 동안에 무니 대위는 고지에서 자신의 중대를 철수시키기 위한 계획을 수립하고 있었다. 무니 대위는 혹시 있을지 모르는 중공군의 공격에 대비하여 283고지와 287고지에 잔류접촉분견대[65]를 배치했다. 287고지에는 1소대 2분대(1소대 부소대장 태티 중사 지휘)가, 283고지에는 중대 예비 1개 분대(화기소대장 미들마스 중위 지휘)가 배치되었다. 무니 대위는 "우리는 3대대를 후속하여 철수한다. 철수 순서는 2소대-1소대-중대본부-3소대-2중대 1소대-잔류접촉분견대 순이다. 3대대가 2소대 진지를 통과하여 고지를 내려가면 2소대부터 바로 철수하라! 중대장은 2소대 진지에서 잔류접촉분견대와 마지막으로 철수하겠다."라고 소대장들에게 명령했다.

12시에 웨이앤드 중령은 무니 대위를 찾아 "빨리 이 능선을 내려가자!"라고 당부하고 287고지와 283고지에 배치된 잔류접촉분견대를 제외한 1중대원들은 3대대 후미를 따라 능선을 내려갔다. 무니 대위는 3대대와 1중대의 철수를 감추

---

65) 잔류접촉분견대(Detachment Left in Contact) : 자발적인 철수 시에 주력부대가 후방으로 이동하는 것을 엄호하고 우군의 모체부대가 계속 진지에 주둔하고 있는 것처럼 기만하기 위해 적과 접촉을 유지하고 있는 후방경계부대

기 위해 포병에 연막차장[66]을 요청했다. 잠시 후, 고폭탄과 섞인 연막탄이 283고지, 287고지, 412고지 일대에 떨어졌고 연막이 차장된 후 병력들이 능선을 내려가는 데는 5분이 채 걸리지 않았다.

3대대 병력과 1중대 일부 병력이 능선을 내려간 후, 중공군들이 283고지와 287고지 방향으로 공격하기 시작했다. 미들마스 중위와 태티 중사는 포병화력을 요청했다. 중공군의 공격은 일시적으로 멈추었다. 잔류접촉분견대가 철수를 시작하자 무니 대위는 283고지와 287고지 일대에 근접항공지원을 요청했고 이는 12시 15분까지 지속되었다.

잔류접촉분견대가 능선을 내려가는 동안 중공군의 사격으로 1명이 사망했다. 그리고 3대대 병력들이 산 정상에서 75m 정도를 내려갔을 때, 박격포탄 1발이 대열에 떨어져 1명이 부상입고 4명이 전사했다. 무니 대위와 미들마스 중위도 적의 박격포 사격으로 다리에 부상을 입었다. 3대대와 1중대가 철수를 하는 동안 산 정상에서 몇 명의 중공군들이 사격을 실시했다. 대열 마지막에 위치했던 병사들은 능선을 향해 응사를 하여, 병력들의 철수를 엄호했다. 동시에 포병과 공군의 엄호사격이 계속 지원됐다. 어느새 283고지, 287고지, 412고지는 불바다가 됐으며 하얀색 연기가 주변을 뒤덮었다. 1중대는 연대의 엄호부대로서 훌륭히 임무를 수행하고 차후 저지진지로 안전하게 철수했다.

....

66) 연막차장(Smoke Screen) : 적과 아군 사이에 연막을 활용하여 시계를 차단하고 아군의 기동을 보장하며 적을 교란 및 기만하는 것

배워야 할 소부대 전투기술 12

I. 방어 간에는 아무리 작은 규모라도 반드시 예비대를 운용하여 우발상황에 대비해야 한다.

II. 철수 간에는 잔류접촉분견대를 운용하여 본대를 엄호해야 한다. 철수는 '적과 접촉 단절(포병 및 박격포) → 연막차장 → 엄호(잔류접촉분견대) → 철수(본대)'의 순서로 진행해야 한다.

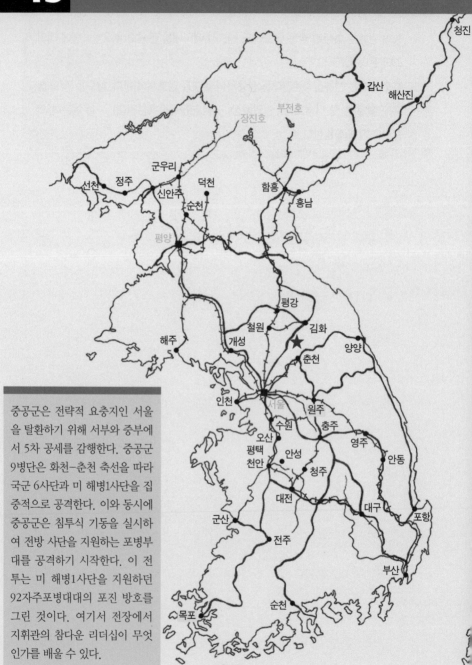

청진

갑산 해산진

부전호

장진호

군우리

선천 정주 덕천 함흥

신안주 흥남

순천

평양

평강

철원 김화

해주 개성 ★ 양양

춘천

인천 서울

원주

수원

오산 충주

평택 영주

천안 안성 안동

청주

대전 대구

군산 포항

전주

부산

순천

목포

중공군은 전략적 요충지인 서울을 탈환하기 위해 서부와 중부에서 5차 공세를 감행한다. 중공군 9병단은 화천-춘천 축선을 따라 국군 6사단과 미 해병1사단을 집중적으로 공격한다. 이와 동시에 중공군은 침투식 기동을 실시하여 전방 사단을 지원하는 포병부대를 공격하기 시작한다. 이 전투는 미 해병1사단을 지원하던 92자주포병대대의 포진 방호를 그린 것이다. 여기서 전장에서 지휘관의 참다운 리더십이 무엇인가를 배울 수 있다.

13 라보이 포병대대의 포진 방호

Lt. Col. Leon F. Lavoie

Regard your soldiers as your children, and will follow you into the deepest valleys;
look on them as your own beloved sons, and they will stand by you even unto
death. If, however, you are indulgent, but unable to make your authority felt; kind
hearted but unable to enforce your commands; and incapable, moreover, of quelling
disorder, then your soldiers must be likened to spoiled children; they are useless for
any practical purpose.

Sun Tzu

한반도의 중앙에 위치하고 있던 미 9군단은 1951년 4월 11일에 김화지역과 화천저수지를 연하는 선을 확보하기 위해 공격을 개시했다. 군단은 당시 미 해병1사단과 국군 6사단만을 통제하고 있었고, 공격은 비교적 순조롭게 진행되었다. 양개 사단은 적과 아무런 조우 없이 5km를 전진했다. 군단이 4월 22일 공격작전을 재개했을 때도, 적의 저항은 아주 미약했다.

최전방에서 공격하던 부대들은 22일 하루에만 3km를 더 전진했다. 22일 늦은 오후에 포병 및 공군 관측장교들로부터 군단 전방에 규모 미상의 적들이 움직이고 있다는 보고가 들어왔다. 전방 부대들은 중공군의 대대적인 반격을 예상했지만 중공군은 별다른 조짐을 보이지 않고 있었다. 미군들은 오히려 더 불안해했고 마치 폭풍의 전야 같은 느낌을 받았다.

그날 저녁 중공군은 '5차 공세 1단계 작전'이라 불리는 대대적인 반격작전에 돌입했다. 9군단 전방의 중공군은 전투력이 상대적으로 낮은 국군을 먼저 공격했고 9군단이 공격할 때 중공군이 아무런 반응을 보이지 않았던 이유는 9군단을 북쪽으로 깊숙이 유인하기 위해서였다. 중공군의 유인작전으로 9군단의 예하 부대들은 남북으로 길게 신장되었으며, 중공군의 침투식 공격으로 측방과 후방이 노출되었다. 그날 저녁 20시가 되자 아군 후방 지역에 있는 포병진지에 중공군의 기습공격이 시작되었다. 9군단의 후방이 공격받자 전방의 공격부대들은 동요하기 시작했다. 보병들은 최전선에서 후방으로 쏟아져 내려왔으며, 포병들도 반강제적으로 철수하기 시작했다.

연락장교인 하인즈 대위(Capt. Floyd C. Hines)는 92자주포병대대에 "중공군이 대대 주변으로 침투하고 있습니다."라고 보고했다.

대대장인 라보이 중령(Lt. Col. Leon F. Lavoie)은 유실된 보급로를 복구할 공병지원을 요청하기 위해 군단 포병지휘소로 가던 도중에 이 사실을 알게 되었다. 라보이 중령은 중공군의 후방침투 사실을 군단 포병지휘소에서도 확인했다. 그는 유실된 보급로를 복구하는 것이 아니라 대대의 퇴로를 확보하는 것이 급선무라는 생각을 했고 대대로 복귀하는 내내 중공군의 공격을 걱정하고 있었다.

92자주포병대대는 전방의 미 해병1사단과 국군 6사단을 증원하기 위해 그날 오후 전방으로 추진되었는데, 공교롭게도 미 해병1사단과 국군 6사단의 전투지경선[67]에 위치하고 있었다. 포진 주변에는 신천리로부터 사강리로 이어지는 도로가 있었고, 그 옆에는 강이 흐르고 있었으며, 도로 좌·우측에는 계곡이 형성되어 있어서 도로의 폭은 매우 좁았다.

21시 30분 라보이 중령이 대대에 도착했을 때, 도로에는 차량과 무질서하게 퇴각하는 국군들이 가득 차 있었다. 이에 라보이 중령은 포대장들을 호출하여 "병사들이 전방부대의 무질서한 철수를 보고 공포에 휩싸이지 않도록 정신교육을 철저히 해라!"라고 지시했다. 그러나 대규모 전방부대가 철수를 했기 때문에 라보이 대대원들도 겁에 질려 탈영하기 시작했다.

4월 23일 아침에 중공군은 해병1사단의 서쪽지역을 공격하여 5km 가량 돌파구를 형성했고, 그 여세를 몰아 해병1사단의 종심으로 깊숙이 공격했다. 국군 포병연대와 2로켓포병대는 후방으로 침투한 중공군의 공격으로 대부분의 병력과

....

67) 전투지경선(Boundary) : 인접한 부대, 지형, 지역 간에 작전협조 및 조정을 용이하게 하고, 예하 부대의 기동과 화력을 협조 및 통제하며, 전·후·측방에 대한 책임지역을 명시하기 위해 설정한 선

장비를 잃었다. 987자주포병대대도 중공군의 공격을 받아 부분적인 전투력 손실이 있었다.

라보이 중령이 지휘하는 92자주포병대대는 포대별로 신천리가 있는 북한강 남쪽으로 철수하기 시작했다. 포대들은 그들이 새로운 포진에 도착하자마자 155미리 자주포를 방렬하고 주변 경계를 철저히 했다.

3포대는 적의 곡사화력으로부터 차폐될 수 있도록 능선 후사면에 포진을 점령했다. 일시적으로 92자주포병대대에 배속된 8인치 자주곡사포대인 17포병대대 1포대는 도로 남쪽 논바닥에 진지를 점령했다. 물론 92자주포병대대 2포대도 17포병대대에 배속되었다.

오후 늦게 모든 곡사포들은 제원을 장입하고, 사격준비를 마쳤다. 전방상황은 유엔군에게 불리한 쪽으로 전개되었다. 지난 36시간 동안 잠을 자지 못한 포병들은 피곤했지만, 새로운 포진 주변에 참호와 경계시설을 구축하기 위해 밤을 지새웠다. 성격이 온유하고 키가 큰 라보이 중령은 견고한 방어선을 구축하도록

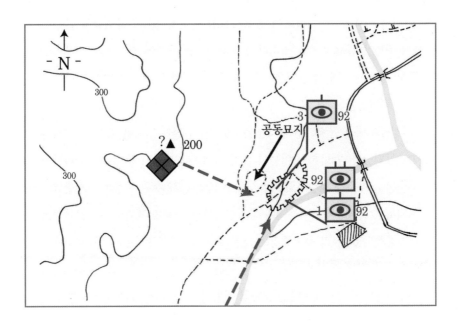

부하들을 독려했다. 라보이 중령은 포진을 순시하면서 "견고한 방어선을 구축하는 것만이 보병들에게 적시 적절한 화력을 지원할 수 있으며 또한 중공군의 공격에 대비할 수 있는 유일한 방법이기도 하다!"라고 재차 강조했다.

라보이 중령은 모든 자주포들을 새로운 포진 중앙에 배치했고 적의 접근이나 타격을 경고하기 위해 국지경계부대를 편성하여 포진 외곽지역에 투입했다. 또한 대대 기동타격대를 편성하여 포진 중앙에 위치시켰다. 기동타격대는 2대의 반궤도차량과 20여 명의 병력으로 편성했다. 또한 적의 수류탄 투척을 방지하기 위해 중요 장비나 시설 주변에는 참호를 구축하여 경계했다.

포진 방호계획은 4월 23일부터 부대대장인 터커 소령(Maj. Roy A. Tucker)이 수립했다. 제한된 시간 때문에 포진 방호는 정교하게 수립되지 못했으며 주변 능선에 대한 수색정찰도 실시하지 못했다. 그러나 터커 소령는 완벽한 경계태세를 강구하기 위해 최선을 다했다. 모든 국지경계부대(기관총이 장착된 반궤도차량을 이용) 앞에는 조명지뢰를 설치했고, 포진 전지역에 유선을 가설하여 지휘망을 구축했다. 또한 유사시를 대비하여 중요지역에는 무전기를 배치했다. 그러나 날이 저무는 바람에 중요시설인 사격지휘소나 통신반의 안전을 보장하기 위한 방호철조망을 설치하지 못했고, 포 주변에 참호도 제대로 구축하지 못했다. 이런 작업들은 다른 계획에 우선순위가 밀려 2~3일이 지나도 이루어지지 못했다.

국지경계부대를 점령하는 병력들은 해가 지기 전에 식사를 마치고, 각자의 위치에 투입되었다. 왜냐하면 어둠이 오기 전에 반궤도차량 주변에 투입하여 차량에 장착된 기관총과 통신선의 작동상태를 확인하고, 주위 지형과 사계를 확보하기 위해서였다. 해가 진 이후에는 국지경계부대 차량을 제외하고는 모든 차량의 이동이 통제되었다. 라보이 중령은 터커 소령에게 "야간에는 국지경계부대를 제외하고 그 누구도 포진에서 움직이지 못하도록 통제하라."라고 지시했다. 4~8명으로 구성된 국지경계부대는 각자의 위치에서 2교대로 경계를 실시했다. 라보

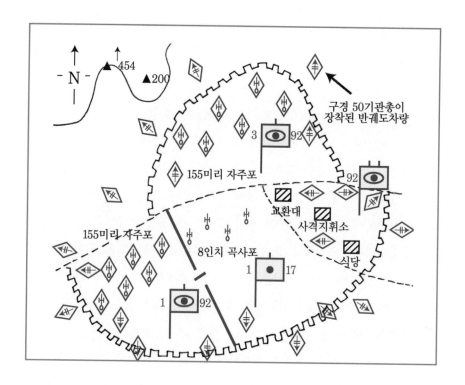

이 중령은 해가 지기 전에 포진의 방호상태를 확인하였으며, 전방고지에 해병대가 진지를 점령하고 있다는 사실을 부하들에게 알려주었다.

그날 밤 92자주포병대대는 해병1사단을 증원하기 위해 사격임무를 수행했다. 군단 포병지휘소는 21시에 라보이 중령을 무전으로 호출하여 "앞으로 며칠 동안 현재 위치에서 전방에 대한 화력지원임무를 수행하라!"라고 지시했다. 라보이 중령은 해병1사단 11포병연대와 협조하여 화력 증원을 위한 계획과 지침을 수립했고 유선반은 23시에 11포병연대와의 유선 가설을 완료했다.

다음 날 새벽 1시 15분에 11연대장은 라보이 중령을 호출하여 화력 증원을 위한 새로운 계획을 라보이 중령에게 설명해 주었다. 연대장은 "해병대 좌측 측방이 뚫렸다. 해병대는 4월 24일 날이 밝은 후에 철수할 거야! 자네는 해병대가 철수하기 직전까지 현 위치에서 사격지원임무를 계속 수행해야 하네! 그리고 24일 새벽 5시 30분에 자네 대대도 철수준비를 하게! 알겠나?"라고 지시했다. 라보이 중령은 "예! 알겠습니다. 그러나 대대에 배속된 17포병대대 1포대는 8인치 곡사포입니다. 아무래도 1포대는 새벽 4시부터 철수준비를 해야 할 것 같습니다."라고 건의했고, 연대장은 라보이 중령의 건의사항을 받아들였다.

새벽 2시 30분 라보이 중령은 순찰을 마치고 대대 지휘소로 돌아왔다. 그는 매우 피곤했지만 두려움과 걱정으로 잠을 이룰 수 없었다. 그는 포진 방호계획과 새벽 4시부터 이루어질 8인치 곡사포의 철수계획을 꼼꼼히 살펴보고 있었다. 라보이 중령은 고민 끝에 철수명령을 수립하여 포대장들을 새벽 3시 15분에 소집하여 철수명령을 하달했다. 또한 라보이 중령은 포대장들에게 "대대가 철수하기 전에 병사들에게 따뜻한 식사를 제공하라!"라고 지시했다.

8인치 곡사포는 예정대로 이동했다. 동시에 국지경계부대에 투입되었던 병력들도 포진으로 복귀했다. 몇 분 안에 포진 안에 있던 전병력은 어둠 속에서 텐트를 뜯고 군장을 싸고 짐을 트럭에 적재하기 시작했다.

일부 인원들은 아직도 요란사격과 차단사격 임무를 수행하고 있었다. 밤새 곡사포의 사거리는 계속해서 줄어들었으며, 해병대가 점령하고 있는 전방고지에서 들리는 기관총소리는 점점 더 커졌다.

아침 식사는 새벽 4시 45분에 준비되었고 병사들은 배식을 위해 줄을 섰다. 5시 15분에 동이 트기 시작했으며 대부분의 병사들은 식사를 마쳤다. 추위를 피하기 위해 설치된 대형 천막들도 해체되었다. 오직 대대 지휘소, 1포대 지휘소 및 취사반 텐트만이 그대로 있었다. 통신선도 아직 철거하지 않았다. 장비와 병력들은 막 출발준비를 완료했다.

아침식사를 일찍 마치고 포진을 한 바퀴 둘러본 라보이 중령은 식당에서 커피 한 잔을 마신 후, 대대 지휘소로 돌아왔다. 작전장교인 호톱 소령(Maj. Raymond F. Hotopp)은 대대장의 정찰을 위해 지프차를 대기시켜 놨다. 1포대장인 게러티 대위(Capt. John F. Gerrity)도 정찰을 위해 대대장의 지프차에 올라탔다.

　3포대의 병사 한 명이 볼일을 보기 위해 한 손에 화장지를 들고 포진 전방에 있는 묘지 지역으로 갔다. 그가 무덤가에 도착했을 때, 몇 명의 중공군들이 3포대를 향해 기어가고 있었다. 그는 깜짝 놀라 손에 들고 있던 화장지를 중공군에게 던지고 3포대로 뛰어갔다. 화장지를 맞은 중공군들은 무의식적으로 몸을 숙였다. 중공군은 총을 쏘기 시작했다. 3포대장인 래프터리 대위(Capt. Bernard G. Raftery)는 총소리가 나는 방향으로 고개를 돌렸다. 이 시각이 5시 20분이었다.

　기관총들이 불을 뿜기 시작했다. 처음 총소리가 났을 때, 92자주포병대대원들은 전방에서 해병대와 중공군이 치열한 교전을 벌이고 있다고 생각했다. 그러나 사격소리가 점차 커지자 배식을 위해 줄을 섰던 병사들은 신속히 은·엄폐하였다. 호톱 소령은 차에서 내려 신속히 반궤도차량 쪽으로 몸을 피했다. 그 반궤도차량 옆에는 엔진에 발을 녹이고 있던 린더 중사(SFC. Charles R. Linder)가 있었는데, 그 또한 반궤도차량 밑으로 몸을 날렸다. 대부분의 병력들은 신속히 자신의 몸을 피했다. 라보이 중령도 기관총탄이 대대 지휘소를 뚫고 들어오는 것을 봤다. 그는 신속히 텐트 밖으로 뛰어나가 "대대 전투위치로!"라고 크게 외쳤다. 라보이 중령은 신속히 무전으로 중대장들에게 전투준비를 하라고 지시했다.

　3포대장인 래프터리 대위는 엎드려 있는 부포대장인 히어린 중위(Lt. Joseph N. Hearin)에게 "포대로 돌아가자!"라고 지시하고 동시에 몸을 숙이면서 포대 지휘소로 돌아갔다. 포웰 중사(SFC. George T. Powell)는 전투경험이 없는 병사들이 걱정되어 3포대의 외곽방어진지로 뛰어갔다. 그가 포대 외곽에 배치된 반궤도차량에 도착했을 때, 병사들은 이미 기관총을 사격하고 있었다. 그리고 몇 명의 병사들은 지상에 기관총을 설치하고 있었다. 포웰 중사는 더 이상의 걱정없이 전투를 즐기기 시작했다. 여러 정의 기관총이 일제히 사격을 개시하였다.

본부포대 루블 중사(SFC. Willis V. Ruble, Jr)도 신속히 구경 50기관총으로 뛰어가 덮개를 벗기고 주변의 적을 찾기 시작했다. 그는 1포대 지역에서 4~5명의 민간인을 발견했다. 그들은 더러운 옷을 입고 있었다. 루블 중사는 그들이 소총을 휴대하고 있는 것을 발견하기 전까지는 국군이라고 생각했다. 그들이 중공군임을 안 루블 중사는 사격을 실시하여 한 명을 사살했다. 그때 그는 3포대 뒤쪽 능선에서 누군가 자신을 향해 사격하고 있는 것을 발견했다. 루블 중사는 신속히 총구를 돌려 그 중공군을 사살하기 시작했다.

1포대의 화이트 중사(SFC. James R. White)는 반궤도차량 위에 기관총이 장착된 사실을 알았지만, 중공군의 사격으로 반궤도차량까지 이동할 수가 없었다. 몇 분 후에 3포대 전방에 있는 200고지로부터 예광탄이 발사되기 시작했다. 적의 사격은 강렬했으며 비교적 먼 거리로부터 날아 왔다. 반궤도차량에 탑승한 화이트 중사는 기관총을 발사하기 시작했지만 사격간 기관총 반동이 너무 심해, 그는 똑바로 서있을 수 없었다. 그는 주변 능선에서 자신의 위치가 노출될까 봐 걱정하고 있었으나, 중심을 잡고 기관총 사격을 계속했다.

철수준비를 확인하고 있던 부대대대장인 터커 소령은 화이트 중사가 사격하고 있는 반궤도차량 쪽으로 이동했다. 터커 소령은 반궤도차량에 탑승하여 화이트 중사가 사격을 하기 전에, 주위의 표적을 획득하여 알려주었다. 화이트 중사는 적의 기관총 위치를 식별하기 위해 주위를 관측했으며 예광탄을 보고 적의 기관총 진지를 알 수 있었다. 그리고 그는 탄약을 다 소모할 때까지 사격을 했다. 그는 재장전했으나, 구경 30기관총의 과열을 방지하기 위해 곧바로 사격을 할 수 없었다. 잠시 후, 사격은 재개되고 도로 건너에 있던 적 기관총은 아군의 예광탄 세례를 받게 되었다. 피 · 아간의 사격은 치열하게 전개되었으며 적의 기관총사격으로 유선이 절단되어 대대는 무선으로 지휘통제를 해야만 했다.

3포대장 래프터리 대위는 적의 의도를 파악하기 위해 포대 중앙으로 나아갔다. 적의 사격은 3포대 전방 200고지에서 날아오고 있었다. 래프터리 대위는 적의 기관총을 약 6정으로 추정했다. 중공군이 기관총을 발사하고 있을 때, 중공군 보병들은 곡사포에 수류탄을 던지기 위해 3포대 방향으로 접근하고 있었다. 래프터리 대위는 적들이 가장 북쪽으로 추진되어 있는 5번 포로 접근하고 있다고 생각했다. 그러나 3포대원들은 적의 사격이 너무나 강력해서 반궤도차량에 장착된 기관총을 발사할 수 없었다. 중공군은 5번 포 주위의 탄약저장고(참호)를 폭파시켜 심리적으로 3포대를 동요시키려고 했다. 이에 래프터리 대위는 5번 포를 4번 포와 6번 포가 연하는 선까지 이동하라고 지시했다.

4번 포 뒤에서 히어린 중위는 중공군들이 어디에 사격을 하고 있는지 살펴보았다. 200고지 주변에서 손전등 불빛이 움직이고 있었고, 그 거리는 약 600~1,000m 정도였다. 그는 기관총 엄호 아래 적 보병들이 포복으로 접근하고 있는 것을 관측했다. 갑자기 3번 포와 6번 포에서 병사들이 도망치기 시작했고 그들 뒤에서 곧 수류탄이 터졌다.

히어린 중위는 신속히 반궤도차량으로 뛰어올라 5번 포 전방으로 접근하고 있는 중공군을 사격하기 시작했다. 다른 기관총들도 히어린 중위를 도와 5번 포 전방으로 사격을 집중했다. 결국 5번 포를 파괴하려는 중공군 12명을 사살했다. 3포대 포반장인 하틀리 중사(SFC. Theral J. Hatly)는 기관총 엄호 아래 신속히 앞으로 뛰어가 몸을 쭈그린 채로 조종하여 5번 포를 뒤쪽으로 이동시켰다.

중공군의 첫 번째 사격 후에 92자주포대원들은 평정을 찾고 각자의 사격위치로 돌아갔다. 이는 그동안의 훈련으로 다져진 반사행동이었다. 그러나 그들의 사격은 무차별적으로 실시되고 있었다. 라보이 중령은 갑자기 불길한 생각이 들었다. 그는 중공군의 첫 번째 공격이 대대의 관심을 북쪽에 쏠리게 하기 위한 공격이라고 생각했다. 라보이 중령은 중공군은 포진 서쪽에 발달되어 있는 은폐된 수로로 기동하여 대대의 측방을 공격하고, 북한강의 유일한 다리를 파괴하여 대대의 철수를 방해할 것이라는 생각을 했다. 라보이 중령은 이런 사실을 신속히 부하들에게 알리고 무분별한 사격을 자제하도록 지시하면서 동시에 3명의 포대장을 급히 소집했다. 그는 포대장들에게 "식별된 적에게만 사격하고, 사격 잔여량을 상시 확인하라!"라고 지시했다.

라보이 중령은 포진을 돌아다니며 반궤도차량 뒷문을 열고 기관총 사수들에게 탄약을 아끼라고 말하고, 적의 의도에 대해서도 설명해 주었다. 그러던 중 병사 한 명이 "대대장님 숙이십시오! 서 계시면 위험합니다."라고 라보이 중령에게 말했다. 다른 병사들도 대대장에게 자세를 낮추라고 말했다. 주변의 반궤도차량을 찾아 돌아다니던 라보이 중령은 차량 밑에서 떨고 있는 병사들을 발견하고는 "나도 무섭다. 가서 다른 병사들을 도와라!"라고 격려하자 그들은 대대장의 말을 듣고, 즉시 자신의 진지로 돌아갔다.

1포대 지역에서는 중공군의 사격으로 큰 피해를 보고 있었다. 중공군의 사격은 200고지뿐만 아니라 200고지 좌측에 있는 454고지에서도 가해졌다. 적 저격수들은 1포대에 접근하여 돌이나 수풀 뒤에 숨어서 사격을 했고, 당시 안개가 끼지 않았기 때문에 대대원들은 1,000m 정도 떨어진 곳에서 사격하는 중공군을 볼 수 있었다.

대대 지휘소에 돌아온 라보이 중령은 해병 11포병 연대지휘소로부터 무전을 받았다. 92대대의 지나친 사격으로 대대 전방에 배치된 해병대에 피해가 가해졌다는 것이다. 해병대 장교는 무전으로 "당신들은 우군을 사격하고 있소!"라고 말하자, 라보이 중령도 "우리 병사들이 적의 사격으로 죽어가고 있소! 사격을 멈출 수 없소!"라고 말했다. 라보이 중령이 현재 상황을 해병대 포병연대장에게 설명하는 동안에 부대대장인 터커 소령은 포진을 돌아다니며 병사들을 독려하고, 탄약을 절약하여 식별된 적에게만 사격을 하라고 당부했다. 병사들은 평정심을 찾았고 부대대장의 지시를 충실히 따랐다.

라보이 중령은 1포대장을 무전으로 호출했다. 대대장은 포진의 방어선을 줄이기 위해 1포대의 곡사포를 한 문씩 동쪽으로 이동시키라고 지시했다. 8인치 곡사포가 새벽 4시에 이동을 한 후, 대대본부와 1포대 사이에는 간격이 형성되어 있어 지휘통제가 곤란했기 때문이다. 만약 서쪽에서 중공군이 공격해 온다면 대대 방어체계는 순식간에 무너질 수 있기 때문에, 대대장은 신속히 1포대를 이동시켰다. 1포대장인 게러티 대위는 포대원들에게 "질서정연하게 대대본부 옆으로 이동하라!"라고 지시했다.

2명의 참모장교가 대대 지휘소 앞에서 이야기를 나누고 있는 동안에, 라보이 중령은 적의 예광탄이 대대 지휘소로 날아오는 것을 발견했다. 라보이 중령은 적의 위치를 게러티 대위에게 알려주고 155미리 사격을 지시했다.

적의 사격은 계속되었다. 대대장은 게러티 대위에게 "약 300~400m만 이동시켜라!"라고 지시했다. 1포대원들은 적의 사격 속에서 움직이기 시작했다. 그들은 불평하면서 곡사포의 이동준비를 했고, 반궤도차량 위에서 기관총사격을 하던 화이트 중사는 사격을 멈추고 주위의 병사들에게 이동을 명령했다. 몇 분도 안 돼서 모든 병사들은 삽과 곡괭이를 들고 이동 준비를 시작했으며, 곧 곡사포들은 이동하기 시작했다. 그 시간은 5시 45분이었고, 25분 후에 적의 공격은 다시 시작되었다.

게러티 대위는 이동준비가 완료된 차량에 탑승했다. 그는 대대장에게 지시받은 방향으로 사격을 지시했다. 1포대원들은 대대장이 지시한 곳으로 포신을 돌렸다. 사거리는 약 1,000m 정도였다. 몇 분 후에 곡사포는 불을 뿜기 시작했고 라보이 중령은 6m쯤 공중으로 튀어 올라가는 중공군을 볼 수 있었다. 8~10명의 중공군이 마지막 탄착지점에서 도망치고 있는 모습이 발견되었다. 1포대 기관총들은 즉시 총구를 돌려 사격을 실시했다. 이후 1포대는 이동을 완료했고 대대의 방어선은 더욱더 견고해졌다.

엘더 상사(Msgt. John D. Elder)가 탄약보급소로 탄약을 수령하러 가기 위해 대대 지휘소에 왔다. 그는 아직도 대대장이 철수할 계획을 가지고 있는지 알고 싶어했다. 대대장은 "우리는 철수할 것이오! 그러나 지금은 현재의 포진에서 사격지원임무를 계속할 것이오!"라고 말했다.

라보이 중령은 또다시 대대 전지역을 돌며 경계태세를 점검하고 부하들을 격려하기 시작했다. 적의 사격을 무시하며 포진을 돌아다니는 그의 행동은 부하들에게 큰 영향을 끼쳤다. 라보이 중령은 부하들을 만나 격려하는 순간, 그는 부하들이 변했다는 사실을 느끼게 되었다. 최초의 두려움은 사라지고 그들의 얼굴에는 웃음으로 가득 차 있었다. 여유가 생긴 것이다. 계속해서 중공군의 엄청난 사격이 92자주포병대대 포진에 가해졌으나, 병사들은 더 이상 두려워하거나 당황하지 않고, 탄을 절약하며 효과적인 사격을 실시했다. 시간이 지날수록 대대원들은 자신들이 중공군의 공격을 막아내고 그들을 수세에 몰아넣었다고 믿게 되었다. 대대원들에게는 공포가 사라지고 오로지 승리만이 남아 있었다. 목숨을 걸고 부하들을 찾아다닌 대대장의 행동이 부하들을 감화시키고 그들에게 엄청난 자신감을 불어 넣은 것이다.

새내기 포병들이 사격지휘소 부근으로 포복해 오는 중공군을 발견했다. 신병은 "저 자식들 좀 봐! 자기들은 사격지휘소까지 무사히 접근할 수 있을 거라 생각하고 있겠지?"라고 말하면서 적이 접근하자 자리에서 일어나 사격을 했다. 그리고 그는 "나 한 명 사살했다."라고 소리치자 주위에 있던 병사들을 일제히 사격을 실시하여 접근하는 중공군을 모두 사살했다.

여러 대의 해병대 전차가 92자주포대대 쪽으로 덜컥거리며 내려왔다. 그 누구도 해병대의 도움을 청하지 않았으나, 해병대 지휘관이 자신들의 후방에 있는 중공군을 쫓아내기 위해 전차부대를 파견한 것이다. 전차들은 도로의 북쪽 지역과 1포대에 진지를 점령하고 능선상에 숨어있는 중공군을 향해 기관총 사격을 시작했다. 전차의 지원이 시작되자 포병들은 능선에 숨어 있는 중공군을 탐색격멸하기 위해 국지경계부대를 투입했다.

로버츠 중사(SFC. Austin E. Roberts)와 10명의 병사들은 도로를 건너 북서쪽으로 걸어갔다. 그들이 얼마 걸어가자 중공군들이 나타났다. 로버츠 중사가 지휘하던 병사 중에 한 명이 중공군을 향해 사격을 개시하자, 미제 반자동 톰슨 기관총을 휴대하고 있던 중공군들이 쓰러졌다. 나머지 중공군들은 톰슨 기관총을 땅에 내려놓고 손을 올렸다. 로버츠 중사는 부하들에게 "사격중지!"라고 외치고, 2명의 병사와 함께 중공군 포로들을 대대 지휘소로 보냈다. 나머지 8명의 병사들은 해병대 전차와 함께 주변지역 400m를 수색정찰했으나 더 이상의 적은 나타나지 않았다.

그러는 동안에 92자주포대대가 화력을 지원하는 해병연대에서 사격요청이 들어왔다. 라보이 중령은 이를 허락하고, 3포대에게 "무전기 주파수를 해병연대로 전환하여 해병연대장의 통제를 받아 해병대를 직접 지원하라!"라고 지시했다.

래프터리 대위가 지휘하는 1포대의 곡사포들은 주변 고지에 산재해 있는 중공군을 향해 사격임무를 수행했다. 래프터리 대위는 1문의 곡사포는 주변의 중공군을 사격하고, 나머지 5문의 곡사포는 3포대와 같이 전방의 해병연대에 사격지원을 하라고 지시했다. 비록 아침에 해병대의 요청으로 요란사격과 차단사격을 실시했지만, 적과 접촉 이후 처음으로 실시하는 사격 지원이었다. 이후 래프터리 대위는 20여 명의 병사를 편성하여 대대포진 주변에서 사소한 문제를 일으키는 중공군을 탐색격멸하기 시작했다. 이들은 공동묘지 주변에서 7명의 중공군을 사살했으며, 참호 안에 숨어있던 중공군 1명을 생포했다. 해병대 전차들은 고지로 도망치는 중공군들을 모조리 사살했다.

대대 정보장교인 베슬러 대위(Capt. Albert D. Bessler)는 누군가가 계속해서 사격지휘소를 향해 사격한다는 사실에 무척이나 화가 나있었다. 그는 즉각 텐트를 나와 반궤도차량에 탑승한 후, 주변을 수색하기 시작했다. 그는 사격지휘소 뒤쪽에서 중공군 저격수 2명을 발견했다. 베슬러 대위는 M1소총에 확대경을 장착하고, 2명의 중공군 저격수를 사살했다.

항공기가 대대 상공을 선회하며 무전망을 통해 지원이 필요한지 물어보았다. 아직까지도 서쪽의 적 공격을 우려하고 있던 라보이 중령은 조종사에게 서쪽의 수로를 정찰해 줄 것을 요청했다. 조종사는 항공정찰을 한 후, 수로지역에는 중공군이 없으며 200고지 남쪽에 25~30명 정도의 중공군 2개 제대가 모여 있다고 보고했다. 그러자 라보이 중령은 포병화력을 유도하여 그들을 전멸시켰다.

아침 7시 30분이 돼서야 대대는 철수할 수 있는 여건이 조성되었다. 중공군과의 교전으로 대대는 4명이 전사하고 11명이 부상을 입었다. 그러나 장비손실은 없었다. 해병대는 나중에 92자주포병대대 주변에서 179구의 중공군 시체를 발견했다.

라보이 중령은 부하들이 자랑스러웠다. 모든 대대원들은 자신감과 자부심을 가지게 되었으며 대대의 사기는 하늘을 찌를 듯했다. 그들은 스스로 대대포진을 지킬 수 있다는 것을 증명했다. 철수를 끝마치고 라보이 중령은 "포병도 마음만 먹으면 적 보병의 공격도 막아낼 수 있다."라는 명언을 남겼다.

배워야 할 소부대 전투기술 13

Ⅰ. 위험한 상황에서 부하들을 독려하는 지휘관(자)의 모습은 부하들의 용기와 자신감을 이끌어 낼 수 있다.

Ⅱ. 전투에서 지휘관(자)의 직감은 정확하다. 그 이유는 지휘관(자)의 마음속에는 언제나 부하들의 생명을 걱정하는 마음이 있기 때문이다. 지휘관(자)의 직감은 설명할 수도 없고 개념화할 수도 없다.

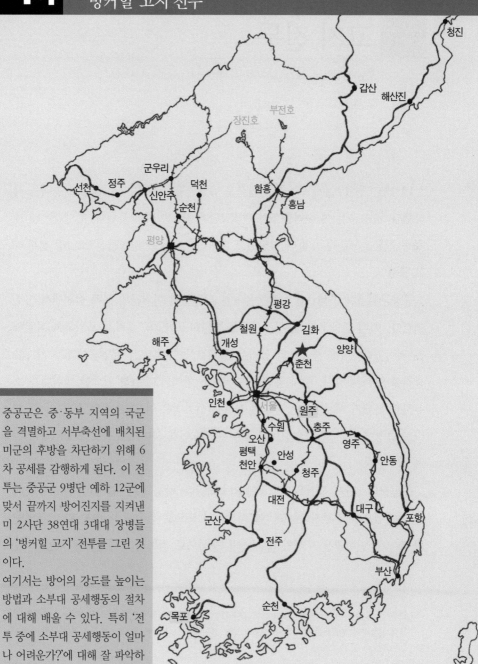

중공군은 중·동부 지역의 국군을 격멸하고 서부축선에 배치된 미군의 후방을 차단하기 위해 6차 공세를 감행하게 된다. 이 전투는 중공군 9병단 예하 12군에 맞서 끝까지 방어진지를 지켜낸 미 2사단 38연대 3대대 장병들의 '벙커힐 고지' 전투를 그린 것이다.

여기서는 방어의 강도를 높이는 방법과 소부대 공세행동의 절차에 대해 배울 수 있다. 특히 '전투 중에 소부대 공세행동이 얼마나 어려운가?'에 대해 잘 파악하기 바란다.

14 헤인즈 대대의 '벙커힐' 고지 전투

It is the part of a good general to talk of success, not of failure.

Sophocles

1951년 5월 19일에 조·중 연합군은 유엔군을 향해 또다시 대규모 공격을 시작했다. 중공군은 이 공격을 '5차 전역 2단계 작전'이라고 불렀다. 유엔군은 이를 '중공군의 2차 춘계 공세'라 명명했고, 특히 미 10군단 장병들은 '소양강 전투'라고 불렀다.

중공군의 5차 공세 1단계 작전은 4월 22일부터 미 8군의 서쪽 전선에서 이루어졌다. 이때 중공군의 임무는 서울을 탈환하고 8군의 주력을 포위하여 섬멸하는 것이었다. 비록 중공군의 공격은 실패로 돌아갔지만, 유엔군에게는 커다란 충격을 안겨 주었다. 당시 유엔군은 서울을 방어하기 위해 필요한 예비대를 보유하지 못했기 때문에, 전 전선에 걸쳐 전선조정을 할 수밖에 없었다. 이 중 한반도 중앙에 위치하고 있던 10군단은 홍천과 인제 사이의 보급로를 방호하기 위해 철수했다.

중공군의 1단계 작전은 8일 동안 지속되었다. 중공군은 4월 30일 밤까지 공격을 계속했으나 전투지속능력[68]이 저하되어 북으로 철수해 버렸다. 다시 유엔군과 조·중 연합군은 보이지 않는 선을 중심으로 첨예하게 대립하게 되었다. 중

....

[68] 전투지속능력(Combat Sustaining Power) : 전투 활동을 위해 전 작전기간 동안 요망되는 수준의 전투력 집중과 작전템포를 유지해 주는 능력으로, 전투에 필요한 병력·물자·소모품 등을 제공하는 것

공군은 잠적을 감춘 후 2단계 작전을 준비했다. 그러나 미8군은 방어임무만을 고집했다. 이에 따라 한반도 중앙에 배치되었던 10군단도 '노네임 선[69]'을 따라 중요 지형지물을 점령하여 방어에 들어갔다.

5월 초부터 중공군은 부대와 물자들을 중부전선으로 집중시키고 있었다. 8군

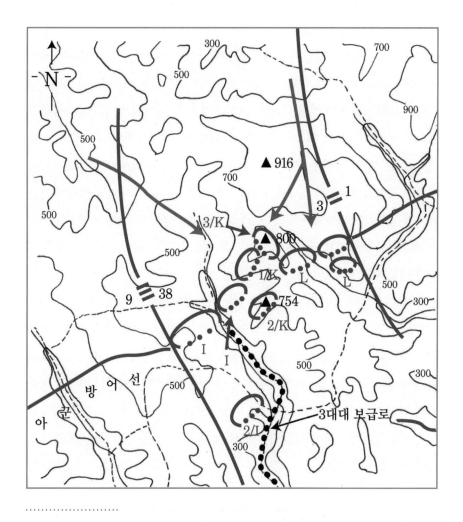

69) 노네임 선(No Name Line) : 중공군의 5차 공세 1단계 작전 이후 유엔군과 조·중 연합군이 마주하게 된 전선

은 항공정찰 결과를 통해 중공군의 움직임을 파악했다. 유엔군은 중공군의 2단계 작전은 중앙의 10군단에게 집중될 것이라고 예상하고 있었다. 정보장교들은 포로로 잡은 중공군 장교들을 심문한 결과, 중공군의 공격은 미 2사단과 그 동쪽의 국군 사단에 집중될 것이라는 사실을 알아냈다.

러프너 소장(Maj. Gen. Clark L. Ruffner)이 지휘하는 2사단은 10군단의 중앙에서 방어진지를 점령했는데, 그 지역은 높은 고지군이 형성되어 있었고, 그 사이에는 홍천강과 소양강이 흐르고 있었다. 2사단의 정면은 직선거리로 25km에 달했다. 그러나 실제 지형은 높고 낮은 고지들로 인해 직선거리의 2배에 달했다. 사단은 정면에 9연대(좌측)와 38연대(우측)를 배치했고, 전차 특수임무부대를 편성하여 사단의 예비로 운용했다. 38보병연대는 코플린 대령(Col. John C. Coughlin)이 지휘했는데, 연대는 좌측에 있는 800고지 일대에 3대대를, 우측에 있는 1,051고지 일대에 1대대를 배치했다. 최초 3대대의 방어 정면은 9km에 달했으나, 9연대와 협조 후 약 6km로 줄어들었다. 38연대 전단에 배치된 예하부대들은 주요 감제고지에 방어진지를 구축함으로써 지형의 이점을 최대한 이용했다.

800고지는 적과 전투가 일어날 수 있는 가능성이 높은 지형이었다. 또한 800고지는 주보급로로부터 약 16km 정도 떨어져 있었다. 하지만 홍천강의 지류를 따라 발달되어 있는 협소한 도로를 이용하면 3대대에 이를 수 있었다. 이 도로는 홍천강의 지류와 평행하게 발달되어 있으며, 대대 방어지역의 좌측을 통과하여 전단 전방에서 끊겼다. 800고지는 보급로로부터 북동쪽으로 약 1.6km 떨어진 지점에 있었는데, 보병들이 걸어서 약 1시간 이상을 걸어야만 800고지 정상에 도착할 수 있었다. 모든 군수물자는 800고지 정상까지 도수로 운반해야만 했다.

3대대장인 헤인즈 중령(Lt. Col. Wallace M. Hanes)은 3개 소총 중대를 전단에 일선형으로 배치했다. 그중 11중대는 중앙에 배치되었는데, 벌거벗은 800고지를 중심으로 방어진지를 구축했다. 하여튼 800고지는 수평적으로나 수직적으로 대대 방어선의 핵심이었다. 방어명령을 수령한 헤인즈 중령은 중대장들에게 "우선 진지 전방에 사계청소[70]를 실시하고, 벙커를 만들어라! 그리고 교통호 주변에는 엄체호[71]를 만들어라!"라고 지시했다. 대부분의 병사들은 봄비를 고려하여 진지를 구축했는데, 나뭇가지나 판초우의를 이용하여 참호덮개를 만들었다.

헤인즈 중령은 다음 날 방어진지를 둘러보았다. 그는 중대장들에게 "저게 엄체호냐?"라고 소리쳤다. 그리고 중대장들을 질책하면서 "내가 원한 것은 적의 포탄으로부터 방호될 수 있는 벙커란 말이야!"라고 소리쳤다.

대대장은 다른 곳으로 이동했다. 그는 거기서도 "나무를 좀 더 잘라 엄체호 위에 더 올리고, 참호를 더 깊게 파란 말이야!"라고 소리쳤다. 헤인즈 중령이 어떤 중대에 들려 중대장에게 사대를 이용하여 벙커를 더 만들라고 지시했을 때, 그 중대장은 "그러면 약 5,000개의 마대가 필요합니다."라고 말했다. 그러자 대대장은 화를 내면서 "야! 너는 5,000개가 아니라 20,000개가 필요한 것 아냐?"라고 말했다.

방어준비를 한 지 1주일이 지난 후에, 헤인즈 중령은 통나무와 사대를 이용하여 벙커와 엄체호를 만든 이유를 중대장들에게 설명해주었다. 그는 자신의 예상대로 대규모 중공군이 공격을 해온다면, 아군의 포병들은 살상효과를 증대시키기 위해 공중에서 폭발하는 접근신관을 사용할 것이라고 중대장들에게 설명했다. 또한 헤인즈 중령은 "중공군의 공격방법이 한 곳에 병력을 집중하는 제파식 공격이기 때문에, 불가피하게 진내사격을 요청할 수도 있다. 파도처럼 밀려오는

....

70) 사계청소(射界淸掃) : 효과적인 사격을 할 수 있도록 사격진지 전면의 수목 등 육안관측에 제한이 되는 방해물을 제거하는 작업

71) 엄체호(Shelter) : 인원, 장비 및 물자에 대한 적의 직접적인 공중, 악기상으로부터 보호하기 위하여 구축하는 시설물

중공군을 앞에 두고 안전하게 철수하는 것은 불가능하다. 차라리 진내사격[72]을 요청하고 벙커 안에 있는 것이 더 안전할 수 있다."라고 말했다. 중대장들은 대대장이 엄체호를 강조한 이유를 알게 되었다. 헤인즈 중령은 "만약 내 지시대로 너희들이 진지를 구축한다면, 나는 포병화력을 요청하는 데 주저하지 않을 것이다. 그리고 각 중대는 전단 전방과 벙커 사이의 나무를 제거하여 사계를 확보하고, 포탄의 피해를 받지 않도록 벙커와 엄체호를 다시 정비하라!"라고 말하면서 회의를 마쳤다.

이후에 3대대원들은 대대장의 의도를 이해하고 성실히 방어준비를 마무리했다. 헤인즈 중령은 벙커들이 자신의 마음에 들 만큼 견고하게 완성되자, 그는 진지 전방에 철조망을 설치하고 지뢰를 매설하라고 지시했다. 대대장이 이 지시사항을 하달했을 때, 병사들은 농담인 줄 알았다. 그 이유는 대대 방어지역이 지형의 영향으로 모든 자재를 도수로 운반해야 했기 때문이었다.

3대대로 전투물자를 운반하기 위해 700명의 노무자가 동원되었다. 그들은 237,000개의 사대를 800고지로 운반했으며, 철조망 385롤, 대철항 2,000개, 소철항 4,000개, 폭약통(네이팜탄 가솔린, TNT, 인이 들어 있고, 살상반경은 10m×45m) 50개를 3대대 지역으로 운반했다. 물론 식량, 물, 탄약 등의 기본 전투물자들도 운반되었다. 폭약통 1통을 고지로 운반하기 위해서는 노무자 8명이 필요했고, 철조망 1롤이나 식량 1박스를 운반하기 위해서는 1명의 노무자가 필요했다. 노무자들이 800고지를 왕복하기 위해서는 3~4시간이 소요됐다. 노무자와는 별도로 4.2인치 박격포와 박격포탄을 운반하기 위해서 32마리의 소가 동원됐다. 대대 방어지역에는 고지로 나 있는 오솔길이 있었으므로 우마차를 이용한 전투물자 운송이 비교적 순조롭게 진행되었다.

....

72) 진내사격(Fier within the Position) : 방어작전 간 적이 아군진지로 진입 시 아군은 진지 내로 엄폐하면서 노출된 적을 격멸하여 돌파를 저지하거나 역습을 지원하기 위해 아군진지에 실시하는 요청사격

적의 예상접근로[73]에는 적의 공격을 저지하기 위한 철조망을 설치했다. 철조망 지대가 설치되고 있는 동안에, 대대장은 대인지뢰지대를 살펴보았으며 조명지뢰와 폭약통의 설치장소를 중대장들과 토의했고, 유선가설과 물자 저장소의 설치에 대해 강조했다.

5월 10일 8군사령관인 밴 플리트 장군(Lt. Gen. James A. Van Fleet)과 10군단장인 알몬드 중장이 헬기를 타고 800고지를 방문했다. 그들은 대대장에게 3대대의 방어가 10군단 지역에서 가장 견고하다고 칭찬했다.

3대대가 5월 12일까지 모든 벙커구축과 철조망지대 설치를 완료했을 때, 중공군의 공격징후가 여기저기서 포착되었다. 헤인즈 대대가 방어준비에 열을 올리고 있는 동안에, 다른 대대들은 매일 전방으로 정찰을 보내 적과 교전하고 적의 위치를 파악했다. 5월 초부터 정찰대와 중공군 간의 접촉 횟수가 줄어들었는데, 중공군들은 미 정찰대와 교전하지 않고 사라져버렸다. 따라서 러프너 장군은 모든 부대는 전단 몇 km 전방까지 추진하여 정찰을 실시함으로써 중공군과 접촉을 유지하라고 명령했다. 이 지시에 따라 부대들은 전방의 소양강 일대까지 정찰대를 내보냈는데, 그 거리는 방어선으로부터 10km에 달했다. 8군은 대규모 적과 조우할 것을 대비하여 정찰대의 규모를 증가시키라고 예하부대에 지시했으며, 적과 교전이 일어났을 때는 전면전을 회피하고 즉각 정찰기지로 돌아오도록 지시했다. 이에 3대대 진지 전방에는 2대대 정찰기지가 설치되었다.

5월 8일부터 적들이 나타나기 시작했다. 그들은 2사단 전방에서 정찰활동을 하고 있는 미군들을 향해 기습공격을 실시하여, 미군들이 자신들의 공격 기도를 파악하지 못하게 했다. 5월 10일부터 중공군의 차량이 증가되는 것이 관측되었으며, 그들의 정찰은 그 규모와 강도가 계속하여 증가되었다. 또한 중공군 진영

....

73) 예상접근로(Likely Avenue of Approach) : 적이 대형을 유지하며 목표나 중요 지형지물에 용이하게 도달할 수 있는 지상 또는 공중 통로

에서 대규모 대열이 관측되었는데, 그것은 피난민의 행렬이었다.

5월 14일 헤인즈 부대원들은 가장 강력한 방어진지를 점령하여 중공군의 공격을 기다리고 있었다. 그들은 중공군의 공격을 막아낼 수 있다는 자신감이 넘쳤으며, 이것은 그들이 설치한 철조망, 지뢰, 탄약통의 숫자와 비례했다.

헤인즈 중령은 사단에 헬기를 요청하여 사단장과 함께 항공정찰을 실시했다. 그는 항공정찰을 끝내고 나서 "우리 방어진지는 흠잡을 곳이 없습니다. 다만 한 가지, 중공군이 우리 진지에 접근하지 못할까 봐 걱정됩니다. 그들이 영리하다면, 우리 진지를 공격하지 않을 것입니다."라고 사단장에게 말했다. 사단장도 헤인즈 중령의 말에 동의했다.

대대 지휘부는 만약 중공군들이 공격을 한다면, 중공군의 접근로는 800고지에 배치된 11중대지역이 될 것이라고 판단했다. 11중대원들은 800고지에 많은 벙커들이 설치되어, 800고지를 일명 벙커고지라 불렀다. 벙커고지로부터 1.2km 전방에 벙커고지보다 100m 높은 916고지가 있었다. 916고지는 가파른 계곡 대신 두 고지가 연결되어 완만한 안부를 형성하고 있었다.

916고지는 여기저기 수풀이 우거져 있었고 큰 잡초들이 뒤엉켜있었다. 916고지 부근에는 움직임을 은폐할 만한 나무들이 숲을 형성하고 있어 무척 어두웠다. 916고지는 남쪽으로 2개의 능선이 뻗어 나갔는데, 좌측 능선은 11중대가 배치된 벙커고지에 대한 사격과 돌격이 용이했으며, 우측능선은 11중대 우측에 배치된 12중대에 대한 돌격이 가능했다. 11중대원들은 916고지에서 뻗어 나오는 두 능선 사이에 철조망지대 2개소를 설치했다. 첫 번째 철조망지대는 벙커고지 하단부에서 세 방향으로 뻗어 나갔으며, 두 번째는 첫 번째 철조망 지대보다 200m 북쪽에 설치되었다. 그리고 11중대원들은 인계철선으로 철조망을 연결했으며, 철조망지대 사이에 대인지뢰를 매설했다. 11중대의 이런 조치는 분명 중공군의 공격 기세를 저하시킬 수 있는 대책이었다.

800고지에는 23개의 벙커가 있었다. 11중대의 다른 진지들은 800고지에서 뻗어나가는 능선을 따라 남서쪽과 남동쪽으로 구축되었다. 11중대의 유일한 약점은 방어지역이 넓다는 것과 다른 중대에 비해 포병화력에 대한 방호대책이 아직까지는 미비하다는 점이었다. 왜냐하면 3대대에 대부분의 정찰명령이 집중되어서 진지를 보강할 병력이 부족했기 때문이었다.

5월 초에서 중순까지는 적의 공격이 없이 지나갔다. 5월 16일에는 구름이 많이 껴서 원거리 관측이나 근접항공지원이 불가능했다. 이날 오후에 중공군의 정찰대들이 미군의 진지를 타격하면서 중공군의 5차 공세 2단계 작전이 시작되었다. 그날 밤 강력한 중공군의 공격이 1대대와 연대 우측에 있는 국군 연대로 집중되었다. 5월 17일에는 2대대의 정찰기지가 연대 후방으로 철수했다. 중공군이 북동쪽으로 공격하여 1대대의 방어선을 돌파하고 1,051고지를 확보했다.

그러나 3대대는 그날 밤 아무런 일도 발생하지 않았다. 3대대는 다음 날인 5월 17일에 진지 전방에 철조망을 보강했으며, 적의 예상 접근로에 폭약통을 추가적으로 설치했다. 또한 9연대 병사들이 38연대 우측 지역으로 증원되어 38연대는 책임지역을 줄일 수 있었다. 3대대원들을 모든 전투준비를 마치고 나서 자신들의 방어진지에 대해 자신감을 가지고 있었고 오히려 중공군의 공격을 환영하며 기다리고 있었다. 그야말로 사기가 충만했다.

오후 늦게, 11중대의 1개 소대가 916고지 방향으로 정찰을 나갔다. 그동안 916고지에서는 적들이 관측되지 않았으나, 정찰대는 강력한 적의 저항에 부딪히게 되었다. 800고지 정상에서 11중대장인 브라우넬 대위(Capt. George R. Brownell)는 정찰대의 정찰모습을 관측하여 중공군 몇 명이 정찰대의 뒤를 쫓고 있고, 916고지 능선을 따라 규모 미상의 중공군이 움직이고 있는 것을 관측했다.

중공군들은 포병과 박격포를 쏘기 시작과 동시에 대대 전방에 속속 나타나기 시작했다. 3대대는 중공군의 공격을 저지하기 위해 수많은 포병화력과 근접항공지원을 요청했으며, 대대 전방의 정찰대들은 효과적으로 포병과 공군화력을 유도했다.

포병과 공군의 도움으로 11중대는 중공군의 공격을 물리쳤다. 브라우넬 대위는 800고지 정상에 있는 중대 지휘소에 위치하고 있었다. 이곳은 대대 관측소로도 운용되었다. 그러나 예하 소대와의 거리가 이격되어 있어 전단 돌파 시 효과적인 지휘에는 문제가 있었다. 그는 81미리 관측병과 대대 본부중대에서 파견된 정보 관측병 2명과 함께 중대 지휘소에서 전방상황을 관측했다.

포병의 실수로 포병 관측장교는 11중대 지휘소에 도착하지 않았다. 다른 벙커안에 있는 병사들은 자신들의 소총과 수류탄(1인당 20발의 수류탄 휴대)을 점검했으며, 어둠이 다가오자 신속히 야간전투로 전환하기 위한 조치들을 취했다. 밤이 되자 안개가 밀려왔고 공기의 습도가 증가하면서 갑자기 추워졌다.

모든 병사들은 중공군들이 그들이 설치했던 대인지뢰를 밟기만을 기대했다. 3대대원들은 지뢰가 한꺼번에 많은 수의 중공군을 죽일 수 있고, 그들의 공격을 둔화시킬 수 있다고 생각했다. 그러나 3대대원들의 바람대로 이루어지지는 않았다.

21시 30분경의 호각과 나팔소리가 들려왔다. 중공군들이 철조망지대 앞쪽까지 접근할 때까지 1시간 반 동안 아무런 일이 발생하지 않았다. 불꽃 2개가 피어올랐다. 몇 분 후에는 대인지뢰가 터지기 시작했다. 동시에 중공군은 사격을 시작했다. 그러나 11중대원들은 중공군을 볼 수 없었다. 하지만 브라우넬 대위는 중공군의 사격소리로 그들의 대략적인 위치를 가늠할 수 있었다. 30분이 흘렀다. 중공군의 사격이 점차적으로 증가했다. 마침내 11중대원들은 중공군이 말하는 소리를 들을 수 있었다. 그러나 그들의 모습은 어둠으로 인해 관측할 수는 없었다. 11중대원들은 더 많은 지뢰들이 터지지 않을까라는 기대에 부풀어 있었다.

브라우넬 대위는 중공군이 그들이 설치한 두 번째 철조망 지대에 접근할 때까지 사격을 통제하고 있었다. 중공군들은 중대 정면으로 기동하는 대신에 서쪽에서 다가와 1소대 앞에 있는 철조망을 자르고 11중대가 배치된 능선을 향하여 기어오르고 있었다. 11중대원들은 중공군을 향해 소총과 기관총을 사격했으며, 수류탄을 능선 아래로 투척했다.

브라우넬 대위는 포병화력을 요청하려고 노력했지만 포병 관측장교가 다른 관측소에 있었기 때문에 얼마간의 시간이 지난 후에야 포병화력이 지원되었다. 설상가상으로 포병관측장교와 11중대와의 유선이 절단되자 포병 요청은 더욱 어려워졌다. 포병관측장교에게 더 이상 화력 요청을 할 수 없게 되자, 브라우넬 대위는 대대에 이 상황을 보고하고 포병화력 요청 절차가 무척이나 까다롭다고 불평했다. 잠시 후에는 1소대와 대대와의 유선이 적 또는 그들의 포탄으로 끊겼다. 그 이유는 간단했다. 11중대는 방어준비 간 모든 유선을 재대로 매설하지 못했던 것이다.

12중대(화기중대)로부터 기관총과 무반동총이 배속되었다. 이들을 지휘하는 터커(Lt. Joseph M. Tucker) 중위는 전에도 11중대에 배속되었던 적이 있었다. 그들이 점령했던 진지 근처(3소대지역, 800고지 좌단부)로 중공군이 공격을 해왔고 피 · 아간의 치열한 사격이 시작됐다. 터커 중위는 자신의 벙커에 화력이 집중되자, 벙커를 뛰쳐나와 다른 벙커로 들어가며 "여기도 만만치 않군!"이라고 말했다. 잠시 후, 중공군의 사격이 다시 집중되자, 터커 중위는 "중공군들이 나만 쏘는 것 같다. 여기서 나가자!"라고 말했다.

터커 중위와 그의 소대원들은 어둠 속에서 적의 화력을 뚫고 후방으로 뛰어갔다. 터커 중위의 뒤에는 15~20명의 병사들이 뒤따랐는데, 그들은 12중대로부터 배속된 인원과 그 주변의 벙커에 있던 11중대원들이었다. 12중대원들이 철수하자 주변의 11중대원들도 덩달아 철수하기 시작한 것이다.

이로 인해 1소대와 3소대의 경계선 지역에는 배치된 병력이 없게 되었다. 1소대 전령인 칸트너 상병(Cpl. James H. Kantner)이 이 사실을 알리기 위해 중대지휘소로 뛰어갔다. 그는 "중대장님! 1소대 방어선이 무너졌습니다."라고 보고했다. 이에 브라우넬 대위는 포병에 사격 요청을 포기하고, 1소대의 상황을 파악하기로 결정했다. 중대장은 칸트너 상병을 되돌려 보내며, "소대장에게 내가 갈 때까지 진지를 포기하지 말라고 전해!"라고 말했다. 칸트너 상병은 다시 소대로 돌아갔다.

몇 분 후에 적 포탄이 중대 지휘소 지역에 떨어졌다. 폭발로 인해 중대와 대대 사이의 유일한 연락수단인 무전기가 고장이 났기 때문에 전투가 시작된지 15분 만에 11중대는 예하소대, 포병 관측장교, 대대와 통신이 두절되고 말았다.

브라우넬 대위가 현장에 도착하자 12중대에서 배속된 인원들이 비운 벙커 주변에서 중공군들이 자유롭게 움직이고 있었다. 치열한 교전 없이 1소대와 3소대 사이에 돌파구가 형성된 것이다. 이로 인해 11중대의 방어체계는 순식간에 무너져 버렸고 인접 벙커에서 갑자기 사격 소리가 멈추자, 병사들은 중대원들이 후방으로 철수하고 있다고 생각했다. 11중대원들과 중공군들은 어둠 속에서 함께 돌아다니기 시작했다. 중공군은 800고지를 점령하기 위해 11중대원들은 후방으로 철수하기 위해 뛰었다. 그러나 너무 어두웠기 때문에, 서로를 알아볼 수가 없었다.

핍 일병(PFC. George C. Hipp), 리키 일병(PFC. Clarence E. Ricki), 로우 일병(PFC. Rodney R. Rowe)만이 벙커에 남아 있었다. 이들의 벙커는 11중대 방어진지 중에서 가장 북쪽으로 돌출되어 있었기 때문에 중대원들이 후방으로 철수한 사실을 알지 못했다. 그러는 동안에 11중대 지휘소에 있던 대대 정보병들은 벙커를 나와 얼마 전까지 12중대에서 배속된 터커 중위가 점령했던 벙커로 이동했다. 정보병들은 거기서 유선으로 대대장인 헤인즈 중령과 통화했다. 헤인즈 중령은 포병 연락장교에게 즉시 11중대 앞에 포병화력을 집중하라고 지시했다. 적이 공격한 후 30분 만에 800고지는 아수라장이 되어 버렸다.

800고지 정상 좌측에는 75미리 무반동총을 운용했던 병사 2명이 있었다. 이들은 대대 지휘소에 현재 상황을 보고하기 위해 유선전화기의 수화기를 들었다났다 했다. 기적적으로 대대와 유선통화가 연결되었다. 그들은 벙커 안에서 조용히 대대장에게 현재 상황을 보고했다. 헤인즈 중령은 그들에게 포병화력을 유도할 수 있는지 물어봤다. 이들은 꽤 오랜 시간동안 벙커 안에서 포병화력을 유도했다. 이들과의 유선통화는 밤새 내내 지속되었다. 이 2명의 병사는 지금까지 한 번도 포병화력을 유도해본 적이 없었으나, 중공군의 증원병력을 차단하는 데 결정적인 역할을 했다.

브라우넬 대위는 터커 중위가 지휘하는 12중대원들이 벙커를 비운 것을 눈으로 직접 확인했다. 그는 머리 꼭대기까지 화가 나서 중대 지휘소로 돌아왔다. 800고지 주변에 배치된 3소대는 아직까지도 대대와 유선이 연결되어 있었다. 브라우넬 대위는 대대장에게 "1소대와 3소대 사이의 벙커들이 중공군들에게 넘어갔습니다. 대대장님! 대대 예비소대를 증원시켜주십시오! 제가 인솔하여 피탈된 중대지역을 되찾겠습니다."라고 건의했다.

벙커를 포기하고 진지를 이탈한 병력들이 대대 지휘소가 있는 남쪽 오솔길을 따라 나오고 있었다. 2소대장인 프라이스 중위(Lt. Blair W. Price)는 터커 중위를 발견하고 이들을 통제하여 적의 돌파구 확장을 막기 위해 저지진지에 투입했다. 프라이스 중위는 이미 대대장에게 위와 같은 사항에 대해 지시를 받은 상태였다.

11중대의 방어력은 급격히 약해지고 있었고 적의 돌파구를 저지하기 위해 후방으로 철수한 후 저지진지를 점령했다. 그러나 병력이 부족하여 진지의 강도와 밀도는 대단히 약했다. 그러나 이상하게도 중공군의 공격은 일시적으로 멈추었다.

브라우넬 대위는 대대장에게 소부대 공세행동에 대한 허락을 받은 후에 9중대 2소대를 공격대기지점으로 이동시켰다. 브라우넬 대위는 포병의 엄호 하에 중공군에게 피탈된 지역으로 신속히 공세행동을 하려고 노력했지만 통신 소통의 문제와 전방관측자와의 접촉이 끊겨서 적시 적절한 포병화력을 지원받을 수 없었다. 다행스럽게도 800고지 좌측에서 무반동총을 운용하던 2명의 병사와 대대 정보병들의 노력으로 간간히 포병화력을 지원받을 수 있었다.

그러는 동안에 9중대 2소대장인 클락 중위와 2소대원들은 공세행동을 하기 위해 대열을 정비했다. 그들은 2정의 기관총, 2정의 자동소총을 휴대하고 있었다. 2소대는 6명의 소총수들을 선두에 세워 전방으로 전진했다.

벙커를 버리고 철수한 터커 중위와 몇 명의 병사들이 능선 아래로 내려오다가 대대장과 마주쳤다. 대대장은 "당장 위로 올라가! 모든 장병들이 자신의 몫을 못 하면 우리는 모두 죽게 될 것이다."라고 말했다. 그들은 뒤돌아서 고지를 향해 다시 올라가기 시작했다. 이들은 다시 저지진지로 돌아갔으나 중공군의 공격으로 부상을 입고 말았다.

포병화력을 1시간 이상 기다려 온 브라우넬 대위와 클락 중위는 포병의 지원 없이 공세행동을 실시하기로 결정했다. 클락 중위는 "우리 지역을 다시 찾을 수 있다. 저놈들과 함께 지옥에 가자!"라고 말했다. 브라우넬 대위는 공세행동이 더 이상 지체된다면 1소대와 3소대 사이에 형성된 돌파구가 확장되어 대대 방어진지 전체가 위협받을 수 있다고 생각했다.

브라우넬 대위, 2소대장 클락 중위, 2소대 부소대장 휘튼 중사(SFC. Whitten)와 35명의 병사들은 전방으로 돌진하기 시작했다. 그들은 소총과 기관총의 엄호 아래 똑바로 서서 사격을 하며 전진했다. 곧 중공군이 대응하기 시작했고 그들이 점령한 800고지 부근에서 기관총을 쐈으며, 자신들의 진영에서 곡사화기를 쐈다. 중공군은 3대대원들이 저장해 놓은 백린탄을 투척하고 있었다. 공세행동을 하는 동안 병사들은 모든 벙커에 1~2발의 수류탄을 넣었다.

수류탄이 어둠 속에서 터지는 순간, 고지와 보병들의 행렬은 잠시 동안 나타났다 사라졌다. 적이 던진 백린 수류탄이 공세부대 근방에 떨어지자 공격대열은 잠시 동안 멈추었다. 그러자 중공군의 사격으로 1명의 병사가 목에 총을 맞아 그 자리에서 쓰러졌고, 백린 수류탄이 터져서 펜웰 상병(Cpl. Virgil J. Penwell)의 소총과 옷깃을 태우기 시작했다.

브라우넬 대위가 지휘하는 공세부대(9중대 2소대)는 수류탄을 투척한 후 1m씩 전진했다. 이들이 고지 정상에 도착했을 때, 백린 수류탄 1발이 터져 4.5~6m 전방에 있는 중공군 3명을 식별할 수 있었다. 중공군들은 사격을 하기 위해 무릎을 꿇고 옆으로 이동하고 있었다.

수류탄을 던진 버틀러 병장(Sgt. Virgil E. Butler)이 "보이는 적은 모두 쓸어버려!"라고 외쳤다. 약 6명의 병사들이 사격을 실시했다. 순간 중공군의 호각소리가 들렸다. 2명의 병사가 수류탄이 터지는 동안에 사라져 버렸다. 확인 결과 나머지 1명의 중공군은 여전히 무릎을 꿇은 채 죽어 있었다. 그 시체 옆에는 그의 동료가 놓고 간 소총 1정이 기대져 있었다. 몇 발의 사격이 더 있었지만 중공군의 숫자는 갑자기 감소했다.

5월 18일 새벽 1시 30분에 브라우넬 대위가 이끄는 공세부대는 800고지의 나머지 지역을 되찾았다. 8명의 병사들이 부상당했으며, 1명의 병사가 사망했다. 브라우넬 대위는 즉시 800고지 정상에서 중대를 재편성했다. 병사들은 기관총을 재배치했으며, 수류탄과 탄약을 재분배하고 모든 벙커를 재점령했다.

중대의 가장 북쪽에 있는 벙커는 아직까지도 힙, 리키, 로우 일병이 점령하고 있었다. 이들은 철수하는 중공군의 말을 들었으나, 아무 일 없이 무사했다. 힙, 리키, 로우 일병은 미군이 접근하는 소리를 들었고, 중공군이 철수하는 모습을 봤다. 그들은 자신들이 벙커 안에 있다는 사실을 공세부대에게 알리기 위해 중공군을 향해 자동소총을 발사했다. 그러나 800고지를 재점령한 9중대 2소대 병사들은 이들이 죽었다고 생각했다. 힙, 리키, 로우 일병은 피아식별이 불가능한 밤을 벙커에서 지새우고, 날이 밝아서야 비로소 벙커에서 나올 수 있었다.

통신망은 살아났고, 포병과 4.2인치 박격포는 적이 있는 916고지를 향해 불을 뿜기 시작했다. 남은 밤 시간 동안 11중대 지역에는 아무런 일이 발생하지 않았다. 11중대원들은 방어진지를 보강하기 시작했으며 지난 밤 중공군이 절단한 철조망을 교체하고 전화선을 보수했다. 통신병들은 통신선을 지면으로부터 20cm 깊이로 파묻었다. 또한 39포병대대로부터 배속된 관측장교는 11중대 전방에 반원 모양으로 화력계획을 작성했다. 병사들은 아주 짧은 시간 동안 휴식을 취할 수 있었다. 모포를 꺼내 덮었으나 한기를 막을 수는 없었다.

5월 18일 아침이 밝았을 때, 11중대원들은 800고지 주변을 수색했다. 수색 결과 살아있는 중공군 2명을 생포했으며 28구의 시체를 발견했다. 중대 전방에 설치된 철조망 지대에는 40~50구의 시체가 더 있었다. 시체 옆에는 미군으로부터 획득한 기관총, 자동소총, 군장, 음식 등이 놓여 있었다. 그리고 800고지 주변에는 아직 터지지 않은 미군 수류탄이 흩어져 있었다. 이 수류탄들은 중공군들이 핀을 제거하지 못한 채 던진 것들이었다.

그러나 이미 대대 후방으로 침투한 200여 명의 중공군들은 대대의 후방에서 보급 및 통신시설을 타격하기 시작했다. 대대장은 클락 중위(9중대 2소대장)에게 "대대 후방에 침투한 적 부대를 탐색격멸[74]하라!"라고 지시했다.

잠시 후 중공군은 11중대와 9중대의 사이를 집요하게 공격하기 시작했다. 중공군은 포병과 박격포의 사격을 지원받아, 새벽 4시 15분에 9중대의 우측과 11중대의 좌측을 돌파했다. 대대 후방에서 중공군을 탐색격멸하던 9중대 2소대는 대대장의 지시로 9중대와 11중대 사이의 돌파구가 확장되지 않도록 저지진지를 형성했고 이에 11중대의 예비소대인 2소대는 800고지의 남단과 754고지의 능선이 맞닿는 부근에서 중공군의 돌파를 대비하여 대대 예비로 전환되었다.

헤인즈 중령은 대대에 형성된 돌파구를 확인하기 위해, 9중대와 11중대 사이의 협조점으로 이동했다. 돌파구는 보고된 것보다 훨씬 컸다. 헤인즈 중령은 적어도 몇 백 명의 중공군들이 돌파구 내에 있다고 판단했다. 대대장은 오늘 날이 저물기 전에 돌파구를 회복하지 못한다면, 다음 날 이미 대규모 중공군의 2차 공

....

74) 탐색격멸(Search and Destroy) : 적이 침투하여 은거 및 활동하는 것을 찾아서 격멸하는 것

격을 막아낼 수 없다고 생각했다.

헤인즈 중령은 9중대와 11중대의 예비소대를 집결시켜 역습부대를 조직하고, 장병들에게 현재 상황을 설명했다. 비록 병사들은 전날 밤의 전투로 이미 탈진된 상태였지만, 대대장은 날이 저물기 전까지 반드시 돌파구를 회복하라고 병사들에게 당부했다. 대대장은 역습이 시작되기 전에 1,000발의 4.2인치 박격포탄을 발사했다.

역습이 시작되었을 때, 헤인즈 중령은 4.2인치 박격포탄을 돌파구 내 중공군에게 쏟아부었다. 강력한 4.2인치 박격포사격과 역습부대의 공격으로 중공군은 겁을 집어먹고 퇴각하기 시작했다. 역습을 시작하기 전, 헤인즈 중령은 4.2인치 박격포반 관측병에게 적이 철수할 수 있는 도로를 따라 화력계획을 작성하라고 지시했었다.

중공군들이 도망치기 시작했을 때, 관측병은 4.2인치 박격포를 연신시키면서 후퇴하는 중공군들을 추격하기 시작했다. 9중대가 배치된 능선 아래에는 2대의 반궤도차량이 있었다. 기관총 사수들은 도망치는 중공군을 향하여 구경 50기관총을 발사하자 중공군들이 전날 밤 포복으로 통과했던 철조망지대를 통과하기 위해 서로 싸우며 도망치려 했다.

4.2인치 박격포는 그 사격 횟수가 많아져서 포열이 빨갛게 달아올랐으며, 포판은 찌그러졌다. 역습부대는 박격포와 기관총의 엄호를 받으면서 중공군을 추격하기 시작했다. 이것은 완벽한 승리였다. 적의 손실은 막대했으며 3대대는 아무런 피해 없이 돌파구를 다시 회복할 수 있었다.

그날 자정까지 11중대는 진지보강이 완료되었으며, 지난밤에 발생했던 방어진지의 약점을 수정하여 보완했다. 포병 관측장교는 적의 이동이나 집결이 의심되는 지역에 화력을 유도했으며, 연대장은 3대대에게 근접항공지원의 우선권을 부여했다. 항공기들은 916고지에 대해 수차례 폭격을 감행했다. 그럼에도 불구하고, 날이 저물어 갈 즈음에 916고지 남쪽 능선에서 중공군의 움직임이 감지되었다. 이는 중공군의 또 다른 공격을 의미하는 것이었다.

중공군은 3대대의 동쪽에 배치되었었던 국군 2개 사단과 미 2사단의 일부 부대를 현재의 위치로부터 남쪽으로 몰아냈다. 10군단의 우측이 붕괴되어 2사단 우측에 배치되었던 부대들도 중공군의 포위를 막기 위해 재배치되었다. 이로 인해 3대대도 전선조정이 불가피하게 되었는데, 우측에 배치되었던 12중대가 남동쪽으로 바라보면서 새로운 방어선을 형성했다.

5월 18일 어둠이 밀려 왔을 때, 브라우넬 대위는 병사들과 함께 벙커 안에서

1~2시간을 보내자 철조망지대를 넘어서 호각과 나팔소리가 들리기 시작했다. 중공군이 공격하기 전에 벌이는 소동이었다. 브라우넬 대위는 몇 분간을 기다린 후에, 포병화력을 요청했다. 중공군은 첫 번째 공격과 동일한 위치에 집중되어 브라우넬 대위는 이 점을 미리 간파하고, 이미 적 예상 접근로상에 포병 및 박격포 사격을 계획해 놓았었다. 브라우넬 대위는 포병화력을 유도하여 원거리부터 중공군을 괴롭히기 시작했다.

그러나 중공군들은 다시 11중대 전단으로 달라붙었다. 이에 브라우넬 대위는 예하 소대장들에게 경고하고, 포병에게 최후방어사격[75]과 진내 사격을 요청했다. 포병은 접근신관을 사용하여 11중대 벙커 위에 사격을 했다. 8분 동안 105미리 탄 1,000발이 11중대 지역에 떨어졌다. 이것은 11중대원들이 한 번도 경험해보지 못한 엄청난 양의 포병사격이었다. 11중대원들은 벙커에 앉아 포병사격이 끝나기만을 기다렸다. 어떤 병사가 "우리는 여기를 살아서 나갈 수 없을 거야!"라고 외치자 벙커 안에 있던 다른 병사들도 그렇게 생각했다.

포병사격이 끝나자 정적이 흘렀다. 다음 포격이 있을 때까지 20여 분이 흘렀다. 이번에는 중공군의 포병사격이었다. 11중대원들은 중공군이 나타나길 기다리고 있었고 중공군이 다시 나타나자 브라우넬 대위는 다시 포병화력을 요청했다. 포병화력을 요청하면서 브라우넬 대위는 대대장에게 "중대는 포병화력으로 엄호받고 있습니다. 중대 전방의 중공군은 한 명도 살아남지 못할 것입니다."라고 보고했다.

그날 밤 11중대원들은 포병의 도움으로 중공군과 거의 교전을 하지 않았다. 11중대원들은 벙커 안에서 중공군이 오기만을 기다리고 있었다. 중공군의 움직이는 소리를 들었을 때, 병사들은 즉시 중대장에게 이 사실을 보고했다. 브라우

....

75) 최후방어사격(Final Defensive Fire) : 진지 전방 및 측방의 적 접근로 및 침투로 지역에 적의 돌격을 최후로 저지 및 격멸할 수 있도록 화력을 집중 운용하는 계획사격

넬 대위는 다시 포병화력을 요청하여 중공군을 전멸시켰다. 그날 밤 38연대를 지원하는 포병부대는 3대대를 위하여 10,000발의 포병탄을 지원했다. 이 이유로 미군들은 11중대가 점령했던 800고지를 '백만달러 고지'라 불렀다. 대부분의 포탄은 중공군이 공격을 한 5월 18일 22시부터 익일 4시 사이에 적진에 떨어졌다. 날이 밝자 중공군은 사라지기 시작했다. 11중대원들이 벙커에서 나왔을 때 800고지 주변은 고요했다.

중공군의 공격 이후, 헤인즈 대대의 방어진지는 8군의 방어선에서 최북단에 위치하게 되었다. 중공군의 공격이 있기 전에는 유엔군의 방어선은 서울 북쪽에서 춘천의 남쪽에 연하는 선에 형성되어 있었다. 그러나 중공군의 공격 이후 동부전선은 11중대가 점령한 800고지를 기점으로 남동쪽으로 치우치게 된 것이다. 이를 '수정된 노 네임선'이라고 불렀다.

10군단 사령부는 5월 19일 아침에 북쪽으로 심하게 돌출되어 있는 2사단 38연대 3대대의 단대호를 상황판 위에서 확인하였다. 10군단장인 알몬드 중장과 2사단장인 러프너 소장은 그날 오전에 만나, 3대대가 점령한 800고지를 포기하고 10군단의 방어선을 강화하기 위해 38연대를 철수시키기로 합의했다.

38연대의 철수가 결정되었을 때 헤인즈 중령은 항의했다. 그는 대대 방어진지가 어떤 공격도 막아낼 수 있다고 자신 있게 말했다. 그는 800고지에서 머물기를 원했지만, 사단장은 그에게 즉시 남쪽으로 이동하여 새로운 방어진지를 구축하라고 지시했다.

헤인즈 중령이 중대장들에게 상급부대의 철수명령을 전달했을 때, 중대장들도 불만을 토로했다. 헤인즈 중령은 중대장들에게 대대의 철수가 적의 공격에 의해서가 아니라 상급부대의 명령에 의해서 이루어졌음을 병사들에게 교육시키라고 지시했다. 대대장은 모든 장비와 물자를 들고 중대별로 집결한 후에, 행군으로 이동하도록 지시했다.

3대대가 그날 오후 800고지에서 내려올 때, 연대장인 코플린 대령은 능선 아래에서 3대대를 기다리고 있었다. 그는 3대대원들이 빠르게 행군하는 모습을 지켜보았다. 그들의 전투화 끈은 꽉 조여져 있었고, 전 병사들은 고개를 세우고 걷고 있었다. 그들의 군장은 꽤 무거워 보였으나, 병사들은 허리를 꼿꼿이 세우고 걸었다. 그들은 어떤 적의 공격도 막아낼 수 있다는 자신감을 가지고 있었다. 코플린 대령은 "3대대의 행군에서 대대의 자신감을 엿볼 수 있었다."라고 회고했다.

배워야 할 소부대 전투기술 14

Ⅰ. 진지(병력배치), 화력, 장애물을 강화할수록 방어력은 강해진다.

Ⅱ. 소부대 공세행동(역습)은 아군 진지로 돌파한 적을 화력으로 토막을 내고 고지에서 저지로 공격하여 토막난 적을 격멸해야 한다.

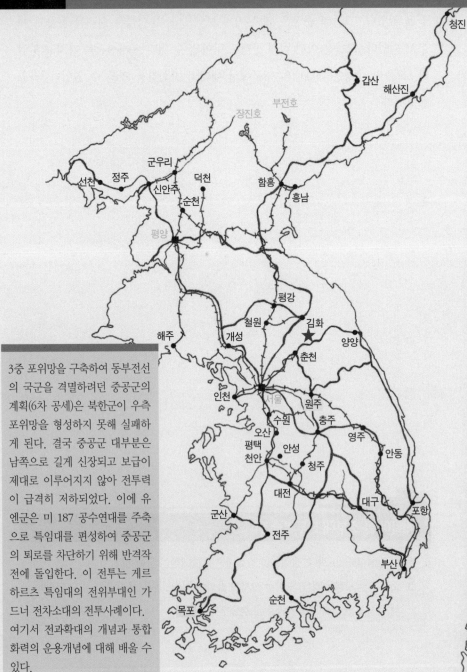

청진

갑산 해산진

부전호
장진호

군우리
선천 정주 덕천 함흥
신안주
순천 흥남

평양

평강

철원 김화
해주 개성 양양
춘천
인천 서울 원주
수원
오산 충주
평택 안성 영주
천안 안동
청주
대전 대구
포항
군산
전주 부산

목포 순천

3중 포위망을 구축하여 동부전선의 국군을 격멸하려던 중공군의 계획(6차 공세)은 북한군이 우측 포위망을 형성하지 못해 실패하게 된다. 결국 중공군 대부분은 남쪽으로 길게 신장되고 보급이 제대로 이루어지지 않아 전투력이 급격히 저하되었다. 이에 유엔군은 미 187 공수연대를 주축으로 특임대를 편성하여 중공군의 퇴로를 차단하기 위해 반격작전에 돌입한다. 이 전투는 게르하르츠 특임대의 전위부대인 가드너 전차소대의 전투사례이다. 여기서 전과확대의 개념과 통합화력의 운용개념에 대해 배울 수 있다.

15 가드너 전차소대의 전과확대

Lt. Douglas L. Gardner

An army of stags led by a lion is more to be feared than an army of lions led by a stag.

Attributed to Chabrias(CIRCA 410-357 B.C.)

5월 16일 중공군은 미 10군단의 주력을 격멸시키기 위해 '2차 춘계공세'를 감행했다. 중공군의 공격은 처음 며칠 동안에는 10군단의 동쪽 측면을 돌파할 만큼 강력했으나, 일주일 후에는 공격기세가 현저히 둔화되었다. 왜냐하면 시간이 흐를수록 중공군의 부대가 신장되고, 보급능력이 둔화되었으며, 유엔군의 폭격으로 사상자가 급격히 늘어났기 때문이었다.

10군단장인 알몬드 장군이 중공군의 공격을 받고 있는 동안에, 8군 사령부에 병력을 요청하여 197공수연대뿐만 아니라 여러 보병사단들을 지원받았다. 이렇듯 10군단에 병력이 증원됨에 따라 알몬드 장군이 반격을 계획할 수 있는 여건이 조성되었다.

5월 22일 밤, 10군단은 효과적인 공격작전으로 전환하여 중공군을 몰아붙이기 시작했다. 중공군은 10군단의 공격으로 후방이 차단될 위험에 빠지게 되었다. 이에 조·중 연합 사령관인 팽덕회는 동부전선에 투입된 예하 부대에 철수를 지시하게 된다.

알몬드 장군은 중공군의 철수를 감지하고, 2사단장에게 공격 기세를 유지하여 중공군을 계속 공격하라고 지시했다. 이에 2사단장은 187공수연대장에게 "신속하게 홍천에서 인제에 이르는 도로를 따라 중공군의 배후를 공격하라!"라고 지시했다. 5월 23일 187공수연대의 2개 대대가 군단의 전방으로 6km를 공격함으로써, 주도권은 완전히 유엔군에게 넘어왔다.

5월 24일 9시 30분에 알몬드 장군은 2사단장에게 "187공수연대에서 특수임무부대(이하 특임대)를 편성하여 소양강에 위치한 다리를 점령하고, 중공군의 철수로를 차단하여 가능한 한 많은 수의 중공군을 격멸하라! 특임대 편성은 지금부터 2시간 후인 14시 20분까지 완료하라!"라고 지시했다.

187공수연대의 부연대장인 게르하르츠 대령(Col. William Gerhardt)이 특수임무부대장으로 임명되었고, 이에 그는 187공수연대의 일부 부대를 차출하여 특임대를 편성했다. 특임대는 1개 보병대대, 1개 수색분대, 1개 공병중대, 1개 포병대로 편성되었다. 추가로 2사단은 게르하르츠 특임대에 구경 50기관총이 장착된 반궤도차량 4대와 2개 전차중대(−)를 지원했다.

2사단 작전참모는 72전차대대장인 브루바커 중령(Lt. Col. Elbridge Brubaker)에게 전화를 걸어 12시까지 전차들이 게르하르츠 특임대에 도착할 수 있도록 조치를 취하라고 지시했다. 당시 72전차대대는 중대 단위로 임무수행 중이었고, 1개 중대는 인접군단과의 전투지경선 지역에서 임무를 수행하고 있었으므로 187공수연대에 배속될 수가 없었으며, 2중대는 이미 187공수연대에 배속되어 있었다. 따라서 72전차대대(−2)에서 1개 중대가 게르하르츠 특임대에 추가적으로 배속되었다.

그러나 72전차대대(−2)는 한계에서 동남쪽으로 32km 떨어진 곳에 위치하고 있었으므로, 정해진 시간 내에 게르하르츠 특임대에 도착할 수 없었다. 브루바커 중령과 작전장교인 스판 소령(Maj. James H. Spann)은 대대를 한계로 이동하라고 지시해놓고, 연락기를 타고 187공수연대 지휘소가 있는 한계로 날아갔다.

이들은 11시에 187공수연대 지휘소에서 게르하르츠 대령을 만났고, 거기서 2사단 작전참모로부터 특임대 편성, 임무, 준비명령에 대한 설명을 들었다. 브루바커 중령은 즉시 187공수연대에 배속되어 있던 2중대장 로스 대위(Capt.

William E. Ross)를 불러 "지금 즉시 귀관의 전차 1개 소대와 187연대의 수색 1개 분대, 공병 1개 소대를 전위로 편성하여 출동할 준비를 하도록!"이라고 지시

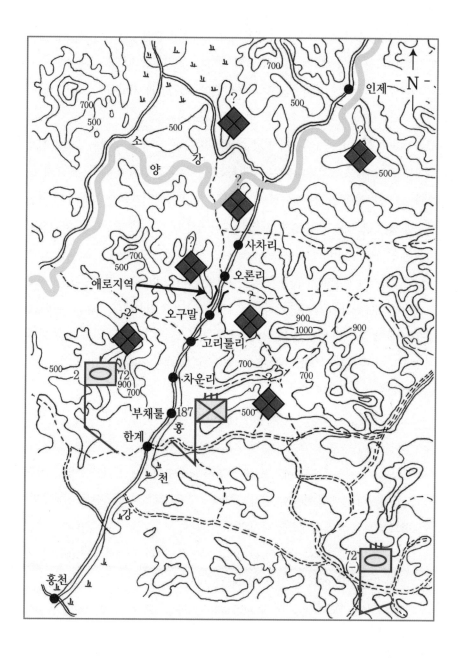

했다. 12시가 지나자 게르하르츠 대령은 로스 대위에게 한계에서 북쪽으로 5km 떨어진 부채틀(게르하르츠 대령이 지정한 공격개시선)로 전위부대를 이동시키라고 지시했다.

전위부대는 북쪽으로 이동하여 공격개시선 직후방(홍천강의 하상)에서 나머지 특임대의 이동을 엄호하기 위해 집결해 있었다. 전차 2중대의 나머지 3개 소대는 다른 부대와 함께 부채틀을 향해 출발했다. 전차들과 차량들은 홍천강의 하상을 따라 즐비했으며 그날은 무척이나 따뜻하고 맑았다.

특임대가 출발한 지 1시간이 지났음에도 전차들은 아직도 공격대형으로 전개하지도 못했다. 72전차대대장은 부대대장을 특임대의 전위에 위치시키고자 했으나, 그는 아직도 2시간 떨어진 지점에서 72전차대대(-2)를 인솔하고 있었다. 브루바커 중령은 187공수연대 지휘소 부근에서 며칠 전에 중공군의 공격으로 파괴된 전차를 수리하고 있는 군수장교 뉴먼 소령(Maj. Charles A. Newman)을 만났다. 거기서 브루바커 중령은 작전장교인 스판 소령을 내리게 했다. 그리고 그에게 대대(-2)가 도착하면 부채틀로 이끌고 오라고 지시했다. 그리고 뉴먼 소령을 태우고 로스 대위가 있는 공격개시선 지역으로 출발했다. 차를 타고 가면서 브루바커 중령은 뉴먼 소령에게 "자네가 전위부대를 지휘해야겠어! 전위소대에 위치하도록 해!"라고 말했다.

12시 30분에 2명의 장교는 특임대가 막바지 작전준비를 하고 있는 부채틀에 도착했다. 잠시 후 게르하르츠 대령이 도착하여 최종명령을 하달했다. 그는 이미 기동로상의 지뢰를 개척하기 위해 공병소대와 수색 1개 분대를 투입한 상태였고, 특임대의 본대에 배속할 전차 중대도 3사단으로부터 배속받은 상태였다. 게르하르츠 대령은 작전계획을 다시 점검한 후에, 모든 예하 지휘관들에게 공군으로부터 근접항공지원을 받을 수 있다고 말했다. 그리고 나서 13시에 선두에 있는 전차소대(전위)에게 공격명령을 하달했다.

전차소대장인 가드너 중위(Lt. Douglas L. Gardner)가 첫 번째 전차에 탑승하고, 군수장교인 뉴먼 소령이 두 번째 전차에 탑승한 채 4대의 전차는 출발했다. 이 전차들은 M4A3E8 전차로서 76미리 포와 구경 30미리와 50미리 기관총을 장착하고 있었다. 또한 각 전차들은 전차포 71발과 49박스의 구경 30미리 기관총탄, 31박스의 구경 50미리 기관총탄을 적재하고 있었다.

전차소대가 약 3km쯤 북으로 전진하여 차운리에 도착했을 때, 이미 출발했던 공병 소대와 수색분대를 만났다. 수색분대(11명)는 3대의 지프차에, 공병소대는 2대의 2·1/2톤 트럭에 분승하고 있었다. 뉴먼 소령은 공병소대와 수색분대를 통제하여 대열을 다시 정비했다. 대열은 전차 2대-2·1/2톤 트럭 2대-지프차 3대-전차 2대의 순이었다. 이후 뉴먼 소령이 지휘하는 대열을 1.5km를 전진하여 아군의 전투전초[76]가 있는 고리틀리에 도착했다. 뉴먼 소령은 대열을 정지시키고 공병 1개 분대를 투입하여 고리틀리 전방 도로에 지뢰가 매설되어 있는지 확인하였다.

헬기 1대가 고리틀리 근처에 착륙했다. 알몬드 장군이었다. 그는 뉴먼 소령에게 대열이 왜 정지했는지 물었다. 뉴먼 소령은 "전방에 지뢰가 매설되었는지를 확인하고, 예하부대의 통신망을 점검하기 위해 잠시 정지했습니다."라고 대답했다. 그러자 알몬드 장군은 조급하게 "난 통신망에는 관심없다."라고 말했다. 그는 뉴먼 소령을 위협하며 "전차가 지뢰를 밟아 파괴될 때까지 전방으로 기동하라. 1시간에 30km의 속도로 전진하란 말이야!"라고 지시했다. 뉴먼 소령이 전차 조종수들에게 최대한 빠른 속도로 전방으로 기동하라고 명령하자 조종수들은 5단 기어로 시간당 30km의 속도로 전진했다.

알몬드 장군은 다시 187공수연대 지휘소로 날아왔다. 지휘소 앞에 72전차대대(-2)를 지휘하기 위해 브루바커 중령이 남긴 스판(전차대대 작전장교) 소령이

....

76) 전투전초(Combat Out Post) : 방어작전 시 적 공격 조기 경고, 주방어지역에 대한 기습 방지, 적 조기전개 강요, 능력 범위 내에서 적 전투력 약화 등의 임무를 수행하는 경계부대

서 있었다. 알몬드 장군은 그에게 소속과 계급을 물었고, 왜 여기 있는 전차들이 움직이지 않느냐고 물었다(당시 72전차대대(-2)는 187공수연대 지휘소 부근에 도착해 있었음). 알몬드 장군은 "자네가 브루바커의 부하란 말이야! 대대장에게 전차들은 보병을 근접지원하지 말고 최대한 빨리 전방으로 진출하라고 해!"라고 지시했다. 바로 그때 187공수연대 작전과장이 텐트에서 나왔고 알몬드 장군이 공수연대 작전과장에게 무엇인가를 지시하고 있는 동안에, 스판 소령은 알몬드 장군의 지시사항을 대대장에게 알렸다. 알몬드 장군의 지시사항은 게르하르츠 대령에게 전달되었다.

게르하르츠 대령은 72전차대대 2중대장에게 특임대의 본대를 엄호하지 말고 최대한 빨리 소양강 방향으로 기동하라고 지시했다. 그러나 로스 대위의 전차 소대들은 특임대의 차량과 섞여 있어서 특임대 대열로부터 쉽게 분리될 수 없었다. 꽤 많은 시간이 흐른 뒤에야 로스 대위는 전차 1소대를 대열로부터 분리해낼 수 있었다. 로스 대위는 1소대장에게 즉시 전위에 있는 전차 3소대를 향하여 기동하라고 지시했고, 이 전차들은 곧바로 공격개시선을 통과하기 시작했다. 이와 동시에 노먼 소령은 자신과 전차 3소대는 오구말을 통과하고 있다고 보고해왔다. 그리고 노먼 소령은 대대장에게 "최대한 빨리 더 많은 전차들이 전위에 합류될 수 있도록 조치해 주십시오!"라고 건의했다.

알몬드 소장의 현장지도 이후에 노먼 소령이 지휘하는 부대는 5단 기어로 신속히 소양강을 향해 돌진하고 있었다. 그들은 의심지역 다섯 곳에 대하여 전차 포 또는 기관총으로 화력수색을 실시했다. 약 1.5km를 전진했을 때, 전차 3소대장은 파괴된 다리 근처에서 적 2명이 3.5인치 바주카포를 들고 있다고 보고했다. 전차들이 계속해서 전진하자 그들은 무기를 버리고 북서쪽에 있는 하상으로 도망쳐 버렸다. 전차 3소대장 가드너 중위는 구경 50기관총을 발사하여 도망치는 적들을 사살했다. 전차들이 적 은거 예상지역으로 전차포를 발사하자 약 700m 떨어진 곳에서 적들의 소화기와 경기관총이 응사했다.

대열의 두 번째 전차는 이 사격으로 기관총의 덮개가 파손되었다. 두 번째 전차의 기관총 사수인 고프 중사(SFC. Roy Goff)는 즉시 중공군을 향하여 기관총을 발사했으며, 곧이어 다른 전차에서도 기관총이 발사되었다. 이로 인해 도망치던 적들은 모두 격멸되었다.

적의 산발적인 소화기 사격이 지속되고 있었기 때문에, 모든 전차들은 300~500m 안에 있는 의심지역에 대해서 전차포 사격을 실시했다. 8~10명의 중공군들은 자신들이 구축한 진지에서 뛰어나와 홍천강에 나란히 나 있는 제방 뒤로 몸을 숨겼다. 전차 3소대가 5~6명의 적을 사살했으나, 나머지는 도망쳐 버렸다. 전차 3소대의 사격은 약 5분 동안 지속되었다.

전위부대는 다시 전진을 시작했으며 모든 의심지역에 대해 화력수색을 실시했다. 5월 25일 전차 3소대의 화력수색으로 인해 동굴 안에 숨어 있던 중공군들이 전멸을 당하기도 했다. 약 1.5km를 북쪽으로 전진했을 때, 선두 전차의 승무원들은 전방에서 15~20명의 중공군들을 발견했다. 그 중공군들은 친절하게 전차를 향해 손을 흔들고 있었다. 이에 노먼 소령은 전차포 사격을 명령했고, 중공군들은 순식간에 사라져 버렸다. 그러나 잠시 후, 도로 왼쪽의 고지에서 4~5명의 중공군들이 다시 나타났다. 이들은 곧 전차포 세례를 받게 되었으며, 어디로 도망쳐야 할지 우왕좌왕하고 있었다.

전위부대 앞에 험준한 산길(애로지역)이 나타났다. 가드너 중위가 탑승한 전차가 험준한 산길의 진입구에 도착했을 때, 전망이 좋은 장소에 민가 두 채가 있는 것을 발견했다. 그는 전차를 정지시키고 이 사항을 노먼 소령에게 보고했다. 노먼 소령은 가드너 중위에게 전차포 사격을 명령했다. 전차포 사격으로 민가가 불타고 있었지만 집에서 뛰쳐나오는 사람은 아무도 없었다.

전위부대는 아무런 저항을 받지 않고 산길을 통과하고 있었다. 그때 산길 오른쪽에 있는 약 15m 높이의 능선에서 적 기관총이 대열 후미를 공격하기 시작했다. 이에 대열 후미에 있던 지프차에 장착된 기관총들이 사격을 시작했으며, 대열 후미의 전차들도 전차포와 기관총사격을 시작했다. 이때 연락기가 전위부대 상공을 선회하기 시작했으며, 곧 녹색 연막탄을 터뜨린 후에, 정보가 담긴 용기를 투하했다. 수색분대는 신속히 그 용기를 수거하여 노먼 소령에게 주었다. 거기에는 "도로 동쪽 고지 위에 대규모 중공군이 있으며, 근접항공지원을 원한다면, 그곳에 전차포로 백린탄을 발사하여 표적을 표지하라!"라고 쓰여 있었다. 노먼 소령은 근접항공지원을 기다리지 않았다. 그는 신속히 험난한 산길을 빠져나가 오론리 전방으로 기동했다. 거기에는 초라한 민가 몇 채가 있었다. 피·아간의 짧은 총격전은 있었지만 전차포 앞에서는 적들도 어쩔 수 없었다. 중공군 3명이 항복했고, 노먼 소령은 그들을 후미의 공병차량에 태웠다.

노먼 소령은 게르하르츠 대령에게 이 사항을 보고한 후, 계속 전방으로 전진했다. 소규모 중공군들이 도로 서쪽 능선에서 나타났지만, 전위부대들은 그들을 향하여 기관총사격을 할 뿐, 절대로 멈추지 않았다. 800m를 더 전진한 후에, 전위부대는 작은 다리를 통과했다. 가드너 중위는 노먼 소령에게 "오른쪽의 배수로를 잘 경계해야 할 것 같습니다. 그 안에 무엇인가 있을 것 같습니다."라고 말했다.

노먼 소령은 두 번째 전차의 무전망에 문제가 생겨 세 번째 전차로 옮겨 탔다. 가드너 중위가 탄 첫 번째 전차와 고프 중사가 탄 두 번째 전차가 1.2m 폭의 개울을 넘어 멈춰 섰다. 가드너 중위는 갑자기 정면과 측방에 대해 전차포와 기관총 사격을 하라고 지시했다.

그러는 동안에 노먼 소령이 탄 세 번째 전차도 개울을 건너 전차들이 사격하는 모습을 볼 수 있었다. 노먼 소령은 가드너 중위가 경고한 배수로를 보고 있었는데, 거기에 통나무로 덮여 있는 참호들이 있었다. 갑자기 소대 규모의 중공군이 도로 동쪽에 나 있는 배수로 부근에서 달려오기 시작했다. 노먼 소령은 수색분대장에게 지시하여 중공군을 향하여 기관총사격을 하라고 지시했다. 수색분대가 도보로 도로 동쪽의 적 은거지를 향해 접근하고 있을 때, 노먼 소령과 기관총

사수는 전차에서 내려 적 은거지로 접근했다. 거기서 노먼 소령은 중공군들에게 항복하라고 손짓했다. 이때 중공군의 총알이 노먼 소령 위로 지나갔다. 노먼 소령이 전차포사격을 지시하자 37명의 중공군이 머리에 손을 올리고 항복했고, 이들을 대열 후미로 보내 공병 4명의 감시하에 두었다.

이와 동시에 수색분대장은 대규모 적이 있을 것만 같은 능선에 소화기, 바주카포, 기관총을 최대발사속도로 사격했다. 그러자 적들은 달아나기 시작했고 수색분대장은 노먼 소령에게 달려가 몇 백 명의 중공군들이 동쪽으로 달아나고 있다고 보고했다. 선두 전차 2대는 동쪽으로 도망치는 중공군을 향해 사격을 할 수 없었지만, 후미의 전차 2대는 그들을 향해 사격을 할 수 있었다. 후미 전차들은 12~15발의 전차포 사격을 실시했다. 비록 적의 피해는 파악하기 어려웠지만, 적의 사격은 잠잠해졌다. 수색분대는 본대로 복귀했으며, 전위부대는 모두 작은 다리를 건넜다. 전위부대와 중공군 간의 교전은 약 20분 동안 지속되었다.

전위부대는 약 1.5km를 더 전진하여 사차리에 도착했다. 그런데 약 200여 명의 중공군들이 좌·우측 능선과 사차리 너머에 있는 능선에서 노먼 부대를 향해 사격을 하고 있었다. 전차들을 마을 외곽에 전개하여 사격을 했으며, 수색분대는 하차하여 중공군 30여 명이 항복한 민가지역으로 신속히 투입되었다. 노먼 소령은 적 포로가 많기 때문에 적들을 계속해서 차량에 태울지, 아니면 도로에 포로 수집소를 운용하여 몇 명의 병사들로 하여금 포로들을 지키게 할지 고민하고 있었다. 그는 포로 수집소를 운용하기로 결정했으며, 공병소대에서 4명을 선발하여 적 포로들을 관리하게 했다.

전차들이 사차리를 통과하여 전진하고 있을 때, 도로의 좌측 능선에서 소화기와 기관총으로 무장한 80~100명의 중공군들이 우마차를 끌고 도로로 내려오고 있었다. 전차가 그들에게 접근하자 그들은 멈춰 섰는데, 그들은 접근하는 전차들이 아군인지 적군인지 의심하고 있었다. 전차들 또한 멈춰 서서 200m 안의 모든 적들을 향해 일제히 전차포와 기관총사격을 시작했다. 몇 명의 병사들은 차량을 엄폐물로 이용하여 사격을 했으며, 전차들도 전차포와 10박스 분량의 기관총 사격을 했다.

10분 후, 전위부대는 다시 전진을 시작했으며 중공군과 다시 조우할 때까지 1.2km를 기동했다. 이번에는 약 200여 명의 중공군과 조우했다. 그들은 북서쪽에서 행군해 왔으며, 이번에도 우마차를 끌고 왔다. 적들에게 10~15분간 사격을 가한 후에 적들은 완전히 격멸되었다. 전차 승무원들은 그들이 약 50%의 적을 사살했다고 믿었다.

본대로부터 약 11~13km 앞에 있는 전위부대는 적의 저항 없이 1.5km를 전진했다. 갑자기 경사가 급한 도로가 나타났다. 몇 분 후에 선두 전차가 고지 정상에 도착했을 때, 전차 승무원들은 남쪽방향에서 전차에 접근하는 적을 발견했다. 일부 중공군들은 도로 옆에 있는 하천을 따라 접근했으며, 나머지 중공군들은 우마차를 끌고 도로로 접근해왔다. 연락기가 전위부대 상공을 선회하더니, 용기를 떨어뜨렸다. 그 안에는 북쪽으로 1.5km 앞에 약 4,000명의 중공군이 있다는 쪽지가 들어 있었다. 잠시 후에 적진을 향해 네이팜탄을 떨어뜨리기 위해 전투기 2대가 나타났다. 가드너 중위는 이 사실을 노먼 소령에게 보고하자, 노먼 소령은 "아군의 근접항공지원으로부터 피해가 발생하지 않도록 전차들과 일반차량에 대공포판을 설치해!"라고 지시했다. 그리고 수색분대장에게 "귀관은 저쪽 고지 정상으로 올라가서 중공군의 피해규모를 파악할 수 있도록 해라!"라고 말했다. 가드너 중위는 "전차와 일반차량을 후방으로 빼야 합니다. 네이팜탄으로 피해가 발생할 수 있습니다."라고 말했다. 그러자 노먼 소령이 "지금 자네 무슨 소릴 하는 건가? 우리가 전차를 뒤로 빼면 알몬드 장군님이 다시 쫓아 오실거야!"라고 큰 소리를 쳤다. 노먼 소령과 가드너 중위가 한참 동안 상의했다. 결국 노먼 소령은 "일반차량만 후방으로 빼서 차폐진지를 점령하라, 전차들은 현 위치에서 사격진지를 점령하여 중공군을 격멸한다."라고 지시했다. 전차들은 다시 고지 정상 부근에서 전개하여 약 500m 떨어진 곳에 있는 적들을 향해 공격했다.

노먼 소령은 가드너 중위에게 "아군 항공군기가 표적을 쉽게 식별할 수 있도록 백린탄을 적 중앙에 쏴라!"라고 지시했다. 몇 분 후인 16시경에 전투기들이 적들 머리 위에 네이팜탄을 투하했다. 그들은 또한 적들을 향해 기총소사를 했다. 너무 낮게 날아서 전차들이 전투기의 엔진 진동을 느낄 정도였다. 조종사들은 대공포판을 보고 아군의 전차와 차량에는 네이팜탄을 떨어뜨리지 않았다.

아군의 네이팜탄 공격에도 중공군들은 계속해서 전위부대에 접근하고 있었다. 가드너 중위는 적들을 향해 기동을 하기 시작했으며 나머지 전차들도 가드너 중위를 따랐다. 전투기들도 계속해서 기총소사를 하고 있었다. 얼마 후 중공군들은 혼비백산하여 그들의 보급품과 미군 포로들을 남겨두고 도망치기 시작했다. 이후 전위부대는 1.5km도 전진하지 않아 소양강에 도착할 수 있었다. 전위부대는 소양강에 접근할 때까지 전차포 사격을 계속했으며 이로 인해 주위의 민가들이 불타고 있었다. 도로 주변에는 전투기와 전차의 공격으로 죽은 동물들과 중공군들이 널려 있었다.

약 16시 30분경, 전위부대는 소양강 전체를 관망할 수 있는 개활지에 도착하여 부대를 전개하였다. 전위부대는 소양강 남쪽 지역의 중공군들을 모두 격멸했으며, 소양강 북쪽 제방을 따라 후퇴하는 중공군에 대해서도 전차포 사격을 실시했다.

노먼부대가 지휘하는 전차 3소대가 소양강 차안에 도착하자마자 게르하르츠 특임대에서 분리된 전차2중대(-1)도 전위부대에 합류했다. 게르하르츠 특임대의 본대도 그날 18시 30분에 소양강 차안에 도착했다. 이들 또한 이동 중에 적과의 교전이 있었지만 별다른 피해는 없었다. 그날 밤 게르하르츠 특임대는 소양강 차안상에 방어진지 구축을 완료했다.

배워야 할 소부대 전투기술 15

Ⅰ. 전투에서 달성된 부분적인 성공을 신속히 확대하기 위해서는 적이 조직적인 철수나 재편성을 하기 전에 신속하고 적극적인 공세행동을 해야 한다.

Ⅱ. 근접항공지원시 오폭방지를 위해 모든 차량은 대공포판을 설치해야 하며 그 효과를 증대시키기 위해 표적(적) 중앙에 표지탄을 운용해야 한다.

Ⅲ. 통합화력운용은 공중화력과 지상화력 또는 곡사화력과 지상화력을 통합하는 것이다. 공중폭격이나 포병사격과 함께 가용한 모든 지상화기도 사격에 가담하여 적의 피해를 증대시켜야 한다.

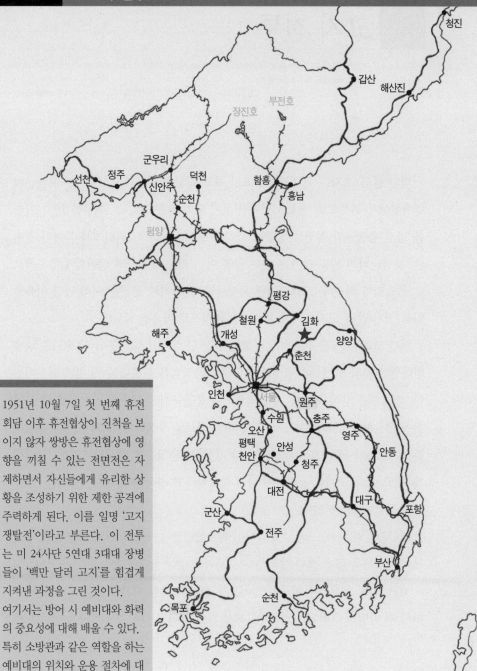

1951년 10월 7일 첫 번째 휴전 회담 이후 휴전협상이 진척을 보이지 않자 쌍방은 휴전협상에 영향을 끼칠 수 있는 전면전은 자제하면서 자신들에게 유리한 상황을 조성하기 위한 제한 공격에 주력하게 된다. 이를 일명 '고지 쟁탈전'이라고 부른다. 이 전투는 미 24사단 5연대 3대대 장병들이 '백만 달러 고지'를 힘겹게 지켜낸 과정을 그린 것이다.

여기서는 방어 시 예비대와 화력의 중요성에 대해 배울 수 있다. 특히 소방관과 같은 역할을 하는 예비대의 위치와 운용 절차에 대해 눈여겨보기 바란다.

Capt. Robert H. Hight

16 하이트 중대의 '백만 달러' 고지 전투

Victory in war does not depend entirely upon numbers or mere courage; only skill
and discipline will insure it.

VEGETIUS : MILITARY UNSTITUTIONS OF THE ROMANS

'백만 달러' 고지는 미 8군의 중요한 목표 중의 하나였다. 이 고지는 유엔군의 방어선에서 북쪽으로 몇 km 떨어진 곳에 위치한 곳으로, 그 이름은 1951년 여름 당시 유엔군의 작전상 상당한 가치를 지니고 있다는 의미에서 붙여진 것이다. 중공군과의 밀고 당기는 전투 끝에 이 고지는 유엔군의 방어선에서 북쪽으로 돌출되어 버렸다. 그러나 8군 사령관인 밴 플리트 장군은 여러 가지 이유로 인해 '백만 달러' 고지를 계속 확보하는 방향으로 마음을 굳혔다.

'백만 달러' 고지를 포기하지 못했던 가장 큰 이유는 중공군이 이 고지를 점령한다면 아군의 방어선을 감제하여 아군의 움직임을 관측할 수 있었기 때문이었다. 결국 8군은 이 고지를 계속 점령하여 중공군이 유엔군의 방어선에 너무 가까이 접근하는 것을 방지하고, 적에 대한 첩보를 수집하며, 적의 허점을 공격하는 요충지로 사용하기로 결정했다. 따라서 8군은 9군단 24사단 5연대 3대대에게 '백만 달러' 고지를 공격하여 다시 확보하라고 지시했다. 이에 3대대는 8월 2일에 공격을 실시하였다.

24사단은 이미 이 고지를 공격하여 확보했었으나, 상급부대의 명령에 의거 여름이 시작될 무렵에 '백만 달러' 고지로부터 철수한 상태였다.

'백만 달러' 고지는 유엔군의 '와이오밍 선'에서 가장 가치가 있는 고지였다. 따라서 수 만발의 폭탄과 포탄이 이 고지 위로 떨어졌으며, 봉우리와 능선들은 벌거숭이가 되어 버렸다. 당시 장마로 인해 주위의 다른 능선들은 수풀이 융성했으나, '백만 달러' 고지만은 민둥산이었다. 이 고지 위에 떨어진 탄약 값이 엄청나다고 해서, 24사단 5연대 3대대 장병들은 이 고지를 '백만 달러' 고지라고 부르기도 했다.

중공군의 입장에서는 이 고지를 점령한다면 24사단을 감제할 수 있었고, 24사단이 이 고지를 점령한다면 북쪽으로 나 있는 적의 보급로를 차단시킬 수 있었기에, 그 가치는 말로 표현할 수 없었다. 아마 이런 작전적 차원에서 이 고지의 이름이 '백만 달러' 고지로 붙여졌을 가능성도 높다.

이 고지는 한국의 여느 능선과 같은 특징을 가지고 있다. 능선의 양쪽 면은 수류탄을 굴릴 수 있을 만큼 가파르며, 정상은 점토로 되어 있었다. 물론 능선 아래쪽에는 개울이 흐르고 있었다. 이에 보병들은 보급품을 지고 1시간 동안 올라가야만 했다. 이 능선에는 5개의 봉우리가 솟아 있었는데, 마치 낙타의 등 같았다. 이 중에서 서쪽에 있는 봉우리가 가장 높았으며, 나머지 4개의 봉우리는 서쪽의 가장 높은 봉우리와 연결되어 동쪽으로 발달되어 있었다. 5개의 봉우리에는 여기저기 조그마한 수풀들이 우거져 있었지만, 포탄이 떨어진 남쪽 경사면에는 마치 누군가가 경작을 위해 밭을 갈아놓은 것 같이 아무것도 없었다.

'백만 달러' 고지를 재탈환하기 위한 공격은 8월 2일 아침에 시작되어 이틀 동안 실시되었다. 9중대와 12중대가 '백만 달러' 고지를 점령하고 있던 중공군을 물리쳤다. 이 이야기는 공격부대가 '백만 달러' 고지를 확보한 이후에, 진지를 인수한 11중대가 중공군의 공격을 물리치는 과정을 그린 것이다.

진지교대는 8월 3일 저녁에 시작되었다. 진지 인수부대인 11중대는 21시부터 고지로 올라가기 시작했다. 한국의 여름은 낮 시간이 길어서 저녁 늦게까지 햇빛이 비추었다. 11중대의 선두에는 2소대가 위치했는데, 소대장은 3일 전에 중대에 전입을 온 쉐프너 중위(Lt. Wilbur C. Schaffner)였다.

보병들은 조용히 그리고 천천히 이동했다. 얼마 후 그들의 전투복은 땀으로 젖

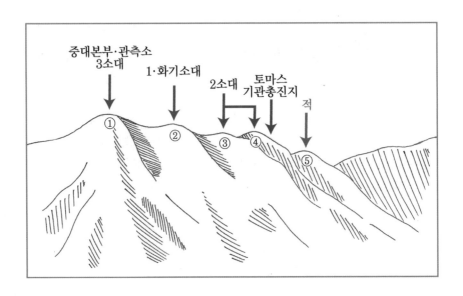

중대본부·관측소
3소대
1·화기소대
2소대
토마스
기관총진지
적

① ② ③ ④ ⑤

었으며, 이마에서는 솔방울만한 땀이 떨어졌다. 1시간 후에 쉐프너 중위와 31명의 소대원들은 고지 정상 부근에 도착했고, 즉시 소산하여 능선 동쪽 끝에서 진지를 구축하기 시작했다. 쉐프너 중위는 소대를 나누어 2개의 봉우리(③, ④)를 점령했다. 그중에 한 봉우리(④)는 아군에 의해 점령되지 않았던 지역이었고, 맞은편 봉우리(⑤)에는 적이 점령하고 있었다.

중대장인 하이트 대위(Capt. Robert H. Hight)는 나머지 중대원을 인솔하여 서쪽 능선 끝에 있는 2개의 봉우리(①, ②)를 점령했다. 11중대와의 진지교대는 밤새 이루어졌으며, 아침이 밝자 9중대와 12중대원은 더 이상 고지 위에 남아있지 않았다. 진지교대는 신속히 이루어졌으며, 11중대에게 진지를 인계한 9중대와 12중대는 오솔길을 따라 '백만 달러' 고지 남쪽에 위치한 진지로 내려갔으며, 거기서 전투력 복원을 실시했다.

그러는 동안에 적들은 쉐프너 중위가 지휘하는 2소대를 괴롭히기 시작했다. 2소대가 점령한 지역에는 9중대와 11중대가 진지를 구축하지 않았었다. 이에 2소대는 적의 공격을 막아내기 위해 진지를 구축해야만 했다. 2소대가 위치한 봉우리의 양쪽 측면이 급경사였기 때문에, 적이 배치된 고지를 공격하는 유일한 접근로는 능선 정상에 난 조그마한 오솔길이었다. 쉐프너 중위는 적과 대치한 봉우리에 기관총을 배치했으며, 이들을 엄호하기 위해 브라우닝 자동소총 2정도 배치했다. 2소대원들이 진지구축을 거의 마쳐가고 있었을 때, 적 박격포탄이 떨어지기 시작했다. 적의 박격포탄은 2소대원들의 진지구축 속도를 가속화시켰다. 그때 중공군들이 포복으로 접근하여 2소대 기관총진지에 수류탄을 투척했다. 기관총과 브라우닝 자동소총은 즉각 불을 뿜기 시작했고, 중공군들은 자신들의 무기를 놓치고, 능선 아래로 굴러떨어지기 시작했다.

2소대의 기관총 사격 이후, 약 600m도 떨어지지 않은 능선에서 적들이 기관총사격을 하기 시작했다. 2정의 기관총은 약 40분 동안 2소대 기관총진지를 향해 사격을 했다. 2소대원들은 자신들이 구축한 진지가 견고하지 않았고 휴대한 탄약이 부족했기 때문에 중공군의 기관총사격에 제대로 응사조차 할 수 없었다. 한국 노무자들이 11중대에 탄약을 재보급하기 위해 고용되었으나, 그들은 아직 정상 근처에도 도착하지 못했다.

8월 4일, 날이 밝아오기 시작하자 하이트 대위는 중대 방어진지를 강화하기 시작했고 간밤의 2소대에 쏟아진 중공군의 기관총사격을 분석한 후, 중공군의 어떤 공격에도 버틸 수 있는 진지를 구축하기로 마음을 먹었다. 또한 봉우리 주변의 병사들을 집합시켜 놓고, 최대한 깊이 참호를 구축하라고 지시했다. 그리고 능선의 폭이 협소했기 때문에 오리발 형태의 진지와 교통호를 능선에 구축하라고 지시했다.

하이트 대위와 555야전포병대대에서 파견된 포병 관측장교인 매그넘 중위(Lt. Mack E. Magnum)는 진지 전방에 최후방어사격을 계획하고 있었다. 11중대는 105미리 2개 포대, 155미리 2개 포대, 4.2인치 박격포 중대로부터 화력지원을 받을 수 있었다.

11중대원들은 중공군의 접근을 경고하기 위해 인계철선을 이용한 지뢰와 조명탄을 진지 주변에 설치했다. 낮 동안 한국 노무자들은 소화기 탄약, 수류탄 등 전투물자들을 운반했다. 하이트 대위는 밤 동안에 진지를 강화하는 한편, 8명으로 구성된 1개 분대의 중대 예비대를 편성하여 중대 중앙(②번 고지)에 배치했다. 이들의 임무는 중대의 방어선이 무너지면 신속히 투입하여 방어선을 유지하는 것이었다. 중대 예비대는 중대 방어선의 중앙에 위치하여 어느 곳이든 신속히 뛰어갈 수 있었다. 하이트 대위는 이 예비분대가 중대 방어의 핵심이라고 생각했다. 이 예비분대도 중대의 마지막 보루라는 자부심을 가지고 있었으며, 중대 방어선 어느 한 곳이라도 뚫리면 바로 튀어 나간다는 고정관념이 그들의 머리 안에 박혀 있었다.

밤 동안에, 북쪽 능선에는 포병과 박격포에서 쏘아 올린 조명탄들이 밤하늘을 수놓았다. 그리고 남쪽 능선에는 60인치 탐조등이 11중대에서 몇 km 떨어진 곳에서 비춰지고 있었다. 어떤 탐조등은 적이 배치된 능선을 정확히 비췄고, 또 어떤 탐조등은 능선 언덕에 걸쳐있는 구름을 비추어 마치 달빛이 흘러나오는 것 같은 장면을 연출하기도 했다.

병사들은 낮과 저녁시간을 이용하여 취침을 취했다. 그날 저녁에는 먹구름이 밀려와 어둠이 빨리 찾아왔다. 어두워지기 전에 포반장인 칼 중사(SFC. David Karl)가 60미리 박격포를 적이 있는 동쪽 능선을 향하도록 방열했다. 60미리 박격포 3문은 중대 지휘소 근처의 가장 높은 능선(①번 고지)에 포진을 점령하였고 그 사거리는 약 300m 정도였다.

마지막 햇빛이 사라지자 비가 오기 시작했고 탐조등이 켜졌다. 하이트 대위는 21시가 되자 중대 방어선을 둘러보기 시작했다. 그는 점토로 이루어진 중대 방어선의 가장자리를 돌며 방어 상태를 점검했다. 순찰 결과 적의 움직임은 전혀 없었다. 중대원들은 비를 맞아가면서 적의 공격을 기다리고 있었고 그가 순찰을 마치고 지휘소에 돌아왔을 때, 중대 방어진지와 9 · 12중대 사이의 계곡에서 조명탄 2발이 터졌다. 하이트 대위가 시계를 봤을 때, 21시 15분이었다. 그는 혼잣

말로 "그들이 공격하기에는 좀 이른 시간인데!"라고 중얼거렸다.

중공군은 얼마 떨어지지 않은 곳에 있었는데, 그곳은 3대대의 예비대가 배치된 지역이었다. 하이트 대위는 중대 방어선을 걱정하기 시작했다. 몇 분 안에 동쪽의 적이 배치된 봉우리에서 기관총 사격이 시작되었고, 북쪽에서 중대 방어선 중앙으로 중공군들이 기어 올라오기 시작했다. 하이트 대위는 중공군의 사격을 보고 그들이 세 방향에서 자신의 중대를 공격한다고 생각했다. 그러나 그중 한 무리는 11중대와 9·12중대 사이에 매설된 지뢰지대를 통과하고 있어서, 제 시간에 11중대를 공격할 수 없었다.

적의 주공은 2소대가 배치된 동쪽 능선을 지향하고 있었다. 중공군들은 험준한 능선을 포복으로 기어 올라와 2소대원들에게 60발의 수류탄을 던졌다. 그중 한 발이 유선전화기 전선을 잘라 유선통화가 불가능해졌다. 2소대원들이 배치된 능선은 매우 협소했기 때문에, 중공군들이 투척한 수류탄들은 반대편 능선으로 굴러떨어져 2소대원들에게 아무런 피해를 입히지 못했다.

수류탄 공격에 이어 적들의 돌격이 예상되었기 때문에 분대장이자 기관총 사수인 데카드 병장(Sgt. Raymond M. Deckard), 브라우닝 자동소총수인 브르먼센켈 상병(Cpl. Philip B. Brumenshenkel)과 맥키니 일병(PFC. Herman W. McKinney)은 그들의 수류탄을 모두 모았다. 그리고 뒤쪽에 있는 봉우리로 올라가 마치 세 마리의 까마귀가 모여 앉아 있는 자세를 하고 중공군의 접근을 기다렸다. 그러나 폭우로 인해 바로 앞도 분간할 수 없는 상태에서 수류탄을 소모할 수는 없었다. 중공군의 그림자가 아래에서 비치자 그들은 중공군을 향해 수류탄을 던졌다.

동시에 2소대 기관총 진지를 향해 올라오는 중공군을 향해 기관총 사격을 실시했다. 사격은 적들이 철수할 때까지 약 20분 동안 지속되었다. 적들의 공격은 점차 잠잠해졌으며, 근접전투는 끝이 났다. 그러나 적은 북쪽에 배치된 기관총을 이용하여 사격을 계속했다. 이 시간이 22시경이었다. 11중대 지역은 사격소리, 빗소리, 그리고 천둥소리가 섞여 야수가 울부짖듯이 울려 퍼졌다. 비는 지속적으로 내리고 있었으며, 고지로부터 불규칙한 물줄기가 아래로 향하고 있었다.

적의 장거리 기관총 사격을 제외하고는 30분 동안 잠잠했다. 적의 두 번째 공격은 중공군 병사가 콘스탄트 상병(Cpl. Gilbert L. Constant)과 토마스 일병(PFC. Robert J. Thomas)이 있는 기관총 진지에 살금살금 접근하면서부터 시작되었다. 당시 비바람이 몰아치고 있었으므로, 이들은 중공군의 접근을 인지하지 못했다.

중공군이 기관총진지에 접근했을 때, 지터 일병(PFC. Walter Jeter, Jr)이 적을 발견하고 "좌측에 적이 있다."라고 소리쳤다. 그 중공군은 소총이나 수류탄 대신에 조명탄을 발사하는 자그마한 총을 가지고 있었다. 그는 기관총진지 바로 앞에 조명탄을 발사했고, 잠시 후에 기관총진지 앞에는 마치 커튼처럼 붉은색 빛이 타오르기 시작했다. 토마스 일병은 이 불빛을 보고 중공군들이 달려오는 모습을 볼 수 있었고 기관총의 자물쇠를 풀고 접근하는 중공군을 향해 사격할 준비를 마쳤다. 그는 중공군을 향해 한참을 사격을 했다. 잠시 후, 토마스 일병이 사격을 멈추더니 주위의 병사들에게 "간부에게 알려!"라고 소리쳤다. 토마스 일병은 조명탄을 터뜨린 중공군을 사살하였으나, 진지 좌측에서 접근하는 중공군은 발견하지 못했다. 그 중공군은 기관총 진지에 수류탄을 던졌고, 토마스 일병과 콘스탄트 상병은 심한 부상을 입었다.

분대장인 데카드 병장은 그들에게 "진지에서 빠져나와!"라고 소리쳤다. 그리고 다이아몬드 상병(Cpl. John W. Diamond)을 기관총 진지로 보내 사격을 계속하도록 했다. 그러나 중공군은 또다시 수류탄을 던져 다이아몬드 상병도 얼굴과 팔에 부상을 입었다. 그러나 데카드 병장은 기관총진지를 포기할 수 없었다. 그 이유는 방어상 이 기관총진지가 중요한 지점이었으므로 그는 기관총진지로 뛰어들어 사격을 계속했다.

같은 시간에 기관총을 엄호하던 브라우닝 자동소총도 문제가 발생했다. 한 정은 사수가 부상을 입었으며, 다른 한 정은 기능고장이 났다. 기관총과 브라우닝 소총 모두 문제가 발생했고 사격속도는 점차 줄어들기 시작했다. 데카드 병장은 유선으로 중대 예비분대 투입을 요청했다. 그러나 유선은 적의 수류탄 공격으로 단절된 상태였고, 이때부터 재앙은 시작되었다.

적의 공격이 강렬함에 맞추어 비도 억수와 같이 쏟아지고 있었다. 이때 중대 지휘소에서 하이트 대위는 2소대 지역을 바라보면서 잠시 생각에 빠졌다. 그가 3년 반 전에 태평양 전쟁에서 일본군과 맹렬한 전투를 벌이고 있는 장면이 주마등(走馬燈)처럼 머리를 스쳐 지나갔다. 2소대의 북쪽으로 약 400~500m 떨어진 곳에 중공군의 중기관총 4정이 사격을 하고 있었다. 그들의 예광탄은 아치를 그리며 두 봉우리(2소대와 중대 지휘소) 사이에 떨어졌다. 또 다른 적의 기관총이 동쪽 봉우리에서 데카드 병장이 지휘하고 있는 기관총진지를 향해 예광탄을 발사하고 있었다. 북쪽과 동쪽에 배치된 적들의 기관총에서 발사된 예광탄들이 서로 교차하였다. 이에 하이트 대위는 서로의 진지를 향해 사격을 하길 내심 기대하고 있었다.

적들의 기관총 사격소리에 더하여 약 40명의 중공군들이 2소대를 향해 사격을 하며 접근하고 있었다. 여기에 적의 박격포탄도 떨어졌다. 아군의 탐조등은 2소대에 접근하는 중공군들을 비췄고, 조명탄도 하늘에서 지글지글 타고 있었다. 능선 중턱에는 구름들이 걸쳐 있어서, 마치 안개 속에서 랜턴을 켠 것 같은 상황이 연출되었다. 하이트 대위는 조명 하에서 적들을 향해 사격을 하는 중대원들을 볼 수 있었다. 그들의 철모와 땀에 젖은 전투복은 조명에 의해 빛이 났다.

적과의 치열한 교전 중에 중대장(하이트 대위)은 2소대 기관총 진지가 적에게 피탈될 위험에 빠져 있다는 보고를 받았다. 하이트 대위는 즉시 중대 예비분대를 투입했으며, 4.2인치 박격포를 요청하여 적이 배치되어 있는 동쪽 봉우리를 쑥대밭으로 만들었다. 또한 3소대에서 기관총 1정을 차출하여 2소대 기관총 진지에 투입한 결과 2소대의 방어선을 회복할 수 있었다. 2소대에서 중공군을 몰아내자, 하이트 대위는 화력 요청을 중단했다. 중공군과의 근접전투 동안에 2소대는 30분 동안 사격을 했고, 데카드 병장의 기관총은 12박스의 탄약을 소비했다. 이로 인해 2소대는 기본 휴대량을 모두 소비했다. 이에 하이트 대위는 보급병인 아컬리 일병(PFC. William T. Akerley)에게 1소대와 3소대에서 탄약을 수거하고, 지휘소 근처에 있는 탄약고에서 탄약을 불출하여 2소대에 재보급해 주라고 지시했다.

하이트 대위는 중대 상황을 대대장인 다비스 중령(Lt. Col. Ernest H. Davis)에게 보고했고, 추가적인 탄약지원을 요청했다. 다비스 중령은 탄약을 분산하여 저장하라고 지시했으나, 하이트 대위는 한 곳에 탄약을 저장시켜 놓았다. 하이트 대위는 대대장에게 "걱정하지 마십시오, 중대 탄약고에는 탄약이 조금밖에 없습니다."라고 대답했다.

대대장은 하이트 대위에게 노무자를 통해서 곧 탄약을 재보급해 주겠다고 말했고, 대대장과의 통화를 끝낸 후, 하이트 대위는 중대원들에게 탄약을 아껴서 사용하라고 지시했다. 그러나 구름이 앞을 가리고 있어 중대원들은 의심지역에 대해 무작정 사격하는 경우가 많았다.

중공군의 두 번째 공격은 새벽 1시 전에 끝났다. 적의 공격이 끝날 때까지, 비의 양은 줄어들었지만, 빗줄기는 꾸준히 이어졌다. 11중대원들은 적들의 3차 공격을 걱정하고 있었지만, 아무 일도 일어나지 않았다. 그저 먼발치에서 소화기, 기관총과 박격포만이 사격을 해왔다. 11중대원들은 2시간을 더 기다렸지만, 적들의 공격도 대대의 탄약지원도 받지 못했다.

마침내 능선 아래의 도로가에 배치되어 있던 전차부대 장교로부터 무전이 왔다. 한국 노무자들이 탄약을 운반하다가 적의 사격을 받고 대대로 돌아갔다는 것이었다. 청천벽력과 같은 소식이었다. 이로 인해 11중대는 탄약에 대한 걱정이 더욱 커졌다. 하이트 대위는 소대장들을 무전기로 호출하여 아침까지 추가적인 탄약보급이 없다고 말했고, 어떤 소대장은 이미 탄약이 떨어졌다고 보고했으며, 또 다른 소대장은 소대원들이 마지막 탄창을 소총에 끼웠다고 했다. 소대장들은 "중공군이 다시 공격하면 어떻게 합니까?"라고 중대장에게 물었다. 그러자 중대장은 "그거야 하늘에 맡겨야지! 탄약이 떨어지면 중공군과 백병전을 실시한다."라고 대답했다.

하이트 대위는 탄약을 최대한 절약하기 위해 포병과 박격포반에 최후방어사격을 요청했다. 포병과 박격포 사격은 1시간 30분 동안 지속되어 새벽 4시 30분에 끝났다. 적의 사격이 사라지자 하이트 대위는 포병과 박격포 사격요청을 중지했다. 1시간 30분 동안 4.2인치 박격포는 2,165발을 사격했다.

잠시 후, 8월 5일의 아침이 시작되었다. 적의 행동이 재개되었다. 약 26명의 중공군이 그들의 장비를 수습하기 위해 11중대 주변에 나타났다. 하이트 대위는 곡사화력을 유도하여 중공군 7명을 죽이고, 나머지 중공군들은 부상을 입었다. 사격이 끝난 후, 중대 방어선 주변에는 39구의 중공군 시체가 있었으나, 11중대원들은 더 많은 중공군을 사살하거나 부상을 입힌 것으로 믿고 있었다. 이에 반해 11중대는 5명의 부상자만 발생했을 뿐이었다. 11중대의 사기는 하늘을 찌를 듯 높았다.

오후 늦게 하이트 대위는 고지에서 철수하라는 명령을 받았다. 중대원들은 고지 정상에 부비트랩을 설치하고 날이 어두워지려고 할 때, '백만 달러' 고지에서 내려왔다.

배워야 할 소부대 전투기술 16

Ⅰ. 방어 시 예비대는 즉각 투입이 가능하도록 방어지역 중앙에 위치해야 한다.

Ⅱ. 산악지형에서 방어 시 적의 접근로는 정해져 있다. 적 접근로를 파악하여 곡사 화력을 계획한다면 적에게 엄청난 타격을 줄 수 있다. 왜냐하면 방자는 고지에서 관측이 양호한 반면에 공자는 험난한 지형과 제한된 기동로로 인해 부대밀집 현상이 일어나기 때문이다. 이순신 장군이 강조한 '一夫當逕 足懼千夫'의 의미를 잘 새겨야 할 것이다.

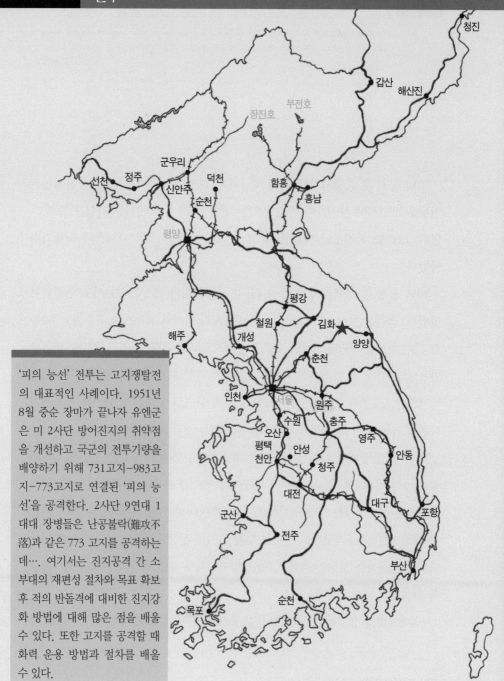

'피의 능선' 전투는 고지쟁탈전의 대표적인 사례이다. 1951년 8월 중순 장마가 끝나자 유엔군은 미 2사단 방어진지의 취약점을 개선하고 국군의 전투기량을 배양하기 위해 731고지-983고지-773고지로 연결된 '피의 능선'을 공격한다. 2사단 9연대 1대대 장병들은 난공불락(難攻不落)과 같은 773 고지를 공격하는데…. 여기서는 진지공격 간 소부대의 재편성 절차와 목표 확보 후 적의 반돌격에 대비한 진지강화 방법에 대해 많은 점을 배울 수 있다. 또한 고지를 공격할 때 화력 운용 방법과 절차를 배울 수 있다.

17 비숍 대대의 '피의 능선' 전투

Lt. Col. Gaylorl M. Bishop

The first qualify of the soldier is fortitude in enduring fatigue and privations; valor is only the second. Poverty, privation, and misery are the school of the good soldier.

NAPOLEON

'피의 능선'은 종군기자에 의해 세상에 알려졌다. 미 2사단 9연대 장병들은 신문을 보고서야 자신들이 싸우고 있는 곳이 '피의 능선'이라는 사실을 알게 되었다. 그러나 작전보안 때문에 '피의 능선'의 정확한 지점은 세상에 밝혀지지 않았다.

'피의 능선'은 서에서 동으로 983고지, 940고지와 773고지가 서로 연결되어 있었다. 적들은 이미 '피의 능선' 위에 미로처럼 진지와 교통호를 구축했고, 교통호 사이사이에 아군의 포병과 항공기 공격으로부터 견딜 수 있는 수많은 벙커를 만들었다. 가장 큰 벙커는 병사 6명이 들어갈 만한 크기였으며, 아군의 포탄이나 박격포탄으로부터 방호되었다. 적들은 주위 환경과 조화시켜 벙커를 위장했기 때문에, 지상에서 적의 벙커나 진지를 식별하는 것은 거의 불가능했다.

'피의 능선'에 대한 공격은 개성에서 휴전회담이 진행되고 있는 동안에 실시되었다. 이 동서로 뻗어있는 능선이 아군에게 양호한 관측을 제공했지만 미 8군의 전체적인 입장에서는 그다지 가치 있는 지형은 아니었다. 이에 8군은 '피의 능선'에 대해 제한된 공격작전을 실시했는데, 그 이유는 적들이 8군의 방어선에 너무 가까이 접근하는 것을 방지하고, 아군 방어진지에 대한 적들의 관측과 화력유도를 방해하기 위해서였다.

9연대 1대대 장병들이 '피의 능선'을 확보하기 위해 12일 동안이나 전투를 치르고 있었다. 2사단은 국군과 교대로 '피의 능선'을 공격했다. 국군이 일시적으로 '피의 능선'의 3개 고지를 점령하기는 하였으나, 바로 다음 날 적의 반돌격으로 철수해야만 했다. 이렇듯 국군 또한 많은 피를 '피의 능선'에 뿌렸다. 국군 연대가 10일 동안 공격하는 동안 적어도 1,000명 이상의 사상자를 냈으며, 이 중 실종되거나 전사한 인원은 25%에 달했다.

'피의 능선'을 공격하는 동안에는 사단의 4개 포병대대, 군단의 2개의 중포병대대, 인접사단의 105미리 포병대대, 인접연대의 2개 중박격포중대, 사단의 2개 전차중대, 인접사단의 중전차중대의 지원을 받았다. 이 지원화력들은 모두 2사단 포병연대에 의해 통합되었다.

1951년 8월 17일, 안개 낀 이른 아침에 국군은 '피의 능선'을 향하여 공격을 개시했다. 8월 25일, 국군은 천신만고 끝에 '피의 능선'을 확보했으나 적의 반돌격으로 또다시 '피의 능선'은 적에게 넘어갔다. 국군의 뒤를 이어 8월 27일에 2사단 9연대 3대대가 2대대의 화력지원하 공격을 재개했지만, 끝내 983고지를 확보할

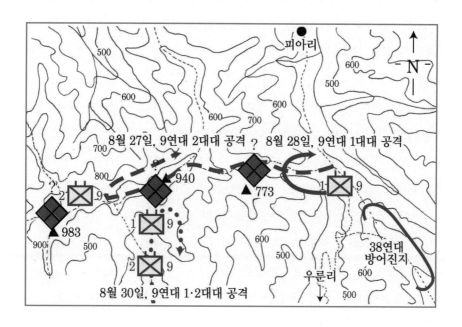

수는 없었다. 3대대는 그날 저녁 최초 공격대기지점이었던 우룬리로 철수했다. 다음 날인 8월 28일에 2대대가 '피의 능선' 동쪽을 공격했지만, 첫 번째 목표인 773고지도 확보하지 못했다. 사실 2대대는 그날 저녁 천신만고 끝에 773고지를 점령했지만, 적의 기습적인 반돌격으로 어쩔 수 없이 철수했다. 이렇듯 모든 미군과 국군이 고지별로 공격하여 일시적으로 '피의 능선'을 확보하기는 하였으나, 적의 끈질긴 역습으로 철수하는 수난이 반복되었던 것이다.

8월 30일, 9연대 1대대와 2대대는 940고지를 향하여 정면공격을 했다. 양개 대대 '피의 능선' 직전방까지 진출하였으나 적의 강력한 사격으로 공격을 멈출 수밖에 없었다. 엄청난 수의 사상자가 발생했고, 1대대 1중대는 50%의 병력손실을 입었다. 1중대의 위생병 3명도 죽거나 부상을 입었고, 소대장 1명도 사망했다. 또한 1중대장과 1중대 소대장 1명도 중상을 입었다. 이로 인해 1중대 소대장인 던 중위(Lt. John H. Dunn)가 1중대 지휘권을 인수받게 되었다.

양개 대대가 밤이 시작되기 전에 '피의 능선'을 확보할 수 있는 가능성이 희박해지자 연대장은 철수를 지시했다. 포병 관측장교인 모로 중위가 1중대(Lt. Edwin C. Morrow)가 위치한 능선을 향해 포복으로 기어가고 있을 때, 누군가 그에게 "중위님! 중위님이 중대 지휘권을 인수받아야 할 것 같습니다."라고 말했다. 모로 중위가 고개를 돌렸을 때, 1중대의 한 부사관이 나타났다. 모로 중위는 "던 중위는 어디에 있지?"라고 물었다. 그러자 그 부사관은 "전사했습니다."라고 대답했다. 모로 중위는 다시 그 부사관에게 "몇 명이 살아남았고, 1중대의 마지막 임무는 무엇이었나?"라고 질문했다. 그러자 그 부사관은 "22명이 생존했고, 대대로부터 철수하라는 명령을 마지막으로 받았습니다."라고 대답했다.

그 부사관이 살아남은 병력들에게 철수하라고 말하는 동안에, 모로 중위는 조직적인 철수를 하기 위해 중대를 재편성했다. 모로 중위는 "난 포병장교인데, 이젠 보병장교가 되었구먼!"이라고 중얼거렸다.

7개의 포병대대는 1대대원들이 부상자를 데리고 능선 아래로 내려오는 동안

'피의 능선' 정상에 연막탄 및 고폭탄 지원을 실시했다. 그러나 적의 끈질긴 사격으로 생존한 병사들만이 '피의 능선'에서 내려올 수 있었다. 전사자와 전투장비는 '피의 능선' 위에 유기하고 철수할 수밖에 없었다.

8월 31일 새벽 4시가 되도록 1대대원들은 중공군의 사거리 밖으로 벗어날 수가 없었다. 물론 취침과 식사는 꿈같은 이야기였다. 철수 간, 1대대장인 비숍 중령(Lt. Col. Gaylorl M. Bishop)은 중대장들에게 적의 기습공격에 대비하여 사주경계를 철저히 하라고 지시했다. 병력들은 전투식량을 받았으나, 중공군과의 교전 이후로 아무것도 먹지 못했다.

우여곡절 끝에 1대대원들은 우룬니 남쪽에 집결하여 집결지로 이동하기 위해 트럭을 기다리고 있었다. 1대대원들을 2시간 이상을 기다려야 했다. 시간이 가면 갈수록 사기는 땅에 떨어졌다. 설상가상으로 갑자기 안개가 꼈고 이유 없이 날씨가 추워졌다. 병사들의 얼굴에는 두려움과 걱정으로 가득 차 있었다.

1대대원들이 집결지에 도착하자 그들은 마른 양말을 지급받고, 뜨거운 커피를 마실 수 있었다. 물론 탄약도 재보급 받았다. 대대원들은 총기손질 기름과 천 조각을 지급받아 자신들의 개인화기를 손질했다. 대대원들은 잠시나마 기분 좋게 편지도 읽었다. 손실된 병력들도 중대별로 보충되었다.

8월 30일 정오, 1대대는 다시 트럭을 타고 3km 전방으로 전진했다. 대대의 임무는 동쪽에서 773고지를 공격하는 것이었다. 공격대기지점에서 보병들은 하차하여, 접적전진을 하기 위해 2열로 전개했다. 대대 전위는 3중대가 맡았다. 1대대가 전진하는 동안 도로 좌·우측에는 북한군의 시체가 즐비했다.

대대는 조용히 우룬리와 피아리를 연결하는 도로를 따라 접적전진을 하고 있었다. 잠시 후, '피의 능선'의 동쪽 봉우리가 나타나자 전위인 3중대는 좌측으로 방향을 틀어 773고지를 향하여 전진하기 시작했다. 773고지의 맞은편 고지는 이미 38연대가 며칠 전에 점령하여, '피의 능선'에 배치된 적을 견제하고 있었다. 38연대가 점령한 능선에서 773고지에 대한 관측이 양호했다. 이에 대대장인 비

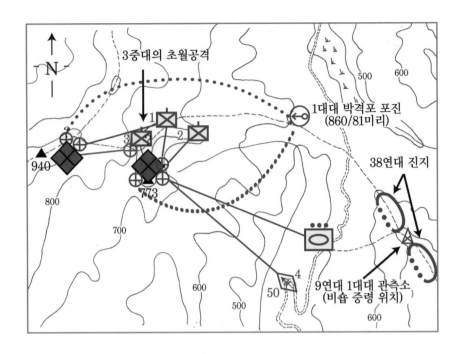

3중대의 초월공격

940

773

1대대 박격포 포진
(860/81미리)

38연대 진지

9연대 1대대 관측소
(비숍 중령 위치)

숍 중령은 38연대 지역에 대대 관측소를 설치하고, 전투를 지휘했다.

그와 대대 정보장교인 말라드 중위(Lt. Charles W. Mallard)는 관측소에서 3중대가 773고지로 올라가는 모습을 쌍안경으로 보고 있었다. 능선 중턱까지는 3중대원들이 능선 중턱을 올라가는 모습까지는 볼 수 있었으나, 능선 언저리에 안개가 끼자 3중대원들은 그의 시야에서 사라져 버렸다. 산 중턱부터 안개가 짙게 끼어 있었기 때문에 773고지와 940고지는 관측이 불가능해졌다.

3중대는 공격을 잠시 멈추고 773고지 방향으로 정찰대를 투입했다. 전방의 적정을 파악하기 위해 정찰대가 자주 투입되었다. 일렬로 늘어선 3중대의 공격 대열은 가다 서다를 반복했다.

이로 인해 능선을 올라가는 보병들은 체력을 안배할 수 있었으며, 대열의 후미도 어느 정도 여유를 가질 수 있었다. 그러나 적이 언제 어디서 나타날지 몰랐기 때문에 병사들의 마음만은 여전히 불안했다. 그런데 갑자기 3중대 전방 약

100~200m 지점에서 적의 기관총사격이 날아오기 시작했다. 피·아간의 치열한 총격전이 약 10분간 진행됐다. 적의 기관총사격은 3중대 선두를 타격하면서 중대장인 캠피시 대위(Capt. Orlando Campisi)와 소대장 1명이 부상을 입었다. 3중대에서 즉시 응사했지만, 견고히 구축된 벙커에서 하향사격을 하는 적에게 별다른 피해를 줄 수 없었다.

대대 관측소에 있던 대대장은 3중대에게 무슨 일이 일어났는지 육안으로 관측할 수 없었지만, 무전기를 통해 어느 정도 상황파악을 할 수 있었다. 3중대 무전병인 트룩스 상병(Cpl. John J. Truax)은 "중대장과 소대장 1명이 다쳤고, 공격대열은 정지했음."이라고 보고했다. 대대장은 무전으로 2중대장에게 3중대를 초월[77]하여 773고지를 공격하라고 지시했다. 이와 동시에 관측소에 함께 있던 대대 정보장교인 말라드 중위를 3중대로 보내어 중대 지휘권을 인수하라고 지시했으며, 초월공격하는 2중대를 엄호하기 위해 포병화력을 요청했다. 그러나 안개 때문에 포병화력은 정확하게 유도되지 않았다.

2중대가 773고지 정상 부근에 도착하자 중대장은 1소대장인 버켓 중위(Lt. Joseph W. Burkett)를 불러 고지 정상으로 공격하라고 지시했다. 1중대와 3중대에 배속된 4중대의 중화기들은 사격지원진지를 점령하여, 버켓 소대의 공격을 화력으로 엄호했다. 773고지 정상은 안개로 인해 시야가 확보되지 않았다. 버켓 중위는 정상으로 향하는 공격로를 쉽게 식별할 수 없었다. 그는 부소대장인 라니 중사(SFC. Floyd Larney)에게 모든 분대장을 집합시키라고 지시했다.

버켓 중위는 3중대 소대장에게 773고지 부근에 있는 벙커의 위치와 벙커 안의 무기에 대해 자세히 물어봤다. 그러나 3중대 소대장은 773고지 정상으로 향하는 길은 매우 험난하다는 말만 할 뿐 적의 위치와 규모에 대해서는 잘 알지 못했다.

....

77) 초월(Passage) : 선두 부대가 전투력이 저하되면 후속하던 부대가 선두 부대를 통과하여 계속 공격하는 것

이따금 안개가 바람에 의해 이동했다. 버켓 중위는 잠시 공격을 중지하고 공격 계획을 분대장들에게 하달했다. 그는 773고지의 방향을 식별한 후, 손가락으로 지시해가며 분대장들에게 명령하달을 했고 소대장의 명령하달 이후, 분대장들은 각자의 분대로 복귀하여 정상으로 올라가기 시작했다. 기관총 4정의 엄호 아래 소대는 773고지를 향해 올라갔다.

소대가 공격하는 동안 적의 공격은 없었으나, 버켓 중위는 자신의 소대원들을 걱정하고 있었다. 그 이유는 소대원 22명 중 16명이 이틀 전에 보충되었기 때문이었다. 비록 그들은 자신의 위치에서 최선을 다하려고 했으나, 너무 긴장하여 꾸물대거나 떼로 몰려다니는 경향이 있었다. 좁은 길을 따라 우뚝 솟아 있는 고지를 향해 공격을 하다 보니 1소대의 기동력은 현저히 둔화되었고, 보충병들은 우왕좌왕하기 시작했다.

약 70m를 기동한 후에, 버켓 중위는 소대를 잠시 동안 정지시켰다. 그는 중대장과 소대를 엄호하는 기관총반과의 유일한 연락수단인 워키토키를 점검했다. 워키토키는 잘 작동되고 있었다.

버켓 중위가 소대원들을 이끌고 773고지를 향하여 다시 올라가기 시작했다. 버켓 중위는 적의 수류탄 공격을 걱정했으나, 다행히 아무런 일도 발생하지 않았다. 적은 소화기 사격을 했으나, 버켓 소대에 그다지 큰 영향을 주지 못했다. 그리고 버켓 중위는 이 사격이 773고지 정상에서 날아오는 것인지, 아니면 더 먼 곳에서 날아오는 것이지 분간할 수 없었다. 그와 3명의 병사는 10m를 전진하여 773고지 정상 부근에 도착하자마자 나머지 병사들에게 자신을 엄호하라고 말한 다음, 포복을 하여 적 참호가 있을 법한 곳으로 나아갔다. 그는 자신의 몸을 숨길만한 바위 뒤에서 반대편을 힐끔힐끔 쳐다봤다. 그러더니 수류탄을 꺼내 핀을 제거하고 투척했다. 수류탄이 폭발하기도 전에 나머지 3명의 병사가 포복을 하여 버켓 중위에게 다가왔다. 수류탄이 터지고 그들은 773고지 주변을 수색했으나 비어있는 참호만이 남아있었다.

버켓 중위가 10m 정도를 더 전진하자 자그마한 봉우리(773고지 위의 있는 두 개의 봉우리 중에 하나)가 있었다. 소대가 더 전진하기 전에, 엄호사격을 하던 기관총반을 소대와 가까운 지역으로 진지변환을 시켜야만 했다. 그는 무전기를 휴대하고 있는 소대전령을 불렀다. 그러나 이런 중요한 순간에 무전기가 고장이 나 중대와 연락이 되질 않았다. 때마침 적의 사격은 강력해졌다. 그는 화력지원이 절실히 필요했다. 박격포와 포병지원은 안개 때문에 아침 내내 이루어지지 못했다. 나중에 안 사실이지만 기관총반도 안개 때문에 1소대를 더 이상 지원할 수 없었다. 결국 버켓 중위는 안개 때문에 시야도 확보할 수 없었고, 무전기도 고장났기 때문에 중대로부터 어떤 지원도 받지 못하게 된 것이다. 그는 화를 내며 무전기를 집어던져 버렸다.

버켓 중위의 지시로 소대는 계속해서 전방으로 공격하려 했지만, 적의 사격은 더욱 더 강력해졌다. 버켓 중위의 뒤에는 소대원 중 10여 명도 안 되는 병사들만이 뒤따르고 있었다. 소대를 재편성하여 20m를 전진했을 때, 작은 봉우리에서 수류탄이 날아 왔다. 수류탄이 굴러오자 1소대원들은 모두 지면에 엎드렸다. 수류탄이 터졌지만, 아무런 피해가 없었다. 단지 버켓 중위의 이마로 파편이 튀었다. 북한군은 수류탄을 더 던졌지만, 1소대 뒤쪽으로 떨어졌다. 양쪽은 안개로 인해 앞을 제대로 볼 수 없었다.

버켓 중위가 주위를 살펴보더니, 아주 잘 위장된 북한군 벙커를 발견했다. 버켓 중위는 소대원들에게 벙커를 향해 사격하라고 지시했다. 그럼에도 벙커에서는 여전히 수류탄이 날아왔고, 기관총 사격이 계속되었다. 전투경험이 있는 병사들은 적이 투척하는 수류탄을 피할 수 있었지만, 얼마 전에 보충된 신병들은 상황이 달랐다. 결국 신병 몇 명이 부상을 입었다. 부상당한 신병 한 명은 수류탄이 굴러오고 있는 오솔길에서 피할 생각도 하지 않고 있었다. 전장 공포에 질려버린 것이다. 수류탄은 터졌고 그 신병은 능선 아래로 굴러떨어졌다. 그 병사는 계속해서 비명을 질렀지만, 짙은 안개 때문에 그를 찾을 수가 없었다.

2중대장인 클지조위스키 대위(Capt. Edward G. Krzyzowski)는 3정의 브라우닝 자동소총을 다른 소대에서 차출하여 1소대에 보냈다. 이는 기관총 사격을 대체하고, 보다 근거리에서 사격 지원을 제공하기 위해서 취한 조치였다. 브라우닝 자동소총수 중에 한 명인 트루질로 일병(PFC. Domingo Trujillo)이 버켓 중위에게 다가가서 자신이 여기에 온 이유를 설명한 후, 자신들이 무엇을 해야 하는지 물어봤다. 버켓 중위는 트루질로 일병에게 소대의 전진을 가로막고 있는 벙커를 지시했다. 트로질로 일병은 벙커에 시험 사격을 한 후, 브라우닝 자동소총을 허리 아래로 내려 본격적인 사격을 했다. 트로질로 일병 뒤에는 또 다른 브라우닝 자동소총수인 스페인 일병(PFC. Robert L. Spain)이 있었다. 스페인 일병은 벙커 안의 북한군이 트로질로 일병을 향해 사격을 하려고 하자, 자신의 브라우닝 자동소총을 발사했다. 그러나 스페인 일병은 벙커 안의 북한군을 맞추지 못했다. 결국 트로질로 일병은 목과 가슴에 총상을 입어 즉사하고 말았다.

버켓 중위는 벙커를 향해 수류탄을 던졌으나, 벙커는 끄떡도 하지 않았다. 버켓 중위는 주위의 병사들을 집합시켜, "내가 벙커에 접근하여 수류탄을 던질 테니, 너희들은 엄호사격을 해!"라고 지시했다. 버켓 중위는 벙커의 기관총사격을 피하기 위해 남쪽으로 우회하여 포복해 갔다. 그리고 기관총의 사정거리에서 벗어나자 서쪽으로 몸을 틀어 벙커에 접근하기 시작했다. 버켓 중위는 안개로 인해 벙커 주변의 상황을 쉽게 파악할 수 없었다. 버켓 중위는 포복 도중에 다른 벙커 앞을 지날까 봐 아주 불안해했다. 벙커 앞까지 접근한 버켓 중위는 주위를 살핀 후, 수류탄의 안전핀을 제거한 후, 아주 부드럽게 벙커 안으로 던졌다. 773 고지 위에 있던 벙커는 폭발했다. 자신감을 얻은 버켓 중위는 확인 사살을 위해 벙커 안에 한 발의 수류탄을 더 던졌다. 그는 분대장인 하트만 병장(Sgt. Charles Hartman)에게 수류탄을 더 가져오라고 소리쳤다. 하트만 병장은 3발의 수류탄을 소대장에게 건네주었고, 버켓 중위는 주변의 다른 벙커 안에 수류탄을 투척했다. 버켓 중위는 전투에서 승리한 것과 같이 기뻐했다.

마지막 수류탄이 폭발한 지 30초 후에, 북한군은 버켓 중위가 공격한 벙커에서 조금 떨어져 있는 벙커 출입문을 박차고 나와 버켓 중위를 향해 6발의 수류탄을 던졌다. 이를 지켜본 버켓 중위는 옆으로 굴러 수류탄의 파편을 피했다. 하트만 병장이 굴러떨어지는 버켓 중위를 잡았고, 벙커 주변을 경계하기 시작했다. 바로 그때, 버켓 중위와 하트만 병장 옆으로 수류탄이 굴러오고 있었다. 이로 인해 버켓 중위와 하트만 병장은 경상을 입었다. 버켓 중위는 하트만 병장에게 "적의 수류탄 투척거리를 벗어난 지점까지 소대원들을 빼! 그리고 중대의 지원을 받을 때까지 그 위치를 이탈하지 말라고 해!"라고 지시했다. 이때가 늦은 오후였다.

대대장은 2중대에게 "잠시 후에 날이 저문다. 2중대장! 귀관은 1, 3중대장과 협조하여 현재 위치에서 이탈하여 급편방어로 전환하라!"라고 지시했다. 2중대장인 클지조위스키 대위는 다른 소대를 보내 1소대의 부상자를 후방으로 후송했다.

안개는 9월 1일 새벽에 사라졌다. 하늘은 맑고 아침 햇살은 눈부셨다. 비숍 중령은 1중대를 주공으로 하여 '피의 능선'을 다시 공격하기 시작했다. 물론 날씨가 맑았으므로 773고지와 940고지 사이에 포병과 박격포사격이 지원되었다. 3중대는 773고지 바로 아래서 1중대의 공격을 엄호했는데, 3중대의 지휘권을 인계받은 말라드 중위(대대정보장교)는 773고지에 포병화력을 유도하고, 중기관총 반을 직접 지휘하여 1중대에게 근접화력지원을 제공했다.

1중대가 공격을 하고 있는데, 돌격소대의 공격이 갑자기 멈췄다. 왜냐하면 바로 어제 2중대의 공격을 가로막았던 그 벙커에서 적의 기관총 사격과 수류탄 세례가 다시 시작되었기 때문이었다. 이로 인해 1중대 돌격소대의 소대장과 여러 명의 병사들이 부상을 입었다. 이에 1중대장인 폴크 대위(Capt. Elden K. Foulk)는 1개 소대를 인솔하여 돌격소대를 지원하기 위해 벙커 주변으로 급히 갔다. 그러나 적의 기관총 사격으로 폴크 대위는 다리에 중상을 입었다. 적의 기관총 사격이 거세지자, 폴크 대위는 신속히 3중대 지역으로 후송되었다. 3중대 지역에 폴크 대위가 도착하자, 그는 말라드 중위에게 "1중대는 지원이 필요하다."라고 말을 하고 정신을 잃어 버렸다.

이에 2중대장인 클지조위스키 대위는 중대를 이끌고 1중대가 있는 지역으로 전진하여 1중대를 엄호했다. 1중대가 엄호를 하고, 773고지를 향해 말라드 중위가 기관총 사격과 브라우닝 자동소총 사격을 지원하자, 1중대의 돌격소대는 벙커로 접근하여 수류탄을 투척했다. 1중대 돌격소대는 5분간 벙커를 향해 수류탄을 투척했고 결국 대대의 공격을 가로막았던 벙커를 점령했다.

1중대의 공격은 거의 10시가 되어서 끝이 났다. 1대대는 773고지 부근의 봉우리 2개 중에 1개를 점령하게 된 것이다. 이제 남은 것은 773고지 정상뿐이었다. 773고지의 두 봉우리는 약 250m 정도 떨어져 있었는데, 이들을 연결시켜 보면 마치 후크모양처럼 생겼다.

14시에 2중대는 773고지 정상을 향해 공격을 재개했다. 그러나 중대원은 이미 50명으로 줄어든 상태였다. 말라드 중위의 통제 하에, 소총 3개 중대의 60미리 박격포반은 3중대 직후방에 포진을 점령하고 1중대를 지원했다. 말라드 중위는 3개의 60미리 박격포반을 마치 포병처럼 운용하여 공격부대에 효과적인 화력지원을 제공했다.

2중대가 후크모양의 능선을 따라 약 100m를 전진했을 때, 벙커 3개가 나타났다. 북한군들은 미군을 발견하자마자 수류탄을 투척하여, 2중대원 5명이 부상을 입었다. 설상가상으로 940고지로부터 적의 기관총 사격이 시작되었다.

2중대장인 클지조위스키 대위는 그의 중대를 후퇴시키고, 1중대에 바주카포 사격을 요청했다. 여러 발의 바주카포가 벙커에 명중했다. 그리고 클지조위스키 대위는 말라드 중위에게 연락하여 773고지에 있는 적 벙커들을 향해 60미리 박격포 사격을 요청했다. 박격포탄들은 벙커 위에 정확히 떨어졌다. 60미리 박격포 사격은 2중대원들이 바주카포를 휴대하고 벙커에 접근하는 동안에 벙커를 무력화시킬 만큼 강력했다. 2중대원들이 벙커에 접근했지만 벙커는 조용했다.

벙커에 접근한 젠킨스 일병(PFC. Edward K. Jenkins)은 벙커 남쪽으로 포복을 하여 두 번째 벙커에 도착했고, 수류탄 3발을 벙커 안으로 던졌다. 젠킨스 일병이 적의 두 번째 벙커를 공격하는 동안에, 세 번째 벙커 안에 있던 적들이 2중대원들을 향해 수류탄을 던져 2명이 부상을 입었다. 부상당한 2명의 수류탄은 곧 젠킨스 일병에게 전달되었고, 젠킨스 일병은 세 번째 벙커에 이 수류탄을 투척하여 적의 공격을 잠재웠다.

이와 동시에 세 번째 벙커로부터 약 25m 떨어진 능선(773고지 정상)에 위치한 벙커로부터 2중대를 향해 기관총사격이 시작되었다. 2중대원은 즉시 유탄발사기를 이용하여 사격을 했지만, 적의 피해를 알 수가 없었다. 지금까지 첫 번째 봉우리는 2중대의 정면에 있었지만, 두 번째 봉우리는 2중대의 남쪽에 위치하고 있었기 때문에 2중대의 좌측 측방이 노출되었다. 설상가상으로 2중대의 선두가 940고지에 배치된 적의 기관총사격으로 더 이상 전진을 못하게 되자, 773고지 정상에 배치된 적 기관총들이 동서로 늘어선 2중대의 좌측방을 향해 사격을 실시했다.

밤이 다가오자 대대장은 2중대장에게 대대가 확보한 첫 번째 능선으로 철수하여, 나머지 2개 중대와 급편방어로 전환하라고 지시했다. 첫 번째 고지로 철수하여 급편방어로 전환했을 때, 1중대는 오직 22명의 병사만이 남아 있었고 2중대는 20명의 병사만이 남아 있었다.

다음 날 아침, 장교 6명을 포함한 156명의 병력이 1대대에 증원되었다. 1중대와 2중대는 각각 2명의 장교와 65명의 병사들이 증원되었으며, 3중대는 2명의 장교와 20명의 병사들이 증원되었다. 각 중대들이 증원된 병력들을 소대에 재배치하고 있을 때, 대대장은 전차와 구경 50기관총이 장착된 반궤도차량을 우룬리와 피아리 사이의 도로에 배치했다. 왜냐하면 940고지에 배치된 적의 기관총진지를 무력화시키기 위해서였다.

말라드 중위는 대대장의 귀와 눈이 되기 위해 첫 번째 능선에 관측소를 세웠고, 전차와 중박격포 중대를 통제했다. 말라드 중위가 박격포를 통제하여 773고지에 대한 화력을 유도하면, 포병 관측장교는 940고지에 포병화력을 유도했다. 그리고 공군은 '피의 능선' 서쪽에 있는 983고지를 향해 네이팜탄을 투하했다.

9월 2일에는 공격을 하지 않았다. 그 대신에 하루에 두 번 3중대에서 773고지 정상 주변으로 정찰대를 파견하였다. 그러나 그때마다 적들은 수류탄을 투척하여 정찰대는 아무런 성과없이 돌아오곤 했다.

9월 3일 9시에 말라드 중위는 얼마 전에 보충된 존스 중위(Lt. Arnold C. Jones, 소대장)를 불렀다. 존스 소대는 다음 공격에서 돌격소대의 임무를 맡았기 때문에, 3중대장인 말라드 중위는 세부적 공격계획을 존스 중위와 상의했다. 존스 소대가 공격을 하기 전에, 대대장은 773고지에 대한 근접항공지원이 있을 때까지 공격을 하지 말라고 지시했다. 비숍 중령은 말라드 중위에게 공군의 근접항공지원을 직접 유도하라고 지시했다. 당시 말라드 중위는 유선으로 60미리와 81미리 박격포를 통제함과 동시에 무선으로 전차사격을 통제하고 있었기 때문에, 1중대장에게 공군의 근접항공지원을 대신 유도하라고 요청했다. 1중대장은 라카즈 중위(Lt. Robert D. Lacaze)였는데, 최초 1중대장이었던 폴크 대위가 부상을 입자 대대장의 명령으로 임시적으로 지휘권을 인계받았다.

4대의 전투기들이 10시 30분에 나타났다. 그들은 8발의 네이팜탄을 투하했지만, 단지 1발만이 773고지에 정확하게 떨어졌다. 그러나 773고지 주변의 능선에 떨어진 네이팜탄도 적들에게 적지 않은 피해를 주었다. 라카즈 중위는 대대 병력들이 있는 위치에서 150m 떨어진 곳에 네이팜탄을 유도했기 때문에, 대대원들은 네이팜탄의 열기를 느낄 수 있었다. 보병들이 불기둥이 솟아오르는 모습을 바라봤으며, 갑자기 환호성을 지르기 시작했다. 두 번째 근접항공지원은 네이팜탄 대신에 접근신관이 달린 폭탄을 투하했다. 전투기들이 돌아가는 길에 773고지를 향해 기총소사를 했다. 전투기들의 공격이 끝나자, 말라드 중위는 포병을 요청하여 773고지와 940고지를 공격했다.

13시와 14시 사이에 공군의 근접항공지원이 끝났다. 비숍 중령은 무전기로 공격을 실시하라고 말라드 중위에게 지시했다. 9월 3일 당시 3중대의 병력은 85명이었다. 보병들은 2개 소대로 나누어졌는데, 한쪽은 전투 경험이 많은 병력들로, 다른 한쪽은 전투 경험이 없는 병력들로 편성했다. 존스 중위는 경험이 많은 병력들로 구성된 소대를 지휘하여 후크모양의 능선을 따라 773고지 정상으로 공격을 실시했다. 존스소대는 포병, 박격포, 전차의 화력지원 아래 순조롭게 공격을 실시하여 773고지 정상에 있는 2개의 벙커를 점령했으나, 세 번째 벙커 앞에서 멈춰 섰다. 존스 소대원들은 수류탄으로 인해 많은 사상자가 발생했는데, 이 수류탄은 벙커 안에서 날아오는 것이 아니라, 벙커 주변의 교통호와 참호에서 날아오는 것이었다. 말라드 중위는 3중대의 다른 소대를 투입했으나, 이미 적의 공격으로 많은 수의 병력이 손실되었다. 어수선한 상황에서 존스 중위가 적의 기관총사격으로 전사하였다. 비록 존스 중위가 며칠 전에 3중대에 합류했지만, 그는 어느 소대장보다 전투경험이 풍부한 인원이었다.

3중대가 공격하는 날 아침에, 대대장은 화염방사기를 773고지로 올려 보냈다. 6명의 병사는 3대의 화염방사기를 옮겼다. 화염방사기가 3중대에 도착했을 때, 3중대의 두 번째 소대가 773고지 정상을 공격하다가 적의 강력한 저항으로 주춤하고 있었다. 말라드 중위는 현재 상황을 대대장에게 보고하고, 중대를 재편성하여 화염방사기를 사용하여 773고지를 향해 총공격을 했다. 그리고 그는 1중대로부터 1개 소대를 배속전환 받아 3중대의 예비소대로 운용하고자 했다. 대대장은 말라드 중위의 건의 사항을 모두 승인했다.

화염방사기와 3중대는 즉시 공격을 시작했다. 적의 사격으로 화염방사기의 압력장치가 고장이 났다. 그러나 나머지 2대의 화염방사기는 벙커에 접근하여 효과적으로 북한군을 향해 불을 뿜고 있었다. 화염방사기의 엄호 아래 말라드 중위가 지휘하는 3중대는 773고지 정상에 접근할 수 있었다. 그들은 2개의 벙커를 추가적으로 파괴시킨 다음에 773고지 정상을 점령할 수 있었다. 말라드 중위는 1중대에서 배속받은 1개 소대를 773고지 정상에 배치하여 940고지 방향으로부터 있을지 모르는 적의 반돌격에 대비했다.

773고지 정상이 점령되자 1중대장인 라카즈 중위는 중대원들을 인솔하여 773고지의 서쪽 능선에서 급편방어로 전환했으며, 3중대는 773고지 정상 부근에서 약 1km 떨어진 940고지를 바라보면서 진지강화 및 재편성에 들어갔다.

773고지 정상을 점령한 3중대는 최초 85명이었으나, 이제는 30명밖에 남지 않았다. 당시 1중대원들은 거의 전투경험이 없는 신병들이었다. 그래서 말라드 중위는 전투경험이 많은 중대원들을 재편성하여 1중대 지역으로 보내 적의 반돌격에 대비했다. 중대를 재편성하고 말라드 중위는 773고지 정상으로 올라갔다. 그러나 갑자기 아군의 박격포탄이 떨어져 말라드 중위는 부상을 입었다. 그는 중대 전령을 라카즈 중위에게 보내 3중대의 지휘권을 인수하도록 했다.

말라드 중위는 대대 구호소로 가기 위해 773고지를 내려갔다. 내려가는 도중에 부상을 당해 후송 중인 클지조위스키 대위를 만났다. 그들은 비록 부상을 당했지만, 목표를 확보했기에 즐거웠다. 그들은 들것 위에서 웃고 있었다. 이로써 773고지 정상에서는 1중대장인 라카즈 중위가 대부분의 병력들을 지휘하게 되었다.

이틀 후, 1대대는 940고지와 983고지를 적의 저항 없이 점령했다. 북한군들은 아군의 공격으로 철수하여 차후 진지로 철수했다. 그들은 방어에 유리한 지형지물인 '단장의 능선'으로 진지를 변환하여 유엔군의 차후 공격을 대비하기 시작했다.

배워야 할 소부대 전투기술 17

I . 진지공격 시 전투력이 저하되면 후속부대를 초월시킨 후 재편성(병력, 탄약, 장비, 지휘권)을 실시하여 즉각 공격준비를 해야 한다.

II. 목표를 확보한 후에는 적이 철수한 방향으로 진지강화 및 재편성을 실시하여 적의 반돌격에 대비해야 한다. 이때 반드시 관측소를 설치하고 목표 주변에 화력계획을 최신화해야 한다.

청진

갑산 해산진

부전호

장진호

군우리 덕천 함흥

선천 정주 신안주 흥남

순천

평양

평강

철원 김화 ★

해주 개성 양양

춘천

인천 서울 원주

수원 충주

오산 영주

평택 안성 안동

천안 청주

대전 대구

군산 포항

전주

부산

목포 순천

미8군은 '피의 능선'을 점령한 이후 전쟁에서 주도권을 확보하기 위해 '단장의 능선'을 공격한다. 그러나 지형의 이점을 최대한 이용한 북한군의 끈질긴 방어로 미8군의 공격은 난항을 겪게 된다. 이 전투는 '피의 능선' 공격의 마무리 단계인 미 2사단 23연대 7중대의 공격을 그린 것이다.

여기서는 장교나 부사관 모두가 전사했을 때 병사가 소대를 지휘해야 하는 상황과 절차에 대해 면밀히 살펴보기 바란다. '누구나 리더가 될 수 있다'라는 소부대 지휘 원칙을 되새기기 바란다.

18 리들 중대의 '단장의 능선' 전투

Fire without movement is indecisive. Exposed movement without fire is disastrous.
There must be effective fire combined with skillful movement.

INFNTRY IN BATTLE

'단장의 능선'은 그 길이가 11km에 달했다. 적들은 '단장의 능선' 위에 여러 겹의 방어진지를 구축하여 방어의 밀도와 강도를 증가시켰다. 그중에서 520고지는 방어력이 가장 우수했고, '단장의 능선' 서쪽 끝에 위치하고 있었다.

미 10군단은 적과의 사투 끝에, '단장의 능선'의 주능선(남에서 북으로 894고지-881고지-880고지-851고지가 연결된 능선)을 확보했다. 그러고 나서 주능선에서 뻗어나가는 작은 능선에 대한 공격을 감행하여, 1951년 8월 10일에는 520고지를 제외한 전 지역을 점령했다. 미 8군은 10군단에게 520고지를 하루빨리 확보하라고 지시했다. 군사령부로부터 명령을 수령한 10군단은 전반적인 전선 상황을 파악한 후에, 2사단 23연대를 520고지 확보를 위한 공격부대로 지정했다. 임무를 부여받은 23연대장은 연대의 공격을 선도할 부대로 7중대를 선정하여 공격에 박차를 가하게 된다.

그러나 520고지를 확보하기 위한 공격은 그라 순탄하지만은 않았다. 적의 저항이 강력하여 520고지에 대한 첫 번째 공격 이후, 7중대는 23명의 병력밖에 남지 않았다. 연대는 7중대에 병력을 보충하여 8월 10일에는 소대별로 병력수준을 약 20명으로 유지할 수 있었다. 당시 7중대장은 그동안의 전공을 인정받아 일본으로 위로휴가를 떠난 상태였다. 그래서 전투경험이 많은 부중대장인 리들 중위(Lt. Raymond W. Riddle)가 공격을 지휘하게 되었다.

리들 중위는 520고지에 대한 공격을 재개했다. 그는 램 상병(Cpl. David W. Lamb)이 지휘하는 3소대를 중대 공격의 선두에 위치시켰다. 첫 번째 전투에서 3소대 전간부들이 부상당하거나 전사하여 램 상병이 소대장직을 맡고 있었다. 왜냐하면 램 상병이 전투경험이 많은 선임 병사였기 때문이었다.

대대의 나머지 두 소총 중대는 7중대의 공격을 지원하기 위해 각자의 위치로 전개했다. 이 중 6중대는 7중대 바로 뒤에 위치했는데, 이들의 임무는 최초 7중대를 화력으로 엄호하다가 7중대가 돈좌(頓挫)되면 신속히 7중대를 초월하여 공격하는 것이었다. 그리고 5중대는 7중대가 위치한 능선에서 약 500m 떨어진 남쪽 능선에서 사격지원진지를 점령하여 7중대의 공격을 지원하는 것이었다. 520고지의 정상은 평평했는데, 7중대의 공격개시선으로부터 400m도 떨어지지 않은 곳에 위치하고 있었다. 그리고 520고지 정상과 7중대 사이에는 작은 봉우리가 있었다.

리들 중위는 3소대를 7중대와 5중대 사이에 있는 광산계곡으로 투입하여 520고지에 있는 적 진지의 측·후방을 공격하려 했으나, 적이 광산계곡에 지뢰를 매설해 놓았기 때문에 상황이 여의치 않았다. 결국 리들 중위는 3소대가 520고지를 정면으로 공격하게 했다.

리들 중위는 520고지 정상에서 움직이는 몇 명의 적들을 관측했다. 그러나 적의 규모를 식별할 수는 없었다. 이에 리들 중위는 적의 규모를 확인하기 위해 소총, 기관총, 박격포를 동원하여 30초간 사격을 실시했다. 그러나 적들은 아무런 반응이 없었다.

리들 중위의 계획이 실패하자, 포병화력, 중기관총과 5중대의 75미리 무반동총 사격을 요청했다. 13시에 약 10~15분간의 공격준비사격을 마친 후, 리들 중위는 3소대를 지휘하는 램 상병을 불러 "중간 고지까지 신속히 기동하고, 중간 고지에 도착하면 사격지원진지를 점령하여, 목표인 520고지를 향해 돌격할 준비를 해라!"라고 지시했다. 그리고 리들 중위는 "3소대가 중간진지로 기동할 때,

중대 기관총과 무반동총으로 너희들을 엄호하겠다."라고 말했다.

램 소대는 신속히 기동하여 중간 고지에 도착했다. 기동 간에 적의 저항은 없었다. 중대 기관총사수들은 공격개시선 부근에서 사격지원진지를 구축하여 520고지를 향해 사격을 했고, 램 소대가 중간 고지에 도착하여 전개했을 때, "아직까지 부상자는 없습니다만 적들의 공격을 받고 있습니다."라고 리들 중위에게 보고했다. 보고를 받은 후, 리들 중위는 520고지에 기관총사격을 더욱 강력하게 지원했으며, 520고지 남쪽에 위치한 5중대에게도 화력지원을 요청했다.

3소대원이었던 슈미트 일병(PFC. Harry E. Schmidt)은 노란색 조끼를 입고 있었다. 그 이유는 3소대가 돌격을 할 때 소대의 위치를 식별하여 지원사격을 연신하기 위해서였다. 비록 슈미트 일병이 적들이 관측에 쉽게 노출되었지만, 공격을 지원하는 7중대와 5중대는 효율적인 사격 지원을 할 수 있었고, 우군 간 살상을 피할 수 있었다.

램 상병은 소대(-1)를 중간 고지에서 사격지원진지를 점령하여 적의 벙커가 있는 520고지의 동쪽지역에 대해 사격을 지시했고, 1개 분대로 하여금 520고지 좌측 측방으로 공격하도록 했다. 그러나 적의 강력한 사격으로 그 분대는 중간 진지로 되돌아올 수밖에 없었다. 이는 최초 공격준비사격과 3소대 공격 간에 지원한 엄호사격이 모두 효력이 없었다는 단적인 증거였다. 이 공격으로 목표 좌측으로 공격했던 분대에 부상자가 발생했고, 이들이 중간 고지로 돌아오는 과정에서도 적의 사격으로 부상자가 발생했다. 램 상병은 중대장에게 보고하여 자신들을 엄호해달라고 요청했다.

1소대가 공격개시선 후방에서 탄약을 운반하고 있을 때, 리들 중위는 1소대를 램 소대가 있는 지역으로 투입했다. 1소대장은 가노 중위(Lt. Jay M. Gano)였는데, 얼마 전에 중대에 보충되었고 전투경험이 전혀 없던 장교였다. 1소대가 램 소대가 있는 중간 고지로 포복하여 접근하고 있을 때, 1소대원 중 2명이 공격개시선을 통과한 지 얼마 안 돼서 부상을 입었다. 그중 한 명은 앞면과 목에 중상

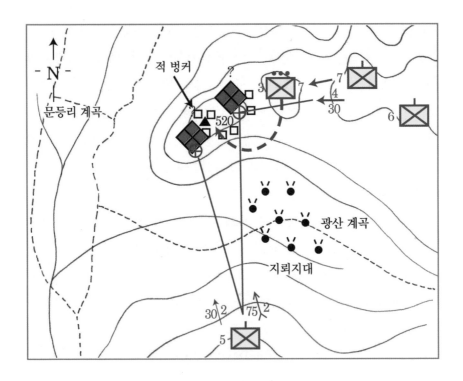

을 입고 히스테리성 발작을 일으켜, 1소대 전령 하이 일병(PFC. Cliff R. High)
이 그를 능선 아래로 내려 보냈다. 가노 중위가 소대원을 이끌고 램 소대가 있는
중간 고지에 거의 다다랐을 때, 가노 중위는 적의 기관총 사격으로 전사하고 말
았다. 1소대는 적의 사격으로 한 발짝도 움직일 수 없었다.

바로 그때 램 소대의 기관총이 사격을 멈췄다. 기관총사수는 "탄약이 떨어졌
다."라고 소리쳤다. 7~8명의 적들이 벙커에서 나와 램 소대가 있는 중간 고지로
뛰어 내려오고 있었다. 그는 적이 반돌격을 하고 있다고 보고했다. 적의 기관총
은 높은 고지에 배치되어 아래쪽의 램 소대를 공격하기에는 아주 효과적이었다.
램 소대는 소화기를 발사하고, 기관총부사수들도 카빈 소총을 발사하기 시작했
다. 기관총사수들은 자신의 권총으로 사격했다. 적들은 고지에서 내려오다가 다
시 520고지로 철수해버렸다.

중대의 공격개시선과 램 소대가 위치한 중간 고지 사이에서 산불이 발생했다. 연기는 북쪽으로 이동하여 적의 사격으로 꼼짝도 못하던 1소대(가노 중위가 전사하자 전투경험이 많은 하이 일병이 소대 지휘권을 인수함) 지역을 덮었다. 램 상병은 연기로 목표지역을 제대로 관측할 수 없었지만, 적들도 마찬가지로 3소대를 볼 수 없었다. 리들 중위는 기관총들을 통제하여 520고지를 향하여 사격을 개시했다. 램 상병은 무전으로 기관총사격이 502고지 주변에 효과적으로 떨어지고 있다고 보고했다.

중대 기관총사격의 엄호와 산불로 인해 발생한 연기로 하이 일병이 지휘하는 1소대는 3소대가 배치된 중간 고지 지역으로 안전하게 기동할 수 있었다. 하이 일병은 부상병들을 공격개시선 지역으로 후송한 후, 나머지 병력을 이끌고 중간 고지로 신속히 기동했다. 기동 간에 1소대는 중대지역으로 후송되는 3소대원들을 만날 수 있었다.

램 상병은 기관총탄의 재보급이 필요했다. 이에 중대장인 리들 중위는 2소대에서 1개 분대를 차출하여 기관총탄약 8박스를 운반시켰다. 그러는 동안에 램 상병과 하이 일병은 중간 고지에 대한 돌격계획을 상의하고 있었다.

여러 발의 박격포탄이 1소대 지역에 떨어져 6명의 병사들이 부상을 입었다. 하이 일병은 그들을 후방으로 후송시켰다. 이제 1소대는 하이 일병을 제외하고 11명이 남았다. 3소대도 램 상병을 제외하고 12명이 남아 있었다. 기관총 탄약이 도착한 후에, 두 명의 소대장은 6명의 기관총사수를 남기고 돌격하기로 했다. 이들은 공격개시선 지역에서 지원되는 중대 기관총사격을 중지시키고, 소총을 사격하면서 전방으로 전진했다.

목표 지역인 520고지 경사면의 돌출된 두 지점 사이에 적의 참호가 구축되어 있었다. 1소대와 3소대원들은 무사히 중간 고지와 520고지 중간 지점까지 기동했다. 520고지에서 적들은 기관총을 발사했지만, 1소대와 3소대의 돌격을 막을 수는 없었다. 이들이 520고지에 가까이 접근했을 때, 적들은 기관총사격을 중지하고 수류탄을 던지기 시작했다. 이 수류탄들은 위협적이었다. 램 상병이 수류탄 파편에 부상을 입었다. 중간 고지에서 기관총사격을 하고 있던 시버슨 상병 (Cpl. Arne Severson)은 근접사격지원을 하기 위해 전방으로 진지변환을 했다. 그가 520고지 아래에 접근했을 때, 수류탄이 터져 시버슨 상병의 두 다리는 절단되었다. 그러나 시버슨 상병은 소대원들을 위해 끝까지 사격을 했다. 적의 사격으로 돌격이 멈춰지자 시버슨 상병은 후방으로 후송되었다.

하이 일병은 돌격을 멈추고 후방으로 철수한 다음, 1소대와 3소대에 남은 병사들을 모아 사격지원진지를 구축하고, 중대장에게 다시 기관총사격을 요청했다. 벙커 안에 있던 북한군들은 "미군! 너희들은 다 죽었어!"라고 조롱하기 시작했다.

하이 일병은 다시 공격하기로 결심했다. 이번에는 520고지 남쪽으로 돌아 적들의 측·후방을 공격하기로 했다. 왜냐하면 520고지 남쪽 지역이 적의 관측이나 사격으로부터 비교적 안전했기 때문이었다. 이에 하이 일병은 12명의 병사들을 지휘하여 공격을 시작했다. 그들은 520고지 남쪽지역에서 고지 정상으로 올라가기 시작했다. 북한군은 그들을 발견하고 수류탄을 투척하기 시작했다. 수류탄 파편으로 하이 일병이 쓰러졌다. 주위의 병사들은 하이 일병이 전사했다고 생각했다. 이들은 어쩔 수 없이 돌격진지로 복귀했다. 돌격진지에서 하이 일병은 의식을 되찾았다. 하이 일병은 남은 인원이 이젠 약 20명이라는 사실을 알게 되었다.

그러는 동안에 연대본부에서 3대의 화염방사기를 운용병과 함께 2대대로 보냈다. 이 중 2명은 7중대로, 나머지 1명은 6중대로 배속되었다. 리들 중위는 화염방사기 운용병 3명(리들 중위가 6중대장과 협조하여 6중대에 배속된 화염방사기 운용병 1명을 7중대로 데리고 옴)을 하이 일병이 있는 곳으로 보냈다. 그러나 화염방사기 운용병 1명은 중대 공격개시선을 통과할 때 부상을 입었기 때문에, 2명의 화염방사기 운용병만이 하이 일병이 위치한 장소에 도착했다. 화염방사기 운용병들이 도착했을 때, 하이 일병은 2차 돌격을 준비하고 있었다. 하이 일병은 2명의 화염방사기 운용병과 2명의 소총수를 벙커 전방으로 보냈다.

이들은 엄호 하에 포복을 하여 520고지 전사면(동쪽)으로 접근했다. 갑자기 520고지가 불타기 시작했다. 화염방사기로 전면에 있던 벙커가 파괴되자, 하이 일병은 나머지 병력들을 인솔하여 좌측으로 돌아가기 시작했다. 그리고 520고지 남쪽지역에 벙커가 나타나자 하이 일병은 곧바로 병사들에게 사격지원진지를 구축하라고 지시했다. 그 진지에서 하이 일병은 화염방사기 운용병들(동쪽의 벙커를 파괴하고 곧바로 하이 일병이 있는 곳으로 이동함)에게 화염을 발사하라고 지시했다. 화염방사기에서 불꽃이 피자, 하이 일병은 돌격신호를 보냈다.

하이 일병 전방에는 2개의 벙커가 있었다. 벙커에서 기관총사격이 시작되었다. 하이 일병은 브라우닝 자동소총병과 소총수 1명을 좌측 벙커로 보내고, 자신과 소총수 1명, 화염방사기 운용병 1명은 우측 벙커로 접근했다. 하이 일병은 사격을 하면서 우측 벙커에 접근하여 화염방사기를 발사하려 했을 때, 화염방사기가 작동하지 않았다. 그들은 완전히 적에게 노출되어 있었고, 화염방사기 운용병은 화염방사기를 분해하여 고치기 시작했다. 그러나 결국 화염방사기는 발사되지 않았다. 하이 일병은 주변에 엄폐물이 없었기 때문에, "즉시 여기서 이탈해라!"라고 소리쳤다.

하이 일병과 브라우닝 자동소총수 1명, 소총수 2명, 화염방사기 운용병 1명은 우측벙커 직전방에 있는 바위 밑으로 몸을 숨겼다. 그 순간 좌측 벙커에서 기관총 사격이 시작되었다. 하이 일병은 골린다 이병(Pvt. Joe Golinda)에게 좌측 벙커를 파괴하라고 말했다. 골린다 이병은 능선을 내려가 크게 돌아 좌측 벙커 옆까지 포복을 하여 접근했다. 동시에 하이 일병과 3명의 병사는 좌측 벙커를 향해 사격을 하여 골린다 이병을 엄호했다. 그 순간 골린다 일병은 수류탄을 벙커 안으로 집어넣어 벙커를 파괴시켰다.

그러나 우측 벙커에서는 하이 일병과 골린다 이병을 볼 수가 없었다. 왜냐하면 하이 일병은 우측 벙커 직전방에 있는 큰 바위 뒤에 있었고, 골린다 이병은 능선을 내려가 좌측 벙커 오른쪽 측면으로 접근했기 때문이었다. 그리고 같은 방식으로 우측 벙커도 수류탄을 이용하여 파괴하였다.

하이 일병은 소총과 브라우닝 자동소총만을 가지고 벙커들을 파괴했다. 하이 일병과 4명의 병사들은 520고지를 향하여 마지막 돌격을 시작했다. 잠시 후 노란색 조끼를 착용한 슈미츠 일병과 몇 명의 병사들이 마지막 돌격에 합류했다. 그들은 520고지 정상에 있는 3개의 벙커에 대해 공격을 했다. 그러나 모두 비어 있었다. 그들이 정상에 도착했을 때, 8명의 북한군이 북서쪽으로 도망치는 것을 봤다.

520고지 북쪽에는 적의 지휘소로 보이는 벙커가 있었다. 거기에는 아직도 8명의 북한군들이 결사항전을 하고 있었다. 그 벙커 앞에는 모래사대가 뒤죽박죽 쌓여져 있었다. 하이 일병이 벙커로 사격을 명하자 북한군들이 손을 들고 항복해 왔다. 잠시 후 다른 벙커에서도 4명의 북한군이 항복해 왔다. 북한군 몇 명은 미군의 안전통행권을 가지고 있었다. 520고지 정상을 확보한 하이 일병은 520고지 방어진지가 매우 견고하게 구축되었다는 사실을 알게 되었다. 정상 부근에는 방금 전까지 진지를 구축했던 흔적이 여기저기 남아 있었다.

16시경에 7중대(-)가 520고지 정상에 도착하여 진지강화 및 재편성을 실시하여 적의 반돌격에 대비했다. 7중대는 30명이 넘는 사상자가 발생했는데, 이들은 두 적의 수류탄에 의해 부상을 입었다. 520고지가 점령됨에 따라 '단장의 능선'에서의 피비린내 나는 혈투는 끝이 났다.

배워야 할 소부대 전투기술 18

Ⅰ. 전투에서는 누구나 리더(지휘관/지휘자)가 될 수 있음을 명심해야 한다.

Ⅱ. 진지공격 간 우군 간 피해를 최소화하고 효과적인 사격지원을 위해서는 피·아식별 대책을 반드시 강구해야 한다.

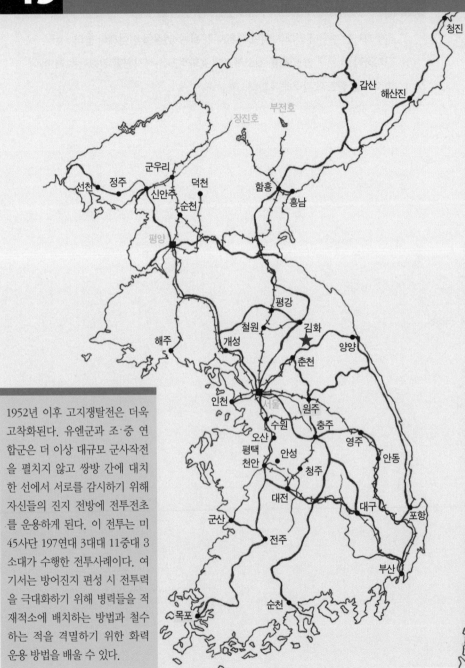

청진

갑산 해산진

부전호

장진호

군우리 덕천

선천 정주 함흥

신안주 흥남

순천

평양

평강

철원 김화

해주 개성 ★ 양양

춘천

인천 서울 원주

수원 충주

오산 영주

평택 안성 안동

천안 청주

대전 대구

군산 포항

전주

부산

목포 순천

1952년 이후 고지쟁탈전은 더욱 고착화된다. 유엔군과 조·중 연합군은 더 이상 대규모 군사작전을 펼치지 않고 쌍방 간에 대치한 선에서 서로를 감시하기 위해 자신들의 진지 전방에 전투전초를 운용하게 된다. 이 전투는 미 45사단 197연대 3대대 11중대 3소대가 수행한 전투사례이다. 여기서는 방어진지 편성 시 전투력을 극대화하기 위해 병력들을 적재적소에 배치하는 방법과 철수하는 적을 격멸하기 위한 화력 운용 방법을 배울 수 있다.

19 맨리 소대의 전투전초 전투

Lt. Omer Manley

Key to successful area defenses include effective and flexible control, synchronization, and distribution of fires. Area defenses employ security forces on likely enemy avenues of approach.

INFANTRY IN BATTLE

전투전초 'Eerie'는 철원 서쪽으로 16km 떨어진 곳에 위치하고 있었다. 또한 전투전초 'Eerie'는 유엔군의 주방어선으로부터 북쪽으로 1.5km 떨어져 있었으며, 적의 전투전초부터로는 남으로 약 2.5km 떨어진 곳에 위치하고 있었다.

1952년 3월, 미 45사단 197연대 3대대 11중대는 2.4km를 방어하면서 전단 전방에 1개 소대 규모의 전투전초를 운용했는데, 이를 'Eerie'라 불렀다. 'Eerie' 는 기관총과 박격포로 증강되었고, 그들의 임무는 적이 전단에 접근하는 것을 경고하는 것이었다. 또한 정찰대가 적진으로 수색정찰을 나가기 전에 마지막 전투준비를 하는 전초기지 역할도 했다. 11중대장인 클락 대위(Capt. Max Clark) 는 5일 단위로 'Eerie'의 병력들을 교체시켰다.

1952년 3월 21일 오후, 3소대는 'Eerie'를 인수하기 위해 출발했다. 새롭게 'Eerie'에 투입될 인원은 3소대 2개 분대, 경기관총분대, 60미리 박격포분대로 구성되었으며, 병력규모는 26명에 달했다. 이들이 주방어선과 'Eerie' 사이에 형성된 계곡을 따라 내려갔을 때, 진눈깨비와 비가 섞여 내리고 있었다. 3소대가 내려간 계곡 아래에는 논이 있었다. 그리고 종(남에서 북으로)으로 약 3km 길이의 T자 능선이 발달되어 있었는데, 이 능선의 남쪽 끝에 'Eerie'(고지)가 있었다. 전투전초 'Eerie'는 계곡의 논으로부터 약 150m 솟아 있었고, 원형으로 방어진지가 구축되어 있었다. 방어진지 주변은 포탄의 탄흔자국이 선명하게 나 있는 암석지역이었고, 작은 나무로 이루어진 수풀이 여기저기 흩어져 있었다.

그리고 'Eerie' 아래로 50m 지점에는 방호철조망이 3중으로 설치되어 있었다.

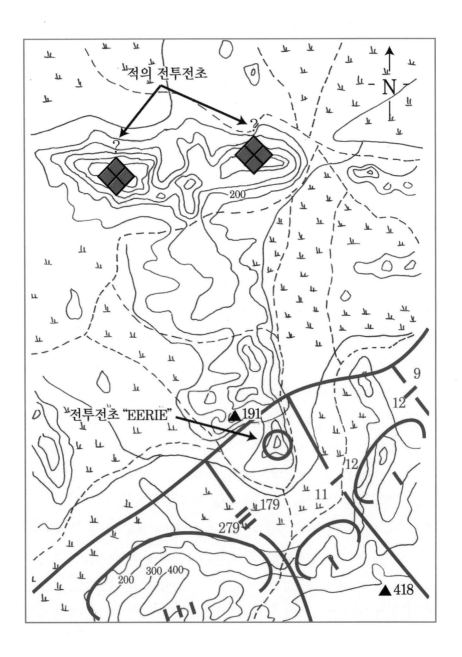

가장 외곽의 철조망은 윤형철조망이었으며, 안쪽에 2중으로 설치된 철조망은 유자철조망을 다중으로 구축한 단선형(현재의 4보 2보 철조망과 유사) 철조망이었다. 3소대원들은 남쪽의 통로를 이용하여 3중의 철조망 지대를 통과하여 오솔길을 따라 'Eerie' 고지 정상으로 올라갔다. 고지 정상은 나무 한 그루 없이 깨끗했으며, 벙커와 참호들이 잘 어우러져 있었다. 또한 진지 주변의 황토색 때문에 'Eerie' 고지는 주변의 다른 고지에 비해 눈에 잘 띄었다.

'Eerie' 고지에는 9개의 벙커가 있었다. 벙커들은 2~3명이 들어갈 수 있도록

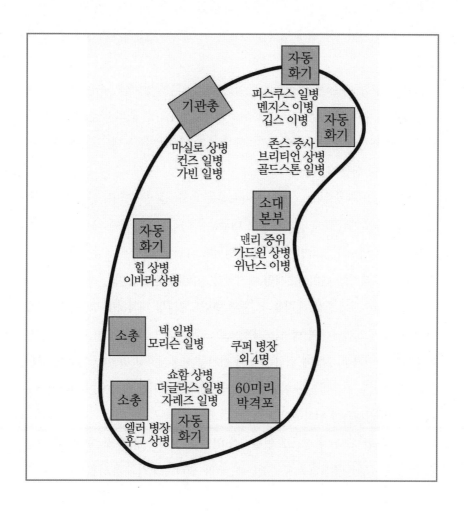

만들었는데, 측면은 모래주머니와 통나무를 이용하여 2중으로, 위쪽부분은 3중으로 구축하여 방호력을 증대시켰다. 모든 벙커들은 'Eerie' 고지 정상에서 몇 미터 아래에 구축되었고, 병사들은 거기서 숙식을 해결했다. 벙커와 벙커 사이는 교통호로 연결되어 있었는데, 교통호 중간에는 사격을 할 수 있는 참호가 여러 개 있었다. 'Eerie'의 원형방어진지는 계란 모양으로 생겼는데, 남동쪽에서 북서쪽으로 약간 늘어진 모양이었다. 그리고 원형방어진지 외곽에는 교통호가 구축되어 있었고 2개의 벙커가 교통호와 연결되어 있었다. 나머지 7개의 벙커는 교통호 안쪽에 있었다. 교통호에는 여러 개의 참호가 구축되어 있었는데 그 거리가 20~40m 이내여서 쉽게 명령을 전달할 수 있었고 자유자재로 이동할 수 있었다.

'Eerie' 고지는 위에서 언급했듯이 아군과 적군의 주방어선 사이에 있는 T자 모양의 능선 위에 있었다. 그러나 'Eerie' 고지는 T자 능선 위의 다른 고지들보다 낮았다. 적 또한 T자 능선의 북쪽지역에 전투전초를 배치했는데, 그 병력과 규모가 'Eerie'보다 훨씬 우위였다.

3소대장인 맨리 중위(Lt. Omer Manley)는 'Eerie'를 인수했고, 인계부대는 중대로 복귀하기 시작했다. 3소대 병력 대부분은 이전에 'Eerie'에 와본 경험이 있어서 자신의 벙커가 어디인지 잘 알고 있었다. 'Eerie' 고지에서 방어상 가장 중요한 지역은 북쪽에 배치된 3개의 벙커였다. 따라서 맨리 중위는 이 3개의 벙커에 기관총과 자동소총을 배치했다. 물론 병력도 3명씩 배치하여 방어밀도를 강화했다. 그리고 이 3개의 벙커는 북쪽으로 교차사격이 가능하도록 구축되었고, 소대본부 벙커가 직후방에 위치하여 이 벙커들을 통제하고 있었다. 남쪽에 있는 4개의 벙커에는 2~3명씩 투입되었고, 가장 남쪽에 위치한 벙커에는 60미리 1개 포반 5명의 병사들이 위치하였다.

9개의 벙커는 모두 유선으로 연결되어 있었다. 그리고 중대 및 대대와의 연락을 위해 유·무선 통신망을 구축했는데, SCR-300 무전기와 유선전화기를 운용했다. SCR-300 무전기와 유선전화기는 모두 소대본부 벙커에 있었다. 'Eerie'와 주방어선 사이에는 4개의 유선이 가설되어 전투 중 발생할 수 있는 통신두절사태에 대비했다.

전투전초 'Eerie'를 운용하는 동안에 3대대는 야간 정찰을 계속 실시했다. 정찰대는 주로 적의 예상접근로에 대해 정찰을 실시했다. 연대는 3월 21일부터 22일 야간에 두 차례의 정찰을 계획했다.

첫 번째 정찰은 연대의 예비대대인 1대대에서 실시했는데, 이들의 임무는 적의 포로를 잡아 첩보를 획득하는 것이었다. 그들은 19시에 'Eerie'를 출발하여 'Eerie' 고지 북쪽으로 600m 떨어진 능선 동쪽에서 나아갔다. 정찰대장인 레이더 중사(Sgt. Raider)는 맨리 중위에게 3월 21일 새벽 1시 30분에 매복을 철수하여 2시에 'Eerie'로 복귀한다고 말했다.

두 번째 정찰은 중대 2소대에서 실시했다. 2소대의 킹 중사(Sgt. King)는 9명의 병사를 인솔하여 레이더 정찰대와 거의 같은 시간에 'Eerie' 고지 좌측에 있는 191고지를 향해 출발했다. 그들의 임무는 레이더 정찰대와 같았으며, 킹 중사는 이전에 'Eerie' 고지에 투입된 경험과 정찰경험이 있어서 191고지에 대해 잘 알고 있었다. 191고지는 'Eerie' 고지에서 북서쪽으로 600m 떨어져 있었으며, 'Eerie' 고지보다 약간 높았다. 킹 중사는 "새벽 2시 15분까지 매복을 실시하고, 'Eerie'에 들르지 않고 중대로 바로 복귀하겠습니다."라고 맨리 중위에게 말했다. 두 정찰대는 유선으로 'Eerie' 고지와 연락을 유지하고 있었다.

킹 정찰대는 조용히 앉아 있었다. 23시에 이상한 징후가 포착되었다. 191고지에서 매복을 하고 있던 킹 중사는 기관총사격을 준비하는 6명의 적을 관측했다. 킹 중사는 'Eerie'로 복귀하고 싶었지만, 적의 위치나 규모가 파악되지 않았기 때문에 움직일 수 없었다.

같은 시간에 레이더 중사도 남쪽으로 이동하는 소대규모의 적을 발견했다. 적들은 레이더 중사가 매복한 지점에서 북쪽으로 150m까지 접근했다. 레이더 정

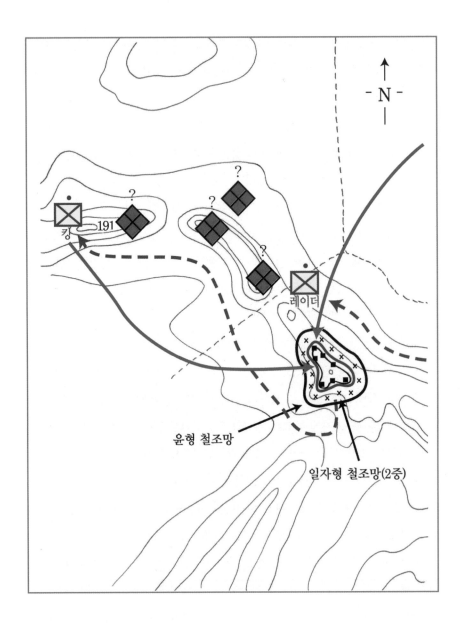

윤형 철조망

일자형 철조망(2중)

찰대는 사격을 했으나, 적들은 이를 무시하고 남쪽으로 계속 이동했다. 레이더
중사는 유선으로 맨리 중위에게 이 사실을 보고하고 자신의 정찰대도 곧 철수한
다고 말했다.

맨리 중위는 즉시 중대장인 클락 대위에게 "레이더 정찰대가 적과 접촉하여, 적에게 사격했습니다. 그러나 적들은 이를 무시하고 주방어선 쪽으로 계속 이동했습니다. 레이더 정찰대는 주방어선으로 복귀하고 있습니다. 저희도 전투준비를 하겠습니다."라고 보고했다.

그러나 레이더 중사는 정찰대의 철수로를 맨리 중위에게 보고하지 않았다. 10~15분 후에, 'Eerie' 고지 주변에 배치된 철조망 지대에서 누군가 움직이는 소리가 들리기 시작했다. 이에 맨리 중위는 중대장에게 전화를 걸어 이 사실을 보고하고, "레이더 정찰대가 어디로 철수하고 있는지 알고 싶습니다."라고 말했다. 이 보고를 받은 중대장은 황당해했고, "귀관이 레이더 중사로부터 철수로를 보고 받았어야지!"라고 호통을 쳤다. 원래 레이더 정찰대는 'Eerie'로 철수하기로 계획되어 있었기 때문이다.

맨리 중위는 'Eerie' 주변의 움직임이 레이더 정찰대인지 아니면 중공군인지 정확히 알 수 없었다. 22시 30분에 적의 공격이 시작되었다. 'Eerie' 남쪽의 철조망 지대에서 조명지뢰 2발이 터졌다. 몇 초 후에 붉은색 조명탄이 떠올랐다. 이때 'Eerie'진지에 배치된 병사들은 잠시 동안 멍해졌다. 그 이유는 붉은색 조명탄 1발은 "주방어진지로 복귀하라!"라는 유엔군의 약정된 신호였기 때문이다. 그러나 'Eerie' 진지에 있는 병사들은 적이 근거리에 출현했기 때문에, 이것이 적의 공격신호라고 생각했다. 3소대 부소대장인 존스 중사(SFC. Calvin P. Jones)와 북쪽 벙커에 배치된 병사들은 자동화기와 소총을 발사하기 시작했다.

아직도 철조망 주변의 병력들이 적인지 아군인지 식별하지 못한 맨리 중위는 소대본부 벙커를 나와 사격을 중지하라고 소리쳤다. 그는 "지금 레이더 정찰대가 복귀하고 있단 말이야!"라고 소리쳤다. 그러자 존스 중사는 "이거 지옥 같구먼! 저들이 중국어로 이야기 했습니다. 빨리 사격해야 합니다."라고 대답했다.

바로 그때 중공군이 기관총사격을 시작했으며, 'Eerie'는 순식간에 아수라장이 되어 버렸다. 적의 기관총 2정은 'Eerie'에서 북서쪽으로 700m 떨어진 곳에서 발사되었으며, 'Eerie' 고지보다 몇 미터 높은 곳에 위치했으므로 'Eerie' 방어진지를 향해 기관총 최저표적사를 할 수 있었다. 'Eerie' 진지 북쪽 벙커에서 기관총을 운용하고 있던 마실로 상병(Cpl. Nick J. Masiello)은 자신의 벙커 앞에서 철조망 지대를 개척하여 돌파구를 형성하려는 중공군을 향해 인접 벙커와 함께 교차사격을 실시했다. 그러자 적의 기관총들이 마실로 상병을 향해 사격을 퍼부었다. 이와 동시에 적어도 1정 이상의 기관총이 'Eerie' 고지 북쪽에서 발사되기 시작했으며, 50미리 유탄도 벙커 위에 떨어지기 시작했다.

418고지에 위치한 중대 관측소에서 클락 대위는 이 장면을 목격하고 있었다. 그는 마실로 상병이 쏜 예광탄이 중공군의 기관총 진지 앞에 맞고 하늘로 튀어오르는 장면을 목격했다. 전투전초에서 교전이 발생하자 클락 대위는 사전에 배치한 기관총과 박격포 사격을 지원하기 시작했다. 418고지(중대 관측소) 전사면에 배치된 구경 50기관총은 마실로 상병의 예광탄이 부딪쳐 하늘로 솟아오르는 곳을 향해 사격을 했다. 그러나 박격포 사격은 맨리 중위가 수정하기 전까지는 부정확했다.

맨리 중위는 "중공군들이 우리를 지옥에 보내려고 하지만, 아직까지 저희들은 괜찮습니다."라고 중대장에게 말한 후, 박격포 사격을 유도했다. 말론 중위는 "아래로! 너무 가깝습니다. 적의 우측에 떨어졌습니다."라고 말하여 박격포 사격을 유도하기 시작했다.

첫 번째 유도한 박격포탄이 'Eerie' 방어진지 주변의 철조망 지대에 떨어졌으나, 교통호나 벙커에는 별다른 피해가 발생하지 않았다. 맨리 중위가 부소대장인 존스 중사와 상의하기 위해 벙커를 나서는 순간, 적의 기관총탄이 벙커 지붕 쪽을 맞춰, 벙커의 지붕과 측면에 구멍이 났다. 중공군의 기관총탄도가 너무 높았기 때문에 소대본부 벙커에서는 사상자가 발생하지는 않았지만, 맨리 중위는 신속히 교통호로 뛰어 들었다.

15분 후에 적의 기관총사격은 다시 시작되었다. 이 사격으로 마실로 상병이 부상을 입었고, 기관총부사수인 가빈 일병(PFC, Theodore Garvin)이 유선으로 "위생병!"을 외쳤다.

가빈 일병이 소대본부 벙커로 전화를 했다. 그러나 소대본부 벙커에 있던 가드윈 상병(Cpl. herman Godwin)은 마실로 상병의 비명소리를 들어, 이미 그가 부상당한 사실을 알고 있었다. 가드윈 상병은 소총수였으나, 소대 위생병 임무를 겸직하고 있었으므로 교통호를 따라 신속히 마실로 상병이 있는 벙커로 뛰어갔다. 마실로 벙커에 도착한 가드윈 상병은 지혈을 했고, 모르핀 주사를 놓았다. 마실로 상병과 같이 있었던 컨즈 일병(PFC. William F. Kunz)은 그의 부상에 충격을 받았다. 그는 계속해서 "불쌍한 마실로, 불쌍한 마실로!"라고 외쳤다. 마실로 상병이 죽었을 때, 가빈 일병은 컨즈 일병에게 "마실로는 더 이상 고통을 느끼지 못할 거야!"라고 말하며 위로했다.

컨즈 일병은 벙커 안에 힘없이 앉아 있었다. 가드윈 상병은 가빈 일병에게 기관총을 다시 사격하라고 하고, 옆에서 탄약띠를 들어 주었다. 가드윈 상병은 꼬인 탄약띠를 다시 폈으며, 가빈 일병은 적을 향해 사격을 재개했다. 기관총사격을 한 후, 단 1줄의 탄띠가 남았다. 가빈 일병은 가드윈 상병에게 기관총을 인계하고 탄을 가지러 나갔다.

중공군들은 철조망 지대 2개소를 돌파하며 북쪽과 북동쪽에서 공격을 해오고 있었다. 맨리 중위는 45분 동안 적의 끈질긴 공격을 잘 막아냈다. 그는 중대 지휘소에 있는 관측장교에게 표적번호 304번, 191고지 일대에 포병화력을 요청했다. 아군의 포병 지원사격은 20분 단위로 191고지에 저녁 내내 실시되었다.

자정이 지난 시각에 클락 대위는 'Eerie'에 전화를 걸어 현재 상황을 물어보았다. 소대 전령인 위난스 일병(PFC. Leroy Winans)이 "모든 것이 순조롭습니다. 중공군들이 아직 철조망 지대를 뚫지 못했습니다."라고 대답했다. 그러나 중공군의 공격은 계속되었고, 'Eerie' 주의의 철조망을 파괴하기 위해 최선을 다하고 있었다. 중공군의 한 무리가 파괴통을 사용하여 철조망 지대를 개척하려 하고 있었다.

　포병과 박격포의 조명탄은 계속해서 지원되고 있었다. 이 조명탄들은 중공군에게 아군의 사격지점을 은폐시킬 수 있었다. 박격포의 조명사격이 종료되었을 때, 곧바로 155미리의 조명사격도 실시되었다. 그러나 이 조명탄들이 지면에서 너무 가까이 떠올랐기 때문에 효과적인 조명지원이 되질 못했다. 여러 차례 고도 수정을 했지만, 'Eerie'에 있는 보병들은 여전히 눈이 부셔 적들을 제대로 볼 수가 없었다.

　아군의 조명지원은 3월 22일 새벽 1시경에 종료되었다. 이때 'Eerie' 방어진지 북단에 있는 벙커에서 자동화기 사수인 피스쿠스 일병(PFC. Robert L. Fiscus)이 부상을 입었다. 옆 벙커에서 기관총사격을 하고 있던 가드윈 상병이 교통호를 통해 피스쿠스 일병에게로 갔다. 그는 벙커 밖 교통호에 쓰러져 있었다. 가드윈 상병은 상처부위를 붕대로 감았다. 피스쿠스 일병이 부상당하자 존스 중사는 소대본부 우측에 있는 벙커에서 자동화기사수 골드스톤 일병(PFC. Elbert. Goldston)을 피스쿠스 일병이 있던 벙커로 보내, 그의 임무를 인수하게 했다. 동시에 피스쿠스가 있던 벙커에서 그의 부사수였던 깁스 이병(Pvt. Alphonso Gibbs)을 골드스톤 일병이 있던 벙커로 보내, 브리티언 상병(Cpl. Carl F. Brittian)의 부사수로 임무를 수행하게 했다. 존스 중사가 이렇게 재편성을 한 이유는 적의 공격이 집중되는 지역에 비교적 경험이 많은 병사를 배치하기 위해서였다. 당시 'Eerie' 진지의 북쪽에 형성된 적의 돌파구 첨단과 피스쿠스 일병이 있었던 벙커가 서로 마주보고 있었기 때문에 이는 당연한 조치였다.

　잠시 후, 골드스톤 일병의 부사수였던 멘지스 이병(Pvt. Hugh Menzies)이 부상을 당했다. 가드윈 상병이 피스쿠스 일병을 응급처지를 하고 벙커를 나오는 순간, 그는 멘지스 이병이 수류탄 파편에 부상당하는 것을 봤다. 가드윈 상병은 그를 벙커 안으로 끌고 들어가 피스쿠스 일병과 응급처치를 실시했다.

　새벽 1시가 되자 적은 철조망지대에서 2개소의 돌파구를 형성했다. 맨리 중위는 부하들을 독려하면서 "일어나 사격해라! 적들을 전멸시키자!"라고 외쳤다. 중공군이 철조망지대를 개척하고 'Eerie' 방어진지까지 기어 올라와 벙커들을 향해 공격을 했다. 이로 인해 골드스톤 일병은 양쪽 다리에 총상을 입었고, 양쪽 팔과 이마에 수류탄 파편이 박혔다. 적과 대치한 북쪽의 3개 벙커를 점령하고 있던 9명의 병사 중에 4명이 부상을 입었으며 2명이 전사했다.

가드윈 상병은 골드스톤 일병을 피스쿠스 일병과 멘지스 이병이 있는 벙커에서 끌어내어 교통호를 옮겼다. 가드윈 상병이 응급처치를 마치자, 존스 중사와 깁스 일병은 골드스톤 일병을 자신의 벙커로 옮겼다. 존스 벙커에 있던 브라우닝 자동소총수 브리티언 상병은 골드스톤 일병에게 줄 탄창을 점검하고 있었다. 브리티언 상병은 벙커 좌측에서 공격하는 중공군을 향해 사격을 계속했고, 골드스톤 일병이 다시 부상을 입자 그의 자동소총을 인수하여 탄약이 다 떨어질 때까지 적에게 사격을 계속했다.

철조망지대가 돌파되고, 중공군들이 'Eerie'를 향하여 기어 올라오기 시작했다. 가드윈 상병은 벙커 안(가장 북쪽에 있는 벙커)에 수류탄이 다 떨어졌다는 것을 알게 되었다. 그는 자신의 소총을 집어 들고, 교통호를 통해 벙커로 접근하는 중공군에게 사격하기 시작했다. 중공군들은 'Eerie' 고지 정상으로 빠르게 접근하고 있었다. 가드윈 상병은 탄약이 다 떨어질 때까지 사격을 했다. 탄약이 떨어지자 그는 개머리판으로 중공군의 얼굴을 내려쳤다. 그러고 나서 가드윈 상병은 벙커 안으로 들어갔다. 벙커 안에서 탄약이 떨어진 브리티언 상병은 중공군을 향해 탄창을 던지고 있었다. 얼마 후 브리티언 상병은 전사하였다.

새벽 1시가 지나자, 중공군의 압력은 더욱 강해졌다. 'Eerie' 고지 북쪽에 위치한 3개의 벙커에서 병사들이 적의 강력한 공격에 힘들게 저항하고 있었다. 북쪽의 3개의 벙커 중에 가장 좌측에는 컨즈와 가빈 일병이 적을 향해 기관총사격을 하고 있었고, 중앙 벙커에서는 유일하게 사지 멀쩡한 가드윈 상병이 환자들과 함께 자리를 지키고 있었다. 우측 벙커에는 존스 중사와 깁스, 골드스톤 일병이 적의 공격을 기다리고 있었다. 가드윈 상병이 위치한 중앙 벙커에 적의 사격이 중지하자 존스 중사는 북쪽의 다른 2개의 벙커가 이미 중공군에게 점령당했다고 생각했다. 그래서 존스 중사, 깁스 이병, 부상당한 골드스톤 일병은 벙커를 빠져나와 동쪽 능선으로 굴렀다. 그들은 철조망지대를 통과할 수 없었기 때문에 능선 아래에서 전투가 끝날 때까지 조용히 앉아 있었다.

중앙 벙커에서 피스쿠스와 멘지스와 같이 있던 가드윈 상병은 자신이 적진에 남겨진 유일한 사람이라 생각했다. 그가 벙커 밖을 둘러보자 중공군 1명이 교통호를 따라 벙커를 향해 접근하고 있었다. 그는 벙커로 돌아가서 중공군이 가까이 접근하기를 기다리고 있었다. 중공군이 벙커에 가까이 접근하자 가드윈 상병은 45구경 권총으로 중공군의 머리를 쐈다. 이로 인해 자신의 위치가 적들에게 발각된 가드윈 상병은 맞은편 교통호로 달려갔다. 그러나 거기에는 중공군 1명이 서 있었다. 그는 가드윈 상병을 향해 사격했으나, 가드윈 상병은 쓰러지지 않았다. 그의 철모에 약간의 금이 간 것을 제외하고는 멀쩡했다. 그래서 가드윈 상병은 다시 방향을 바꿔 벙커로 들어갔다. 중공군은 가드윈 상병을 뒤따라가 벙커 안으로 수류탄을 던졌다. 폭발로 가드윈 상병은 의식을 잃었으며, 그가 항상 휴대했던 성경책의 금속 표지가 구부려졌다.

달걀 모양의 진지 북쪽에서 치열한 교전이 벌어지고 있는 동안에, 'Eerie' 고지의 좌측에서 중공군이 공격해 오기 시작했다. 분대장인 엘러 병장(Sgt. Kenneth F. Ehlers)은 서쪽에서 중공군이 접근해 오고 있다고 소대장에게 보고했다. 그리고 그는 60미리 박격포사격을 요청했다. 그러나 단 1발만이 적에게 떨어졌을 뿐이었다.

엘러 병장은 북쪽에서 기관총을 쏘고 있는 컨즈와 가빈의 벙커로 갔다. 거기에는 소대장인 맨리 중위, 힐 상병(Cpl. Robert Hill), 이바라 상병(Cpl. Joel Ybarra)이 자동소총, M1소총, 수류탄으로 중공군과 혈전을 치르고 있었다. 중공군이 가까이 접근하여 사격하자, 엘러 병장과 힐 상병이 전사하고 말았다. 이런 중요한 상황에서 맨리 중위는 탄약이 떨어졌고, 그의 카빈 소총에 기능고장이 생겼다. 그는 소총을 중공군에게 던지고, 수류탄을 던지기 시작했다. 그러나 잠시 후에 아군의 저항은 사라졌다. 소대장과 이바라 상병이 흔적도 없이 사라진 것이다.

중공군이 접근해오자 벙커 안에 있던 넥 일병(PFC. Collins C. Neck)과 모리슨 일병(PFC. Eager F. Morison)은 벙커를 나와 북쪽 교통호 쪽으로 이동하여 사격했다. 바로 남쪽에 있는 벙커에서 후그 상병(Cpl. Albert W. Hoog)이 이들을 엄호했다. 후그 상병은 북쪽에서 접근해 오는 2명의 중공군을 사살했다.

중공군이 철조망지대를 개척하고 방어진지로 돌입하자, 소대본부 벙커에서 유일하게 생존한 위난스 이병(Pvt. Winans, 소대 전령)은 전화기로 중대장을 급하게 찾았다. 그는 중대장에게 "중공군이 철조망지대를 개척하고 방어진지로 돌입했습니다. 약 천 명 정도 되는 것 같습니다."라고 보고했다. 중대장은 "절대로 진지를 포기하지 마라! 그리고 나가서 맨리 중위를 찾아라!"라고 말했다. 위난스 이병이 중대장에게 보고하고 있을 때, 중공군은 소대본부 벙커 일대를 쑥대밭으로 만들고 있었다. 바로 그때 적의 무반동총탄이 소대본부 벙커를 폭파시켰다. 위난스 이병은 현장에서 즉사했으며, 모든 통신선이 절단되어 더 이상 중대와 연락이 닿지 않았다. 더 이상 'Eerie' 고지와는 통신소통이 되지 않았다.

'Eerie' 진지에서 가장 남쪽에 위치한 벙커에는 브라우닝 자동소총수인 쇼함 상병(Cpl. Robert Shoham), 자레즈 일병(PFC. David Juarez), 더글라스 일병(PFC. Francis Douglas)이 있었다. 이곳은 중공군이 철조망 지대를 개척하고 소대본부 벙커를 파괴할 때까지 비교적 조용했다. 이때까지 이들은 자신의 벙커 전방에 나타난 적에 대해 사격을 했지만, 적의 대응은 거의 없었다. 그러나 적들이 자신들의 벙커 뒤쪽('Eerie' 고지 중앙)에 나타나자 쇼함 상병은 자동소총을 발사하고, 더글라스 일병은 자신의 소총을 사격하느라 바빴다. 자레즈 일병은 쇼함 상병의 자동소총에 탄창을 제공하느라 무척이나 바빴다. 적의 박격포탄이 자레즈 옆에 떨어졌으나 불발탄이었다. 자레드는 불발탄을 재빨리 교통호 밖으로 던져 버렸다. 다리에 타박상을 입고 마비증상이 있는 것을 제외하고는 그는 멀쩡했다.

중공군이 'Eerie' 고지 정상을 점령하자, 그들의 사격은 잠시 뜸해졌다. 이 시간이 약 새벽 1시 20분경이었다. 수류탄 파편을 맞고 의식을 잃고 벙커 안에 쓰러져 있던 가드윈 상병이 의식을 되찾기 시작했다. 흐릿하게 벙커 주변에 있는 중공군들이 보였다. 그들은 브라우닝 자동소총을 살펴보고 있었다. 중공군 1명이 소총 총열에 손을 대자 뜨거운 듯 소총을 놓치고 말았다. 그들은 이야기를 나누다가 브라우닝 자동 소총이 식자 다시 소총을 주웠다. 가드윈 상병이 의식을 차리고 자신의 대검을 찾았으나, 대검은 어디에도 없었다. 중대 관측소 뒤에서 중대장인 클라크 대위는 포병 연락장교인 고트로네오 중위(Lt. Anthony Catroneo)와 이야기를 나누고 있었다. 중대장은 포병사격을 연신하여 'Eerie' 고지에 진내사격을 요청했다. 잠시 후에, 접근신관을 사용한 155미리 포병탄이 'Eerie' 고지에 떨어지기 시작했다. 'Eerie' 고지에서 세 번의 폭발음이 들렸고, 적의 행동은 잠잠해졌다. 아군의 포병화력이 'Eerie' 고지에 집중되자 중공군은 나팔을 불어 'Eerie' 고지 위의 모든 병력을 철수시켰다. 중공군은 결국 넥과 모리스가 있던 벙커와 60미리 박격포반을 찾지 못하고 철수해버렸다. 중공군은 추가적인 수색 없이 그들이 개척한 철조망 지대에 집결하여 북쪽으로 철수해버렸다. 그들이 철수한 후, 'Eerie' 고지 위에는 2명의 중공군 시체가 남아 있었다.

새벽 1시 30분, 연대장인 도거티 대령(Col. Frederick A. Daugherty)은 클라크 대위에게 11중대 나머지 병력으로 하여금 'Eerie' 고지를 다시 점령하라고 지시했다. 35분 후에, 11중대는 1중대 1개 소대에게 중대 방어지역을 인계하고, 11중대는 'Eerie' 고지로 출발했다.

'Eerie' 고지로 가는 길에 11중대원들은 3명의 부상병을 발견하고, 그들을 후송시켰다. 몇 미터를 더 이동한 후에는 레이더 정찰대를 만났다. 레이더 정찰대

전원은 무사했다. 정찰대는 중공군의 사격이 시작되자 능선 아래로 몸을 숨겼기 때문에 중공군에게 발각당하지 않았다. 클라크 대위는 레이더 중사에게 별도의 지시가 있을 때까지 현재 위치에서 정찰활동을 계속하라고 지시했다. 나중에 레이더 정찰대는 연대의 명령에 의거 주방어선으로 철수했는데, 그 시각이 새벽 5시였다.

11중대의 정찰대(킹 정찰대)도 191고지 남서쪽으로 돌아 주방어선에 도착했다. 이들이 중대 방어선 전방에 도착했을 때의 시간이 새벽 2시 45분이었는데, 이때는 이미 11중대가 'Eerie' 고지를 인수하기 위해 떠난 이후였다. 킹 정찰대는 3시 30분에 주방어선에 도착했는데, 그들은 아군의 철수신호인 붉은색 조명탄을 보고 철수를 한 것이었다.

11중대는 새벽 4시에 'Eerie' 고지에 도착했다. 주방어선을 떠난 지 정확히 2시간이 지난 후였다. 2소대는 'Eerie' 고지 동쪽지역을 수색한 후, 고지 정상으로 올라왔다. 중대본부를 후속하던 1소대는 철조망 지대 남쪽에 있는 통로를 통해 바로 'Eerie' 고지로 들어갔다. 중대원들이 'Eerie' 고지 주변에 집결하자, 부상병들을 찾기 시작했다. 약 1시간 후에 모든 3소대원들의 시신을 찾았으나, 같은 벙커에서 갑자기 없어진 맨리 중위와 이바라의 시체만 없었다.

최초 전투전초 'Eerie'에 투입된 26명의 장병 중에 8명이 전사했고, 4명이 부상당했으며 2명이 실종됐다. 1명을 제외한 모든 전사자는 머리와 가슴에 총탄을 맞고 사망했다. 이에 중대장은 연대장에게 'Eerie' 고지보다 높은 지역에서의 중공군의 기관총사격은 치명적입니다."라고 보고했다. 부상당하지 않은 12명의 병사 중 9명은 'Eerie' 고지 북쪽에 배치되었다. 클라크 대위는 철수하는 중공군을 내버려 두지 않았다. 그는 적의 예상 철수로를 따라 포병과 박격포 화력을 요청했다. 적의 철수로는 'Eerie' 고지의 생존자들의 증언과 레이더와 킹 정찰대의 보고로 쉽게 짐작할 수 있었다. 즉 중공군의 공격방향에 역으로 포탄을 쏟아부었다. 그리고 살상효과를 극대화하기 위해 접근신관을 사용하여 공중에서 포탄이 터지도록 했다.

이로 인해 사단 포병연대는 총 2,614발의 포탄을 발사했는데, 이 중 2,464발은 접근신관을 장착했으며, 나머지 150발은 155미리 조명탄이었다. 이와 함께 연대 지원중대와 3대대 화기중대도 914발의 박격포탄을 발사했는데, 904발이 고폭탄이었고 10발은 백린탄과 조명탄이었다.

11중대원들은 날이 밝은 후에 적의 전투전초가 배치된 능선 앞까지 수색을 실시했다. 그 결과 'Eerie' 진지 철조망 지대에서 중공군 시체 두 구를 발견했으며, 적의 전투전초와 'Eerie' 고지 사이에 있는 적의 철수로 상에서 29구의 시체를 발견했다. 클라크 대위가 적의 철수로를 따라 포병화력을 요청했기 때문에 적은 전우의 시체를 유기하고 성급하게 철수할 수밖에 없었던 것이다.

또한 부상당한 적 포로들도 잡았다. 그중 한 명의 병사는 다리에 부상을 입었고, 손에는 기관총을 들고 있었다. 이 포로는 나중에 자기가 서쪽 능선을 따라 공격한 부대의 일원이며, 공격은 2개 소대에 의해 이루어졌다고 말했다. 그리고 중공군 포로들을 심문한 결과 중요한 사실을 알게 되었다. 그들은 3월 21일 밤에 1개 정찰분대를 'Eerie' 고지 주변에 투입했다고 한다. 중공군 정찰대들은 21일 19시와 20시 사이에 'Eerie' 고지의 북쪽에서 철조망지대를 개척한 다음, 맨리 소대의 규모와 전투력을 파악했고, 상급부대에 이 사실을 보고했다고 한다.

클라크 대위는 'Eerie' 고지 주변에 대한 수색을 마친 다음, 부상병들을 인솔하여 주방어선으로 복귀했다. 대대 방어진지로 진입하기 전에 동이 트고 있었다. 그리고 대대에서 배치한 유도병들이 철수로 곳곳에 있었다. 11중대는 이들의 안내로 신속히 방어진지로 진입할 수 있었다. 그러나 한국전쟁이 끝날 때까지 맨리 중위와 이바라의 행적을 알 수가 없었다. 197연대가 'Eerie' 고지에서 전초를 철수시킨 이후, 중공군은 'Eerie' 고지에 전초를 설치하여 197연대를 끊임없이 괴롭혔다. 'Eerie' 고지는 순식간에 아군에서 적군의 전초기지로 바뀌었으며, 197연대의 턱을 겨냥하는 송곳과 같은 존재가 되어버렸다.

배워야 할 소부대 전투기술 19

Ⅰ. 소부대에서 상황에 따라 병력을 적재적소(適材適所)에 배치하는 것은 전투력을 강화시키는 가장 좋은 방법이다.

Ⅱ. 적의 공격로가 곧 철수로이다. 적이 철수할 때 적의 공격로에 화력을 집중하면 적의 피해를 증대시킬 수 있다.

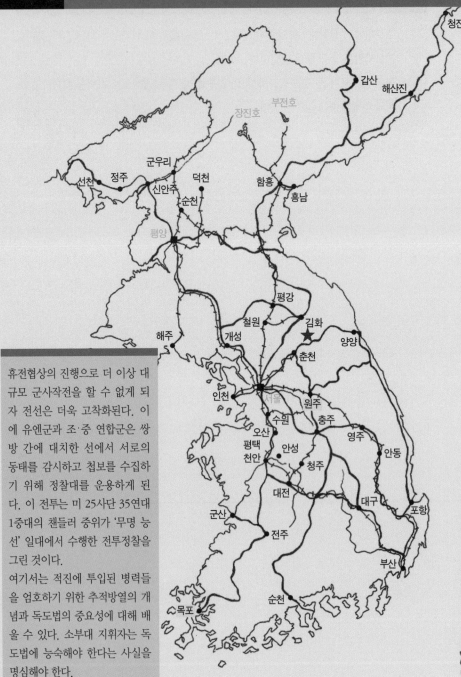

청진

갑산 해산진

부전호
장진호

군우리 덕천 함흥
선천 정주 흥남
신안주
순천
평양

평강
철원 김화 ★
해주 개성 양양
춘천

인천 서울 원주
수원
오산 충주
평택 안성 영주
천안 안동
청주
대전
대구
군산 포항
전주

부산

순천
목포

휴전협상의 진행으로 더 이상 대규모 군사작전을 할 수 없게 되자 전선은 더욱 고착화된다. 이에 유엔군과 조·중 연합군은 쌍방 간에 대치한 선에서 서로의 동태를 감시하고 첩보를 수집하기 위해 정찰대를 운용하게 된다. 이 전투는 미 25사단 35연대 1중대의 챈들러 중위가 '무명 능선' 일대에서 수행한 전투정찰을 그린 것이다.

여기서는 적진에 투입된 병력들을 엄호하기 위한 추적방열의 개념과 독도법의 중요성에 대해 배울 수 있다. 소부대 지휘자는 독도법에 능숙해야 한다는 사실을 명심해야 한다.

20 챈들러 소대의 전투정찰

A successful patrol takes time - time for planning, time for coordination with other
units, time for thorough briefing

THE INFANTRY JOURNAL(1949)

판문점에서 휴전협상이 진행되고 있는 동안, 유엔군과 공산군은 주로 산악지형에서 자신들의 진지를 강화하며 대치하고 있었다. 이런 상황에서 피·아는 상대방의 동태와 첩보를 수집하기 위해 끊임없는 정찰활동을 전개했다. 여기서는 여러 정찰 중 '무명능선' 일대에서 미 25사단 35연대 예하 부대가 수행했던 전투정찰을 소개하고자 한다.

'무명능선'은 '단장의 능선'에서 동으로 6~8km 떨어져 있었고, 펀치볼의 북서쪽에 붙어 있었다. 무엇보다도 이 '무명능선'은 아군과 적군의 주방어선 사이에 위치하고 있어서 항상 군사적 긴장상태가 고조되어 있었다.

'무명능선' 위에는 눈에 잘 띄는 광산이 하나 있었는데, 거기에는 북한군이 벙커와 참호를 구축하기 위해 옮겨 놓은 폐석들이 여기저기 흩어져 있었다. 이 광산 지역은 1952년 4월 초였음에도 아직 눈에 쌓여 있었다. 이로 인해 광산 지역은 눈에 더 잘 띄었다. '무명능선'은 적의 주방어선에서 2km 정도 떨어져 있었으며, 아군인 미25사단 35연대에서도 약 2km가 떨어져 있었다. 따라서 피·아의 정찰대는 수시로 무명고지 주변에서 정찰활동을 실시했고, 소규모 전투는 끊임없이 발생했다.

연대는 1952년 4월 3일에 야간 정찰을 계획하였다. 정찰부대로 전방대대에서 예비임무를 수행하고 있던 1중대가 선정되었다. 당시 지휘관들은 정찰임무를 예비대에서 주로 운용했는데, 그 이유는 전방부대에서 정찰부대를 차출한다면 주 방어선의 방어밀도가 약해지기 때문이었다.

연대는 준비명령을 3월 28일에 하달했고, 1중대장은 정찰대장에 챈들러 중위 (Lt. John H. Chandler)를 임명하였다. 챈들러 중위의 임무는 정찰 간 조우하는 적군을 포획하거나 사살하는 것이었다.

챈들러 중위는 4월 2일에 연대지휘소에서 정찰명령을 수령했다. 그는 3소대에 서 2개 분대를 차출하고, 다른 소대에서 전투경험이 풍부한 여러 명의 병사들을 선발하여, 20명의 전투정찰대를 조직했다. 챈들러 중위는 4월 3일 오후에 모든 정찰대원들을 데리고 적의 진지를 관측할 수 있는 고지(3중대 방어진지 후방에 있는 무명고지)로 올라갔다. 그는 거기에서 실제 지형을 보면서 명령하달을 실 시했다. 챈들러 중위는 무명고지 위에서 적들이 진지공사를 하고 있는 목표지점 을 손가락으로 가리키며 "저기서 기습공격을 감행할 것이며, 가능하다면 1명 이 상의 포로를 획득할 것이다."라고 부하들에게 설명했다.

당시 기상관계로 모든 '무명능선'을 자세히 분석할 수 있는 항공사진을 획득할 수 없었다. 이에 챈들러 중위는 부소대장인 케인 중사(SFC. Williams C. Kevin) 에게 지도를 이용하여 사판을 제작하게 했다. 사판은 무명고지의 특징을 모두 살려 최대한 세밀히 제작되었다. 챈들러 중위는 실제지형과 사판을 비교해 가면 서 추가적인 명령하달과 예행연습을 실시했다. 챈들러 중위는 사판에 투입로, 철수로, 목표지점을 자세히 묘사하여 부하들에게 상세히 설명했다. 그리고 명령 하달이 끝나기 전에, 사상자 처리 방침을 부하들에게 다시 한 번 상기시켰다. 챈 들러 중위는 "전사자나 부상자는 적진에 남겨두지 않는다. 만약 한 명의 병사라 도 적진에 남겨진다면, 우리는 다시 적진으로 들어가 그가 시체가 되었든, 살았 든 간에 그를 구출해야 한다."라고 부하들에게 강조했다.

그들은 저녁식사 후에 다시 모였다. 그는 정찰대를 돌격분대와 지원분대로 나 누었다. 돌격분대는 챈들러 중위를 포함하여 9명으로, 사격지원분대는 나머지

11명으로 편성되었다.

돌격분대의 2명의 병사는 자동소총을 휴대했다. 챈들러 중위는 이들의 상호지원과 방호를 위해 카빈 소총을 휴대한 부사수를 임명하여 2명 단위로 행동하게 했다. 그리고 나머지 돌격분대원과 챈들러 중위, 통신병은 자동 카빈 소총을 휴대했다. 또한 돌격분대 전방에는 정찰병 2명이 운용되었는데, 그중에 한 명은 1중대 3소대(챈들러 소대)에 배속되었던 국군 상병이었다.

사격지원분대에서는 분대장인 미첼 상병(Cpl. David Mitchell)과 부분대장인 커쉬바움 상병(Cpl. Robert Kirschbaum)은 유탄발사기가 달린 M1 소총을 휴대했다. 그리고 다른 2명의 병사는 경기관총을 휴대했고, 또 다른 2명의 병사는 브라우닝 자동소총을 휴대했다. 나머지 4명의 병사는 카빈 소총을 휴대했다. 챈들러 중위는 브라우닝 자동소총을 휴대한 병사 옆에 카빈 소총을 휴대한 부사수를 임명하여 상호지원이 가능하게 하였다.

각 분대 통신병은 SCR-300 무전기를 휴대했다. 그리고 사격지원분대의 병사한 명은 유선 전화기와 전선을 감은 2개의 방차[78]를 휴대했다. 이 무전기와 유선전화기는 3중대의 관측소와 연결되어 통신망을 구축했다.

3중대의 관측소에는 1중대에서 파견된 연락장교와 64야전포병대대의 관측장교가 위치하고 있었다. 그리고 관측소 안에는 1대대 지휘소와 연결되는 유선과 무선이 구축되어 있었다. 1대대장인 워커 중령(Lt. Col. Philip G. Walker)은 가능하다면 정찰대의 정찰활동과 그들의 화력요청을 직접 지휘하기를 원했다.

군장검사와 임무숙지상태를 확인한 다음, 챈들러 중위는 자신을 따라오라고 손을 흔들었다. 챈들러 정찰대는 21시에 주방어선을 넘어 적진으로 향했다. 챈들러 중위가 부하들을 이끌고 계곡지역으로 내려갈 때, 64야전포병대대의 105미리 곡사포는 여느 때와 마찬가지로 요란사격과 차단사격 임무를 수행하고 있

78) 방차(紡車) : 얇은 전선을 감아 놓은 큰 얼레

었다. 연대 참모들은 정찰계획을 수립할 때, 정찰대의 출발시간과 포병의 사격 지원시간을 일치시켰다. 그 이유는 정찰대가 적진에 침투할 때, 적의 관측을 방해하여 정찰대를 엄호하고 최대한 빨리 정찰대를 적 경계부대에 접근시키기 위해서였다.

눈이 쌓인 가파른 능선이 즐비했음에도 정찰대는 순조롭게 이동하고 있었다. 21시 30분에 챈들러 중위는 3중대 관측소에 확인점[79] 1번에 도착했다고 보고했다. 정찰대가 능선을 내려가고 30분이 지나자 챈들러 중위는 확인점 2번에 도착했다고 보고했다. 정찰대는 목표지점과 아군의 주방어선 중간을 통과하고 있었다. 능선에 두껍게 쌓인 눈 때문에 기동이 어려워졌으나, 달빛이 눈에 반사되어 주변이 잘 보였다. 달은 상현달이었고, 정찰대가 확인점 2번을 통과할 때 밤하늘에 떠올랐다. 날씨는 청명했고, 정찰대는 주변 자연환경을 식별할 수 있었다.

확인점 2번 지역은 '무명능선'의 중간지점이었다. 정찰대는 '무명능선'을 볼 수 있었는데 지도와 사판에서 본 것과는 아주 달라 보였다. 투입 전에 세밀히 지형분석을 했지만 챈들러 중위는 자신의 앞에 있는 '무명능선'을 의심할 수밖에 없었다. 챈들러 중위는 몇 분간의 지도와 대조하여 지형분석을 한 후, '무명능선'을 올라가기 시작했다. 만약 챈들러 중위가 선택한 길이 맞는다면, 조만간 '무명능선'의 정상에 도착할 수 있었다. 그러나 만약 그의 선택이 잘못되었다면, 주위 지형지물과 지도를 대조하여 자신의 정확한 위치를 다시 파악해야 했다.

정찰대가 '무명능선'으로 올라가는 산등성이에 도착했을 때, 챈들러는 앞장서서 정찰대를 진두지휘했다. 거기에는 오래된 적의 참호와 벙커가 있었지만, 적의 움직임이나 소리가 없었다. 너무나 이상했다. 정찰대원들은 "지금쯤 적의 전투전초 지역을 통과하고 있을 텐데?"라고 생각했다. 그러나 근처에는 적의 징

---

79) 확인점(Check Point) : 방향을 확인하고 지원화력을 요청하며 상황을 신속히 보고하는 데 사용하기 위하여 선정하는 참고점

후가 전혀 보이지 않았다. 90m를 더 전진한 다음, 챈들러 중위는 자신들이 다른 능선으로 진입했다고 결론지었다. 정찰대는 방향을 바꿔 확인점 2번 지역으로 내려갔다. 챈들러 중위가 앞장을 섰으며, 나머지 병사들은 일렬로 그의 뒤를 따라갔다. 정찰대가 확인점 2번에 도착하자, 챈들러 중위는 다시 지도를 펴고 지형분석을 하기 시작했다. 챈들러 중위는 지도와 실제지형을 분석한 끝에 '무명능선'으로 올라가는 길을 찾아냈다.

정찰대가 '무명능선'으로 올라가고 있을 때, 챈들러 중위는 시계를 봤다. 자정이 넘은 시간이었다. 챈들러 중위는 무선으로 자신의 위치를 보고했다. 정찰대는 방차의 전선 길이를 초과하는 지점에 있었으므로 더 이상 유선을 사용할 수 없었다. 정찰대는 잘못된 길로 진입했을 때 풀려진 전선을 수거하지 않았고, 전선들이 서로 꼬이기까지 해서 유선전화기를 더 이상 사용할 수 없었다.

정찰대가 목표지점에 도착한 시간은 새벽 00시 30분이었다. 챈들러 중위가 무선으로 "현재 정찰대는 목표부근에 도착했습니다. 적과의 접촉은 없으며, 적의 징후는 찾아 볼 수 없습니다."라고 보고했다. 1대대장인 워커 중령이 이 보고를 듣고, 챈들러 중위에게 "가능하다면 적 포로를 잡고, 상황이 급박하면 사살해도 좋다. 현재 지점에서 적을 발견할 수 없다면 전방으로 몇 백 미터 더 진출하여 적과 접촉하라! 접과 접촉하면 다시 보고하라!"라고 말했다.

정찰대는 전방으로 진출했으나, 적의 징후는 없었다. 워커 중령은 챈들러 중위에게 몇 km를 더 전진하라고 지시했다. 정찰대가 워커 중령의 지시대로 전방으로 진출하자, 정찰대는 적의 움직임을 볼 수 있었다. 적의 주방어선이었다. 적의 주방어선은 정찰대의 위치에서 상당한 거리에 떨어져 있었다. 그런데 갑자기 적들이 주방어선에서 '무명능선'으로 내려오기 시작했다. 챈들러 중위는 포병화력을 요청했다. 몇 분 후에 105미리 포탄 36발이 적이 이동하고 있는 지점에 떨어졌다. 잠시 후, 챈들러 중위는 포탄이 떨어진 곳에서 적들의 목소리를 들을 수 있었다.

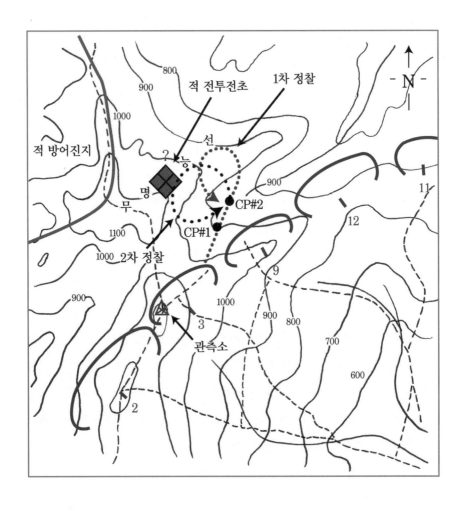

정찰대가 적과 접촉하기는 했지만, 그들은 아직 적을 포획하는 임무를 수행하지 못했다. 챈들러 중위는 정찰대를 지휘하여 '무명능선' 정상 아래 50m 지점까지 다시 이동했다. 거기서 정찰대는 적들의 활동을 살피기로 했다. 정찰대는 자신들의 위쪽에서 적들이 말하고 있는 소리를 들었다. 잠시 후 다른 소리가 들렸는데, 이는 북한군들이 식사를 하고 있는 것 같았다.

챈들러 중위는 무전으로 이 사항을 보고하고 "여기서부터는 무전침묵을 유지해야 합니다. 적과 너무 가까이 있습니다. 저희가 연락하기 전까지는 무전침묵을 유지해 주십시오!"라고 말했다. 그리고 나서 챈들러 중위는 적 진지의 정확한 지점을 파악하라고 정찰대원들에게 지시했다.

정찰대가 올라온 길을 따라 조금만 더 올라가면 적의 큰 벙커를 발견할 수 있었다. 그리고 그 주변에 작은 벙커들이 있었다. 챈들러 중위는 적의 벙커를 공격하기 위해 공격대형으로 전개했다. 정찰대는 돌격분대를 전방에, 사격지원분대를 후방에 위치시켜 횡으로 전개했다. 돌격분대는 자동화기를 좌·우측 끝에, 지휘조를 중앙에 위치시켰다. 지휘조는 자동화기보다 앞으로 돌출되었는데, 중앙 좌측에는 쉘 병장(Sgt. William Schell, 돌격분대장), 김 상병(Cpl, Kim, 국군, 정찰병), 뱅크스 이병(Pvt. Johnnie R. Banks, 정찰병)이, 중앙 우측에는 챈들러 중위와 도르반 상병(Cpl. Anthony Darbonne, 무전병)이 위치하고 있었다. 돌격분대의 전투 대형은 약 30m 정도 되었고, 돌격분대와 같은 형식으로 화

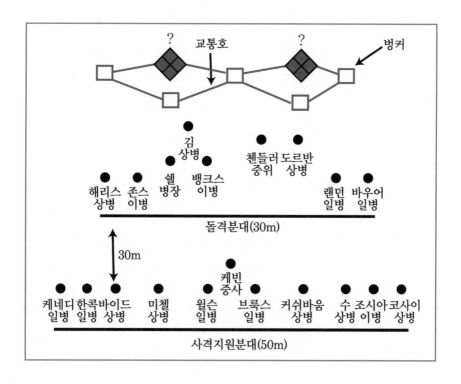

기배치를 마친 사격지원분대는 돌격분대 후방 30m 지점에서 50m의 길이로 전투대형을 전개했다.

돌격분대의 자동화기사수인 랜던 일병(PFC. Van D. Randon)이 바우어 일병(PFC. Charles H. Baugher)에게 "앞에 인계철선이 있다. 조심해라!"라고 말했다. 바우어는 인계철선을 넘어갔다. 그런데 바우어 일병이 발을 내려놓자, 폭발음이 들리고 바우어 일병이 땅에 쓰러졌다. 잠시 후에 나머지 정찰대원들 옆에 인계철선에 연결된 수류탄 파편이 떨어졌다. 그 시간이 새벽 2시 10분이었다.

잠시 동안 정적이 흘렀다. 적의 부비트랩에 걸린 바우어 일병은 발에 약간의 통증은 있었지만 무사했다. 나머지 정찰대원들은 적이 부비트랩에 무엇이 걸렸나 확인하기 위해 벙커에서 나오는 것을 기다리며 조용히 앉아 있었다. 10분이 지나도 적은 나타나지 않았다. 잠시 후, 먹고 떠드는 소리가 계속 들렸다.

북한군은 계속해서 떠들고 있었다. 챈들러 중위는 돌격분대를 지휘하여 적 진지로 살금살금 접근해 갔다. 챈들러 중위와 김 상병이 중앙에 있는 큰 벙커에 접근했을 때, 큰 벙커와 적은 벙커를 연결하는 교통호 사이로 북한군들이 자유로이 돌아다니고 있었다. 챈들러 중위와 김 상병은 적의 교통호로 뛰어 들었다. 그들이 교통호로 뛰어들자, 그들의 좌측에 있는 큰 벙커에서 북한군 1명이 나오고 있었다. 챈들러 중위와 김 상병은 재빨리 교통호에서 나와 흙벽 뒤로 숨었다.

그 북한군은 무엇인가 심각한 이야기를 중얼거리고 있었다. 김 상병은 그 북한군이 무엇인가를 의심하고 있다고 챈들러 중위에게 말했다. 김 상병의 이야기를 들은 후, 챈들러 중위는 사격할 수 있는 곳에 자리를 잡고 그 북한군을 향해 사격을 했다. 동시에 돌격분대에서도 사격이 시작되었다. 김 상병은 수류탄을 던졌다. 그 북한군은 3발의 총탄을 맞고 쓰러졌다. 거기에는 더 이상의 북한군들이 없었다. 돌격분대는 소리를 지르며 교통호로 들어갔다.

2km 후방에 있는 3중대 관측소에서 밤하늘에 빛나는 예광탄을 관측했고, 누군가의 외침을 들을 수 있었다. 전투가 시작된 것이었다.

6명의 북한군이 큰 벙커 안에서 나왔다. 돌격분대는 5명의 북한군을 소총과 자동소총으로 사살했으나, 마지막 북한군 병사는 벙커 안으로 들어가 버렸다. 돌격분대 중 한 명이 벙커 안으로 수류탄 2발을 던졌다. 그러나 벙커 안에서 아무도 나오지 않았다. 몇 분 후에 벙커 안에서 비명을 지르는 소리가 들렸다.

중앙의 큰 벙커 주변에는 여러 개의 작은 벙커들이 있었다. 잠시 후, 큰 벙커의 좌·우측에 있는 벙커에서 북한군들이 교통호를 뛰어나왔고, 브라우닝 자동소총수인 랜던 일병과 해리스 상병(Cpl. Wilbur Harris)은 뛰어나오는 북한군을 사살했다. 정찰대는 최대 발사속도로 사격을 하여 주도권을 확보하였다.

북한군들은 수류탄을 던지기 시작했다. 적들은 벙커 위에 있는 기관총진지에서 정찰대의 좌측으로 기관총을 발사했다. 그러나 정찰대가 벙커 주변에 너무 가까이 접근했기 때문에, 적의 기관총사격은 정찰대 머리 위로 날아가 버렸다. 적들은 정찰대에 하향사격이 불가능했으나 계속해서 사격했다. 이에 사격지원분대의 좌측 측면에 있던 기관총사수인 바이드 상병(Cpl. James A. Byrd)이 벙커 위에 있는 적기관총진지를 향해 자신의 총이 기능고장이 날 때까지 사격을 했다. 기능고장이 나자 미첼 상병이 바이드 상병에게 다가가 약실에 낀 탄피를 제거해 주었다. 이후 바이드 상병은 다시 기능고장이 날 때까지 사격을 했다.

돌격분대 선두에 있던 챈들러 중위는 바이드 상병의 예광탄이 별 효과 없이 어둠 속으로 사라지자 "사격중지! 넌 북한군 진지를 맞추지 못하고 있어!"라고 소리쳤다. 이에 바이드와 미첼은 기관총사격을 멈추고, 적기관총진지를 향해 수류탄을 던졌다.

좌측에 있는 벙커에서 북한군 2명이 나와 교통호로 달려가려고 했다. 교통호 좌측 끝에 있던 해리스 상병(Cpl. Wilbur Harris)은 자신의 브라우닝 자동소총으로 북한군을 사살했다. 정찰대원들은 벙커와 교통호로 수류탄을 던지기 시작했으며, 몇 분 후에 3~4명의 북한군들이 정찰대의 우측에서 나타났다. 그들의 실루엣이 공제선에 의해 식별되자 사격지원분대의 수 상병(Cpl. Kim Soo)은 경기관총의 총구를 돌려 사격하기 시작했다. 잠시 후, 3명의 북한군이 쓰러졌다. 수 상병은 기관총을 신속히 삼각대에 고정시켰기 때문에 재빠른 사격이 가능했다.

북한군들은 주로 수류탄을 던지며 정찰대의 야습에 대처해나갔다. 북한군들은 고지 위쪽의 은폐된 진지에서 정찰대에게 수류탄을 던졌다. 그러나 돌격분대 대부분의 인원들이 적 진지 바로 아래에 달라붙어 있었기 때문에, 북한군의 수류탄은 그다지 효과가 없었다. 북한군이 던진 수류탄은 대부분 돌격분대와 사격지원분대 사이에 떨어져 터졌다.

그러나 불행하게도 적의 수류탄으로 사격지원분대 무전기가 고장이 났고, 사격지원분대 2명이 부상당했다. 그리고 사격지원분대의 부분대장인 커쉬바움 상병도 적의 수류탄 공격으로 부상을 입었다. 그는 양쪽 다리에 부상을 입었는데, 수류탄 파편이 오른쪽 다리에 박혀 있었다. 또한 사격지원분대의 왼쪽 측면에 있던 한콕 일병(PFC. Emmett Hancock, 브라우닝 자동화기사수)도 수류탄 파편을 맞고 부상을 입었다. 4명의 부상자 중에 걸을 수 없는 인원은 커쉬바움 상병뿐이었다.

총격전이 일어난 지 30분이 지나자, 정찰대는 탄약이 떨어지기 시작했다. 정찰대의 사격 양은 현저하게 저하되었다. 거의 같은 시간에 아군의 포병화력이 정찰대로부터 몇 백 미터 떨어진 곳에 있는 적의 주방어진지에 떨어지기 시작했다.

새벽 2시 45분에 챈들러 중위는 철수하기로 결정했다. 그러나 그가 통신병에게 정찰대는 적과 접촉을 끊고 철수한다는 무전을 날리려 하자, 통신병이 부상을 당했다. 챈들러 중위는 서둘러 무전기 수화기를 들었지만 먹통이었다. 수류탄 파편으로 무전기가 고장난 것이다. 그는 "돌격분대는 사격지원분대 엄호 하에 확인점 2번으로 철수한다."라고 소리쳤다. 몇 명의 병사들이 커쉬바움 상병을 운반하기 위해 간이 들것을 만들었다.

3중대 관측소에서는 정찰대의 사격소리를 들을 수 있었다. 정찰대가 철수를 시작하자 그들의 사격소리가 줄어들고, 다급한 목소리가 들려오기 시작했다. 3중대 관측소에 있던 관측자들은 정찰대의 모습을 볼 수 없었지만, 사격(예광탄)의 방향과 사격소리가 줄어드는 것으로 보아 정찰대가 지금 철수하는 중이라는 사실을 알 수가 있었다. 그리고 무전소통이 되지 않자 정찰대의 무전기가 고장이 났다는 사실도 직감적으로 알 수 있었다. 관측자들은 이 사항을 즉시 워커 중령에게 보고했다.

대대장은 즉시 '무명능선'에 포병화력과 박격포화력을 집중시켰다. 3중대장은 '무명능선'으로부터 날아오는 예광탄을 보고 적 진지의 위치와 정찰대의 현재 위치를 파악했다. 이런 식으로 관측소에서는 적의 위치와 정찰대의 위치를 최신화했다.

어느 정도 적들이 아군의 방어진지에 접근하자 워커 중령은 포병화력을 연신하여 정찰대를 엄호했다. 워커 중령은 포병과 박격포의 화력을 직접 수정했다. 그 이유는 무전기가 고장이 나고 야간 상황에서 오폭으로 인해 발생할 책임을 부하 장교들이 떠맡는 것이 싫었기 때문이었다. 그러나 화력 수정은 비교적 쉬웠다. 왜냐하면 챈들러 정찰대가 사전에 계획된 철수로로 철수하고 있었고, 적들은 그 뒤를 따라오고 있었기 때문이었다. 포병과 박격포는 교대로 사격을 실시했다. 포병과 박격포는 추적방열[80]을 하고 있었기 때문에 사격시간도 대단히 짧았다.

정찰대가 확인점 2번에 도착하기 전에 챈들러 중위는 "미첼, 윌슨! 먼저 중대로 복귀해서 중대장님께 지원요청해라!"라고 말했다. 그들은 1시간 이상 달려 내려가 중대가 위치하고 있던 지역에 도착했다. 그들이 도착했을 때 3중대장은 이

....

80) 추적방열(Tracking) : 사격준비시간을 단축하기 위해 적진에서 활동하고 있는 아군부대의 기동에 따라 포구의 방향도 따라가는 것

미 의약품과 정찰대를 지원할 분대를 준비시키고 있었다. 미첼 상병과 윌슨 일병은 3중대의 1개 분대를 인솔하여 정찰대가 있는 방향으로 출발했으나 북한군의 박격포탄이 떨어져 4명의 병사가 부상을 입었다. 미첼 상병과 윌슨 일병은 부상병들을 도와 3중대 지역으로 돌려보냈고, 중대장에게 다른 분대의 지원을 요청했다. 새로 투입된 분대는 미첼 상병과 윌슨 일병을 따라 새벽 5시 30분에 정찰대가 있는 확인점 2번 지역에 도착할 수 있었다.

그러는 동안에 확인점 2번에 도착한 정찰대는 급편방어로 전환하여 적을 향해 조명 수류탄을 던지고 있었다. 아군은 이 조명탄을 보고 박격포사격을 지원했다. 워커 중령은 이 조명탄을 보고 박격포 사격을 연신했으며, 북한군들이 더 이상 정찰대에 접근하지 못하도록 확인점 2번과 '무명능선' 사이에 화력을 집중했다. 이와 동시에 박격포, 전차, 기관총은 '무명능선'을 향하여 불을 뿜기 시작했다.

날이 밝아 오자, '무명능선'에서 급편방어로 전환한 정찰대의 위치가 잘 보이기 시작했다. 챈들러 중위는 3중대에서 증원된 분대에서 가져온 무전기를 사용하여 워터 중령에게 '무명능선' 일대에 연막차장을 요청했다. 잠시 후 몇 발의 포탄이 정확히 '무명능선'에 떨어지고, 산들바람으로 연막이 '무명능선'으로 올라가고 있었다.

연막차장 하에 정찰대는 철수를 다시 시작했으나, 북한군은 끈질기게 정찰대를 향해 직사 및 곡사화력을 아침 6시 30분까지 집중했다. 정찰대는 아주 느린 속도로 주방어진지로 복귀하고 있었다. 정찰대는 확인점 2번에서 철수하는데 12시간 이상이 걸렸다. 비록 포로를 잡지는 못했지만, 챈들러 정찰대는 효과적으로 적의 진지를 타격했다. 정찰대는 10명의 사상자가 발생했는데 모두 적의 수류탄 파편 때문이었다. 그러나 정찰대는 자신들이 많은 수의 북한군을 죽였다고 믿고 있었다.

2,000발 이상의 포탄이 정찰대에 의해 파악된 적 진지에 떨어졌다. 정찰대원

들은 포병화력을 100% 신뢰하고 있었다. 챈들러 정찰대의 전투정찰은 소규모 작전에서 보병과 포병이 이루어낸 완벽한 걸작품이라 할 수 있다.

배워야 할 소부대 전투기술 20

I. 정찰대는 상급 지휘관에게 반드시 투입로와 철수로를 사전에 보고해야 한다. 그리고 정찰대는 약정된 지점을 통과하면 반드시 지휘소에 현재 위치를 보고해야 한다.

II. 적진에 투입되는 부대를 엄호하기 위해 모든 곡사화기는 추적방열을 해야 한다. 그 이유는 사격준비시간을 단축시키기 위해서이다.

III. 기관총의 예광탄은 아군과 적의 상황, 위치를 파악할 수 있는 실마리를 제공한다.

부록

소부대 지휘자가 배워야 할 리더십

1. 이순신 장군

이순신(李舜臣) 장군 : 이순신 장군은 1545년(인종 원년)에 출생하여 1598년(선조 31년)에 명량해전에서 전사한 조선 중기의 무관이다. 본관은 덕수, 자는 여해(汝諧), 시호는 충무(忠武)이다. 이순신 장군은 우리나라에서 세종대왕과 유일하게 성(聖)자로 추앙받고 있는 인물이다. 그는 임진왜란 당시 일본군의 중심(Center of Gravity)을 정확히 꿰뚫는 혜안을 발휘하여 수적 열세에도 불구하고 23번의 해전에서 모두 승리했다. 그는 병법서를 항상 가까이 두어 제승(制勝)과 불패(不敗)의 전략을 발전시켰으며, 부하에 대한 끔찍한 사랑을 베풀어 장병들의 사랑을 한 몸에 받은 한국형 리더십의 표상이기도 하다. 또한 부모에 대한 끔찍한 효를 행한 것으로도 유명하다.

1. 이순신 장군

'업무에는 열정을, 부하에게는 사랑을'

이순신 장군과의 만남

'멋진 지휘관'이 되고자 푸른 야전을 누빈 지 어느새 10년이 넘었다. 소대장 시절, 나 자신만의 '멋진 지휘관 象'을 형상화하고자 많은 노력을 했지만, 경험과 리더십에 대한 지식 부족으로 내가 원하는 지휘관상을 구현하지 못했다. 그러나 초급 지휘자 생활을 끝내고 100명 이상의 부하를 지휘하면서 나름대로 많은 경험을 쌓을 수 있었고, 역사 속의 훌륭한 지휘관들을 연구하면서부터 나만의 지휘관상은 조금씩 구체화되기 시작했다.

이런 과정에서 나에게 가장 많은 영향을 미친 사람이 바로 이순신 장군이었다. 내가 이순신 장군에 대해 관심을 가지게 된 것은 야전에서 전차를 지휘하고 나서부터였다. 그 당시 내 머릿속에는 '우리나라와 같이 기복이 많은 지형에서 여러 대의 전차를 하나와 같이 움직일 수 있을까?'라는 의구심이 꽉 차있었다. 이에 고대의 이륜마차인 'Chariot'부터 현대의 최첨단 전차까지, 그들이 참여했던 모든 전차전을 연구하기 시작했다. 그러나 그들이 수행했던 전투들은 대부분 넓은 개활지에서 수행한 경우가 많았기 때문에 나의 의구심을 풀어주지 못했다.

어느 날 퇴근 후 우연히 역사 드라마 〈불멸의 이순신〉을 보게 되었는데, 이순신 장군이 한산대첩에서 '학익진(鶴翼陣)'을 구사하여 와기자카 야스하루의 함대 (73대)를 전멸시키는 장면이었다. 여기서 이순신 장군이 지형을 적절히 이용하여 판옥선을 운용한 점과, 여러 곳에 흩어져 있던 부대를 순식간에 집결시켜 전투력을 집중한 점이 그동안 내가 가지고 있던 의구심을 풀 만한 열쇠를 제공했다. 이에 이순신 장군의 전투지휘능력에 대해 관심을 가지게 되었으며, 그의 삶에 대해서 연구하기 시작했다.

이렇듯 리더십에 관심을 가지고, 내가 존경하는 몇몇의 인물들에 대해 몇 년 동안 연구한 결과 중요한 사실을 발견했다. 그것은 바로 "과거와 현재, 동양과 서양, A대대장과 B대대장의 리더십은 그 본질이 같다."라는 것이다. 지금까지 나는 이순신 장군과 나의 리더십, 고구려의 양만춘 장군과 독일의 롬멜 장군의 리더십, 우리 대대장과 인접대대장의 리더십이 모두 다르다고 생각했었는데, 이는 이 세상에는 똑같은 사람이 단 한 명도 없는 것과 같이, "똑같은 리더십은 결코 존재할 수 없다."라고 생각했기 때문이었다. 그러나 역사적으로 유명한 지휘관들의 리더십을 분석하고, 실병 지휘경험이 점차 늘어나자 내 고정관념은 바뀌게 되었다. 위에서 제시한 지휘관들의 리더십과 나의 리더십을 분석하여 비교한 결과 "리더십은 시대, 문화, 개인의 성격에 따라 달리 표현되었을 뿐, 그 본질은 동일하다."라는 결론을 얻은 것이다.

현재 내 지휘철학은 '업무에는 열정을, 부하에게는 사랑을'이고, 이를 구현하기 위한 리더십의 본질은 전문성, 창의성, 자율성, 책임성이라 생각하고 있다. 즉, 지휘관은 자신의 임무에 대해서는 최선을 다해 수행하는 자세를 견지해야 하며, 이와 동시에 부하를 사랑할 줄 알아야 참된 리더가 될 수 있다는 것이다. 그렇다면 내가 생각하는 리더십과 나에게 감명을 준 이순신 장군의 리더십이 어떤 부분에서 일맥상통하는지 이순신 장군의 전투준비와 그가 수행했던 주요 전투사례를 통해 알아보도록 하자.

이순신 장군의 리더십

이순신 장군은 1591년, 그러니까 임진왜란이 일어나기 1년 전에 유성룡의 추천으로 전라좌도 수군절도사에 임명된다. 전운이 깊어지는 가운데, 이순신 장군은 1587년 경상도에서 발생한 정해왜변을 철저히 분석하기 시작했다. 분석 결과 당시 조정에서 생각하고 있듯이 왜군은 약탈만을 일삼는 해적집단이 아니라 조직성을 가진 정규군이라는 사실을 알게 되었다. 그리고 조선에서 왜에 통신사를 파견하는 대신 돌려받은 포로(정해왜변에 끌려간 포로)들로부터, 왜군은 어려서부터 칼을 사용하기 시작하여 모든 성인이 단병접전에 능하고, 일본군 1명이 능히 조선군 10을 대적할 만하다는 사실을 알게 되었다. 또한 왜군은 100년 동안의 내전으로 전투경험이 풍부하고, 신무기인 조총을 가지고 있다는 사실도 알게 되었다. 이에 이순신 장군은 '이겨놓고 싸우기 위한 철저한 전투준비(制勝)'에 착수하게 된다.

이순신 장군이 전라 좌수사에 임명되자 전라 좌수영의 장졸들은 이순신 장군을 미덥지 않게 생각했다. 그 이유는 이순신 장군이 정6품의 정읍현감에서 정3품의 수군수사로 초고속 승진을 하여 '낙하산 인사'라는 풍문이 돌았으며, 이순신 장군은 이미 녹둔도 패전의 책임을 지고 백의종군의 경력을 가지고 있었기 때문이었다. 또한 전라 좌수사로 임명되자마자 각 군영을 점검(장비, 교육훈련 상태)하여 그 결과에 따라 엄격히 처벌했기 때문에 장졸들의 원성은 높았다. 그러나 이순신 장군은 초도순시를 바탕으로 좌수영을 재정비하고, 정예수군으로 거듭나기 위한 조직개편에 돌입하게 된다. 이순신 장군은 왜군의 동향을 파악하여 그에 대응하는 철저한 작전계획을 수립하기 위해 작전참모에 문관 출신인 순천부사 권준을, 병력들의 의식주와 전투에 필요한 군수물자를 책임지는 군수참모에 낙안군수 신호를, 적정탐지와 신호체계확립을 위한 정찰대장에 사도첨사 김완을, 우수한 인재를 적재적소에 배치하는 인사참모에 방답첨사 이순신 장군을, 남해 물길과 지형을 살피는 조방장에 어영담을, 병사들의 총포와 활쏘기를 담당하는 교훈참모에 녹도만호 정운을, 판옥선을 정비하고 함대를 증축하는 책임자로 군관 나대용을, 격군들을 조직적으로 훈련하기 위한 책임자로 군관 송희립을 임명했다. 이런 인사 조치는 이순신 장군이 예하 장졸들의 특성을 면밀히 분석하고 있다는 단적인 예였으므로, 이순신 장군을 낙하산 인사로 보는 장졸들에게 이순신 장군에 대한 신뢰를 구축할 수 있는 계기를 제공했다.

깜짝 인사조치 이후 이순신 장군은 본격적으로 전투준비를 실시하게 된다. 이순신 장군의 가장 큰 관심사는 피·아간의 전력분석이었다. 우선 이순신 장군은 작전참모인 순천부사 권준, 판옥선을 책임지고 있는 군관 나대용과 함께 그동안 기록된 자료와 포로들의 진술을 통해 적의 전술을 철저히 분석했다. 그 결과 왜군의 주요 전술은 상대방의 전선에 도선하여 조총과 단도로 적을 제압하는 단병접전임을 알게 되었고, 그들의 배는 첨저선(尖低船)으로 속도가 빠르나 깊이가 낮고 섬이 많은 지역에서는 민첩성이 떨어진다는 사실을 알게 되었다. 또한 왜군의 배는 삼나무로 제작되고 못으로 연결부위를 결합했기 때문에 외부충격에 상당히 취약하여 포를 장착할 수 없음을 알아내었다. 적의 전술과 적선의 특성을 분석한 후, 이순신 장군은 조선군의 전술과 전선의 특성을 살폈다. 당시 조선군은 소규모 여진족(북쪽의 6진 지역)과 왜구(남쪽 해안 지역)를 상대로 전투를 수행했기 때문에 전면전에는 취약했고, 대부분 장수들의 사상은 적과 끝까지 싸워 적의 수급을 베는 것을 진정한 전투로 여기고 있었다. 이런 군사사상은 수군에도 그대로 적용되어 화포를 장착하고 있었음에도 이를 제대로 활용하지 못했다. 다음으로 이순신 장군은 나대용으로부터 판옥선의 특성을 들었다. 판옥선은 평저선(平低船)으로 해안선이 복잡하고 수심이 얕은 남해안 지역에서는 민첩성이 뛰어나고, 선체 좌우에 화포를 장착할 수 있어 1.5km까지 사격을 할 수 있었다. 이순신 장군은 결국 적의 단병접전을 회피하고 아군의 장점을 최대한 활용하기 위해서는 적이 접근하기 전에 화포를 이용한 사거리전투를 해야 한다는 결론(조선수군의 군사전략)에 도달했다.

비록 왜군에 대비한 군사전략을 수립하기는 했지만, 이를 위해 해결해야만 하는 문제점이 많았다. 우선 사거리 전투를 하기 위해서는 조총의 사거리인 100보 이상의 거리에서 사격을 해야 하는데, 조선 수군은 이를 위한 총포사격이나 활쏘기가 숙달되지 않았다. 둘째로 수적으로 많은 왜군을 압도하기 위해서는 전선을 자유자재로 변환하여 전투력을 집중해야 하는데, 이를 위한 교리나 훈련이 전무한 상태였고, 무엇보다도 전선의 수가 턱없이 부족했다. 셋째로 예하 장졸들이 이순신 장군의 군사전략을 쉽게 이해하지 못한다는 것이다. 당시 조선의 군사사상은 이순신 장군의 신(新)군사전략을 비겁한 행동으로 여기고 있었다. 마지막으로 조선 수군은 조선 사회의 신분제도가 그대로 반영되어 단결력이 부족했다. 위와 같은 문제점을 도출한 후 이순신 장군은 전라 좌수영의 모든 장수들을 소집하여 조선 수군의 문제점을 설명했다. 여기서 예하 장수들은 이순신 장군의 혜안에 다시 한 번 감화된다. 그 이유는 이런 문제점을 찾아내기 위해서는 일일이 현장에 방문하여 현 상태를 파악해야 했기 때문이었다.

이렇듯 상·하간 공감대가 형성된 이후에 이순신 장군은 본격적으로 정예수군 양성에 돌입하게 된다. 우선 첫 번째 문제를 해결하기 위해 교훈참모인 녹도만호 정운에게, 병사들에게 총포사격과 활쏘기 훈련을 집중적으로 시키도록 지시한다. 이에 정운은 단계적으로 교육훈련을 진행했다. 처음에는 지상에서 총포와 활쏘기를 숙달시키고, 이후 판옥선에 올라 바다 위의 표적에 대해 총포훈련과 활쏘기를 숙달시켰다. 총포훈련 중 병사의 실수로 화약이 폭발하여 많은 수의 병사들이 다쳤다는 기록이 있는데, 이순신 장군은 녹도만호 정운을 처벌하지 않고, 정운으로 하여금 계속해서 훈련을 시키도록 지시를 했다고 한다. 이순신 장군의 이런 조치는 병사들에게 교육훈련의 부실은 곧 죽음이라는 경각심을 당시 나태한 병사들에게 심어주기 위함이었고, 예하 장수들에게 부하에 대한 최대의 복지는 바로 교육훈련임을 상기시켜주기 위함이었다. 당시 교육훈련은 병사들의 수준이 향상될 때까지 주야연속으로 진행되어, 병사들의 불만이 높았다.

그러나 이런 병사들의 불만은 첫 번째 전투인 옥포해전에서 단 한 명의 사상자 없이 완승으로 끝나자 바로 이순신 장군에 대한 신뢰로 전환되었다.

이순신 장군은 두 번째 문제를 해결하기 위해서 끊임없이 연구했다. 이순신 장군은 고구려 해전자료, 남해안 지형과 조류, 판옥선의 특징을 분석한 후 조선수군만의 독특한 진법을 만들어 냈다. 그가 만든 진법으로는 학익진, 일자진, 장사진, 첨자진 등이 있다. 학익진은 적을 유인하여 일정한 지점에서 일거에 포위하여 적을 격멸하기 위한 진법이고, 일자진은 재빠른 함대 이동이나 대형전환을 위한 진법이다. 동시에 장사진은 항구에 정박해 있는 적선을 꼬리에 꼬리를 물고 수레바퀴처럼 지속적인 사격을 하기 위한 진법이고, 첨자진은 적과 접촉을 시도할 때 좌·우측의 매복에 대비하거나 경계하기 위한 진법이었다. 적은 수로 많은 수의 왜군을 격멸하기 위해서는 신속하게 진법을 변경하여 화포를 집중하는 것이 관건인데, 이를 위해 이순신 장군은 사도첨사 김완에게 깃발, 소리(북, 나팔), 연 등을 이용한 신호체계를 개발하게 하였으며, 송희립에게 북을 이용한 전파체계를 확립시켜 격군을 신속하게 통제할 수 있도록 대책을 강구했다. 이순신 장군의 진법훈련은 끊임없이 계속되었다. 진법 훈련이 어느 정도 수준에 올라가자 이순신 장군은 그 권한을 위임하여 각 장수들에게 훈련하도록 지시했다. 그리고 부족한 전선을 확충하기 위해 군관 나대용에게 전권을 위임하여 이순신 장군의 전술관에 부합된 판옥선을 만들도록 했으며, 기습 효과와 전투를 마무리할 목적으로 거북선을 제작하게 했다. 이 거북선은 1952년 6월 1일 사천해전에서 처음 등장하는데, 이 거북선의 역할은 적 함대에 근접하여 적 지휘선을 격파하는 것이었다. 적의 특성상 적 지휘관이 죽으면 전의를 상실하기 때문이었다. 거북선은 갑판이 철로 씌워져 있고(갑판 위에 못을 장착하여 왜군의 도선을 방지), 좌·우측에 화포를 장착하여 적 함대의 아래 부분을 파괴하기가 용이하여 돌격선의 역할을 훌륭히 수행했다.

세 번째 문제를 해결하기 위해서 이순신 장군은 간부교육에 최선을 다했다. 이순신 장군은 적과 근접전을 펼쳐 적을 섬멸해야 한다는 기존의 군사사상을 깨고, 사거리 전투개념을 예하 장수들에게 이해시키기 위해 부단한 노력을 했다. 그러나 이순신 장군의 사거리 전투개념은 예하 장수들에게 쉽게 주입되지 않아 여러 차례 시행착오를 경험하게 된다. 이에 이순신 장군은 각 해전이 끝나면 반드시 운주당(運籌堂)에서 사후검토를 실시했다. 우선 모든 장졸들을 모아놓고 각 전투에서 잘한 점과 못한 점을 명백히 분석하여 예하 장수들에게 이해시켰으며, 이런 사항들을 모두 기록으로 남겨 차후에 동일한 과오를 하지 않도록 최선을 다했다. 해전이 거듭될수록 이순신 장군의 군사전략은 예하 장수들에게 자연스럽게 주입되었으며, 최초 이순신 장군의 군사전략에 대한 의구심은 그에 대한 신뢰로 변하게 되었다. 결국, 조선수군이 연전연승할수록 이순신 장군에 대한 신뢰는 높아지게 된 것이다.

네 번째 문제는 이순신 장군의 파격적인 인사조치로 해결되었다. 이순신 장군이 내린 조치는 다음과 같다. 첫째, 조선사회는 사농공상의 엄격한 신분제도가 존재했으나, 이순신 장군은 출신보다는 능력을 중시하여 인재를 등용했다. 전란관계로 무과시험이 제대로 이루어지지 않자 이순신 장군은 조정에 장계를 올려 수군 단독으로 무과시험을 치르게 된다. 이때 활쏘기, 수영, 그리고 병법서를 시험과목으로 정하여 공정히 시험을 시행했다. 당시 과거시험은 부정부패가 만연하여 돈이 없는 천민들은 시험에 응시조차 할 수 없었는데, 이순신 장군은 이런 병폐를 없애기 위해 능력 있는 자를 공정히 선발하여 병졸들에게 희망을 주었다. 이런 조치는 많은 병졸들에게 동기를 유발시켜, 전투 시 강력한 창끝 전투력을 발휘할 수 있게 하였다. 둘째, 이순신 장군은 전공을 모두 부하의 몫으로 돌렸다. 이순신 장군도 각 전투가 끝날 때마다 전투결과를 상세히 기록하여 조정에 장계를 올렸다. 여기에는 지휘고하를 막론하고, 그들의 이름과 전공을 상세히 적어 조정에 보고함으로써 최대한 공정하게 신상필벌을 실시한 것이다. 당시에는 장수들이 전공을 차지하는 것이 당연한 일인데, 이순신 장군의 이런 조치는 전공을 쌓은 사람은 누구나 상을 받을 수 있다는 생각을 모든 장졸들에게 각인시켜, 전투 시 적극적인 행동을 유발했다. 셋째, 이순신 장군은 전투 후 적의 수급을 베는 것을 금지했다. 당시에는 전공을 증명하기 위해서는 반드시 적의 수급을 베야만 했다. 만약 그가 적 수급의 수로 전공을 평가했다면 예하 장졸들은 근접전을 수행하여, 단병접전에 강한 왜군에게 많은 피해를 입었을 것이다. 이에 이순신 장군은 파괴한 전선의 수로 전공을 가늠했다. 이 원칙은 1592년 5월 3일 첫 출전한 옥포해전부터 철저히 지켜졌는데, 이는 아군의 전투력을 보존할 수 있고, 적전선을 파괴하기 위해 판옥선 1대에 탑승한 지휘자, 포수, 궁수, 격군들을 하나로 만들 수 있었기에, 이순신 장군의 입장에서는 일석이조(一石二鳥)의 효과를 거둘 수 있었다. 넷째, 이순신 장군은 왜에 끌려간 포로들을 진정한 조선인이라 생각했다. 당시 왜에 끌려갔다 온 사람들은 모두 첩자로 간주되고, 조정으로부터 감시를 받는 존재였다. 그러나 이순신 장군은 이들을 모두 포용하여 자신의 오른팔로 운용했다. 이들의 임무는 순천부사 권준의 통제 하에 적정을 탐지하는 것이었다. 물론 그 위험성은 말할 것도 없겠지만, 이들은 이순신 장군 아래서 진정한 인간으로 대접받았기에 죽음을 무릅쓰고 적진에 침투하여 귀중한 정보를 획득했다. 이런 조치들은 장졸들의 단결력을 향상시킬 수 있었고, 그들의 자발적이고 적극적인 전투행동을 이끌어 낼 수 있었다.

이순신 장군의 리더십 핵심

이순신 장군이 철저한 전투준비를 한 이유는 당시 왜군의 군사전략에 기인했다고 볼 수 있다. 도요토미 히데요시의 계획은 우선 고니시와 가토로 하여금 육로로 최대한 빨리 진격하게 하고, 이와 더불어 수군을 서해로 기동시켜 육군과 협공하여 한양을 최단시간 내에 점령하여 전쟁을 빨리 끝낸다는 것이었다. 이순신 장군은 앞을 내다보는 혜안을 가졌기 때문에 이런 왜군의 전략을 예상할 수 있었다. 결국 전쟁의 승패는 부산에서 서진하는 왜 수군을 막느냐에 달려 있다고 일찍이 내다보고 있었던 것이다. 그래서 이순신 장군은 전투에서 적의 수급보다는 적전선을 침몰시키는 것이 더 중요했으며, 한 척의 판옥선과 수군 한 명한 명을 그렇게 중시 여겼던 것이다. 이순신 장군은 23전의 전투에서 이런 원칙을 철저히 지켰으며, 아무리 왕명이라 해도 자신의 원칙에 어긋나면 따르지 않았다. 물론 이런 원칙 때문에 경상 우수사인 원균과 매 전투마다 마찰을 겪기도하고, 무군지죄로 백의종군을 당하기도 했지만, 이순신 장군의 이런 확고한 신념이 조선을 구해내지 않았나 생각한다.

그렇다면 이순신 장군의 리더십의 본질은 무엇인가? 위에 제시한 그의 전투준비 과정과 여러 전투에서 찾아보도록 하자.

첫째, 이순신 장군은 지지 않는 전투(不敗)를 하기 위해 스스로 군사전문가가되었다. 그가 밤을 새며 적을 분석하고, 이에 대비한 아군의 전략을 구상했다. 그 결과 적군의 강점인 단병접전을 피하고, 적의 약점인 사거리를 철저히 이용할 수 있는 전투 개념을 발전시킬 수 있었다. 또한 '과연 우리 함대가 사거리 전투를 할 수 있는 준비가 되어 있는가?'라는 문제의식을 가지고 몸소 전라 좌수영곳곳을 돌아다녔다. 당시 보통의 장군이라면 예하 부대 실정이나 문제점이 무엇인지도 파악하기 어려울진데, 이순신 장군은 남은 군량미의 양과 병장기의 수까지 모두 알고 있었다.

둘째, 이순신 장군은 창의성을 가진 진취적인 지휘관이었다. 이순신 장군은사거리 전투를 수행하기 위해 전투력을 집중할 수 있는 방법이 필요했다. 따라서 육군에서 수행하는 각종 진법을 철저히 분석하여 수군에 적용했다. 그 결과학익진이 개발된 것이다. 이순신 장군의 이런 기발한 생각은 그의 연전연승의기초가 되었다. 또한 그는 적장만 죽이면 적의 사기가 떨어질 것이라고 생각하여 돌격선인 거북선을 개발했다. 거북선은 항상 적진을 향해 돌격했고, 적 지휘선을 격파하여 적의 전투의지를 말살했다. 그리고 이순신 장군은 신호체계에 일대 혁신을 가져왔다. 그는 봉화, 연, 깃발, 북, 매, 신기전을 활용, 주·야간 신호

대책을 강구하여 적보다 한 박자 빠른 조치를 취할 수 있었고, 언제나 적에 대한 기습이 가능했다.

셋째, 이순신 장군은 부하들에게 자율성을 보장해 주었다. 이순신 장군은 최초 실시한 순시를 바탕으로 예하 장수들에게 임무를 할당했다. 각 장수들은 자신의 특성에 맞는 임무를 부여받았기 때문에 최선을 다해 임무를 수행했다. 또한 각종 진법을 구사할 때 철저한 권한위임을 실시함으로써 부하들의 능력을 최대한 활용했다. 예를 들면 학익진을 구사할 때는 민첩한 사도첨사 김완을 유인부대장으로, 신중한 낙안군수 신호와 방답첨사 이순신 장군을 매복부대장으로, 용장인 녹도만호 정운을 돌격부대로 편성했다. 이는 예하 장수의 특성에 부합된 임무를 부여하고, 철저한 권한위임을 통해 전투력을 극대화하고자 한 이순신 장군의 지휘방법이었으며, 부하들로부터 신뢰를 얻을 수 있었던 원천이었다.

넷째, 이순신 장군은 책임의식이 강한 장수였다. 이순신 장군은 무군지죄로 1597년 2월에 체포되고, 원균이 삼도수군통제사에 임명된다. 원균이 칠천량 해전에서 이순신 장군이 그동안 이룩해 놓은 대부분의 함대를 잃고 전사하자, 조선 조정은 백의종군 중인 이순신 장군을 다시 삼도수군통제사로 임명한다. 보통 사람이라면 고신으로 만신창이가 된 몸을 일으켜 세우기도 불가능할 텐데 이순신 장군은 적과 싸워 나라를 구하는 것이 무인의 본분이라 생각하여 다시 지휘권을 잡게 된다. 이처럼 그의 군인으로서의 책임의식이 1597년 8월 명량 해전에서 단 13척의 판옥선을 가지고 500여 척의 왜군을 격멸할 수 있었던 원동력이 되지 않았나 생각한다. 또한 그의 책임의식은 신상필벌과 부하에 대한 사랑으로도 나타난다. 우선 그는 군율을 어긴 자들에 대해서 군율에 의해 처벌했다. 탈영한 자들은 모두 참형으로 다스렸으며, 군법을 어긴 자는 그가 장수라 해도 곤장을 쳤다. 반면에 이순신 장군은 전투 후 조정에 장계를 올려 모든 전공을 부하들의 것으로 만들었다. 상식적으로 좌수영이 아닌 조정 차원에서 상이 내려졌으니, 이 상이 가지는 효과가 얼마나 큰 지 짐작할 수 있을 것이다. 그리고 이순신 장군은 부하의 시체를 절대로 적진에 버려두고 오지 않았다. 이순신 장군은 병졸이 죽더라도 눈물을 아끼지 않았으며, 그의 돌격장인 녹도만호 정운이 죽었을 때는 식음을 전폐하고 며칠 동안 울었다. 이런 이순신 장군의 모습은 부하들을 감화시켰다. 실례로 그가 다시 삼도수군통제사가 되어 배설의 판옥선을 인수하기 위해 출발할 때, 최초인원은 15명이었으나 나중에는 그 인원이 2,000여 명에 달했다고 한다. 이런 현상은 이순신 장군에 대한 믿음이 없었다면 불가능했을 것이다.

이순신 장군의 리더십에서 우리는 "자신의 본분에 최선을 다하고, 부하에 대한 지극한 사랑이 있을 때만 전쟁에서 승리할 수 있다."라는 교훈을 얻을 수 있다. 임무와 부하를 모두 다 고려하는 지휘관만이 진정한 리더십을 구현할 수 있다는 말이다. 이순신 장군을 연구하면서 이순신 장군의 리더십과 내가 추구하는 지휘철학인 '업무에는 열정을, 부하에게는 사랑을'이 상당 부분 일치한다는 사실을 알게 되었다. 이는 '미래는 과거에서 찾을 수 있다'라는 어느 역사학자의 말처럼, 진정한 리더십은 우리의 역사나 삶 속에서 찾을 수 있다는 의미일 것이다. 따라서 창끝 전투력의 핵심인 소부대 지휘자가 자신이 존경하는 역사적 인물들의 삶을 철저히 분석한다면, '진정한 리더십은 무엇인가?'라는 문제에 대한 해법을 쉽게 찾을 수 있을 것이다.

2. 그루쉬 장군 : 워털루, 세기의 비밀

그루쉬(Grouchy) 장군 : 그루쉬 장군은 1756년 파리에서 출생했으며, 1847년 'Saint Eienne'에서 사망했다. 주요 전과로는 1796년 오스트리아의 장군 'Bellegard'를 'Tortona'전투에서 격파하여 대승을 거두었으나, 이탈리아 'Novi'에서 부상을 당해 포로가 되는 불운을 겪기도 했다. 이후 석방되어 'Moreans' 장군의 부하가 되어 여러 전투에 참전하였으며, 특히 'Wagram' 전투에서 혁혁한 공을 세웠다. 나폴레옹이 엘바섬을 탈출한 후, 나폴레옹군에 합류하여 영·프로이센군과의 본격적인 대결을 펼치게 된다. 그러나 워털루 전투에서 프로이센군의 기만행동에 속아 적시에 나폴레옹군을 증원하지 못해 아직까지도 임무형 지휘의 전형적인 실패사례로 교보재가 되고 있는 불운의 장군이다. 전쟁 이후 그 책임으로 1815년부터 1819년까지 미국으로 추방되었다.

2. 그루쉬 장군 : 워털루, 세기의 비밀

"임무형 지휘를 제대로 발휘하면 천하를 얻는다"

춤과 은밀한 밀어, 정치적인 음모와 논쟁이 한창이던 빈 회의 도중, 뜻밖의 소식이 도착했다. 당시 이빨 빠진 호랑이라 여겨졌던 나폴레옹이 유배지인 엘바 섬을 탈출했다는 내용이었다. 그때 이미 나폴레옹은 국지적인 전투 후 리옹을 탈환하고 국왕(루이 18세)을 퇴위시켰으며, 그가 파리 튈러린(Tuilerien)궁에 머무는 동안 프랑스군은 그에게 열렬한 환호를 보내고 있었다. 이에 영국, 프로이센, 오스트리아 그리고 러시아는 나폴레옹의 민족주의를 다시 한 번 격침시키기 위해 긴급히 모였다. 지금까지 이처럼 유럽의 황제와 왕들이 하나로 뭉친 적은 없었다. 그 결과로 영국의 웰링턴 군은 프랑스의 북쪽을 압박했고 프로이센의 블루헤르 군은 프랑스 동쪽 측면을 위협했다. 오스트리아의 슈바르젠베르크(Schwarzenberg) 군은 라인강에서 무장했고, 예비부대인 러시아 군은 독일을 가로질러 천천히 진격하고 있었다.

나폴레옹은 만약 영국, 프로이센, 오스트리아 그리고 러시아가 연합하여 자신을 공격한다면 승산이 없다는 사실을 잘 알고 있었다. 그래서 그는 그들이 하나로 뭉치기 전에 무슨 수를 써서라도 각 나라를 각개격파해야만 했다. 뿐만 아니라 전쟁이 장기화되면 자신에 대한 반대여론이 거세질 것이 뻔했기 때문에 그는 서둘러서 전쟁을 끝내야만 했다. 프랑스 내에서는 간교한 푸셰(Fouche)가 반나폴레옹 세력과 연합하여 공화당에게 힘을 실어주었고, 그 힘을 기반으로 왕국파와 손을 잡고서는 나폴레옹이 전쟁에서 패배하기만을 기다리고 있었다. 이렇듯 국내외적인 상황은 나폴레옹에게 불리한 방향으로 치닫고 있었다.

나폴레옹은 웰링턴을 상대로 두 번째 결전을 준비하고 있었다. 자신의 앞에 있는 적은 하루가 다르게 증강되고 있었고, 그의 뒤에는 승전보라는 보드라운 깃털로 보듬어 주어야 할 불안에 떨고 있는 프랑스 국민과 피폐한 조국이 있었다. 그러기에 그는 숨을 고를 여유가 없었다. 그는 계속해서 웰링턴 군의 1방어선까지 진격했다. 나폴레옹의 공격은 순조로웠지만 그는 잠재적인 위험을 걱정하고 있었다. 다시 말해 나폴레옹은 격퇴되었으나 격멸되지 않은 블루헤르 군이 언제 어디서 불현듯 나타나 웰링턴 군을 지원할지도 모른다는 가능성에 노심초사(勞心焦思)하고 있었다. 이에 나폴레옹은 웰링턴과 블루헤르의 합세를 방지하기 위해서 그의 전력 일부를 떼어내어 프로이센 군을 지속적으로 추격하도록 지시했다.

나폴레옹은 이 임무를 그루쉬 사령관에게 위임했다. 그루쉬는 중간 정도의 체격에 용감하고 올바르며 명석하고 신뢰할 수 있는 기병지휘관임이 여러 번 입증되었으나, 결국은 기병지휘관 그 이상은 아닌 사람이었다. 뮈라(Murat)처럼 뜨거운 열정으로 부하를 감동시키는 용맹한 기병은 아니었고, 생시르(Saint-Cyr)나 베르티에(Berthier)처럼 전략적 식견이 없었으며, 네이(Ney) 같은 영웅도 아니었다. 그의 가슴에는 전쟁에서의 공적을 뜻하는 휘장이 없었고, 그의 신상에는 그 어떤 영웅담도 없었다. 단지 그루쉬 자신의 불행과 실수가 그를 유명하게 만들었다. 20년 동안 그는 유럽 전역에서 나폴레옹 전투에 참여했다. 스페인부터 러시아까지, 네덜란드부터 이탈리아까지, 서서히 그는 사령관의 지위에 명부를 올리게 되었다. 잘못된 방법으로 된 것은 아니지만 그렇다고 해서 특별한 전과가 있었던 것도 아니었다. 오스트리아의 포탄, 이집트의 태양, 아랍의 칼, 러시아의 추위 등이 그에게서 그의 선배 지휘관들을 물리쳐 주었다. 즉, 20년이라는 세월이 그를 자연스럽게 지휘관의 자리에 올려놓은 것이었다.

나폴레옹 또한 그루쉬가 영웅도 아니고 전략적 식견이 없는 그저 신뢰할 만한 용감하고 유용한 인물이라는 사실을 잘 알고 있었다. 그러나 절반이 넘는 그의 유능한 지휘관들은 이미 세상을 떠난 상태였고 그 나머지마저 끊임없는 전장피로에 참전을 하지 않았다. 결국 그는 중간 정도의 인물에게 결정적인 임무를 부여할 수밖에 없었다.

리니전투에서 승리하고 난 후 다음 날인 6월 17일 오전 11시경(워털루 전투 하루 전), 나폴레옹은 그루쉬 사령관에게 처음으로 독립작전권을 부여했다. 하루 단 한순간의 결정으로 그루쉬는 세계전사의 서열에 오르게 된 것이다. 단 한순간이지만…. 그러나 그것이 어떤 순간이었던가! 나폴레옹의 명령은 명확했다. 나폴레옹이 직접 영국 군을 향해 진격하는 동안 그루쉬는 약 3분의 1의 전력으로 프로이센 군을 추격했다. 그러나 나폴레옹의 지휘소를 떠나는 그루쉬의 머릿속에는 "작전이 바뀔 수 있다. 자네는 본대를 언제든지 증원할 수 있도록 지휘소와 통신대책을 강구하도록! 내가 전령을 보내면 즉각 달려와 나를 도와야 해!"라는 지시사항이 계속해서 맴돌았다.

수심 가득한 심정으로 그루쉬는 자신의 지휘소에 돌아왔다. 사령관은 명령을 받았다. 그는 스스로의 판단에 대응하는 것에 익숙하지 않았고, 황제의 천재적인 식견이 그에게 행동지침을 줄 때에만이 그의 용기와 신중함은 빛을 발할 수 있었다. 그 외에도 그는 예하 장군들이 자신에 대해 불만족하고 있다는 것을 느낄 수 있었다. 이것은 어쩌면 그루쉬 자신의 무능력함에서 기인했을지도 모른다. 이런 이유로 그루쉬는 단지 사령부와 근접한 거리에서만 마음을 놓을 수 있었다.어두운 운명의 날갯짓이리라.

몰아치는 폭풍우 속에서 그루쉬는 출발했다. 물먹은 스펀지처럼 질퍽대는 찰흙 땅을 밟고 병사들은 프로이센 군을 향해 출발했다.

Die Nacht in Caillou(The Night in Caillou)

북쪽에서 몰려오는 폭우는 끝이 없는 것처럼 보였다. 마치 물에 젖어 축 처진 가축 떼처럼 나폴레옹 군 예하 전투원들은 터벅터벅 어둠 속을 걸어갔다. 각개 병사의 발바닥 아래에는 2파운드 정도의 진흙이 묻어 있었다. 숙소는 고사하고 지붕을 가진 민가조차 찾기 힘들었다. 바닥에 깔아 몸을 누일 보릿짚 역시 물에 젖은 스펀지처럼 질퍽했다. 결국 병사들은 폭우 속에서 10명 또는 12명 단위로 떼를 지어 밀착한 채 잠을 자거나 앉은 채로 서로 등을 맞대며 잠을 자야 했다. 나폴레옹 자신 또한 휴식을 취할 수 없었다. 날씨를 예측하기 어려웠고, 정찰대 는 대부분 혼란스러운 첩보만을 제공했다. 결국 나폴레옹은 공격결정을 쉽게 내 릴 수 없게 되었고 고열을 동반한 신경쇠약으로 점점 지치게 되었다. 그는 여전 히 웰링턴이 그의 공격을 어떻게 방어할 것인가를 확실히 알지 못했고, 그루쉬 로부터는 프로이센에 대한 소식을 들을 수 없었다. 답답한 나폴레옹은 새벽 1시 에 어둠 속 짙은 안개를 헤치며 직접 말을 몰고 최전방진지를 따라 영국 군 근처 로 달려갔다. 가끔씩 엷은 한 줄기 빛이 안개 속을 비추었고, 이는 공격을 암시 하는 듯했다. 날이 밝자 그는 작고 초라한 사령부가 자리 잡고 있는 까이유(Cail-lou)의 목조건물로 돌아왔다. 거기서 나폴레옹은 그루쉬를 만났으나 그는 여전 히 프로이센 군의 행방에 대해 불명확한 정보만을 보고했다. 점점 비는 그쳤고 나폴레옹은 지휘소 입구에서 공격 개시를 암시하는 노란 일출을 응시했다. 새벽 5시, 비는 멈추었고 공격을 지연시켰던 안개도 걷히고 있었다. 9시 정각 나폴레 옹은 전군에 공격대기지점에 집결하라는 명령을 하달했다. 사방에서 함성이 터 지고 곧 집결을 알리는 북소리가 울려 퍼졌다.

Der Morgen von Waterloo(The Morning of Waterloo)

아침 9시, 그러나 나폴레옹 군은 전원 집결할 수 없었다. 3일 밤낮을 가리지 않은 폭우로 인해 땅은 질퍽해져 포병부대가 기동에 상당한 제한을 받게 된 것이었다. 처음으로 햇빛이 비추었으나 그 빛은 아우스테리츠에서처럼 어두움을 가르거나 행운을 달구는 것이 아닌, 용기를 잃은 것 같은 회색빛에 불과했다. 마침내 나폴레옹 군은 집결을 완료했다. 그리고 지금, 결전이 시작되기 전 나폴레옹은 다시 한 번 자신의 새하얀 백마에 올라 정렬한 부대의 선두에서 처음부터 끝까지 달렸다. 이때 독수리가 새겨진 부대 깃발은 바람을 가르는 듯이 아래로 내려졌고, 기병은 그들의 위협적인 칼을 빼내어 흔들었으며, 보병은 존경의 표시로 그들의 총검을 들어 올렸다. 우렁찬 북소리는 광란의 소용돌이처럼 울려 퍼졌고, 트럼펫들은 그들의 유일한 지휘관을 향해 고음을 발사했다. 70만 대군이 목청껏 외친 '황제폐하 만세!'라는 환호성은 모든 것을 압도하고도 남았다.

나폴레옹 재임 20년 동안 지금과 같이 강렬하고 열정적인 도열과 환호성은 없었다. 함성은 수그러질 줄 몰랐다. 잠시 후 11시가 되자 포병부대에 공격준비사격 명령이 하달되어 웰링턴 군이 포진하고 있는 능선에 집중적인 포병사격이 가해졌다. 그리고 네이의 보병들은 포병의 엄호 아래 서서히 전진하기 시작했다.

11시부터 13시까지 프랑스 군은 고지를 공격하여 수 개의 마을과 진지를 점령했다. 이미 만 명에 이르는 사망자가 텅 빈 대지 위를 덮었지만 아직 소진상태에 이르진 않았다. 양쪽 전력 모두 다 지쳤고 양쪽 사령관들도 안절부절 하지 못했다. 왜냐하면 양쪽 모두 더 이상의 예비대가 없었기 때문이었다. 웰링턴 편의 블루헤르, 나폴레옹 편의 그루쉬가 이끄는 그들의 증원 병력 중 누가 먼저 증원되느냐에 따라 승리가 결정될 판국이었다. 계속해서 나폴레옹은 그의 망원경을 신경질적으로 잡았다 놓았다 했다. 그는 기병지휘관(그루쉬)이 적시에 달려와 아우스테리츠의 태양처럼 또다시 프랑스에 빛을 비추기를 소망하며 지속적으로 전령을 파견했다.

Der Fehlgang Grouchys(Grouchy's Mistakes)

뜻하지 않게 나폴레옹의 운명을 손에 쥐게 된 그루쉬는 명령에 따라 프로이센 군의 방향으로 6월 17일 저녁 출발했다. 나폴레옹의 기병들은 마치 평시상태에서 작전하듯 거침없이 달렸으나, 격퇴된 프로이센 군은 보이기는커녕 발자국도 찾을 수 없었다.

그루쉬가 어느 농가에서 간단하게 아침식사를 마치려고 할 때, 갑작스럽게 그의 발 아래서 작은 진동이 느껴지기 시작했다. 집중하여보니 소음이 들렸다 사라지고 진동이 작게 느껴졌다. 이것은 먼 거리 밖에서 공격하는 포대의 포병사격이 분명한데, 그리 먼 거리는 아닌 게 분명했다. 최대한 3시간 정도 떨어진 거리였다. 몇몇 장교들은 소음으로 방향을 인지하기 위해 인디언들처럼 몸을 엎드려 귀를 땅에 대었다. 멀리서 들려오는 소음은 지속적이고 불명확했다. 그것은 세인트진(Saint-Jean)의 포병이었고, 워털루 전투가 드디어 시작된 것이었다. 그루쉬는 참모의 조언에 귀 기울였다. 그의 부사령관인 제라르(Gerard)는 강하고 분명한 어조로 당장 포병사격이 이뤄지는 방향으로 진격할 것을 주장했다. 또 다른 참모장교도 당장 달려갈 것에 동의했다. 그들에게 있어 이 모든 상황은 명확했다. 나폴레옹 황제가 영국 군을 향해 진격한 것이고 어려운 결전이 시작된 것임에 틀림없었다. 그러나 그루쉬는 확신이 서지 않았다. 복명하는 것에만 익숙했던 그는 근심 가득히 나폴레옹이 하달한 '프로이센 군을 추격할 것'이라고 적힌 명령지만 들여다보았다. 제라르는 그루쉬의 걱정스런 얼굴을 보면 볼수록 마음이 급해졌다. 모든 참모장교들은 "포병사격 방향으로 진격합시다."라고 그루쉬에게 건의했다. 그러나 그루쉬는 그들의 요구사항을 조언이 아닌 마치 명령으로 받아들였다. 그것은 그루쉬에게 부정적으로 작용했다. 그는 강하고 분명한 어조로 나폴레옹의 전령이 오지 않는 한 자신의 임무로부터 독단활동을 하지 않을 것임을 설명했다. 장교들은 실망했고 대포소리는 무거운 침묵 속에서 울려 퍼지고 있었다.

거기서 제라르는 그의 마지막 수단을 시도하였다. 그는 간청하듯 최소한 자신의 사단과 기병만이라도 결전이 치뤄지고 있는 전장으로 달려가는 것을 허락해 줄 것을 요청했으나 그루쉬는 심사숙고할 뿐이었다.

Weltgeschichte in einem Augenblick(World History in a Moment)

잠시 후 그루쉬는 제라르의 제안을 강하게 무시했다. "아니야! 소수의 군단병력을 다시 한 번 또 나눈다는 것은 전투력을 분산시킬 뿐이야!" 그는 자신의 과업이 단지 프로이센을 추격하는 것이지 다른 어떠한 것이 아니라고 생각했다. 잠시 동안 적막이 흘렀다. 이내 한 나라의 운명을 결정질 순간은 돌이킬 수 없는 시간 속으로 사라져버렸다.

제라르는 격분하여 주먹을 쥔 채 보이지도 않는 프로이센 군을 계속 추격할 수밖에 없었고, 그루쉬 역시 시간이 갈수록 불명확한 상황으로 인해 점점 불안하게 되었다. 왜냐하면 프로이센은 브뤼셀 방향으로 퇴각한 것이 분명한데도 좀처럼 모습을 보이지 않았기 때문이었다. 그러는 중에 프로이센의 퇴각 방향이 워털루 전장의 측면 방향으로 바뀌어진 것 같다는 첩보가 입수되었다. 지금이라도 신속하게 워털루 전장으로 지원 병력을 파견했다면 나폴레옹에게 큰 도움이 될 수 있었지만, 그루쉬는 보이지 않는 프로이센 군만 찾아 다녔다. 왜냐하면 단지 나폴레옹에게서 회군하라는 명령이 도착하지 않았기 때문이었다. 이렇게 하여 워털루의 주사위는 그렇게 던져졌다.

Der Nachmittag von Waterloo(The Afternoon of Waterloo)

어느덧 오후 13시가 되었다. 네 번의 연이은 파상공세로 사실상 영국 군은 격퇴되었지만 중심부를 와해시키진 못한 상황이었다. 이미 나폴레옹은 결정적 돌격을 준비하고 있었다. 그는 포대를 전방으로 추진시키고 포병의 화력전투로 인해 형성된 돌파구로 나아가 마지막으로 전장을 살폈다.

거기서 그는 북쪽 방향 숲속에서 흔들림에 의해 형성되는 검은색 그림자를 인지했다. "새로운 부대다!" 즉시 그는 다른 망원경들을 집어 들어 그곳을 바라봤다. 나폴레옹은 내심 저것이 용감하게 독단활용하여 적시 적절한 시간에 달려오고 있는 그루쉬 부대이기를 바랐다. 그러나 아니었다. 체포된 포로의 정보에 의하면 숲속에서 나타난 부대는 그루쉬를 교묘히 빈 공간으로 유인하고 그루쉬보다 빠른 시기에 영국 군과 합류하기 위해 나타난 프로이센 군이 확실하다고 했다. 나폴레옹은 즉시 그루쉬에게 무슨 수를 써서라도 자신과 연락망을 확실히 구성하고 전장으로 진입하는 프로이센 군을 저지하라는 임무가 명시된 명령지를 작성하기 시작했다. 이와 동시에 네이에게 공격 명령을 하달했다. 프로이센 군이 증원되기 전에 웰링턴 군이 격퇴되어야 함은 자명한 사실이었다. 오후 내내 새로 투입되는 보병에 의해 고지를 향한 치열한 공격은 계속되었고 웰링턴 군은 상당한 피해를 입었다. 그러나 웰링턴 군은 쉽게 쓰러지지 않았다. 나폴레옹은 속으로 '그루쉬는 어디에 있지? 도대체 어디서 무엇을 하고 있는 거야?'라고 생각했다. 프로이센 군의 전위부대가 점차적으로 전투에 개입하는 모습을 보면서 나폴레옹은 신경질적으로 중얼거렸다. 그의 예하 지휘관들도 조금씩 인내심을 잃고 있었다. 마지막으로 네이는 프랑스 기병 전체를 웰링턴 군으로 돌격시켜 전쟁을 끝내려고 했다. 만 명에 이르는 중기병 및 경기병은 웰링턴 군으로 하여금 공포를 자아내기에 충분한 거센 질주를 시작했다. 사각형 대형을 부수고 포병을 무력화시키며 첫 대열을 무너뜨렸다. 나폴레옹의 기병이 웰링턴 군의 종심으로 파고들자 웰링턴 군은 무력화되기 시작했다. 각 고지를 고수하고 있던 전력은 조금씩 무너지기 시작했다. 그러나 네이의 기병은 끝내 웰링턴 군을 무너뜨리지 못했다. 잠시 후 전투력이 소진된 프랑스 기병들이 아군진영으로 철수하기 시작했고, 나폴레옹은 그의 마지막 예비대인 친위부대를 웰링턴 군 중심으로 투입시켰다. 나폴레옹 군과 웰링턴 군의 보병들은 서로 엉키어 피 말리는 백병전을 전개했다.

Die Entscheidung(The Determination)

이른 아침부터 양쪽 진영에서 4백여 문의 포가 불을 뿜고 있었다. 평원 전체에 북소리가 둥둥 울려 퍼지고 여러 가지의 소리가 가득한 가운데 포를 쏘고 있는 진지를 향해 기병의 행렬이 대열을 어지럽힌 채 공격을 계속했다. 두 개의 언덕에서 두 명의 사령관은 아래에서 벌어지는 치열한 전투를 향해 귀 기울이고 있었다. 두 사람은 작은 소리도 놓치지 않으려고 했다.

전쟁터에서 두 사람이 손에 움켜쥐고 있는 시계는 마치 작은 새의 심장소리처럼 조용히 째깍째깍 소리를 내고 있었다. 나폴레옹과 웰링턴은 더 이상 비축해 놓은 예비 전력이 없었기 때문에 시간이 흐를수록 지원군이 오게 될 결정적인 순간을 기다렸다. 웰링턴은 블루헤르가 가까이 있다는 사실을 알았고 나폴레옹도 그루쉬를 기다렸다. 어느 쪽의 예비대가 먼저 나타나느냐에 따라 승패가 결정될 상황이었다. 두 사람은 프러시아의 선봉대가 작은 구름을 일으키며 보이기 시작한 숲 가장자리를 망원경으로 보고 있었다. 그러나 그것은 그루쉬가 추격하고 있는 블루헤르의 정규군이거나 흩어진 패잔병이었다. 영국 군은 마지막으로 전투대형으로 집결했다. 나폴레옹 군도 전투대형을 재정비했으나 지치긴 마찬가지였다. 마지막으로 뒤엉켜 파상공세를 하기 전에 그들은 마치 두 명의 격투사가 이미 마비된 두 팔로 서로 붙잡고 있는 듯 숨을 헐떡이고 있었다. 피할 수 없는 결정의 라운드가 도래한 것이었다.

갑자기 웰링턴 군의 측면에서 포탄이 터졌다.[1] 나폴레옹은 '마침내 그루쉬가 왔군!'이라고 생각하며 안도의 한숨을 쉬었다. 그는 최후의 잔여병력을 모았고, 영국인들의 빗장을 부수기 위해 유럽의 성문인 브뤼셀에서 웰링턴의 진지 중심으로 돌격했다. 하지만 웰링턴 군의 측면에서 터진 포탄은 웰링턴 군이 접근하는 프로이센 군을 프랑스 군으로 착각하여 발사한 오발사격이었다.[2] 곧 오발사격은 중지되었고 프로이센 군은 별다른 문제없이 숲속에서 나와 대규모 병력에 의한 넓고 강력한 전투준비태세를 갖추었다. '아니! 그 접근하는 부대가 그루쉬가 아니라 비운을 예고하는 블루헤르 군이었다니!' 나폴레옹은 다시 본래의 진형으로 철수하라는 지시를 예하부대에 하달했다. 하지만 웰링턴은 이 호기를 놓치지 않았다. 그는 끝까지 고수한 언덕 끝까지 말을 타고 이동해서 퇴각하는 적을 향해 모자를 벗어 흔들었다. 즉각적으로 그의 예하 병력은 승리를 뜻하는 그의 제스처를 이해했다. 그는 적의 진지를 다시 한 번 살펴보고 영국의 잔여병력을 규합하여 느슨해진 나폴레옹의 군대를 향해 돌격했다. 동시에 프로이센의 기병은 지치고 붕괴되어 가고 있는 나폴레옹의 측면을 향해 돌진했다. 참혹한 비명이 울려 퍼졌다. 단 몇 분 만에 나폴레옹을 포함한 그 명예로운 군대는 걷잡을 수 없이 밀려드는 두려움에 휩싸였다. 공격에 여념이 없는 프로이센 기병들은 후퇴하는 프랑스 군과 공포와 충격에 어수선해진 프랑스 군 포병을 자유로운 대열로 공격하여 프랑스 군의 보물인 나폴레옹의 의전마차를 포획하기에 이르렀다. 이제 나폴레옹은 더 이상 황제가 아니었다. 그의 제국·왕조·운명은 종말을 고한 것이다. 소심하고 불명확한 의지를 소유한 한 사람(그루쉬)의 무기력함

....

[1] 프로이센 측면에 대한 소규모 공격이 관측되었던 것이다.

[2] 당시 프랑스 군의 군복은 파란색, 프로이센 군은 짙은 남색으로서 원거리에서 관측했을 때 피아식별이 쉽지 않았다.

이 가장 용감하고 선견지명을 지녔던 최고의 영웅을 무너뜨린 것이다.

Ruecksturz ins Taegliche(Retrospection into the Day)

다음 날 영국은 승리를 예감할 수 있었고 프랑스 파리에서는 영원한 배반자인 푸셰가 패배를 인지하고 있었다. 브뤼셀과 독일에는 이미 승리의 종소리가 울려 퍼지고 있었다.

단지 한 사람만이 다음 날 아침까지도 워털루의 전투결과에 대해 몰랐는데, 사실 그는 그 운명적인 장소로부터 겨우 4시간 거리인 곳에 있었다. 그가 바로 불쌍한 영혼, 그루쉬였다.

고집이 세고 지극히 계획에 충실했던 그는 나폴레옹 군이 그의 지원만을 기다리고 있을 때에도 오로지 프로이센을 압박한다는 명령만을 따를 따름이었다. 그러나 그는 프로이센 군을 그 어디에서도 찾을 수가 없었다. 결국 그루쉬는 점점 더 불안해져갔다. 워털루 전투가 절정에 이르렀을 즈음, 근접한 거리에서 대포들의 이동하는 소리가 점점 크게 들려왔다. 이제 그들은 이것이 결코 국지적인 전투가 아니라 거대한 결전임을, 그리고 이내 결정적인 전투가 뜨겁게 달아오르고 있음을 알게 되었다.

그루쉬는 예하장교들 사이로 거칠게 말을 달렸다. 예하장교의 제안은 거부당할 것이 분명했기에 장교들은 그와 논쟁하는 것을 피했다.

그루쉬가 할 수 있는 일이라고는 블루헤르 부대의 후위부대를 향해 돌진하는 것뿐이었다. 그들은 동시에 신속하게 적의 보루를 향해 돌진했고, 선두에 섰던 제라르는 희미한 의식 속에서 죽음을 맞았다. 탄환이 그를 쓰러뜨린 것이다. 가장 유능하고 현명했던 조언자는 이제 말을 잃었다. 땅거미가 지는 마을로 그루쉬 군은 돌진했다. 그러나 그들은 저편 워털루 전장이 완전히 조용해졌기 때문에 미미한 후위공격은 이제 의미가 없음을 알아챘다.

워털루에서의 결전은 그루쉬에게 도움을 긴급하게 요청하는 나폴레옹의 전령이 도착하기도 전에 이미 끝난 상태였다. 그러나 그루쉬는 아직도 자신의 부대가 이겼을 것이라는 막연한 바람을 가지고 있었다. 그들은 밤새 기다렸다. 그러나 소용없는 짓이었다. 그들은 자신들이 대군이라는 사실을 잊은 채 불명확한 공간에 무의식적으로 서 있었다. 초죽음에 이를 정도의 피곤을 짊어진 채 이어지는 행군과 기동이 이미 소용없다는 것을 인지한 채로, 이른 아침 그들은 숙영지를 거두었다. 오전 10시경에 일반참모부 장교 한 명이 말을 타고 그들 사이로 들어왔다. 그들은 그가 말에서 내리는 것을 도와주고는 질문공세를 해댔다. 그러나 머리는 축축하고 얼굴에 회색빛이 만연하며 잠을 자지도, 쉬지도 못해 보이는 이 참모장교는 "이제 더 이상 황제는 없고 황제의 군대도 없습니다."라고 대답했다. 프랑스가 패배한 것이었다. 그루쉬의 얼굴은 곧 창백해졌고 조만간 다가올 고난을 인지했다. 그의 부하들도 서로를 바라보며 다가오는 위험을 인지했다. 그루쉬는 즉각적으로 모든 장교를 소집했고 짧은 연설을 했다. 그는 자신의 우유부단함을 인정하고 동시에 한탄했다. 그의 부하들은 침묵한 채 그루쉬의 말을 듣고만 있었다. 누구든지 그에게 불평을 할 수 있었지만 아무도 그렇게 하지 않았다. 그저 침묵할 따름이었다. 감당하기 힘든 슬픔이 그들을 벙어리로 만들었다. 그루쉬가 프랑스를 구하고 황제를 구하기 위한 마지막 전력이 되기 위해 단 한 명의 손실도 없이 5배나 되는 적 앞에 다시 돌아왔지만, 항상 그래왔던 것처럼 그는 너무 늦게 도착했다.

3. 독불장군 패튼

패튼(George Smith Patton) : 패튼 장군은 1885년에 출생하여 1945년에 교통사고(1945년 12월 9일, 독일 하이델베르크)로 사망한 저돌적인 장군이다. 그는 2차 세계대전 중에 북아프리카, 시실리, 프랑스, 독일에서 지휘를 했고, 특히 노르망디 상륙 작전에서 큰 활약을 했으며, 북프랑스 전역에서는 하루에 110km를 진격하는 기록을 세우기도 했다. 본래 아이젠하워 장군보다 일찍 임관했으나 거친 언행과 개성 있는 행동으로 진급심사에서 그에게 밀렸고, 유럽 전선에서 아이젠하워 장군의 지휘를 받게 된다. 저돌적인 작전과 욕설을 잘 쓰는 것으로 유명하나, 그 이면에는 부하를 사랑하는 마음이 있었기에 지금까지도 명장으로 추앙받고 있다.

3. 독불장군 패튼

"부하들에 대한 최대의 복지는 바로 철저한 교육훈련이다"

2기갑 사단장 시절의 패튼

2차 세계대전이 한참이던 1942년, 미국 본토에서는 유럽과 북아프리카 전역에 투입될 부대들의 전쟁연습이 한참이었다. 패튼 장군이 지휘하는 2기갑사단도 예외는 아니었다.

훈련은 정점에 이르렀고, 2기갑사단은 적진을 향하여 무섭게 질주하고 있었다. 그러나 전차의 기동을 막는 하천이 패튼의 부대 앞에 나타났다. 선두부대의 도하가 지체되자 사단의 기동 속도는 현저히 둔화되었으며, 설상가상으로 병력 밀집현상까지 발생하여 적의 포병 및 항공기 공격을 걱정해야 할 상황까지 이르렀다.

사단장인 패튼 장군은 문제의 도하지점을 확인하기 위해 자신의 전차를 타고 신속히 선두부대 쪽으로 나아갔다. 거기에는 전차들의 도하를 바라볼 수 있는 조그마한 다리가 있었는데, 패튼은 그 다리 위에서 도하하는 전차들을 바라보고 있었다.

문제는 전차 조종수들의 조종미숙이었다. 하천을 도하하기 위해서는 어느 정도 속도를 가지고 하천으로 진입해야 하는데 대부분의 조종수들이 제 속도를 못내 그만 전차들이 가라앉고 만 것이다. 결국 그 전차들은 포탑만 물 밖으로 나와 있었다.

보다 못한 패튼 장군은 자신의 행동원칙인 "항상 부하들과 함께 뛰어라!"를 몸소 실천하기 위해 도하를 대기하고 있던 전차로 다가갔다. 패튼 장군이 전차로 뛰어올라 포탑 안으로 들어가자, 전차 조종수는 헤지를 닫고 수중도하 준비를 했다. 패튼 장군은 조종수에게 100야드 후방으로 후진하라고 무전으로 명령했다. 패튼 장군은 다시 속도를 내서 강으로 진입하라고 지시했다. 전차의 엔진이 으르렁거리면서 강으로 진입했다. 이 이상한 광경을 지켜보기 위해 모여든 주위의 모든 사람들은 패튼 장군이 곧 젖은 몰골을 하고 밖으로 나올 것이라고 생각하고 있었다.

그러나 주위 사람들의 예상은 틀렸다. 물속으로 돌진한 전차가 안정을 찾더니 하얀 거품을 내며 하천을 넘었다. 잠시 후에는 반대편 강안에 도착했다. 평지로 올라온 전차의 헤지가 열리더니 패튼 장군이 내렸다. 주위의 사람들은 놀란 눈으로 패튼 장군의 일거수일투족을 관찰하기 시작했다. 패튼 장군은 다시 다리 위로 가서 도하하는 전차들을 통제하기 시작했다.

패튼 장군은 이 하천을 신속히 넘어야지만 대항군에게 기습을 가할 수 있을 것이라는 생각을 가지고 있었다. 도하에 실패한 전차는 구난차량에 의해 견인되어 다시 도하를 실시했다. 도하한 전차들은 건제가 형성되는 즉시 어디론가 사라져 버렸다. 패튼 장군은 무엇보다도 소중한 시간을 절약하기 위해 이번 훈련의 분수령이 될 하천에서 진두지휘를 한 것이다.

드럼 장군이 지휘하는 대항군은 패튼 사단의 기동이 천연 장애물인 하천에 의해 어느 정도 지체될 것이라고 생각하고 있었다. 그러나 패튼 장군은 훈련에 영향을 미칠 중요한 지점을 미리 선정하여 '지휘관이 필요한 시간과 장소'에 위치했기 때문에 드럼 장군의 예상을 뒤집을 수 있었다.

전쟁연습 기간은 10일이었는데 패튼 사단은 전장상황에 부합된 훈련을 하고 있었다. 패튼은 부하들에게 "전장상황이라면 며칠 동안 잠을 못 자고, 먹지도 못하는 사태가 발생할 것이다."라고 말하면서 훈련의 강도를 늦추지 않았다. 드럼 장군의 예상과는 달리 패튼 사단은 잠도 자지 않고 달리는 전차 위에서 전투식량을 먹어 가면서 지연전을 실시하는 드럼 사단을 추격한 것이다.

드럼 장군은 양측 모두 하루 정도의 정비시간이 필요하다는 판단을 하고 예하부대에 정비시간을 부여했다. 그러나 드럼 장군의 예상과는 달리 패튼 사단은 정지하지 않았다. 결국 패튼 사단은 부대정비를 하고 있는 드럼 사단을 기습했다. 드럼 사단의 경계부대로부터 패튼 사단의 공격이 경고되었으나 패튼 사단의 공격 기세를 저지하기에는 역부족이었다. 드럼 사단은 패튼 사단에 의해 포위되었고, 잠시 후 오토바이 부대의 경호를 받는 패튼 장군이 드럼 사단 지휘소에 모습을 나타냈다.

이번 전쟁연습에 지대한 관심을 가지고 있던 여론이 이 상황을 놓칠 이유가 없었다. 갑자기 나타난 패튼 장군과 부대정비 중인 드럼 장군의 모습은 극과 극이었다. 패튼 장군은 모진 역경을 뚫고 나온 야전 군인이었고, 드럼 장군은 외모와 복장이 말쑥한 국방부의 행정부서 책임자 같았다.

이번 전쟁연습에서 패튼 사단의 승리는 여러모로 반향을 일으켰다. 당시만해도 보병 위주의 군사사상이 미군을 지배하고 있었기 때문에 전차 위주로 편성된 사단의 전투력을 평가절하하는 경향이 있었다. 그러나 패튼의 승리로 인해 전차의 효용성에 대해 재평가하게 되었으며, 기동훈련의 중요성이 대두되기 시작했다.

무엇보다도 그 당시 드럼 장군은 아이젠하워의 뒤를 이을 유망한 장군이었지만, 이 전쟁연습에서의 패배로 2차 세계대전 내내 진급과는 거리가 멀어졌다. 반면에 패튼 장군은 제 1기갑군단장으로 진급하는 계기가 되었다. 후일에 알려진 사실이지만 이 전쟁연습은 전차를 무용지물로 하려던 보병 장군들의 계획된 연극이었으나, 그 주인공인 드럼 장군의 자만심으로 보병 장군들의 음모는 끝내 실패하였다.

전쟁연습 중에 패튼 사단은 전장에서 겪을 수 있는 모든 상황(사막, 도시, 하천 등)을 경험함으로써 차후 유럽과 북아프리카에서 쉽게 적응할 수 있는 적응력을 가지게 되었다. 이 적응력이야말로 '지옥의 전차사단'만이 가질 수 있는 특권이자 패튼 장군이 끝까지 강조했던 지휘신조였다.

1기갑 군단장 시절의 패튼

패튼 장군은 1942년 1월 15일 1기갑군단장으로 부임했다. 패튼 장군은 부임 이후 최초의 참모회의에서 자신의 훈련계획을 밝혔다. 패튼 장군은 "우리도 곧 전쟁에 휘말리게 될 것이다. 영국이 올해 안으로 항복할 것이며, 전쟁은 장기전에 돌입하게 될 것이기 때문이다. 이렇게 될 경우 적과의 최초 전투 예상지역은 북아프리카가 될 것이다. 그런데 조지아와 같은 소택지에서는 북아프리카 사막지역에서 수행할 전투훈련을 실시할 수 없다. 그래서 본인은 사막훈련본부를 캘리포니아에 설치해 줄 것을 정식으로 워싱턴 당국에 요청하였다. 우리는 캘리포니아 사막에서 일사병으로 인한 다수의 병력손실을 감수해야겠지만, 결국 이러한 현지 적응 훈련 덕분에 실제 전투에서 수백의 인명을 구하게 될 것이다. 전장교와 각 부서는 즉시 부대이동 계획에 착수하도록!"이라고 말했다.

결국 패튼 장군의 건의대로 캘리포니아주 인디오시 동쪽 약 60마일 지점에 데저트 센터라는 도시에 두 개의 사령부가 설치되었다. 하나는 패튼 장군의 1기갑군단이었고, 나머지 하나는 1기갑군단을 훈련시킬 사막훈련본부였다.

부대이동 이후 패튼 장군은 부대의 전 장병들에게 매일 구보를 시켰다. 왜냐하면 1기갑군단이 투입될 북아프리카의 전장 환경에 적응하기 위해서였다. 패튼의 머릿속에는 전술 이전에 가슴이 막힐 것 같은 높은 온도와 주·야의 온도차를 극복해야 한다는 생각으로 가득 차 있었다. 패튼은 장병들의 적응력을 향상시키기 위해 솔선수범했다. 그는 가장 먼저 구보를 실시했고 부하들을 격려했다. 이 상황은 군대에 구보가 체계화되기 전이었으므로 패튼 장군은 선견지명이 있는 지휘관이라 할 수 있을 것이다. 하여튼 패튼 군단은 환경에 적응해가는 능력이 서서히 향상되고 있었다.

사막 적응력을 배양한 패튼 장군은 본격적으로 전술훈련을 실시했다. 때마침 워싱턴의 관계자들이 패튼의 훈련모습을 평가하기 위해 사막훈련 센터에 도착했다. 패튼은 평가관들 앞에서 시범을 보였다. 시범의 중점은 전차 부대를 이용하여 신속히 고착된 전선을 우회하여 적의 측방을 공격하는 것이었다. 그러나 우회부대가 기동할 시간이 지났음에도 전차들은 나타나지 않았다. 평가관들은 이것이 어떻게 된 일이냐며 언성을 높였다. 하지만 패튼 장군은 대담하게 대처했다. 패튼 장군은 "우리의 시범도 훈련이오. 우리는 북아프리카의 롬멜을 없애기 위해서 훈련을 하는 것이지 당신들에게 잘 보이기 위해 훈련을 하는 것은 아니란 말이오! 문제점을 파악해서 내일 다시 시범을 보일 것이오!"라고 말했다.

평가관들과 이야기를 마친 패튼 장군은 우회부대의 모든 지휘관, 지휘자, 전차장들을 소집했다. 패튼 장군은 왜 부대가 기동하지 않았는지 집중 추궁하기 시작했다. 그러자 우회부대 지휘관인 한 중위가 "저희는 기동하라는 무전을 받지 못했습니다."라고 대답했다. 패튼 장군은 "무전이 어디서 끊긴 거야?"라고 다시 물었다. 그러자 전차부대의 지휘관인 블랭크 대령이 "훈련 도중 무전기에 고장이 발생했습니다."라고 대답했다. 패튼 장군은 어이없는 듯이 "그렇다면 자네는 뛰어서라도 명령을 전달해야지!"라고 말했다. 아직까지도 1기갑군단 간부들의 머리에는 사고의 기동성이 없었던 것이었다.

패튼 장군은 절대 화를 내지 않고 이야기를 시작했다. 패튼은 "전장에서 무전단절은 비일비재하게 일어난다. 이런 상황을 상정하여 모든 장병들은 자신들의 임무에 임해야 한다. 비록 오늘과 같은 상황이 발생했더라도 병사들이 자신들의 임무를 명확하게 알았다면 전차들은 우회를 했을 것이다. 이것은 다 간부들의 무능력 때문이다. 부하들에게 훈련에 대한 모든 것을 설명해줘라! 그러면 기동부대는 스스로 움직일 것이다. 내일 다시 훈련을 실시한다."라고 말했다.

다음 날 다시 시범이 시작되었다. 이번에는 우회하는 전차들의 (아주 멋진) 먼지 구름이 평가관들의 시야에 들어왔고, 시범이 끝나자 평가관들은 전차의 기동성에 대해 박수갈채를 보냈다.

1전차군단이 사막 훈련 본부에 주둔한 지 약 한 달 정도 지났을 때, 마샬 장군은 패튼 장군에게 북아프리카의 롬멜을 격멸하기 위해 투입할 준비를 하라고 말했다. 패튼 장군은 병사들이 전투준비를 갖추도록 매일 독려했으며 매일 밤 전시처럼 위병을 세웠다. 패튼 장군은 "사막의 더위와도 싸울 수 없는 우리가 적군과 전투할 수는 없다."라고 말하며 훈련에 매달렸다.

어느 날 북아프리카에서 명성을 떨치고 있는 롬멜의 전차군단의 특성을 파악한 패튼 장군은 트럭 운전병들에게 고함을 질렀다.

"본인은 다른 트럭과 200야드 내에서 달리는 운전병이 있다면 모조리 사살하겠다. 거리를 두는 습관을 익혀라. 그리하여 적의 포탄 한 발에 이중 표적이 되지 않도록 해라. 적이 한꺼번에 두 마리의 오리를 잡도록 하지 말라. 그러면 여러분은 더 오래 살 수 있을 것이다."

어떻게 보면 패튼의 언행에 눈살을 구길 수 있지만, 부하들의 생명을 중시하는 한 지휘관의 독특한 개성이라고 여기는 것이 더 나을 것이다.

사막에서 야외기동훈련을 마치고 참모회의가 열렸다. 그 와중에 워싱턴의 마셜장군에게서 전화가 걸려왔다. 즉시 북아프리카로 출동할 준비를 하라는 요지의 전화통화였다. 그러나 패튼 장군은 "사막전을 수행할 수 있는 병사 하나를 만드는 데 최소한 6주가 필요합니다. 그 6주에서 몇 시간이라도 모자란다면 적의 포탄보다 더위 때문에 목숨을 잃는 병사가 더 많을 것입니다."라고 난색을 표명했다. 후에 알게 된 일이지만 당시 마셜 장군은 북아프리카로 병력을 투입하라는 처칠 수상의 독촉에 시달리고 있었다고 한다.

패튼 장군의 사전에는 '적당히'라는 말은 없었다. 패튼 장군은 마셜 장군으로부터 다시 전화가 왔을 때 "병사가 적을 사살하는 데 '적당히'라는 말은 없습니다. 지휘관은 병사들이 적을 사살할 수 있도록 육체적으로 정신적으로 충분히 훈련을 시켜야 합니다."라고 말하여 부대 투입의 시간을 연장했다.

패튼 장군은 "경험도 없는 부대를 곧바로 전투에 투입한다는 것은 가장 뛰어난 우리의 젊은이들을 사지에 몰아넣는 미친 짓이다. 승리하기 위해서는 먼저 훈련이 필요하다."라고 항상 강조했다. 패튼은 2차 세계대전이 끝나고 "2차 세계대전에서 교육훈련의 중요성을 간과하여 우리의 가장 뛰어난 젊은이들을 잃었다."라고 회고함으로써 '지휘관 중심의 교육훈련의 중요성'을 역설했다.

이는 패튼 장군의 지휘철학이기도 했는데, 한마디로 요약하면 "패튼 장군의 궁극적인 의도는 자신의 병사를 죽이지 않음으로써 적을 죽이는 데 있었다."라고 말할 수 있다.

패튼의 리더십

우리가 보기에 패튼의 리더십은 독특한 개성을 가지고 있다. 위의 두 가지 사례에서 패튼은 '교육훈련'을 강조하고 있다는 것을 쉽게 알 수 있다. 여기서 중요한 것은 그가 왜 교육훈련을 강조했는지, 그 이유를 파악하는 것이다. 패튼은 '적응력'과 '자신의 병사를 죽이지 않음으로써 적을 죽이는'이라는 단어와 문구에서 그 이유를 설명하고 있다.

이는 군에 있는 지휘관이나 지휘자라면 반드시 생각해 봐야 할 사항이다. 패튼은 병사들을 전쟁에서 죽어가는 소모품으로 보지 않고 그들의 소중한 생명을 존중했다. 그래서 그렇게 거칠고, 야속하게 훈련을 강조했고, 급기야 '죽음의 전차사단'이라는 칭호까지 얻었다. 심지어 그가 부임하는 부대의 참모들은 패튼 장군과 같이 근무하기 싫어 전출을 가거나 전역을 하는 사태까지 일어나기도 했다.

그러나 이렇게까지 하면서 패튼이 얻고자 했던 것이 과연 무엇이었을까? 바로 '부하들의 소중한 생명'이었다. 마셜 장군과의 전화통화에서 알 수 있듯이 패튼 장군은 정치적 목적 때문에 부하들을 희생시키지 않았다. 교육훈련 수준이 부족하면 그 어떤 이의 명령이라도 전장에 투입하지 않았다. 또한 철저한 교육훈련을 시키기 위해 항상 현장에 위치했으며, 부하들의 전장 적응력을 향상시키기 위해 항상 솔선수범했다. 부하들의 생명을 존중했기 때문이었다.

오늘을 살아가는 모든 지휘자와 지휘관들도 패튼 장군과 같은 목적으로 교육훈련을 강조하고 있는지 자문해야 할 시기이다. 우리는 패튼 장군의 안 좋은 면을 비판하기 이전에 병사들을 소모품으로 생각하지 않고, 그들의 목숨을 소중히 여긴 그의 지휘철학을 다시금 되새겨봐야 할 것이다.

4. 실패한 명장 딘 소장

딘(William F. Dean) 소장: 딘 소장은 1899년에 출생하여 1981년에 사망한 불운의 명장이다. 그는 1922년에 버클리 대학을 졸업했으며, 캘리포니아 주 방위군 소위로 임관했다. 1942년에는 준장으로, 1943년에는 소장으로 진급하여 미 44사단을 지휘하게 된다. 2차 세계대전 중(1944)에 그는 독일과 오스트리아 전역에서 활약하여 독일군 19군을 포위하여 약 3만 명의 포로를 포획하는 전공을 세우기도 한다. 그는 1947년 한국에 주둔 중인 미 7사단을 지휘하고, 이후 미 24사단의 지휘권을 이어받아 한국전쟁에 최초로 투입된 사단장이 되었다. 하지만 북한군의 공격기세를 막지 못해 결국 대전에서 북한군의 포로가 되어 정전협정 이후 석방되게 된다. 그는 1955년 소장으로 전역하고, 평생을 대전에서 희생된 미 24사단 장병들에 대한 죄책감으로 살아가게 된다.

4. 실패한 명장 딘 소장

"나는 부하들을 다 잃고 나서야 그들의 소중함을 깨달았다"

미 제24사단의 붕괴

한반도의 정세가 급박해지자 24사단은 스미스 특수임무부대를 긴급투입하고, 이어서 34연대를 급파하여 평택-안성을 연하는 선에서 방어를 했지만 전차를 앞세우고 진격하는 북한군의 공격기세를 막지는 못했다. 결국 미군의 희망은 7월 6일 평택을, 8일에는 천안을 북한군에게 내주면서 산산조각 나버리고 말았다. 그 과정에서 34연대장인 마틴 대령이 전사하는 등 미군은 심각한 타격을 입게 되었다.

결국 24사단은 또다시 철수하여 금강방어선을 구축하게 된다. 7월 12일에 금강 이남으로 철수를 완료한 24사단은 공주와 대평리에 각 1개 연대를, 후방에 1개 연대를 배치하는 역삼각형 모형의 방어진지를 구축했다. 그리고 다음 날인 13일에는 항공기와 병력들이 투입되어 금강의 모든 교량과 나룻배들을 파괴하였다.

한편, 105전차사단의 지원을 받는 북한군 3·4사단은 압도적인 전투력으로 14일부터 금강방어선을 공격하기 시작했다. 북한군 4사단은 공주지역으로 뗏목을 만들어 기습적인 강습도하를 실시하여 24사단의 34연대의 좌측방을 공격하기 시작했다. 이들은 곧바로 34연대 후방으로 진출하여 포병대대를 유린하고 우측에서 방어하고 있던 17연대의 후방을 위협했다. 그 결과 34연대는 7월 15일에 변변한 대응조차 하지 못하고 서둘러 논산 방향으로 철수해버렸다.

이와 동시에 북한군 3사단은 대평리 지역에서 방어 중인 24사단 19연대의 좌측방을 집중적으로 공격하기 시작했다. 그러나 34연대가 철수를 하고 있었기 때문에 북한군 4사단은 19연대의 후방도로를 쉽게 차단할 수 있었다. 결국 19연대는 모든 장비를 유기한 채 7월 16일 17시 경에 산악 능선을 따라 유성 방향으로 철수해버렸다. 24사단장은 금강방어선에 상당히 큰 기대를 가지고 있었으나 북한군의 침투식 기동으로 순식간에 방어체계가 와해되어버렸다.

더 이상 물러날 곳도 없었다. 딘 소장은 34연대장에게 전략적 요충지인 대전에서 방어하라고 지시했다. 그러나 1개 연대로 그 넓은 대전을 방어한다는 것은 애당초부터 무리였다.

북한군의 대전 공격은 7월 19일 아침부터 시작되었다. 갑천을 중심으로 하루 종일 피 말리는 공방전이 지속되었으나, 시간이 지날수록 북한군의 돌파구는 여기저기서 형성되었다. 설상가상으로 북한군의 일부 부대가 침투식 기동을 실시하여 보문산 남측 방향으로 우회해 34연대의 퇴로인 금산과 옥천에 진출했다. 34연대의 퇴로가 또다시 차단된 것이었다.

결국 전방과 후방에서 적의 위협을 받은 34연대는 모든 중장비를 버리고 소부대 단위로 후방으로 철수하게 된다. 결국 7월 20일 전략적 요충지는 북한군의 수중에 넘어가게 되었다.

금강방어선과 대전에서 방어 임무를 수행하던 24사단은 2,000명의 병력과 모든 장비를 잃어버렸다. 그도 그런 것이 최초에 한반도에 투입된 스미스 특임대와 34연대 장병들은 북한군의 T-34 전차를 막을 무기체계를 보유하지도 않았다. 또한 태평양 전쟁 시 모든 임무는 해병대가 주도하는 상륙작전으로 진행되어 보병들은 협조된 대대공격조차도 할 수가 없었다. 따라서 유럽 전선에 투입된 보병과는 전투력 자체가 비교가 안 될 정도였다. 그리고 2차 세계대전 이후에 지상군 감축 계획에 의해 모든 보병 연대는 1개 대대가 결한 2개 대대로 편성되어 있었으며, 전쟁의 승리에 도취되어 일본에 주둔하고 있던 미군들의 군기는 말로 형용할 수 없을 정도로 문란해져 있었다. 결국 한국전쟁에 투입된 미군들의 교만과 자만심으로 손 한 번 제대로 쓰지 못하고 후퇴의 후퇴를 거듭한 것은 어찌 보면 당연한 일일지도 모른다.

한편, 대전지구 전투에서 34연대를 지휘하던 딘 소장은 새로 보급된 대전차 미사일을 직접 발사할 정도로 전투를 진두지휘했으나, 철수 중에 실종돼 36일 동안 적진을 헤매다가 결국 북한군의 포로가 됐고, 휴전이 되고서야 풀려나게 되었다.

딘 소장의 연설

1953년 7월 27일 휴전이 조인되고 밀고 당기던 한국전쟁이 마무리되었다. 그리고 미국은 한국전쟁의 교훈을 도출하고 차후 전쟁에 대비하고자 많은 노력을 경주하게 된다. 그중에서도 한국전쟁 시 가장 문제시되었던 지휘관들의 지휘통솔력이 도마 위에 오르게 된다. 중공군이나 북한군에 의해 후방이 차단되면 부하들과 같이 심리적으로 마비되어버린 지휘관들의 지휘통솔력은 리더십의 부재였고, 전투력 낭비의 원인이었다.

이에 미 육군성은 모든 병과학교와 보수과정에 리더십 교육을 100시간 이상 할당하여 지휘관들의 리더십 함양에 박차를 가하게 된다. 그중 소령을 대상으로 교육하는 미 육군 지휘참모대학에서는 단계별 리더십 교육체계를 확립하여 순차적으로 리더십 교육을 진행했다. 즉, 대대, 연대, 사단, 군단, 야전군 지휘관에게 필요한 리더십에 대해 단계적으로 교육을 하게 된 것이다. 이때 특이한 점은 제대별 리더십 교육 마지막 시간에는 그 제대의 직책에서 복무하고 있는 현역 장교들이 강연을 하게끔 되어 있었다. 지금 우리나라에서 하고 있는 '선배와의 대화'

와 비슷한 것이다.

그러나 미 지휘참모 대학에 있는 소령들의 반응은 냉철했다. 대대 리더십 교육에서 어느 대대장이 아무리 좋은 강의를 해도 반응이 없었고, 강연이 끝난 뒤에는 박수조차 치지 않았다. 야전군 리더십 교육이 끝날 때, 어느 대장이 강연을 했을 때도 그들은 미동조차 보이지 않았다. 왜냐하면 그들은 한국전쟁 시 중·소대장으로 참전하여 모진 시련과 죽음의 고통에서 살아남은 장교들이었기 때문이었다.

하지만 사단 리더십 교육에서 마지막에 강연을 하게 된 딘 소장의 경우는 달랐다. 그동안 잠잠하던 소령들이 계속해서 질문을 하기 시작했다. 어느 장교는 무례할 정도로 심한 질문도 했다.

"장군님은 왜 포로가 되었습니까? 대전에서 방어하던 34연대 장병들은 지금 어디에 있습니까?"

그러나 딘 소장은 화를 내지 않고 조근조근 당시 전투상황과 정확한 병력 및 장비 피해에 대하여 지휘참모 대학에 있는 소령들에게 설명을 했다. 너무나도 차분하여 딘 소장을 꾸짖으려던 학생장교들이 오히려 무안할 정도였다. 그러나 한국전쟁에서 부하들을 잃은 경험이 있는 장교들이었기에 딘 소장에 대한 공격성 질문공세는 계속되었다. 아마 그들은 자신의 잘못으로 죽은 부하들에 대한 미안함을 딘 소장의 입에서 흘러나온 "내가 잘못했다."라는 말로 대신하고 싶었을 것이다.

이런 분위기는 강연 내내 이어졌다. 딘 소장을 초청한 학교 측 관계자들도 당혹감을 감추지 못했다. 일부 교관들은 학생장교들이 앉아 있는 자리를 돌아다니며 자중하라고 말했다. 그러나 소용이 없었다. 하지만 딘 소장은 끝까지 평정을 유지하며 모든 질문에 천천히 대답을 했다. 부하를 잃은 아픔을 알았기에 그랬을 것이다.

드디어 딘 소장의 강연이 끝났다. 그는 "여러분! 저는 실패한 지휘관입니다.

저는 대전에서 제 부하들을 다 잃었습니다. 그리고 구차하게 목숨을 연명하려고 철수를 하다가 길을 잃었습니다. 거기서 제 부관도 잃었습니다. 적진에서 한 달이 넘도록 헤매다가 결국 포로가 되었습니다. 여러분은 절대 저와 같은 실패한 지휘관이 되지 마십시오! 저는 한국전쟁이 발발하기 전에 일본에서 장병들의 교육훈련을 충실히 시켰다면 그와 같은 상황이 발생하지 않았다고 지금 이 시점에서도 후회하고 있습니다. 늦었지만 말입니다. 여러분은 부하들을 죽이지 마십시오. 이것으로 실패한 지휘관의 강의를 마치고자 합니다. 감사합니다."라고 강연을 마쳤다.

딘 소장이 강연을 마치자 모든 학생장교들은 자리에서 기립하여 딘 소장이 강당을 나갈 때까지 박수를 쳤다. 그러나 딘 소장은 강당을 빠져나갈 때까지 고개를 들지 않았다. 어느 학생장교들은 눈물을 보였으나 소리 내어 울지는 않았다. 그들도 딘 소장과 같은 입장이었기 때문이었다.

딘 소장의 리더십

딘 소장은 강연을 통해 자신이 '실패한 지휘관'이라고 말하고 있다. 우리는 여기서 중요한 것을 느낄 수 있다. 바로 그것은 '부하의 생명을 소중히 여겨야 한다.'라는 것이다.

그는 일본에서 사단 교육훈련에 열정, 아니 조그마한 관심이라도 가졌다면 한국전쟁에서 그렇게 많은 부하들을 잃지 않았을 것이라고 말하고 있다. 지휘관으로서 교육훈련을 등한시한 죄가 전쟁에서 부하들의 피로써 그 대가를 치른 것이다.

또한 자신의 실패를 인정하고 이를 전파하여 다시는 나와 같은 지휘관이 안 나왔으면 하는 그의 강연에서 숙연하고 진솔한 마음을 느낄 수 있다.

그동안 많은 지휘관들이 전쟁에 임할 때 "어느 정도의 피해는 감수해야 한다." 라는 식의 소모적 전쟁관을 가지고 있었던 것이 사실이다. 이는 리더십의 두 요소 중에 '부하를 사랑하는 마음'을 가지지 못한, '전문지식'만 가진 군사 엘리트들이 주로 하는 말이었다. 우리는 그들을 지휘관으로 부르면 안 되고 '절름발이 군사 엘리트'라고 불러야 할 것이다.

물론 전쟁에서 부하들의 희생이 없을 수는 없지만 지휘관의 리더십에 따라 그 규모를 줄일 수 있다. 지휘관 자신이 최전방에서 돌격하는 각개병사의 입장에서 계획을 입안하고, 전투 중에는 최전방을 시찰하며 부하들을 격려하고, 부하들의 죽음을 가슴 아파하는 지휘관이라면 부하의 희생을 최소화할 수 있다. 즉, 진정한 리더가 되기 위해서는 머리에는 '전문지식'을, 가슴에는 '부하를 사랑하는 마음'을 가져야 한다는 말이다. 따라서 뒤늦게나마 부하의 생명의 소중함을 깨달은 딘 소장은 진정한 리더, '실패한 명장'이라고 할 수 있겠다.

5. 경호(gung-ho) 사단장 스미스 소장

스미스(Olive Smith) 소장 : 올리브 스미스 소장은 한국전쟁 당시 인천상륙작전과 장진호 전투(중공군의 2차 공세)에서 탁월한 리더십을 발휘한 미 1해병 사단장이다. 그는 1893년 10월 26일 텍사스에서 출생하여 북부 캘리포니아에서 자랐으며 버클리 대학에서 원예학을 전공하였다. 1917년 미 해병대 소위로 임관하여 프랑스 육군대학을 수료하였고, 2차 세계대전에서는 뉴브리튼, 팔라우, 오키나와 전투에 참전하여 미 해병대의 감투정신을 유감없이 발휘했다. 1950년 7월 25일에 미 1해병사단장으로 취임하였으며, 중공군의 2차 공세에서는 새로운 방향으로의 공격을 지시하여 사단 전 병력을 구해낸 일화로 유명하다. 장진호 전투 당시 그는 55세의 노장이었지만 진두지휘(陣頭指揮)를 몸소 실천하여 사단 전장병에게 리더십의 진수를 유감없이 발휘했다. 1953년 7월 중장으로 진급하였고, 1955년 9월 1일에는 대장으로 예편하여 38년간의 명예스러운 해병대 복무를 마감하였으며, 1977년 12월 25일 84세의 일기로 사망하였다. 그는 병사와 동거동락(同居同樂)하고 전투 시에는 진두지휘(陣頭指揮)형 지휘관으로 아직까지도 칭송을 받고 있다.

5. 겅호(gung-ho[3]) 사단장 스미스 소장

"적진에 고립되었을 때 지휘관의 진두지휘는 부하들로 하여금 생존할 수 있다는 자신감을 가지게 한다"

미 해병 1사단의 진격

1950년 10월 26일, 약 2주간의 요요작전(Yo-yo operation)을 끝마치고 미 해병 1사단은 흥남에 행정적 상륙을 실시했다. 군단장인 알몬드 장군은 해병 1사단을 군단의 주공으로 한·만 국경을 향해 북진을 지시했다. 그러나 군단의 명령을 따를 경우 해병 사단 예하 연대 간의 간격이 형성되어 상호 지원이 불가능한 상태였다. 사단장인 스미스 소장은 계속하여 알몬드 장군에게 이 부분을 설명했지만 알몬드 장군과 맥아더 장군의 의지는 변함이 없었다.

해병 1사단은 7연대를 선두로 진흥리를 거쳐 황초령을 넘었다. 11월 10일에는 고토리를, 16일에는 장진호의 남단인 하갈우리에 무혈입성했다. 그러나 이는 미 해병 1사단을 최대한 깊게 끌어들여 격멸하기 위한 중공군 9병단의 계략(誘敵深入)이었다.

11월 중순을 지나면서 미 해병 1사단은 또 다른 위험에 처하게 된다. 바로 시

....

3) 중일전쟁 때 팔로군이 쓰던 한자어인 '공화(共和)'에서 유래된 말로 "함께 잘 하자!"라는 뜻이다. 태평양 전쟁 때 에반스 칼슨이 미 해병 제2기습특공대의 전투구호로 채택하여 퍼지게 되었다. '파이팅'과 같은 뜻으로 해병대에서는 구호처럼 쓰인다.

베리아 지역에서 불어오는 칼바람과 영하 30도 이하의 날씨였다. 또한 하갈우리부터는 한국의 지붕이라고 하는 개마고원이 시작되는 곳으로, 해발 1,000m 이상의 고지대라 보급에서도 커다란 문제가 발생했다. 장진호로 이어지는 대부분의 길이 우마차길이라 일반차량이 진입하기 위해서는 중장비를 투입하여 공사를 해야만 했다. 설상가상으로 맥아더 장군의 크리스마스 공세에 맞춰 11월 27일을 기해 무평리(희천과 강계 중간 지점) 방향으로 공격하여 미 8군과 연결한 후, 강계와 만포진 방향으로 공격하라는 미 10군단의 명령이 하달된다. 스미스 소장은 11월 25일에 군단의 명에 의거 7해병연대를 유담리에 먼저 진출시키고, 27일 아침에는 5해병연대로 하여금 7해병연대를 초월하여 무평리 방향으로 공격하도록 지시했다.

중공군 9병단의 반격

11월 27일 5연대가 7연대를 초월하여 무평리로 공격하는 순간 중공군의 강력한 저항이 시작되었다. 그날 오후 7연대 정찰대의 정찰 결과 중공군이 사방에서 유담리를 포위하고 있다는 첩보가 접수되어 5연대와 7연대는 유담리 일대에서 급편방어로 전환했다.

날이 저물자 날씨는 영하 32도까지 떨어졌고, 사방에서 중공군의 나팔, 호각, 꽹과리 소리가 들리기 시작했다. 날씨가 너무 추워서 해병대원들의 무기들은 잘 작동하지 않았다. 무기를 손질할 때 발랐던 오일들이 얼어붙었던 것이었다. 갑자기 초록색 연막탄[4]이 피어오르더니 유담리 방향으로 4개 사단 규모의 중공군이 공격하기 시작했다. 그리고 나머지 8개 사단은 하갈우리부터 함흥 사이의 도로를 차단하였다.

....

4) 당시 유엔군은 초록색 신호탄을 가지고 있지 않았음. 중공군만이 초록색 신호탄을 가지고 있었는데, 이는 중공군의 공격개시 신호였음

11월 28일 오전, 리첸버그 대령(7연대장)과 머레이 중령(5연대장)은 무평리로의 공격은커녕 현 진지의 고수도 어렵다고 판단하고 유담리의 방어진지를 재편성하기 시작했다. 유담리 북쪽의 1403고지(7연대 H중대), 동쪽의 1282고지(7연대 E중대)와 1240고지(7연대 D중대), 남쪽의 1426고지(7연대 G중대)와 1276고지(7연대 B중대)가 동시에 중공군으로부터 공격을 받자 유담리 방어선은 그 지속능력을 상실해 갔다. 설상가상으로 유담리 방어선이 북쪽, 1403고지와 1282고지 사이에 방어부대를 배치하지 않음으로써 중공군이 연대 지휘소까지 침투하는 상황이 발생하게 된다.

그러나 해병대는 특유의 감투정신과 함포 및 전술공군의 화력지원 하에 중공군의 제파식 공격을 힘겹게 물리쳤다. 그러나 외곽에 배치된 방어부대와 예비대의 전투력이 저하됨에 따라 두 연대는 전멸위기에 봉착하게 된다. 때마침 11월 30일 유엔군 사령부로부터 철수명령이 하달되어 전멸직전의 해병대 2개 연대는 사단사령부가 위치해 있는 하갈우리로 철수를 시작했다. 5연대와 7연대는 중공군 4개 사단의 끈질긴 공격을 막아내고 12월 4일에 하갈우리에 도착할 수 있었다. 유담리에서 하갈우리까지는 22km였는데, 이를 통과하기까지는 77시간이 걸렸다. 산술적으로 1km를 통과하는 데 3시간 30분 정도가 걸린 것이다.

이 과정에서 비록 사상자가 600명이 발생했지만 부대건제를 유지하고 지휘관의 명령 하에 질서 있는 철수를 함으로써 더 많은 피해를 막을 수 있었다. 철수하는 과정에서 11포병연대의 근접화력지원과 전술공군의 엄호로 압도적으로 많은 중공군 4개 사단의 공격을 막아낼 수 있었다.

미 해병대의 후방으로의 공격

해병 2개 연대가 하갈우리에 도착했지만 문제는 이제부터였다. 사단 사령부가 위치한 하갈우리는 사단 보급시설과 구호시설이 위치하고 있어 매우 혼잡했다. 더욱이 4,300명이나 되는 부상자들을 데리고 함흥까지 철수한다는 것은 거의 불가능했다.

궁여지책으로 공사 진척률이 40% 정도인 간이 비행장에 C-47 수송기를 착륙시켜본 결과 항공기 이착륙이 가능하다는 사실을 알아냈다. 이에 따라 스미스 소장은 부상자들을 수송기로 후송케 했다. 이때 극동군 수송사령관인 터너 장군이 미 해병1사단 사령부를 방문하여 모든 장비를 버리고 수송기로 철수하자고 건의했으나, 스미스 소장은 "해병대 역사상 이와 같은 불명예는 없다."라고 말하며 정상적인 방법으로 철수하겠다고 말했다.

스미스 소장의 입장에서는 수송기로 철수할 경우, 최소한 2개 대대 병력의 엄호부대를 희생시켜야 했음으로 터너 장군의 제안을 받아들일 수가 없었던 것이었다. 즉, 스미스 장군은 "주력을 철수시키기 위해 2개 대대를 사지로 몰아넣는 것은 불명예스럽다."라고 생각했던 것이었다.

장병들이 철수준비를 하는 동안, 스미스 소장은 장병들을 모아놓고 "해병사단은 철수하는 것이 아니다. 후방의 적을 격멸하고 함흥까지 진출하는 새로운 방향으로의 공격이다."라고 정신교육을 하여 장병들의 사기를 고취시켰다. 자신 또한 장병들의 옆에서 끝까지 지휘하겠다는 다짐을 했다.

철수준비를 마친 사단은 12월 6일 오전 6시에 철수를 시작하여 12월 7일에 고토리에 도착했다. 이제 해병사단에 남은 과제는 중공군이 파괴한 수문교에 조립교를 설치하는 일과 황초령을 통제하고 있는 1081고지를 사전에 점령하는 것이었다. 그러나 중공군 9병단의 조치도 만만치 않았다. 9병단장 송시륜은 해병사단을 전멸시킬 마지막 기회라면서 황초령 부근에 4개 사단을 추가적으로 배치했다.

고토리에서 철수준비를 마친 해병사단은 12월 8일 오전 8시에 황초령을 향해 철수를 시작했다. 사단 공병대대는 군단의 지원을 받아 12월 9일 오후 3시경에 항공기로 수송된 조립교를 파괴된 수문교에 설치했다. 그리고 그날 밤 유도병의 도움으로 병력과 장비들이 수문교를 넘었다.

이와 동시에 황초령을 통제할 수 있는 1081고지를 확보하기 위해 1연대 1대대가 공격을 시작했다. 1대대는 포병과 전술공군의 지원으로 사단의 본대가 황초령을 통과하기 직전에 가까스로 1081고지를 점령했다.

중공군도 영하의 날씨와 해병대의 강력한 화력 앞에서는 한계가 있었다. 중공군은 추위와 배고픔에 지쳐 전의를 상실하고 더 이상 해병대를 공격하지 않았다. 해병대는 12월 11일 11시경에 함흥을 거쳐 흥남에 도착함으로써 기나긴 철수작전의 막을 내렸다.

해병사단이 11월 27일 유담리에서 철수를 시작하여 12월 11일 함흥에 도착할 때까지 인원 손실은 총 2,621명이었다. 이 중에 전사가 393명, 부상 2,152명, 실종 76명이었다. 반면에 중공군 9병단은 해병사단의 강력한 화력에 거의 궤멸되어 4개월 이상 전투력 복원을 해야만 했다. 중공군 9병단은 2차 공세에 참가한 이후, 5차 공세 2단계 작전이 되어서야 그 모습을 나타냈으니 그 피해가 어느 정도인지 대략적으로 짐작할 수 있다.

만약 미 해병1사단이 수송기를 이용하여 철수를 했다면 중공군 9병단에게 국군 1군단을 비롯한 미 3사단 및 7사단이 포위되어 미 10군단은 거의 궤멸되었을 지도 모른다. 결국 미 해병1사단의 처절한 철수작전이 10군단의 주력을 살린 것이다.

위기상황에서의 지휘관의 역할

당시로 봐선 미 해병1사단은 절대로 살아서 나올 수 없는 상황이었다. 그러나 해병1사단장인 올리브 스미스 소장은 자신의 부하들을 모두 데리고 함흥에 도착했다.

이는 지휘관이 현장에 있었기 때문에, 부하들과 함께했기 때문에 가능했을 것이다. 원거리에 떨어져서 부대를 원격지휘하는 것과 현장에 위치하여 적시 적절한 조치를 취하는 것의 차이를 생각해 보면 쉽게 알 수 있는 일이다.

스미스 소장은 철수작전에 앞서 부하들에게 "우리는 후퇴하는 것이 아니다. 후방으로 공격하는 것이다."라고 강조함으로써 부하들의 사기를 고취시키고 자신 또한 부하들과 함께하면서 어려운 상황을 넘긴 것이다. 전장에서 최고 지휘관이 자신과 함께 있다는 것만으로도 부하들은 무한한 용기와 전투력을 발휘하게 된다.

해병사단은 철수 중에 파괴된 다리 위에 수문교를 설치하고, 황초령을 통제하고 있는 1081고지를 점령하는 등 발 빠른 조치를 취하게 되는데, 이는 지휘관이 현장에 위치하지 않고서는 거의 불가능한 일이다. 또한 철수과정을 분석해 보면 주간에는 전술공군의 근접항공지원을 받아 기동을 하고, 야간에는 중공군의 장기인 야간공격을 저지하기 위해 급편방어로 전환했다. 이처럼 지휘관이 현장에 위치한다는 의미는 심리적으로는 부대원들의 사기를 고취시켜 무형의 전투력을 증대시킬 수 있다. 동시에 부대 간의 지휘의 통일과 전투력의 통합을 실현함으로써 실시간 적시 적절한 지휘조치를 취할 수 있어 유형 전투력의 극대화를 추구할 수 있다. 그러므로 미 해병 1사단장인 올리브 스미스 소장은 장진호 전투에서 그들의 구호인 경호(gung-ho)를 몸소 실현한 것이다.

▢	부대부호	◇약	자주포
⊏	지휘소	○→	박격포
△	관측소	Ⅱ	전차
→	기관총	⤚→	무반동총
◇→	반궤도차량에 탑재된 기관총	××××	철조망
○무	곡사포	●	대인지뢰

군대 약어

Lt. Gen.	Lieutenant General(중장)	Lt.	Lieutenant(중위)
Maj. Gen.	Major General(소장)	Msgt.	Master Sergeant(상사)
Bri. Gen.	Brigadier General(준장)	SFC	Sergeant First Class(중사)
Col.	Colonel(대령)	Sgt.	Sergeant(병장)
Lt. Col.	Lieutenant Colonel(중령)	Cpl.	Corporal(상병)
Maj.	Major(소령)	PFC	Private First Class(일병)
Capt.	Captain(대위)	Pvt.	Private(이병)